PALÉONTOLOGIE FRANÇAISE

DESCRIPTION

DES ANIMAUX INVERTÉBRÉS

DATES DE LA PUBLICATION

Corbeil. — Typ. et stér. de Crété fils.

PALÉONTOLOGIE FRANÇAISE

DESCRIPTION

DES ANIMAUX INVERTÉBRÉS

COMMENCÉE PAR ALCIDE D'ORBIGNY

continuée

SOUS LA DIRECTION D'UN COMITÉ SPÉCIAL

TERRAIN JURASSIQUE

TOME NEUVIÈME

ÉCHINIDES IRRÉGULIERS

PAR

G. COTTEAU

PRÉSIDENT DE LA SOCIÉTÉ GÉOLOGIQUE DE FRANCE

TEXTE

PARIS

G. MASSON, ÉDITEUR

LIBRAIRE DE L'ACADÉMIE DE MÉDECINE

Place de l'École-de-Médecine, 17

1867-1874

PALÉONTOLOGIE

FRANÇAISE

TERRAIN JURASSIQUE

ÉCHINODERMES.

Les Échinodermes forment la classe la plus élevée de l'embranchement des zoophytes. Ce sont des animaux libres ou fixes, offrant à l'intérieur des organes respiratoires, nutritifs et générateurs bien développés, et recouverts extérieurement d'une enveloppe tégumentaire très-compliquée dans sa structure, et qui leur a valu le nom d'*Echinodermata*, que Klein leur a donné en 1734. Cette enveloppe n'est point, comme dans les mollusques, une simple coquille destinée à recouvrir ou à protéger l'animal, c'est un véritable squelette intimement lié aux organes essentiels, et qui, le plus souvent, en reproduit les détails à sa surface.

D'Orbigny subdivise les Échinodermes en cinq ordres : les *Holothuridées*, les *Echinidées*, les *Astéroïdées*, les *Ophiuridées* et les *Crinoïdées*. Il nous a paru plus naturel de réduire, ainsi que l'ont fait plusieurs auteurs, ce nombre à quatre :

1° Les *Holothurides*, remarquables par leur forme cylindrique plus ou moins allongée, leur peau flexible et coriace, leur bouche située à la partie antérieure du corps, munie intérieurement d'un cercle de pièces calcaires et entourée d'appendices filiformes souvent ramifiés. Aucune espèce de cet ordre n'a été trouvée à l'état fossile.

2° Les *Échinides*, dont le corps est globuleux ou déprimé, et toujours pourvu d'une enveloppe testacée dont les plaques sont soudées.

3° Les *Stellérides*, que distingue leur corps en forme d'étoile et divisé en bras. Leur bouche, comme dans les Échinides, est située à la face inférieure et en occupe le centre ; les Stellérides comprennent les Astérides et les Ophiurides.

4° Les *Crinoïdes*, tantôt libres, tantôt fixes et pédonculés, que caractérisent leur bouche placée au centre de la face supérieure, et leurs bras sans relation avec les organes digestifs.

L'ordre des Échinides présente deux grandes divisions : les *Échinides* proprement dits, chez lesquels les aires ambulacraires et interambulacraires sont composées de deux rangées de plaques, et les *Échinides tessélés*, chez lesquels ces mêmes rangées sont beaucoup plus nombreuses. Cette dernière division correspond à la tribu des *Tessélés* de M. Desor et appartient, sans exception, aux terrains paléozoïques. Dans la suite de ce travail, nous n'aurons à nous occuper que de la division des Échinides proprement dits.

ÉCHINIDES.

Le test des Échinides est globuleux, discoïde ou ovale, quelquefois transversalement elliptique, convexe ou déprimé, composé de plaques polygonales, juxtaposées, soudées plus ou moins intimement, et garnies de mamelons qui supportent des piquants ou radioles de taille et de forme très-variées. Le test est partout recouvert d'une membrane mince qui se prolonge sur les divers appendices et concourt incessamment à leur accroissement.

Les *organes de la respiration* sont représentés par des branchies externes et des branchies internes. Les premières ont l'apparence de petits lobules veineux et se montrent sur le pourtour de la membrane péri-buccale. Les autres branchies sont placées dans l'intérieur du test; elles forment cinq rayons qui tapissent les aires ambulacraires et reparaissent à l'extérieur, sous la forme de tentacules tubuleux très-extensibles, munis de ventouses à leur partie supérieure, et servant non-seulement à la respiration, mais encore à la locomotion. Les pores qui livrent passage à ces tentacules sont désignés sous le nom de pores ambulacraires, ils éprouvent dans leur structure et leur disposition, suivant les familles et les genres, des modifications plus ou moins profondes, et forment cinq doubles zones qui s'étendent du sommet à la face inférieure, en alternant avec les aires interambulacraires, et donnent au test cet aspect rayonné si caractéristique.

Les *organes de la digestion* comprennent, chez les Echinides, une bouche, un tube digestif, un anus. La bouche (péristome) s'ouvre à la face inférieure ; elle est fermée par une membrane lisse ou écailleuse, qui offre elle-même un petit orifice central, auquel aboutit le pharynx. La bouche est munie ou non d'un appareil masticatoire. Cet appareil, qui a reçu le nom de *Lanterne d'Aristote*, est formé de pièces nombreuses et compliquées, et supporté à l'intérieur par des arcades solides ou *auricules*. Le tube digestif présente, à sa partie supérieure, le pharynx qu'entourent les organes masticatoires lorsqu'ils existent, et qui communique à l'œsophage auquel fait suite l'intestin. Ce dernier, reconnaissable à son aspect plus dilaté, décrit, à l'intérieur du test, plusieurs circonvolutions et se termine par l'anus (périprocte), fermé comme la bouche par une membrane ouverte au milieu et garnie de petites pièces calcaires. Si la bouche s'ouvre constamment à la face inférieure, il n'en est pas de même du périprocte, dont la position à la surface du test est très-variable, et qui occupe tous les points intermédiaires entre le sommet et le péristome (1).

Le *système nerveux* apparaît sous la forme de filets blancs et déliés qui tapissent et la paroi interne du test et les principaux organes. On a constaté également, entre les pyramides de l'appareil masticatoire, l'existence d'un cercle nerveux ou anneau pentagonal. C'est de ce centre que partent, au nombre de cinq, les nerfs ocellaires qui viennent aboutir extérieurement à de petites plaques perforées, placées au sommet de chacune des aires ambulacraires et faisant partie de l'appareil apical (2). Bien que l'extrémité de ces nerfs ocellaires ne présente, suivant M. Valentin, ni cristallin, ni corps lenticulaire, ils sont cependant considérés par tous les auteurs, comme représentant, chez les Échinides, les organes de la vision.

Les *organes de la reproduction* se composent, chez les oursins mâles comme chez les oursins femelles, de cinq glandes génitales en grappes, offrant ordinairement, à l'intérieur du test, l'aspect de cinq rayons de couleur rougeâtre qui se tuméfient considérablement quand, au prin-

---

(1) Les termes de *bouche* et de *péristome*, d'*anus* et de *périprocte* n'ont pas une acception identique, et ne doivent pas être employés indifféremment l'un pour l'autre : les mots de *bouche* et d'*anus* s'appliquent spécialement aux organes buccal et anal considérés en eux-mèmes, tandis que l'expression de *péristome* et celle de *périprocte*, introduites dans la terminologie par M. Desor, désignent plus particulièrement les ouvertures par lesquelles ces mêmes organes affleurent à la surface du test.

(2) Au mot *apicial*, nous avons substitué le mot *apical*, employé depuis longtemps dans le même sens par M. Milne Edwards.

temps, arrive le moment de la reproduction. Ces organes, bien que d'un aspect à peu près identique dans les deux sexes, ont cette différence essentielle, que les uns produisent des œufs destinés à être fécondés, et les autres des spermatozoïdes propres à opérer la fécondation. A chaque glande génitale correspond un canal cylindrique, qui communique à l'extérieur par les pores oviducaûx. Les plaques dans lesquelles s'ouvrent ces pores alternent, au sommet du test, avec les plaques ocellaires dont nous venons de parler, et constituent l'*appareil apical*. L'observation a démontré que la fécondation était abandonnée au hasard, et ne s'opérait que lorsque les œufs d'un côté, et les spermatozoïdes de l'autre, traversant le canal oviducal, ont été émis au dehors et emportés par le courant de l'eau. Parmi les plaques oviducales, l'une d'elles diffère essentiellement des autres; elle est plus grande et d'un aspect spongieux : c'est la *plaque madréporiforme*, qui joue un rôle si important lorsqu'il s'agit de fixer l'orientation des Échinides.

Il est encore un autre organe propre aux Échinides, et sur lequel il nous paraît utile d'appeler un instant l'attention ; nous voulons parler des *Pédicellaires*, appendices filiformes, terminés en pinces, qui couvrent la surface du test et abondent surtout dans le voisinage des aires ambulacraires. En 1842, M. Agassiz avait émis l'opinion que les pédicellaires étaient peut-être des embryons d'oursins qui, après leur éclosion, s'étaient fixés sur le test de leur mère. L'illustre zoologiste a renoncé depuis à cette opinion. Frédéric Müller, de son côté, les avait regardés comme de petits animaux parasites. Aujourd'hui, les auteurs sont tous à peu près d'accord pour voir, dans les pédicellaires, des organes de préhension destinés à saisir au passage les molécules nutritives en suspension dans les eaux, et à les transmettre de proche en proche, jusqu'à la bouche. Il va sans dire qu'aucune trace de pédicellaire n'existe à l'état fossile.

Il est important de déterminer la position normale des Échinides et de fixer leur orientation de manière à distinguer le côté droit du côté gauche, la face antérieure de la face postérieure. La difficulté existe surtout pour les Échinides réguliers dont la forme est circulaire, et qui se composent de cinq zones ambulacraires et de cinq zones interambulacraires, alternant entre elles et parfaitement identiques. La plaque madréporiforme nous fournit, pour trancher cette difficulté, un point de repère précieux. Examinons d'abord quelle est la station normale des Echinides irréguliers : chez les Spatangidées, qu'on s'accorde à considérer comme les plus élevées de la série, cette station est déterminée par la forme allongée et bilatérale du test et par la position relative du péristome qui s'ouvre en dessous et en avant, et du périprocte qui est situé dans la région postérieure. L'appareil apical présente, à sa partie antérieure, une plaque ocellaire à laquelle correspond l'aire ambulacraire impaire. A droite, en avant, se montre la plaque génitale madréporiforme ; en arrière s'étend l'aire interambulacraire impaire, dans laquelle est situé le périprocte. Cette disposition relative du péristome, de l'aire ambulacraire impaire, du périprocte et de la plaque madréporiforme, non-seulement est propre aux Spatangidées, mais nous la retrouvons chez tous les Échinides irréguliers. Quelle que soit leur forme, allongée, circulaire ou transversalement elliptique, il est toujours facile de les orienter ; il s'agit de placer à droite la plaque madréporiforme, en avant l'aire ambulacraire impaire, en arrière l'aire interambulacraire où se trouve l'ouverture anale. Ces caractères ont une constance remarquable, et sont liés trop intimement à l'organisation des Échinides pour ne pas conserver, dans toute la série, le même rôle et la même importance. La station normale des Échinides réguliers doit donc être déterminée d'après les mêmes principes : chez ces derniers, l'ouverture anale ou périprocte étant centrale et directement opposée au péristome, ne peut venir en aide, mais la plaque madréporiforme que nous savons toujours placée antérieurement et sur la droite, ne suffit-elle pas pour déterminer, en avant, l'aire ambulacraire impaire, en arrière, l'aire interambulacraire qui correspond à celle où s'ouvre le périprocte dans les Échinides irréguliers, et fixer ainsi d'une manière certaine la station normale. L'arrangement tout particulier que présente l'appareil apical des Salénidées chez lesquelles le périprocte, bien que circonscrit, comme dans tous les Échinides réguliers, par les plaques apicales, offre cependant une tendance à devenir excentrique, confirme entièrement cette manière de voir, ainsi que nous l'avons démontré dès 1861 (1).

Tels sont les organes essentiels des Échinides. Malgré le désir que nous aurions d'entrer dans de plus grands détails, d'énumérer les nombreux travaux dont les Échinides ont été l'objet, d'examiner et de discuter les différentes classifications successivement proposées par les auteurs, nous ne pouvons le faire sans sortir du cadre qui nous est

---

(1) *Paléont. française*, *terrain crétacé*, t. VII, p. 85. — M. Lacaze-Duthiers, dans le *Cours de zoologie* qu'il a professé, en 1866, au Muséum d'histoire naturelle, cherchant à déterminer l'orientation des oursins réguliers, place la plaque madréporiforme en arrière et voit dans l'aire ambulacraire qui lui est directement opposée, la partie antérieure de l'animal. C'est là, suivant nous, une erreur regrettable. La comparaison minutieuse des différents types établit que chez tous les Échinides, sans exception, la plaque madréporiforme est invariablement située à droite en avant, et non en arrière.

tracé. Nous ne voulons pas non plus revenir sur l'analyse descriptive et détaillée des parties solides qui constituent le test des Oursins : tout ce qui concerne la terminologie a déjà été publié dans les deux volumes de la *Paléontologie française* consacrés à la description des Échinides du terrain crétacé (1) S i les nouvelles études auxquelles on s'est livré depuis ont apporté quelques modifications dans les termes employés ou dans leur acception, nous les ferons connaître au fur et à mesure que nous aurons à en faire usage.

Les Échinides se partagent en deux sous-ordres :

1° Les *Échinides irréguliers* ayant le périprocte non opposé au péristome et en dehors de l'appareil apical ;

2° Les *Échinides réguliers* ayant le périprocte opposé au péristome et renfermé dans l'appareil apical.

ÉCHINIDES IRRÉGULIERS.

Pores ambulacraires pétaloïdes, apétaloïdes ou simples, tantôt identiques, tantôt présentant, dans l'aire ambulacraire antérieure, une structure différente. Tubercules petits, épars, garnis de radioles fins et acculés. Péristome placé en dessous, plus ou moins excentrique en avant, quelquefois au milieu de la face inférieure, muni ou non d'un appareil masticatoire. Périprocte non opposé au péristome, s'ouvrant toujours en dehors de l'appareil apical, tantôt à la face supérieure, tantôt sur le bord, souvent en dessous. Appareil apical composé de cinq plaques ocellaires et de quatre ou cinq plaques oviducales ; parfois la plaque oviducale postérieure qui correspond à l'aire interambulacraire impaire, manque ou est remplacée par une

____

(1) *Paléont. française, terrain crétacé*, t. **VI**, p. 13 et suiv., t. **VII**, p. 7 et 80.

plaque imperforée. Plaque oviducale madréporiforme toujours plus grande que les autres, invariablement située à
droite en avant.

Les Échinides irréguliers comprennent sept familles dont
voici les caractères distinctifs :

Pores ambulacraires pétaloïdes; aire ambulacraire impaire différente des autres par
sa forme et par la structure de ses pores;
péristome excentrique en avant, dépourvu
de mâchoires.   SPATANGIDÉES.

Pores ambulacraires apétaloïdes; aire
ambulacraire impaire quelquefois différente des autres par sa forme et par la
structure de ses pores ; péristome excen-
trique en avant, dépourvu de mâchoires.   ECHINOCORIDÉES.

Pores ambulacraires apétaloïdes, toujours disjoints; aire ambulacraire impaire
quelquefois différente des autres par sa
forme et la structure de ses pores; péristome excentrique en avant, dépourvu de
mâchoires.   COLLYRITIDÉES.

Pores ambulacraires pétaloïdes et sub-
pétaloïdes; aire ambulacraire impaire semblable aux autres par la structure de ses
pores, quelquefois différente par sa forme ;
péristome sub-central, dépourvu de mâ-
choires.   CASSIDULIDÉES.

Pores ambulacraires pétaloïdes ; aire ambulacraire impaire semblable aux autres ;
péristome central, muni de mâchoires.   CLYPÉASTROIDÉES.

Pores ambulacraires simples. Aire ambulacraire impaire semblable aux autres;

péristome central, oblique, allongé, dépourvu de mâchoires.   ECHINONÉIDÉES.

Pores ambulacraires simples; aire ambulacraire impaire semblable aux autres;
péristome central, décagonal, muni de
mâchoires et d'auricules.   ECHINOCONIDÉES.

Ces familles correspondent exactement à celles que nous
avons adoptées, en 1861, lors de la publication de notre
première livraison des *Échinides crétacés*. Les observations
faites depuis n'ont point modifié notre classification. Comme
nous le disions alors, nous avions pris pour base de nos sub-
divisions la disposition des aires ambulacraires et la forme
des pores dont elles se composent, ainsi que la présence ou
l'absence d'un appareil masticatoire. Ces caractères nous
fournissent, pour la distinction des familles, des éléments
d'une précision beaucoup plus certaine que ceux qu'on
peut tirer de la structure de l'appareil apical qui éprouve
de profondes modifications dans des types très-voisins l'un
de l'autre, et ne saurait avoir l'importance que d'Orbigny
avait cru devoir lui donner.

Aux sept familles que nous venons d'indiquer M. Wright,
dans sa Monographie des Échinides crétacés d'Angleterre,
en ajoute une huitième, la famille des Échinolampidées.
Nous ne pouvons nous ranger à l'opinion du savant professeur de Cheltenham : la famille des Échinolampidées, telle
qu'elle est circonscrite, nous paraît rentrer par tous ses caractères dans notre famille des Cassidulidées.

Sur les sept familles dont se compose la grande division des
Échinides irréguliers, quatre seulement, les Collyriti dées, les
Cassidulidées, les Échinonéidées et les Échinoconidées se
sont rencontrées jusqu'à présent dans le terrain jurassique.

1ʳᵉ Famille. COLLYRITIDÉES, d'Orbigny, 1853.

Dysastéridées,   A. Gras, 1848 ; Desor, 1856.
Collyritidées,   D'Orbigny (pars), 1853 ; Wright, 1856-1863 ;
                    Cotteau, 1860.

Pores ambulacraires apétaloïdes, sub-virgulaires, serrés aux approches du sommet, plus espacés à la face inférieure, se multipliant autour du péristome. Aires ambulacraires fortement disjointes. Aire ambulacraire impaire différente des autres par sa forme et quelquefois par la structure de ses pores. Tubercules petits, inégaux, crénelés et perforés. Péristome situé comme toujours à la face inférieure, dépourvu de mâchoires, tantôt sub-circulaire, tantôt oblique, le plus souvent excentrique en avant. Périprocte de forme variable, placé à la face postérieure, à fleur du test ou au sommet d'un sillon plus ou moins profond. Appareil apical disjoint, tantôt allongé, tantôt sub-compacte.

RAPPORTS ET DIFFÉRENCES. — La famille des Collyritidées, telle qu'elle est aujourd'hui caractérisée, ne saurait être confondue avec aucune autre. Les genres dont elle se compose forment un groupe très-naturel, et seront toujours parfaitement reconnaissables à la disposition et à la structure de leurs pores ambulacraires, et surtout à l'aspect que présente leur appareil apical si fortement disjoint. D'Orbigny avait réuni à cette famille les *Echinocorys*, les *Holaster*, les *Cardiaster* qui en diffèrent par leur appareil apical non disjoint, et constituent, ainsi que l'a établi M. Desor dès 1856, une famille bien distincte, celle des Échinocoridées.

Ici se place une question qui n'est pas sans intérêt au point de vue de la classification générale des Échinides irréguliers. Quelle est la place que la famille des Collyritidées doit occuper dans la série ? L'opinion des auteurs a beaucoup varié à ce sujet.

Rappelons ce que nous avons publié, il y a quelques années, dans un article spécial au genre *Metaporhinus* et à la famille des Collyritidées (1) : M. des Moulins, lorsqu'il établit en 1835, le genre *Collyrites* qui correspond à peu prè sexactement à la famille des Collyritidées, le place entre les *Nucleolites* et les *Ananchytes*, insistant surtout sur les affinités qu'il présente avec ce dernier genre (2). M. Agassiz, dans ses premiers travaux, sans connaître le mémoire de M. des Moulins, adopte la même classification, et en 1836, dans le *Prodrome d'une Monographie des radiaires* (3), en 1839, dans la *Description des Échinodermes fossiles de la Suisse* (4), le genre *Dysaster* est rangé en tête de la grande famille des Spatangoïdes. L'année suivante cependant, M. Agassiz abandonne cette opinion, et dans le *Catalogus systematicus*, le genre *Dysaster* est reporté parmi les Clypéastroïdes qui comprenaient alors les Cassidulides (5). C'est aussi la classification suivie par M. Desor dans l'introduction qui précède sa belle Monographie des *Dysaster* (6). Plus tard les deux savants naturalistes renoncèrent à cette manière de voir, et dans le *Catalogue raisonné des Échinides*, le genre *Dysaster* figure de nouveau au nombre des Spatangoïdes (7). En 1850, Forbes revint sur la question (8) : le genre *Dysaster*, suivant lui, ne saurait conserver

(1) Cotteau, *Notice sur le genre Metaporhinus et la famille des Collyritidées*, Bull. de la Soc. des sc. hist. et nat. de l'Yonne, t. XIV, p. 8, 1860.

(2) Des Moulins, *Etudes sur les Échinides*, p. 66, 1835.

(3) Agassiz, *Prod. d'une Monog. des radiaires*, Mém. de la Soc. des Sc. nat. de Neuchâtel, t. 1, p. 133, 1836.

(4) Agassiz, *Desc. des Éch. foss. de la Suisse*, p. 1, 1839.

(5) Agassiz, *Catal. syst. ectyp. foss. Mus. Neoc.*, p. 3, 1839.

(6) Desor, *Monog. des Dysaster*, p. 3.

(7) Agassiz et Desor, *Catal. rais. des Éch.*, Ann. Sc. nat., 3ᵉ série, t. VIII, p. 31, 1847.

(8) Forbes, *Mem. of Geol. Sur.*, Echinodermata, Dec. III, 1850.

la place que MM. Agassiz et Desor viennent de lui assigner, et la forme des ambulacres combinée avec la structure de la bouche suffit pour démontrer qu'il appartient certainement à la famille des Cassidulides. A cette même époque, Albin Gras établit, pour les genres *Dysaster* et *Metaporhinus*, sa famille des Dysasteridées, mais il n'en discute pas les rapports zoologiques, et la classe, comme M. Agassiz, dans les Spatangidées (1). En 1853, d'Orbigny commença la publication des Echinides crétacés par la description de la famille des Dysastéridées à laquelle il restitue le nom plus ancien de Collyritidées; non-seulement il lui conserve la place qu'elle occupe dans le *Catalogue raisonné*, mais il y réunit, comme nous l'avons vu plus haut, trois genres, les *Echinocorys*, les *Holaster* et les *Cardiaster*, qu'on avait considérés jusque-là comme de véritables Spatangidées (2).

M. Wright, dans sa *Monographie des Échinides Oolithiques d'Angleterre* (3), et plus récemment dans sa *Monographie des Échinodermes crétacés* (4), suit la classification proposée par Forbes, et range la famille des Collyritidées dans le voisinage des Cassidulidées, et par conséquent bien loin des Spatangidées. M. Desor, dans le *Synopsis des Échinides fossiles* est arrivé à un résultat à peu près identique et classe les Collyritidées entre la famille des Echinonéidées et celle des Clypéastroïdées (5). Dès 1860, nous avons combattu cette manière de voir (6).

Tous les auteurs réunissent les *Metaporhinus* aux Collyri-

(1) Albin Gras, *Oursins foss. de l'Isère*, p. 65, 1848.
(2) D'Orbigny, *Paléont. française des terrains crétacés*, t. VI, p. 44, 1853.
(3) Wright, *Monog. of the Brit. Foss. Echinodermata*, p. 40, 1854.
(4) Wright, *Monog. of the cretaceous Echinodermata*, p. 32, 1864.
(5) Desor, *Synops. Ech. foss.*, p. 198.
(6) Cotteau. *Notice sur le genre Metaporhinus et la famille des Collyritidées, loc. cit.*, p. 21.

tidées, en raison de la disjonction si prononcée de leurs aires ambulacraires; or l'analogie des *Metaporhinus* avec les Spatangidées et les Echinocorydées, surtout avec les *Holaster*, ne saurait être contestée, depuis que nous avons fait connaître avec détails les caractères de ce genre bizarre. Il suffit de grossir à la loupe les détails du test pour constater entre ces deux genres, une identité presque complète dans la structure des quatre aires ambulacraires paires, dans l'existence d'un sillon antérieur, dans la disposition des plaques ambulacraires à la face inférieure, dans la forme du péristome et la place excentrique qu'il occupe. En venant se ranger si près des *Holaster*, le genre *Metaporhinus* entraîne nécessairement à sa suite les genres *Collyrites* et *Dysaster* dont il ne saurait être séparé. Du reste, dans ces deux derniers genres, nous retrouvons également de nombreuses affinités avec les Échinocorydées. Le caractère qui les en éloigne le plus, suivant M. Desor, ce sont leurs ambulacres simples, composés de pores partout à peu près également espacés. « Qu'on regarde, dit-il, les Ananchy-
« dées par la face inférieure, et l'on retrouvera le véritable
« type des Spatangoïdes, savoir de très-larges plaques am-
« bulacraires, en général lisses et percées d'une seule paire
« de pores, tandis que, chez les *Dysaster*, les plaques am-
« bulacraires de la face supérieure ne subissent aucun
« changement sensible et sont beaucoup plus petites que
« les plaques interambulacraires. » La différence est loin d'être aussi prononcée que l'indique M. Desor dans son texte et ses figures. Nous avons sous les yeux un grand nombre d'exemplaires parfaitement conservés appartenant aux genres *Collyrites* ou *Dysaster* : en les examinant avec soin, on reconnaît, il est vrai, que les cinq aires ambulacraires sont composées, à la face supérieure, de pores ser-

rés et homogènes; mais en dessous, cette uniformité disparaît; les pores s'espacent, s'amoindrissent; les plaques
s'allongent d'une manière sensible, et les aires ambulacraires presque lisses ressemblent à s'y méprendre à celles
des *Echinocorys* et des *Holaster;* les pores de la face supérieure eux-mêmes, bien qu'ils paraissent simples au premier aspect, sont en réalité sub-virgulaires, opposés l'un à
l'autre, et la rangée interne est souvent moins développée
que la rangée externe. Il y a loin, comme on le voit, de ces
zones porifères, que nous avons désignées sous le nom d'*A-
pétaloïdes*, à celles des Echinoconidées composées du sommet au péristome de pores simples et uniformément espacés. Si à ce caractère de premier ordre, nous joignons la
forme du test, du périprocte et du péristome, nous ne
pouvons hésiter à placer la famille des Collyritidées près
des *Echinocorys* et des *Holaster*, et à lui restituer, après l'examen et la comparaison minutieuse de ses caractères, une
place que MM. des Moulins et Agassiz lui avaient donnée
dans l'origine, seulement d'après sa physionomie générale.

Nous divisons la famille des Collyritidées en deux
groupes : le premier comprend le genre *Metaporhinus*, chez
lequel l'aire ambulacraire impaire est différente des autres.
Le second groupe renferme les genres *Grasia*, *Collyrites* et
Dysaster, chez lesquels les cinq aires ambulacraires sont
identiques quant à la structure de leurs pores.

Voici les caractères opposables de ces divers genres.

A. Aire ambulacraire impaire différente
    des autres par la structure de ses
    pores; forme gibbeuse, tronquée en
    arrière; sillon anal.   MÉTAPORHINUS,
                                      Michelin.

B. Aire ambulacraire impaire identique
   aux autres par la structure de ses
   pores.
  a. Appareil apical allongé.
    x. Test rostré en avant, très-al-
   longé; périprocte très-grand,
   pyriforme.   GRASIA,
                      Michelin.

    xx. Test cordiforme, ou sub-cir-
   culaire; périprocte petit,
   sub-elliptique.   COLLYRITES,
                      Des Moulins.
  b. Appareil apicial compacte.   DYSASTER,
                      Agassiz.

Les quatre genres qui composent la famille des Collyritia-
dées se sont rencontrés dans le terrain jurassique de France.

1ᵉʳ Genre. METAPORHINUS, Michelin, 1844.

Test de taille moyenne, ovale, un peu plus long que large,
sub-cordiforme, quelquefois dilaté à l'ambitus; face supérieure très-élevée, gibbeuse et saillante en avant, oblique en
arrière, déclive sur les côtés; face inférieure renflée, notamment dans l'aire interambulacraire impaire. Sommet très-
excentrique en avant. Sillon antérieur plus ou moins prononcé, souvent presque nul. Aires ambulacraires à fleur du
test, fortement disjointes. Aire ambulacraire impaire droite,
composée de pores différents des autres, simples, petits,
sub-circulaires, rangés par paires obliques, assez serrées
près du sommet, s'espaçant au fur et à mesure qu'elles se
rapprochent de l'ambitus. Aires ambulacraires paires arrondies, flexueuses, apétaloïdes, composées de pores vir-

gulaires, obliques, opposés l'un à l'autre, simples et plus
espacés vers l'ambitus et surtout à la face inférieure, se
rapprochant et se multipliant près du péristome. Plaques
ambulacraires d'autant plus hautes que les pores sont plus
espacés. Péristome situé à la face inférieure, excentrique
en avant, transversalement elliptique, sub-onduleux sur
les bords. Périprocte ovale, supra-marginal, s'ouvrant
tantôt à fleur du test, tantôt au sommet d'un sillon sub-
caréné sur les bords, et quelquefois sous une expansion du
test très-prononcée. Appareil apical disjoint et sub-compacte, formé en avant de quatre plaques génitales superposées et se touchant par le milieu, et de trois plaques
ocellaires intercalées aux angles des plaques génitales, et en
arrière de deux petites plaques ocellaires placées au sommet des aires ambulacraires postérieures. Les deux cen-
tres ambulacraires sont sans doute reliés, comme chez les
Collyrites, par une série de petites plaques complémentaires.

RAPPORTS ET DIFFÉRENCES. — Le genre *Metaporhinus* forme
un type particulier nettement caractérisé par sa face supérieure très-élevée et saillante en avant, son sommet excentrique, ses aires ambulacraires paires sub-onduleuses et
fortement disjointes, son aire ambulacraire impaire composée de pores différents des autres. Ce dernier caractère,
que nous avons signalé pour la première fois en 1860 (1), a
une grande importance zoologique ; il sépare d'une manière
positive les *Metaporhinus* des *Collyrites*, des *Grasia* et des
Dysaster, et les place certainement en tête de la famille des
Collyritidées. Les *Metaporhinus*, en raison de leur forme bilatérale très-prononcée, de l'excentricité de leur péristome

____

(1) *Notice sur le genre Metaporhinus et la famille des Collyritidées*,
loc. cit., 1860.

et surtout de la structure de leurs aires ambulacraires, sont les Échinides les plus perfectionnés du terrain jurassique. Bien qu'ils en diffèrent par des caractères très-essentiels, ils peuvent être considérés comme représentant, à cette époque, la grande famille des Spatangidées qui se développera plus tard avec tant de profusion dans les mers crétacées et tertiaires et dans nos mers actuelles.

Histoire. — Le genre *Metaporhinus* a été établi, en 1844, par M. Michelin (1). Plus tard MM. Agassiz et Desor éprouvèrent quelque doute sur la valeur du genre *Metaporhinus*, et en firent, dans le *Catalogue raisonné* de 1847, un simple sous-genre des *Dysaster (Collyrites)* (2). Nous avons à peu près adopté cette manière de voir, en 1847, dans une Note sur le *Dysaster Michelini* (3), et en 1853, dans nos *Études sur les Échinides de l'Yonne*. Telle a été également l'opinion de d'Orbigny, en 1853, dans la *Revue zoologique* (4), et l'année suivante, dans la *Paléontologie française* (5). A cette même époque, M. Michelin protesta contre cette réunion et maintint le genre *Metaporhinus* (6). M. Desor en fit autant, et dans le *Synopsis des Échinides fossiles*, le sous-genre du *Catalogue raisonné* de 1847 est admis comme un genre distinct (7). « Nous ne connaissons pas encore, dit « M. Desor, les détails de plusieurs organes importants, en « particulier de l'appareil apical; en attendant, la forme

(1) *Réunion extraord. à Chambéry*, Bull. Soc. géol. de France, 2ᵉ sér., t. I, p. 270.

(2) *Catal. raisonné des Échinides*, Ann. sc. nat., 3ᵉ sér., t. VIII, p. 33, 1847.

(3) *Note sur le Dysaster Michelini*, Bull. Soc. des sc. hist. et nat. de l'Yonne, t. I, p. 97, pl. 11, fig. 3, 1847.

(4) *Études sur les Éch. foss. de l'Yonne*, t. I, p. 258, 1855.

(5) *Note rectificative sur divers Échinoïdes*, Rev. et Magasin de zoologie, 2ᵉ sér., t. VI, p. 27, 1853.

(6) *Paléont. française, terr. crétacés*, t. VI, p. 51, 1854.

(7) *Synops. des Éch. foss.*, p. 210, 1857.

« du test est tellement bizarre et exceptionnelle qu'on ne
« peut se dispenser d'en tenir compte. » Les observations contenues dans notre note de 1860 justifient pleine-
ment les prévisions de M. Desor, et ne laissent aucun doute
sur l'importance et la nécessité de ce genre.

Le genre *Metaporhinus* appartient aux terrains jurassique
et crétacé ; il commence à se montrer dans l'étage bathonien et disparaît avec l'étage néocomien. Trois espèces,
toutes rares, ont été rencontrées dans le terrain jurassique
de France.

N° 1. **Metaporhinus Sarthacensis**, Cotteau, 1860.

Pl. 1, fig. 1-5.

Metaporhinus Sarthacensis,	Cotteau, *Note sur le genre Metaporh. et la fam. des Collyritidées*, Bull. Soc. des sc. hist. et nat. de l'Yonne, t. XIV, p. 12, 1860.
— —	Cotteau et Triger, *Echin. du dép. de la Sarthe*, Suppl., p., 240, pl. LVIII, fig. 6-10, 1861.

C. 14.

Espèce de taille moyenne, ovale, arrondie et un peu rentrante en avant, sub-acuminée en arrière, ayant sa plus
grande largeur au milieu du diamètre antéro-postérieur ;
face supérieure très-élevée, saillante en avant, obliquement
déclive en arrière, arrondie et renflée sur les côtés ; face
postérieure tronquée un peu obliquement ; face inférieure
presque plane, présentant un renflement sub-noduleux
dans l'aire interambulacraire impaire et une légère dépression devant le péristome. Sommet très-excentrique en
avant. Aire ambulacraire antérieure convergeant en droite
ligne vers le péristome et ne présentant de trace de sillon

que vers l'ambitus et à la face inférieure, formée de pores
très-petits, arrondis, s'ouvrant sur le bord tout à fait inférieur des plaques, disposés par paires obliques et d'autant
plus espacées qu'elles s'éloignent du sommet. Aires ambulacraires paires antérieures étroites, sub-flexueuses, gra-
cieusement recourbées vers le sommet, composées de pores
beaucoup plus grands, virgulaires, opposés l'un à l'autre et
rangés à la face supérieure par paires très-serrées. Aux approches de l'ambitus, les pores deviennent plus petits, plus
arrondis, et leurs paires s'espacent comme celles de l'aire
ambulacraire impaire ; autour du péristome, ils se multiplient de nouveau et deviennent plus visibles, tout en conservant une forme circulaire. Aires ambulacraires postérieures
très-fortement disjointes, à peu près identiques aux deux
autres, mais composées de pores plus petits et moins sensiblement virgulaires, convergeant presque immédiatement
au-dessus du périprocte. Tubercules nombreux, épars, à
peine scrobiculés, très-petits et peu apparents à la face
supérieure, plus gros et moins serrés dans la région infra-
marginale. Granules intermédiaires fins, abondants, homogènes, donnant au test un aspect chagriné. Plaques interambulacraires plus longues que larges, pentagonales,
sub-flexueuses, légèrement bombées au milieu. Péristome
très-excentrique en avant, transversalement elliptique, sub-
onduleux sur les bords. Périprocte ovale s'ouvrant au sommet de la face postérieure, sans trace de sillon. Appareil
apical étroit, allongé, granuleux, médiocrement développé ; les quatre plaques génitales se touchent par le milieu et par la base ; la plaque madréporiforme est beaucoup
plus grande que les autres ; les deux plaques génitales postérieures sont relativement très-petites ; les trois plaques
ocellaires antérieures s'intercalent à l'angle des plaques

génitales. La plaque ocellaire impaire est très-visible dans
l'exemplaire unique que nous avons sous les yeux; les deux
autres le sont beaucoup moins, et la suture qui les sépare
des deux plaques génitales postérieures n'est pas distincte.

Hauteur, 22 millimètres; diamètre transversal, 25 millimètres; diamètre antéro-postérieur, 29 millimètres.

RAPPORTS ET DIFFÉRENCES. — Nous ne connaissons de
cette espèce que l'exemplaire décrit et figuré dans nos
Échinides de la Sarthe : sa forme générale rappelle, au premier aspect, certaines variétés renflées du *Collyrites ovalis;*
il s'en distingue nettement, non-seulement par sa face su
périeure plus saillante en avant et plus oblique en se rapprochant du périprocte, mais surtout par la disposition de
ses plaques apicales et plus encore par la structure de son
aire ambulacraire impaire si différente des autres. C'est assurément un des types les mieux caractérisés du genre
Metaporhinus. Sa taille médiocrement développée, sa face
supérieure arrondie et renflée sur les côtés, l'absence complète de sillon antérieur, sa face inférieure presque plane,
ses aires ambulacraires postérieures convergeant à très-peu
de distance du périprocte, empêcheront toujours de confondre cette espèce avec les *M. Michelini* et *Censoriensis*,
qu'on rencontre du reste à un niveau bien plus élevé.

LOCALITÉ. — Domfront (Sarthe). Très-rare. Étage bathonien.

Collection Duguet.

EXPLICATION DES FIGURES. — Pl. 1, fig, 1, *M. Sarthacensis*,
de la collection de M. Duguet, vu de côté; fig. 2, face supérieure; fig. 3, face inférieure; fig. 4, appareil apical et
sommet des aires ambulacraires grossi; fig. 5, péristome
grossi.

N° 2. **Metaporhinus Censoriensis.** Desor, 1857.

(Cott., 1855.)

Pl. 1, fig. 6 et 7, et pl. 2.

Dysaster Michelini (pars),	Cotteau, *Note sur le Dysaster Miche-lini*, Bull. Soc. des sc. hist. et nat. de l'Yonne, t. I, p. 99, pl. ii, fig. 1-2 (excl. fig. 3), 1847.
Collyrites Censoriensis,	Cotteau, *Études sur les Éch. foss. de l'Yonne,* t. I, p. 262, pl. xl, fig. 6-7, 1855.
Metaporhinus Censoriensis,	Desor, *Synops. des Éch. foss.,* p. 211, 1857.
Dysaster Censoriensis,	Leymerie et Raulin, *Stat. géol. du dép. de l'Yonne,* p. 624, 1858.
Metaporhinus Censoriensis,	Wright, *Monog. of the British Foss. Echinodermata,* p. 328, 1859.
— —	Cotteau, *Notice sur le genre Meta-porhinus et la fam. des Collyritidées,* Bull. Soc. des sc. hist. et nat. de l'Yonne, t. XIV, p. 9, 1860.
— —	Dujardin et Hupé, *Hist. nat. des Zooph. Échinod.,* p. 554, 1862.

V. 41.

Espèce de taille assez forte, ovale, sub-cordiforme, arrondie en avant, légèrement rétrécie en arrière, offrant, à l'ambitus, une expansion marginale du test, développée surtout dans la région antérieure et dans la région postérieure; face supérieure haute, renflée, conique, très-obliquement tronquée en arrière et rapidement déclive sur les côtés. La face inférieure est mal conservée dans le seul échantillon que nous possédons; on reconnaît cependant les traces d'un renflement très-prononcé de l'aire interambulacraire postérieure. Sommet excentrique en avant occupant la

partie la plus élevée du test. Sillon antérieur vague, atténué, presque nul. Aire ambulacraire impaire droite, sensiblement plus large que les autres, formée de pores très-
petits, arrondis, serrés, rangés par paires obliques et
espacées, s'ouvrant à la base des plaques ambulacraires.
Ces paires de pores s'éloignent un peu les unes des autres
en se rapprochant de l'ambitus. Aires ambulacraires paires
fortement disjointes, composées de pores sub-virgulaires,
transversaux, beaucoup plus apparents que ceux qui forment l'aire ambulacraire impaire, et disposés par paires
plus rapprochées ; au-dessous de l'ambitus, ces pores s'espacent, changent de nature et deviennent petits et circulaires.
Les aires ambulacraires antérieures affectent une disposition sub-flexueuse ; elles sont aiguës, recourbées à leur
partie supérieure et se dirigent d'arrière en avant. Les aires
ambulacraires postérieures, très-éloignées des premières,
paraissent moins flexueuses et moins recourbées, elles se
réunissent bien au-dessus du périprocte, et forment entre
elles un angle aigu très-prononcé. Tubercules petits, sub-
scrobiculés, crénelés, perforés, inégaux, épars, abondants,
plus développés et entourés d'un scrobicule plus apparent
dans la région antérieure, et notamment sur les bords de l'aire
ambulacraire impaire où ils forment une rangée régulière.
Granulation intermédiaire fine, serrée, homogène du
moins à la face supérieure. Péristome très-excentrique en
avant. Périprocte elliptique, transversal, s'ouvrant au-dessus de l'ambitus, dans une dépression recouverte par une
expansion saillante du test. Appareil apical très-allongé ;
les quatre pores génitaux sont placés assez irrégulièrement,
les deux antérieurs un peu plus écartés que les deux autres ; la plaque madréporiforme se prolonge au milieu de
l'appareil. L'espace très-étendu qui sépare le sommet des

deux plaques ambulacraires postérieures est occupé par quelques plaques inégales, irrégulières et à fines sutures.

Hauteur présumée, 45 millimètres ; diamètre transversal, 54 millimètres ; diamètre antéro-postérieur, 59 millimètres.

RAPPORTS ET DIFFÉRENCES. — Cette espèce, confondue dans l'origine avec le *M. Michelini*, s'en distingue par son ensemble plus conique, sa face supérieure plus saillante en avant et plus oblique en arrière, son sommet moins excentrique, ses aires ambulacraires postérieures moins arrondies et plus divergentes, son périprocte transversal et s'ouvrant beaucoup plus bas et surtout par cette expansion marginale qui se montre à l'ambitus, et forme une saillie très-apparente au-dessus du périprocte. Ce dernier caractère nous paraît déterminant, car alors même que cette expansion serait exclusivement formée par le test, elle aurait nécessairement laissé quelque empreinte sur les moules intérieurs du *Metaporhinus Michelini*, et l'on ne verrait pas, sur ces mêmes moules, les pores ambulacraires se diriger sans interruption jusqu'au péristome.

HISTOIRE. — Nous avons longtemps considéré cette espèce comme se rapportant au *M. Michelini*, et c'est comme telle qu'elle a été décrite et figurée dans notre Note de 1847. En 1855, dans nos *Études sur les Échinides de l'Yonne*, nous en avons fait, pour la première fois, sous le nom de *Censoriensis*, une espèce distincte, réunie d'abord au genre *Collyrites*, puis placée plus tard parmi les *Metaporhinus*.

LOCALITÉ. — Chatelcensoir (Yonne). Très-rare. Exemplaire unique. Etage corallien inférieur.

Ma collection.

EXPLICATION DES FIGURES. — Pl. 1, fig. 6, *M. Censoriensis,*

vu sur la face supérieure ; fig. 7, tubercules et granules
grossis. Pl. 2, fig. 1, le même, vu de côté ; fig. 2, face inférieure ; fig. 3, face antérieure ; fig. 4, aire ambulacraire impaire et appareil apical grossis ; fig. 5, aire ambulacraire
paire antérieure grossie ; fig. 6, plaque de l'aire ambulacraire paire plus fortement grossie.

N° 3. **Metaporhinus Michelini**, Agassiz, 1844.

Pl. 3.

Metaporhinus Michelini,	Agass., *Séance extraord. à Chambéry*, Bull. Soc. géol. de France, 2e série, t. I, p. 270, 1844.
— —	Michelin, *Note sur le nouveau genre Metaporhinus*, Rev. zool., p. 5, pl. II, fig. 1-3, 1846.
Dysaster Michelini,	Agassiz et Desor, *Catal. rais. des Éch.*, p. 139, 1847.
— —	Cotteau, *Note sur le Dysaster Michelini*, Bull. Soc. des sc. hist. et nat. de l'Yonne, t. I, p. 99, pl. II, fig. 3 (excl. fig. 1 et 2), 1847.
—	D'Orbigny, *Prod. de pal. strat.*, t. II, p. 26, n° 405, 1850.
Collyrites Michelini,	D'Orbigny, *Note rectificat. sur divers genres d'Échinoïdes*, Rev. et Mag. de zoolog., t. VI, p. 27, 1853.
Metaporhinus Michelini,	Michelin, *Note sur quelques Éch. foss.*, Rev. et Mag. de zool., t. VII, n° 8, 1854.
Collyrites Michelini,	D'Orbigny, *Paléont. franç., ter. crét.*, t. VI, p. 51, 1854.
— —	Cotteau, *Études sur les Éch. foss. du département de l'Yonne*, t. I, p. 259, 1855.
— —	Cotteau, *Notice sur l'âge des couches inf. et moy. de l'Et. corallien du dép. de l'Yonne*, Bull. Soc. géol.

	de France, 2ᵉ série, t. XII, p. 702, 1855.
Metaporhinus Michelini,	Desor, *Synopsis des Éch. foss.*, p. 211, 1857.
Collyrites Michelini,	Pictet, *Traité de paléont.*, t. IV, p. 190, 1857.
— —	Leymerie et Raulin, *Stat. géol. du dép. de l'Yonne*, p. 624, 1858.
Metaporhinus Michelini,	Wright, *Monog. on the British foss. Echinodermata*, p. 328, 1859.
— —	Cotteau, *Notice sur le genre Metaporhinus et la fam. des Collyritidées*, Bull. Soc. des sc. hist. et nat. de l'Yonne, t. XIV, p. 12, 1860.
— —	Dujardin et Hupé, *Hist. nat. des Zooph. Échinod.*, p., 554, 1862.

V. 31.

Moule intérieur de taille assez forte, ovale, sub-cordiforme, arrondi et légèrement échancré en avant, un peu acuminé en arrière ; face supérieure très-élevée, saillante et sub-conique dans la région antérieure qui est tronquée presque perpendiculairement, fortement déclive sur les côtés, formant du sommet au périprocte une ligne oblique, un peu bombée ; face postérieure courte, tronquée, sub-triangulaire ; face inférieure plane et sub-déprimée en avant, très-saillante et sub-carénée en arrière, au milieu de l'aire interambulacraire impaire. Sommet très-excentrique en avant, occupant la partie la plus élevée du test. Sillon antérieur nul vers le sommet, large et à peine apparent près de l'ambitus. Aire ambulacraire impaire droite, formée de pores petits et arrondis, à en juger d'après l'empreinte qu'ils ont laissée sur le moule intérieur, s'espaçant un peu en se rapprochant de l'ambitus. Aires ambulacraires paires fortement disjointes, sub-flexueuses, aiguës et recourbées à leur partie supérieure, composées de pores larges, probablement sub-virgulaires comme dans les autres espèces du genre. Ces pores, disposés d'abord par paires serrées, s'espacent à l'ambitus et à la face inférieure, et tendent à se resserrer de nouveau, aux approches du péristome. Les aires ambulacraires paires postérieures, moins recourbées que les autres à leur partie supérieure, affectent cependant la même disposition sub-flexueuse, et sont dirigées comme elles d'arrière en avant; elles se réunissent à une grande distance du périprocte et forment entre elles un angle aigu assez prononcé. Péristome très-excentrique en avant. Périprocte ovale, s'ouvrant au sommet de la face postérieure, dans une aire sub-triangulaire dont les contours sont vagues et atténués. Appareil apical très-allongé; les quatre pores génitaux visibles sur le moule intérieur sont disposés assez irrégulièrement, les deux antérieurs plus écartés que les deux autres.

Hauteur, 45 millimètres; diamètre transversal, 52 millimètres; diamètre antéro-postérieur, 57 millimètres.

RAPPORTS ET DIFFÉRENCES. — Cette curieuse espèce sera toujours facilement reconnaissable à sa face antérieure tronquée presque verticalement, très-saillante et prolongée en forme de rostre, à son sommet plus excentrique en avant que dans les autres espèces, à ses côtés fortement déclives, à ses aires ambulacraires paires subflexueuses, arrondies, dirigées d'arrière en avant, à ses aires ambulacraires postérieures très-éloignées du périprocte, et formant, à leur point de jonction, un angle aigu, à son périprocte assez élevé.

HISTOIRE. — Lorsque M. Michelin, en 1844, créa pour cette espèce le genre *Metaporhinus*, il ne possédait qu'un moule intérieur siliceux dont il ignorait l'origine, mais qu'il croyait provenir de la craie des environs de Périgueux, et ce ne fut que plus tard, en 1846, que l'identité de cet échantillon et des moules siliceux du calcaire à chailles de Chatelcensoir et de Druyes fut démontrée. Cette espèce a subi les phases du genre auquel elle servait de type : réunie par quelques auteurs, tantôt aux *Dysaster*, tantôt aux *Collyrites*, elle a repris, en 1857, dans le *Synopsis des Échinides fossiles*, le nom de *Metaporhinus Michelini* qu'elle a conservé depuis.

LOCALITÉS. — Chatelcensoir, Druyes (Yonne). Rare , connue seulement à l'état de moule intérieur siliceux. Calcaire à chailles, étage corallien inf.

École des mines (coll. Michelin), ma collection.

EXPLICATION DES FIGURES. — Pl. 3, fig. 1, *M. Michelini* de grande taille, de ma collection, vu de côté ; fig. 2, autre individu plus petit, de ma coll., vu de côté ; fig. 3, face sup. ; fig. 4, face inf. ; fig. 5, face antérieure ; fig. 6, empreinte grossie de l'appareil apical et du sommet des aires ambulacraires.

N° 4. **Metaporhinus transversus**, Cotteau, 1867.

(D'Orbigny, 1853.)

Pl. 4.

Collyrites transversa,	D'Orbigny, *Paléont. franç., terr. crétacé,* t. VI, p. 50, 1853.
— —	Desor, *Synops. des Éch. foss.*, p. 208, 1857.
— —	Wright, *Monog. of the Brit. Foss. Echin. from the Ool. Form.*, p. 326, 1859.
Collyrites Berriasensis,	De Loriol *in* Pictet, *Ét. paléont. sur la Faune à Terebratula diphyoïdes de Berrias* (Ardèche), Mélanges paléont., p. 103, pl. xxvii, fig. 1-4, 1867.

Metaporhinus Munsteri,   Cotteau *in* Hébert, *Note sur les calcaires
à Terebr. diphya de la Porte de France,
près Grenoble,* Comptes rendus de
l'Inst., t. LXIV, 1867.

Espèce de taille assez forte, cordiforme, trapue, plus
large que longue, dilatée et échancrée en avant, sensiblement rétrécie en arrière ; face supérieure renflée, très-
haute, presque aussi élevée dans la région postérieure que
dans la région antérieure, sub-carénée au milieu, déclive
sur les côtés, brusquement abaissée en avant ; face postérieure tronquée presque verticalement ; face inférieure convexe, renflée, surtout au milieu de l'aire interambulacraire
impaire, arrondie sur les bords. Sommet ambulacraire très-
excentrique en avant, placé au point le plus élevé de la
face supérieure, à l'endroit où elle s'abaisse vers l'ambitus.
Aires ambulacraires très-disjointes. Aire ambulacraire
antérieure droite, composée de pores petits, arrondis, disposés par paires serrées et obliques à la face supérieure,
s'espaçant au fur et à mesure qu'elles s'éloignent du sommet,
logée dans un sillon d'abord vague et atténué, puis qui
échancre profondément l'ambitus et aboutit au péristome.
Aires ambulacraires paires antérieures étroites, sub-
flexueuses, arrondies près du sommet, formées de pores
à peine sub-virgulaires, cependant un peu plus apparents et
plus espacés que les autres. Aires ambulacraires paires
postérieures plus larges que les antérieures, recourbées
comme elles à leur partie supérieure, convergeant à une
très-petite distance au-dessus du périprocte, à l'endroit où
commence la troncature de la face postérieure. Tubercules
nombreux, épars, petits, à peine scrobiculés à la face supérieure, plus développés aux approches de l'ambitus et sur
les bords du sillon antérieur qui paraît dépourvu de tuber-

cules. Granulation intermédiaire éparse, inégale, très-fine. Péristome arrondi, très-excentrique en avant, s'ouvrant au fond de la dépression creusée par le sillon antérieur. Périprocte sub-circulaire, un peu allongé, situé au sommet de la face postérieure, au-dessous de la carène dorsale qui le recouvre complétement, à la naissance d'un sillon large, profond, qui descend jusqu'à l'ambitus où il s'arrête, en déterminant deux petites protubérances marginales plus ou moins anguleuses. Appareil apical peu développé, sub-quadrangulaire; les quatre plaques génitales, largement perforées, se touchent par le milieu et par la base et sont à peu près d'égale étendue, à l'exception de la plaque madréporiforme qui est plus grande et plus saillante que les autres; les trois plaques ocellaires antérieures sont très-petites et s'intercalent à l'angle des plaques génitales.

Hauteur, 32 millimètres; diamètre transversal, 38 millimètres; diamètre antéro-postérieur, 36 millimètres.

La collection d'Orbigny renferme un exemplaire de cette même espèce dont la taille est beaucoup plus forte : la face supérieure et la face inférieure mal conservées ne permettent pas de mesurer exactement la hauteur, mais le diamètre transversal est de 57 millimètres, et le diamètre antéro-postérieur de 44 millimètres environ.

RAPPORTS ET DIFFÉRENCES. — Le *M. transversus* diffère de ses congénères par son aspect cordiforme, trapu, ordinairement plus large que long, par sa face supérieure très-élevée, presque verticalement tronquée en avant et en arrière, son périprocte entièrement recouvert par la carène dorsale, son sillon anal profond, sa face inférieure bombée, son péristome très-excentrique en avant. Quelques-uns de ces caractères tendent à le rapprocher un peu du *M. Munsteri* auquel, au premier abord, nous avions

cru devoir le réunir (1). Un examen plus approfondi nous
a démontré que les deux espèces, tout en présentant
beaucoup plus d'analogie dans leur forme générale, dans
la disposition de leurs aires ambulacraires et dans l'aspect du sillon anal qui s'étend à la face postérieure, sont
cependant distinctes. Le *M. Munsteri*, figuré dans l'origine, par Goldfuss, sous le nom de *Spatangites bicordatus*,
et plus tard par M. Desor, est reconnaissable à sa face postérieure moins oblique et tronquée plus verticalement, à
son sommet ambulacraire plus excentrique en avant, à sa
face supérieure sub-carénée en arrière et déclive sur les
côtés en forme de toit. Le *M. transversus* offre également
quelque ressemblance avec le *Dysaster altissimus* de
Zeuschner, que nous ne connaissons que par les figures
données dans son ouvrage sur les fossiles du Tatra. Cette
dernière espèce nous a paru se distinguer du *Metaporh.
transversus*, par sa forme plus allongée, par sa face postérieure tronquée, moins verticalement, et dépourvue du
sillon anal si caractéristique du *Metaporh. transversus*.

Au moment où nous corrigions les épreuves de cette
partie de notre travail, nous avons reçu les *Études paléontologiques* de M. Pictet sur la *Faune à Terebratula diphyoïdes*
de *Berrrias* (Ardèche). Sous le nom de *Collyrites Berriasensis*, M. de Loriol a décrit et figuré, dans cet ouvrage, une
espèce qui nous paraît identique au *Metaporh. transversus*.
La mauvaise conservation des exemplaires que M. de Loriol
avait à étudier, n'a pas permis à notre savant ami de
reconnaître les caractères génériques de son espèce, caractères qui résident, comme nous l'avons vu plus haut, dans
la structure des pores de l'aire ambulacraire impaire et

(1) Hébert, *Note sur les Calcaires à Terebratula diphya de la Porte
de France, près Grenoble*, Comptes rendus de l'Institut, t. LXIV.

dans l'arrangement des plaques apicales. La description minutieuse que M. de Loriol a donnée des parties qu'il a pu examiner, ainsi que les figures qu'il a jointes à cette description, ne nous laissent aucun doute sur l'identité spécifique de nos échantillons avec les siens. Si le sillon antérieur paraît, vers l'ambitus, un peu moins prononcé dans nos figures, si le périprocte semble plus éloigné du bord antérieur, il ne faut pas attacher d'importance à ces différences, car, dans quelques-uns des exemplaires que nous avons sous les yeux, le péristome est plus excentrique en avant, et le sillon antérieur, un peu plus accusé, se rapproche davantage de celui figuré par M. de Loriol.

HISTOIRE. — Albin Gras, dès 1852, mentionne cette espèce dans le *Catalogue raisonné des Fossiles de l'Isère* : « On « trouve, dit-il, dans les couches les plus supérieures de la « Porte de France et au sommet du mont Rachet de Gre- « noble, un *Dysaster* voisin du *D. Michelini*, Ag., en trop « mauvais état pour être déterminé. » L'année suivante, d'Orbigny, dans la *Paléontologie française*, donne à des échantillons provenant des environs d'Escragnolles et identiques à ceux de l'Isère, le nom de *Collyrites transversa* que nous avons conservé, tout en reportant l'espèce dans le genre *Metaporhinus*. La phrase descriptive qui accompagne, dans l'ouvrage de d'Orbigny, la mention de cette espèce est trop incomplète pour permettre de la reconnaître, et explique parfaitement comment M. de Loriol, qui n'avait pas à sa disposition les types du *C. transversa*, a cru devoir faire des échantillons de Berrias une espèce particulière.

LOCALITÉ. — Porte de France, près Grenoble (Isère);

____

(1) **A. Gras**, *Catalogue des corps organisés fossiles de l'Isère*, p. 12.

Escragnolles (Var); Berrias (Ardèche); rare. Néocomien
inférieur — Lorsque nous avons décrit et fait figurer
cette espèce, nous ne connaissions que les échantillons recueillis à Escragnolles par d'Orbigny, et dans les calcaires
de la Porte de France par M. Chaper ; il existait quelque
incertitude, relativement à l'âge de ces dernières couches :
si d'un côté M. Hébert les considérait comme essentiellement néocomiennes, en s'appuyant sur l'étude minutieuse
et comparée des ammonites, d'un autre côté, M. Lory et
plusieurs autres géologues persistaient à classer ces calcaires dans le terrain jurassique et à les regarder comme
faisant encore partie de l'étage oxfordien. Dans le doute,
nous n'avons pas hésité à faire figurer, parmi les Échinides
jurassiques, le *Metaporh. transversus*, et à appeler ainsi l'attention sur une espèce si intéressante, non-seulement sous
le rapport stratigraphique, mais encore au point de vue
purement zoologique, et qui du reste, nous devons le dire,
par l'ensemble de ses caractères présentait une physionomie plutôt jurassique que crétacée. Le Mémoire que vient
de publier M. Pictet sur les couches à *Terebratula diphyoïdes*
de Berrias, qui correspondent certainement aux calcaires
de la Porte de France, confirme en tous points l'opinion
de M. Hébert, et nous force à retrancher de la faune jurassique le *Met. transversus*, qui devient, suivant toute probabilité, une espèce néocomienne.

Musée de Paris (coll. d'Orbigny); coll. Chaper, Malbos,
Pictet et Euthyme.

Localités autres que la France. — Cabra (Andalousie).
Abondant. Coll. de Verneuil.

Explication des figures. — Pl. 4, fig. 1, *M. transversus*,
d'Escragnolles, du Muséum d'hist. nat. de Paris, vu de côté ;
fig. 2, face sup.; fig. 3, face. inf. ; fig. 4, face ant.; fig. 5,

face anale; fig. 6, appareil apical grossi et montrant la différence entre les aires ambul. et interambul.; fig. 7, autre exemplaire, de la Porte de France, de la coll. de M. Chaper, vu de côté; fig. 8, face anale.

RÉSUMÉ GÉOLOGIQUE SUR LES METAPORHINUS.

Nous avons décrit quatre espèces seulement de *Metaporhinus :*

Le genre commence à se montrer dans l'étage bajocien où il est représenté par une espèce, *M. Sarthacensis.*

Deux espèces ont été rencontrées dans l'étage corallien inférieur : la première, *M. Michelini*, caractérise les calcaires à Chailles qui servent de base à l'étage ; la seconde, *M. Censoriensis*, se trouve dans les calcaires blancs et oolithiques qui viennent au-dessus.

La quatrième espèce, *M. transversus*, que nous avions figurée comme provenant de l'étage oxfordien supérieur, appartient, paraît-il, à l'étage néocomien.

2ᵉ Genre. — GRASIA, Michelin, 1854.

Hyboclypus (pars), A. Gras, 1852. — *Collyrites* (pars), d'Orbigny, 1854. — *Grasia,* Michelin, 1854; Desor, 1858.

Test de grande taille, ovale, très-allongé, acuminé en avant, renflé en dessus, obliquement tronqué en arrière, légèrement pulviné en dessous. Sommet très-excentrique en avant. Aires ambulacraires apétaloïdes, à fleur du test, fortement disjointes. Aire ambulacraire impaire convergeant en droite ligne du sommet au péristome. Aires ambulacraires paires sub-flexueuses, recourbées à leur partie supérieure : pores ambulacraires paraissant de même nature sur les cinq ambulacres, à peu près également espacés dans toute l'étendue des zones porifères, ne se multipliant pas autour du péristome. Tubercules petits, épars, sub-scrobiculés, probablement crénelés et perforés. Péristome presque central, subelliptique, situé dans une dépression de la face inférieure. Périprocte ovale, s'ouvrant à la face supérieure, au-dessus de l'ambitus, au sommet d'un sillon profond. Appareil apical étroit, allongé, avec plaques ocellaires latérales superposées aux plaques génitales et en contact par le milieu.

RAPPORTS ET DIFFÉRENCE. — Le genre *Grasia*, parfaitement caractérisé par sa forme allongée et acuminée en avant, son sommet très-excentrique, ses aires ambulacraires flexueuses et disjointes, son périprocte supérieur et s'ouvrant dans un sillon profond, son péristome presque central, ne saurait être confondu avec aucun autre type. Ses aires ambulacraires disjointes le placent dans le voisinage des *Metaporhinus* et des *Collyrites*, mais il se distinguera toujours facilement de ces deux derniers genres.

Le genre *Grasia*, établi en 1854 par M. Michelin, est propre à l'étage corallien, et ne renferme jusqu'ici qu'une seule espèce fort rare, placée originairement par Albin Gras dans le genre *Hyboclypus*, et réunie plus tard par d'Orbigny aux *Collyrites*.

N° 5. **Grasia elongata**, Michelin, 1854.

(A. Gras, 1852.)

Pl. 5.

Hyboclypus elongata,   A. Gras, *Catal. des corps org. foss. du département de l'Isère*, p. 49, pl. II, fig. 1-3, 1852.

Collyrites elongata,   D'Orbigny, *Paléont. franç., terr. crét.*, t. VI, p. 51, 1853.

Collyrites elongata,	D'Orbigny, *Note rect. sur quelques esp. d'Éch.*, Rev. et Mag. de zool., t. VI, 1854.
Grasia elongata,	Michelin, *Note sur quelques Échin. foss.,* id., t. VI, n° 8, 1854.
— —	Desor, *Synops. des Éch. foss.*, p. 212, 1858.
— —	Wright, *Monog. of the Brit. Foss. Echinod. from the Oolit. Format.*, p. 329, 1859.
— —	Dujardin et Hupé, *Hist. nat. des Zooph. Échinod.*, p. 354, 1862.

V. 66.

Espèce de grande taille, étroite, allongée, très-acuminée en avant, sensiblement échancrée en arrière par le sillon anal; face supérieure renflée, déclive sur les côtés, sub-tronquée dans la région postérieure; face inférieure pulvinée, relevée en avant, tout à fait plane en arrière, profondément concave au milieu, marquée, au-devant du péristome, d'une dépression qui correspond à l'aire ambulacraire impaire. Sommet très-excentrique, placé presque à l'extrémité du rostre antérieur. Aires ambulacraires fortement disjointes, très-étroites surtout à leur partie supérieure, formées de pores à peine virgulaires, serrés dans toute l'étendue des zones porifères, et ne paraissant pas se multiplier autour du péristome. Aire ambulacraire impaire droite, logée à la face inférieure, dans un sillon large et atténué qui cesse complétement vers l'ambitus. Aires ambulacraires paires antérieures sub-flexueuses, légèrement arrondies à leur extrémité supérieure. Aires ambulacraires postérieures flexueuses, convergeant à une grande distance du périprocte, à peu près au milieu de la face supérieure. Tubercules sub-scrobiculés. Péristome elliptique, allongé dans le sens du diamètre antéro-postérieur, un peu excentrique en avant, s'ouvrant dans une dépression très-prononcée de la face inférieure. Périprocte grand, pyriforme, placé en arrière à la face supérieure, au sommet d'un sillon profond qui se prolonge jusqu'au bord, échancre fortement l'ambitus et disparaît complétement en dessous. Appareil apical étroit et allongé, à en juger par l'empreinte qu'il a laissée sur le moule intérieur.

Hauteur, 28 millimètres; diamètre transversal, 42 millimètres; diamètre antéro-postérieur, 71 millimètres.

RAPPORTS ET DIFFÉRENCES. — Cette espèce, assurément l'un des plus curieux fossiles que nous possédions, sera toujours parfaitement reconnaissable à sa forme très-allongée, à sa face supérieure prolongée en avant en un rostre saillant qui rappelle les *Archiacia* du terrain crétacé, à sa face inférieure plane en arrière, fortement concave au milieu, à ses aires ambulacraires flexueuses, très-disjointes, les antérieures convergeant vers l'extrémité du rostre, les postérieures bien loin du périprocte, jusqu'au milieu de la face supérieure, à son périprocte supérieur et logé dans un profond sillon. Par son sillon anal, cette espèce se rapproche des *Hyboclypus*, parmi lesquels elle avait été placée tout d'abord ; elle s'en éloigne certainement par la grande disjonction de ses aires ambulacraires.

HISTOIRE. — Décrite et figurée, pour la première fois, en 1852, par Albin Gras, sous le nom d'*Hyboclypus elongatus*, cette espèce a été réunie, en 1853, par d'Orbigny, au genre *Collyrites*. En 1854, M. Michelin en a fait, avec raison, le type d'un genre nouveau qu'il a placé près des *Collyrites*, et auquel il a donné le nom de *Grasia*, en mémoire du savant paléontologiste de Grenoble qui, le premier, avait signalé cette espèce. Le genre *Grasia* a été adopté par tous les auteurs.

LOCALITÉS. — Echaillon (Isère); Druyes (Yonne). Très-rare. Etage corallien inf.

Musée de Grenoble (coll. A. Gras); ma collection.

EXPLICATION DES IGURES. — Pl. 5, fig. 1, *G. elongata*, du Musée de Grenoble, vu de côté; fig. 2, face inférieure; fig. 3, moule intérieur de ma collection, vu sur la face supérieure; fig. 4, le même, vu de côté.

3ᵉ Genre. COLLYRITES, Des Moulins, 1835.

Dysaster, Agassiz, 1836; Desor, 1842. — *Collyrites*, d'Orbigny, 1853; Cotteau, 1855; Desor, 1857; Wright, 1859.

Test de taille moyenne, ovale, elliptique, quelquefois subcirculaire, uniformément bombé en dessus, plane ou légèrement pulviné en dessous. Sommet excentrique en avant. Aires ambulacraires disjointes, apétaloïdes et à fleur du test. Aire ambulacraire impaire convergeant en ligne droite du sommet au péristome. Aires ambulacraires paires subflexueuses, plus ou moins recourbées vers leur partie supérieure. Pores ambulacraires de même nature sur les cinq ambulacres, sub-virgulaires, opposés l'un à l'autre, serrés et apparents à la face supérieure, plus petits et plus espacés vers l'ambitus, dans la région infra-marginale et aux approches du péristome près duquel ils tendent à se resserrer et à se multiplier. Dans chaque zone porifère, la rangée interne est formée de pores plus petits, allongés au lieu d'être obliques. Aires ambulacraires paires postérieures, convergeant tantôt à quelque distance du périprocte, tantôt immédiatement au-dessus. Tubercules petits, perforés, crénelés, sub-scrobiculés, inégaux et épars. Granulation intermédiaire fine, serrée, homogène. Péristome excentrique en avant, sub-circulaire, ordinairement un peu allongé dans le sens du diamètre antéro-postérieur, à fleur du test. Périprocte ovale, postérieur, supra-marginal, s'ou-

vrant quelquefois au sommet d'un sillon qui se prolonge
en s'atténuant au-dessous de l'ambitus. Appareil apical
très-allongé avec plaques ocellaires latérales superposées
aux plaques génitales et en contact par le milieu. La partie
antérieure de l'appareil est reliée aux plaques postérieures
ocellaires par une série de petites plaques inégales, irrégulières, et qui se prolongent jusqu'au périprocte. Ces
pièces accessoires sont sans doute étrangères à l'appareil
apical et constituent les rudiments de plaques coronales en
voie de formation.

RAPPORTS ET DIFFERENCES. — Le genre *Collyrites*, tel qu'il
est aujourd'hui circonscrit, se distingue des *Metaporhinus*
par sa face supérieure moins conique, son aire interambulacraire impaire moins gibbeuse en dessous, son sommet
et son péristome moins excentriques en avant, son aire ambulacraire antérieure formée de pores identiques à ceux
qui composent les autres aires ambulacraires. Le genre *Collyrites* a longtemps été confondu avec les *Dysaster*, que nous
en avons séparés, dès 1855, dans nos *Études sur les Échinides fossiles de l'Yonne*, en raison de la structure toute
particulière de leur appareil apical.

HISTOIRE. — Les espèces qui composent le genre *Collyrites*
ont été dans l'origine réparties en plusieurs autres genres
avec lesquels elles ne présentent que des affinités éloignées.
Leske en avait fait des *Spatangites*, Lamark des *Ananchytes*,
Munster, Goldfuss et Defrance des *Nucleolites*. — En 1831,
Deluc (*in litterâ*) avait proposé à M. Des Moulins, pour une
de ces espèces, le nom de *Collyrites* (1), mais ce ne fut
qu'en août 1835, que M. Des Moulins, dans les *Actes de la
Société linnéenne de Bordeaux*, établit d'une manière défini-

____

(1) *Études sur les Échinides*, 1er mém., p. 47.

tive le genre *Collyrites*, et en publia les caractères (1). A peu près dans le même temps, M. Agassiz s'occupait de son côté, mais à un point de vue différent, de travaux importants sur les Échinides. — En 1836, il fit paraître son Prodrome dans le premier volume des *Mémoires de la Société des sciences naturelles de Neuchâtel*. Parmi les genres nouveaux se trouve le genre *Dysaster* qui correspond à peu près exactement au genre *Collyrites* de M. Des Moulins. Ce prodrome était le point de départ d'une série de travaux remarquables ; il apportait dans la classification des Échinides de profondes et utiles modifications ; aussi la nomenclature proposée par M. Agassiz fut-elle suivie par tous les naturalistes en France, en Angleterre, en Suisse et en Allemagne. Le mémoire de M. Des Moulins fut oublié, et cela d'autant plus facilement, que M. Agassiz, dans une Note placée à la première page du prodrome, avertit que son mémoire avait été lu à la Société des sciences naturelles de Neuchâtel, le 10 janvier 1864 (2), ce qui lui donnait ainsi une antériorité apparente sur les premiers travaux de M. Des Moulins.

M. Des Moulins protesta (3) ; mais le genre *Dysaster* fut adopté à l'exclusion du genre *Collyrites ;* il existe cependant, en faveur de M. Des Moulins, une antériorité trèspositive, son mémoire ayant été publié dans le mois d'août 1835, et le Prodrome de M. Agassiz, bien que lu, en 1834, n'ayant paru qu'en juillet 1836 (4). Dans l'intervalle qui s'est écoulé entre la lecture et la publication, le mémoire de M. Agassiz a dû subir quelques mo-

(1) *Études sur les Échinides*, 1ᵉʳ Mém., p. 46.
(2) *Mém. soc. d'hist. nat. de Neuchatel*, t. 1, p. 168.
(3) *Études sur les Éch. foss.*, p. 206.
(4) Agassiz, *Monog. des Salénies*, p. 17.

dificalions, mais alors même qu'il aurait été imprimé, en 1836, tel qu'il avait été lu en 1834, il est évident qu'en pareille matière, le point de départ ne peut être que la date de la publication et non celle de la lecture. D'après ce principe incontestable, le nom de *Collyrites* a sur celui de *Dysaster* une antériorité de près d'une année. C'est à d'Orbigny que revient le mérite d'avoir le premier reconnu cette antériorité, et rétabli dans la méthode le genre *Collyrites* que tous les auteurs adoptent aujourd'hui.

Le genre *Collyrites* renferme un assez grand nombre d'espèces dont quelques-unes sont très-abondantes ; il fait son apparition dans les couches du lias et se développe surtout dans les étages bajocien, bathonien, callovien et oxfordien ; le genre existe encore au commencement de la période crétacée et disparaît avec l'étage néocomien.

N° 6. **Collyrites ringens.** Des Moulins, 1837.

(Agass., 1836.)

Pl. 6 et pl. 7, fig. 1-5.

Dysaster ringens,	Agassiz, *Prod. d'une Monog. des radiaires,* Mém. Soc. des sc. nat. de Neuchâtel, t. I, p. 183, 1836.
Collyrites ringens,	Des Moulins, *Études sur les Éch.,* p. 369, n° 15, 1837.
Dysaster ringens,	Agassiz, *Descr. des Échin. foss. de la Suisse,* t. I, p. 5, pl. I, fig. 7-11, 1839.
— —	Agassiz, *Catal. syst. Ectyp. foss. Mus. neoc.,* p. 3, 1840.
Dysaster Eudesii,	Agassiz, *id.*
— —	Desor, *Monog. des Dysaster,* p. 23, pl. I, fig. 5-12, 1842.
Dysaster ringens,	Desor, *id.,* fig. 13-17, 1842.
— —	Agassiz et Desor, *Catal. rais. des Éch.,* p. 139, 1847.

Dysaster Eudesii,   Agassiz et Desor, *Catal. raisonné,* p. 139,
                            1847.
—   —   Bronn, *Index paleont.,* p. 429, 1848.
Dysaster ringens,   Bronn, *id.*
—   —   Marcou, *Recherches géol. sur le Jura sali-
                            nois,* Mém. Soc. géol. de France, 2ᵉ sé-
                            rie, t. III, p. 79, 1848.
Dysaster sub-ringens,   M'Coy, *Ann. Nat. History,* 2ᵉ série, t. II,
                            p. 415, 1848.
Dysaster ringens,   Cotteau, *Études sur les Éch. foss. de
                            l'Yonne,* t. I, p. 46, pl. ꙇꙇ, fig. 10-13, 1849.
—   —   Forbes, *Echinodermata, Mem. of the Geol.
                            Survey,* Dec. III, pl. ꙇx, fig. 1-10, 1850.
—   —   D'Orbigny, *Prod. de pal. strat.,* t. I,
                            p. 287, nᵒ 491, 1850.
Dysaster Eudesii,   D'Orbigny, *id.,* nᵒ 490, 1850.
Dysaster ringens,   Wright, *On the Cassidulidæ of the Oolites,*
                            Ann. of Nat. Hist., 2ᵉ sér., t. IX, p. 207,
                            1851.
—   —   Quenstedt, *Handbuche der Petrefakten-
                            kunde,* p. 590, pl. ʟ, fig. 15, 1852.
—   —   Giebel, *Deutschlands Petrefacten,* p. 325,
                            1852.
Collyrites ringens,   D'Orbigny, *Paléont. franç., terrain crét.,*
                            t. VI, p. 49, 1853.
Collyrites Eudesii,   D'Orbigny, *id.,* p. 48, 1853.
Dysaster sub-ringens,   M'Coy, *Contrib. to Brit. Paleont.,* p. 62,
                            1854.
Collyrites ringens,   D'Orbigny, *Note rectif. sur div. genres d'É-
                            chin.,* Rev. et Mag. de zool., 2ᵉ série,
                            t. VII, p. 27, 1854.
Collyrites Eudesii,   D'Orbigny, *id.,* p. 26, 1854.
Dysaster ringens,   Forbes *in* Morris, *Catal. of Brit. Foss.,*
                            2ᵉ éd., p. 78, 1854.
Collyrites ringens,   Desor, *Synops. des Éch. foss.,* p. 207,
                            1857.
Dysaster ringens,   Pictet, *Traité de paléont.,* t. IV, p. 189, 1857.
Dysaster Eudesii,   Pictet, *id.*
—   —   Etallon, *Esquisse d'une Desc. géol. du Haut-
                            Jura,* p. 22, 1857.
Dysaster ringens,   Etallon, *id.*

Dysaster ringens,	Leymerie et Raulin, *Stat. géol. du départ. de l'Yonne*, p. 624, 1858.
Collyrites ringens,	Cotteau et Triger, *Échin. du département de la Sarthe*, p. 48, pl. VIII, fig. 5-6, 1858.
— —	Wright, *Monog. on the Brit. Foss. Echinod. from the Ool. Format.*, p. 309, 'pl. xxii, fig. 3 *a—i*, 1859.
Dysaster Eudesii,	Bonjour, *Catal. des foss. du Jura*, p. 20, 1864.
Dysaster ringens,	Bonjour, *id.*, 1864.
Collyrites ringens,	Moesch, *Geolog. Beschreib. der Umgeb. von Brogg.*, p. 39 et passim, 1867.

Type de l'espèce : 20, 16. — Var. *Eudesii :* 19, 22, 23;
X, 65.

Espèce de taille moyenne, sub-circulaire, arrondie et
très-légèrement échancrée en avant, sub-rostrée en arrière ; face supérieure en général peu élevée, uniformément
bombée ; face inférieure concave au milieu, pulvinée, marquée de renflements très-apparents, correspondant aux
aires interambulacraires et notamment à l'aire interambulacraire impaire. Sommet sub-central. Aires ambulacraires
étroites, fortement disjointes, formées de pores petits et espacés, se multipliant près du péristome, renfermées à la face
inférieure dans des dépressions apparentes. Aire ambulacraire impaire se dirigeant en droite ligne jusqu'à la bouche
et ne présentant, sur la face supérieure, aucune trace de
sillon. Aires ambulacraires paires antérieures sub-flexueuses, arrondies près du sommet. Aires ambulacraires postérieures un peu plus larges et moins apparentes que les
autres, convergeant immédiatement au-dessus du périprocte et se recourbant à leur partie supérieure d'une manière très-prononcée. Tubercules extrêmement petits, épars,
un peu plus développés vers l'ambitus. Granules intermé-

diaires fins, serrés, homogènes, donnant au test vu à la loupe un aspect chagriné. Péristome excentrique en avant, sub-circulaire, irrégulièrement pentagonal, placé dans la partie la plus déprimée du test. Périprocte ovale, sub-elliptique, aigu à sa partie supérieure, supra-marginal, s'ouvrant au sommet d'un sillon qui se prolonge en s'atténuant à la face inférieure, au milieu de l'aire interambulacraire impaire, et paraît vaguement caréné sur les bords. Appareil apical étroit, granuleux, allongé ; plaques génitales visiblement perforées, celle de droite d'un aspect madréporiforme très-reconnaissable ; plaques ocellaires antérieures latérales largement développées, séparées au milieu par une ou deux plaques complémentaires toujours très-difficiles à distinguer ; la plaque ocellaire impaire antérieure et les deux plaques postérieures très-petites.

Hauteur, 12 millimètres ; diamètre transversal, 24 millimètres ; diamètre antéro-postérieur, 25 millimètres.

Var. *Eudesii* : hauteur, 13 millimètres ; diamètre transversal, 20 millimètres ; diamètre antéro-postérieur, 22 millimètres.

Var. *Eudesii* de grande taille : hauteur, 17 millimètres ; diamètre transversal, 24 millimètres ; diamètre antéro-postérieur, 29 millimètres.

Le *C. ringens* varie beaucoup dans sa forme : le type est sub-circulaire, médiocrement renflé, un peu rostré en arrière, et le diamètre transversal est à peu près de même étendue que le diamètre antéro-postérieur. Chez un grand nombre d'exemplaires, ces proportions ne sont plus les mêmes : le test s'allonge, la face supérieure se renfle, le rostre postérieur devient plus prononcé, et l'aire inter ambulacraire impaire plus gibbeuse à la face inférieure. Cette variété a été dans l'origine désignée sous le nom de *Dysaster*

Eudesii. Dès 1853, dans nos *Études sur les Échinides fossiles de l'Yonne*, nous avons reconnu que les individus allongés se reliaient par des passages insensibles au type sub-circulaire du *C. ringens* avec lequel on les rencontre associés.

RAPPORTS ET DIFFÉRENCES. — Le *C. ringens*, malgré les variétés qu'il présente, sera toujours facilement reconnaissable à sa face supérieure uniformément bombée, plus ou moins sensiblement rostrée en arrière, à sa face inférieure fortement pulvinée, à ses aires ambulacraires antérieures plus étroites que les autres, à son périprocte supra marginal. Sous le nom de *C. Gillieroni*, M. Desor a établi récemment (1), d'après des échantillons provenant de l'étage bajocien de Trème, canton de Fribourg, une petite espèce qui offre de grands rapports avec certains exemplaires de la variété *Eudesii*, mais qui cependant s'en distingue nettement par sa forme plus gibbeuse, sa face inférieure moins pulvinée, sa face postérieure rentrante et son périprocte situé beaucoup plus bas. — Les auteurs sont d'accord pour réunir à l'espèce qui nous occupe le *D. sub-ringens*, de M'Coy, qui n'est, suivant M. Wright, qu'une variété plus large (2). M. Desor et M. Wright réunissent également au *C. ringens*, le *C. Agassizi* de d'Orbigny. Nous ne pouvons partager cette opinion ; nous avons sous les yeux les exemplaires qui ont servi de type à l'espèce : remarquables par leur forme renflée, leur face inférieure plane, leur face postérieure tronquée, non rostrée, dépourvue de sillon anal, ils ne présentent aucun des caractères du *C. ringens*, et se placent bien plutôt dans le voisinage du *C. ovalis*.

HISTOIRE. — Le *C. ringens*, souvent décrit et figuré par les auteurs, a été mentionné pour la première fois, en 1836,

(1) Collection de M. Gillieron.
(2) *Monog. of the Brit. Foss. Echinod. of the Ool. Formations*, p. 312.

dans le *Prodrome d'une Monographie des radiaires ;* placé pendant longtemps dans le genre *Dysaster*, il a été reporté, en 1854, par d'Orbigny parmi les *Collyrites* où il est resté depuis.

LOCALITÉS. — Bayeux, Croisilles, Moutiers, Port-en-Bessin, Sainte-Honorine de Perthes, Saint-Vigor (Calvados); la Tour-du-Pré, Avallon (Yonne); environs de Nevers (carrières de la Grenouille) (Nièvre) ; Pouilly (Saône-et-Loire); Josseron (Ain); Souvigné (Deux-Sèvres); Longevy (Moselle); Salins (Jura) ; étage bajocien. — Pecheseul, Nogent, Saint-Pierre-des-Bois, Chemiré-le-Gaudin (Sarthe) ; Sélongey (Côte-d'Or) ; Gorze (Moselle). Étage bathonien.

Muséum de Paris (coll. d'Orbigny), École des mines (coll. Michelin), coll. de la Sorbonne, Musée de Dijon, coll. Deslonchamps, Terquem, Dumortier, Davoust, Guéranger, Triger, Guillier, ma collection.

LOCALITÉS. — Autres que la France. — Sherborne, Yeovil, Burton-Bradstock, Walditch-Hill, Chideock, Hill Near Bridport, Fairford (Angleterre). Noiraigne (canton de Neuchâtel) ; Mandach, Betznau (canton d'Argovie) ; Goldenthal (canton de Soleure) (Suisse). Étages bajocien et bathonien.

Coll. Wright, Musées de Neuchâtel, de Zurich, coll. Gillieron, de Loriol, Mœsch.

EXPLICATION DES FIGURES. — Pl. 6, fig. 1, *C. ringens*, de l'étage bathonien de Saint-Pierre-les-Bois, de ma collection, vu de côté; fig. 2, face sup.; fig. 3, face inf.; fig. 4, face postérieure; fig. 5, appareil apical et ambulacre grossis; fig. 6, péristome grossi; fig. 7, individu allongé et renflé (var. *Eudesii*), de l'étage bajocien du Calvados, de la collection de l'École des mines; fig. 8, face sup.; fig. 9, face inf. ; fig. 10, autre individu plus aplati, de ma collection, vu de côté; fig. 11, face sup.; fig. 12, face inf. — Pl. 7, fig. 1, variété très-allongée, de l'étage bajocien de Pouilly (Saône-et-Loire), de ma collection, vue de côté ; fig. 2, face sup. ; fig. 3, face inf. ; fig. 4, autre variété du même terrain, de ma collection, vue de côté ; fig. 5, face inf.

N° 7. **Collyrites ovalis**, Cotteau, 1858 (non Des M.).

Leske, 1778.

Pl. 7, fig. 6-13 ; — pl. 8, fig. 1-5.

	D'Annone, *Acta Helvet.*, t. IV, p. 275, pl. xiv, fig. 1, 2, 3, 1760.
	Walch, *Del. nat.*, II, p. 182, pl. E iii, n° 6, 1768.
Egelscheuitji twe-top,	Van Phelsum, p. 32, sp. 3, 1774.
Spatangites ovalis,	Leske, *Klein nat. Dispos. Echinod.*, p. 253, pl. xli, fig. 5, 1778.
Collyrites elliptica (pars),	Des Moulins, *Études sur les Éch.*, p. 364, 1837.
Dysaster avellana,	Agassiz, *Catal. syst. Ectyp. foss.*, *Mus. neoc.*, p. 3, 1840.
Dysaster bicordatus (non Leske, non Goldf.),	Agassiz, *id.*
— —	Desor, *Monog. des Dysaster*, p. 9, pl. ii, fig. 1-4, 1842.
Dysaster avellana,	Desor, *id.*, p. 23, pl. i, fig. 1-4.
Dysaster bicordatus,	Agassiz et Desor, *Catal. rais. des Éch.*, p. 137, 1847.
Dysaster avellana,	Agassiz et Desor, *id.*
Dysaster æqualis,	Agassiz et Desor, *id.*, p. 139.
Collyrites bicordata,	Bronn, *Index paleont.*, p. 319, 1848.
Dysaster avellana,	Bronn, *id.*, p. 428.
Dysaster bicordatus,	Bronn, *id.*
Dysaster symmetricus,	M'Coy, *Annals of Nat. Hist.*, 2ᵉ série, t. II, p. 416, 1848.
Dysaster avellana,	M'Coy, *id.*, p. 420.
Dysaster Robinaldinus,	Cotteau, *Études sur les Éch. foss. du département de l'Yonne*, t. I, p. 73, pl. vii, fig. 1-5, 1849.

Dysaster æqualis,   D'Orbigny, *Prodr. de paléont. strat.*, t. I, p. 289, n° 492, 1850.

Dysaster Agassizi,   D'Orbigny, *id.*, p. 290, n° 494.

Dysaster bicordatus,   D'Orbigny, *id.*, p. 318, n. 399.

Dysaster avellana,   D'Orbigny, *id.*, p. 289, n° 489.

Dysaster bicordatus,   Wright, *On the Cassidulidæ of the Ool. format.*, p. 27, 1851.

—   —   Giebel, *Deutschlands Petrefacten*, p. 325, 1852.

Collyrites bicordata,   D'Orbigny, *Paléont. franç., terr. crétacé,* t. VI, p. 49, 1853.

Collyrites avellana,   D'Orbigny, *id.*, p. 48.

Collyrites æqualis,   D'Orbigny, *id.*, p. 49.

Collyrites Agassizi,   D'Orbigny, *id.*

Collyrites bicordata,   D'Orbigny, *Note rectif. sur div. genres d'Échin.*, Rev. et Mag. de zool., 2e sér., t. VI, p. 27, 1854.

Collyrites avellana,   D'Orbigny, *id.*

Collyrites æqualis,   D'Orbigny, *id.*

Collyrites Agassizi,   D'Orbigny, *id.*

Dysaster symmetricus,   M'Coy, *Contrib. to Brit. Paleont.*, p. 62, 1854.

Dysaster avellana,   M'Coy, *id.*, p. 67.

Dysaster bicordatus,   Forbes *in* Morris, *Catal. of Brit. Foss.*, 2e édit., p. 77, 1854.

—   —   Millet, *Paléontol. de Maine-et-Loire,* p. 84, 1854.

Collyrites ovalis,   Cotteau, *Note sur quelques Ours. de la Sarthe,* Bull. Soc. géol. de France, 2e sér., t. XIII, p. 649, 1856.

Collyrites analis (pars),   Desor, *Synops., des Éch. foss.*, p. 206, 1857.

Collyrites æqualis,   Desor, *id.*, p. 205.

Dysaster bicordatus,   Pictet, *Traité de paléont.*, t. IV, p. 189, 1857.

Dysaster avellana,   Pictet, *id.*

Dysaster Robinaldinus,   Pictet, *id.*

Collyrites æqualis,   Pictet, *id.*

Collyrites Agassizi,   Pictet, *id.*

Collyrites bicordatus,   Etallon, *Esquisse d'une descript. géol. du Haut-Jura,* p. 22, 1857.

Collyrites elliptica (non Agass.),   Quenstedt, *der Jura,* p. 455, pl. LXII, fig. 16, 1858.

Collyrites ovalis (pars),	Cotteau et Triger, *Échin. du départ. de la Sarthe*, p. 45 (excl. fig.), 1858.
— —	Ebray, *Études paléont. sur le départ. de la Nièvre*, p. 40, pl. i, fig. 3, 1858.
Disaster bicordatus,	Leymerie et Raulin, *Stat. géol. du dép. de l'Yonne*, p. 624, 1858.
Collyrites ovalis (pars),	Wright, *Monog. of the Brit. Echinod. from the Ool. Format.*, p. 309, pl. xxiii, fig. 1, 1857.

Type de l'espèce : R. 15; R. 16. — Var. *avellana* : Q. 3; X. 79.

Espèce de taille moyenne, oblongue, presque aussi large en arrière qu'en avant, ayant ordinairement son plus grand diamètre transversal vers le milieu, sub-tronquée obliquement dans la région postérieure ; face supérieure haute et renflée surtout en avant, vaguement acuminée au sommet, légèrement déclive sur les côtés ; face inférieure plane, arrondie vers le bord. Sommet ambulacraire très-excentrique. Aires ambulacraires fortement disjointes, formées de petits pores sub-virgulaires, un peu plus serrés aux approches de l'appareil apical que vers l'ambitus et à la face inférieure. Aire ambulacraire impaire droite, présentant, sur quelques exemplaires, les traces d'un sillon vague et atténué qui se prolonge jusqu'au péristome. Aires ambulacraires paires antérieures sub-flexueuses, arrondies près du sommet, partout à fleur du test. Aires ambulacraires postérieures convergeant immédiatement au-dessus du périprocte et se recourbant d'une manière assez prononcée à leur partie supérieure. Tubercules petits, sub-scrobiculés, épars, plus nombreux autour du périprocte et dans la région inframarginale. Granulation intermédiaire, fine, abondante, homogène. Péristome excentrique en avant, sub-circulaire, un peu allongé dans le sens du diamètre antéro-postérieur. Périprocte ovale, s'ouvrant au sommet de la face postérieure, à la naissance d'un sillon à peine apparent qui s'évase, s'atténue et disparaît avant d'arriver à l'ambitus. Appareil apical étroit, granuleux.

Type de l'espèce (R. 15.) : hauteur, 18 millimètres ; diamètre transversal, 26 millimètres ; diamètre antéropostérieur, 28 millimètres.

Var. *æqualis* et *Agassizi :* hauteur, 21 millimètres ; diamètre transversal, 25 millimètres ; diamètre antéropostérieur, 29 millimètres.

Var. *avellana :* hauteur, 14 millimètres ; diamètre transversal, 18 millimètres ; diamètre antéro-postérieur, 19 millimètres.

Le *C. ovalis* présente plusieurs variétés intéressantes. Le type de l'espèce est de taille moyenne, bombé en dessus, presque aussi large en arrière qu'en avant, subtronqué dans la région postérieure. Certains exemplaires (var. *æqualis* et *Agassizi*) sont remarquables par leur face supérieure très-élevée et vaguement acuminée en avant ; ce qui, au premier aspect, leur donne quelque ressemblance avec les espèces du genre *Metaporhinus* dont ils se distinguent du reste très-nettement par la structure de leurs aires ambulacraires. D'autres individus (var. *avellana*) sont plus courts, plus épais, plus régulièrement ovoïdes et facilement reconnaissables à leur taille constamment plus petite.

Rapports et différences. — Le *C. ovalis* se rapproche du *C. ringens* par ses aires ambulacraires postérieures convergeant immédiatement au-dessus du périprocte ; il s'en éloigne certainement par sa face inférieure pl aneet non pulvinée, par l'absence de rostre à la face postérieure, par son sommet plus élevé, plus excentrique en avant, par ses aires ambulacraires antérieures plus larges, par son sillon anal moins prononcé. Ce sont deux formes essentiellement distinctes : le *C. ovalis* offre assurément plus de ressemblance avec le *C. analis* qu'on a considéré, dans ces derniers temps, comme une simple variété, mais qui nous a paru devoir constituer un type particulier; en décrivant plus loin le *C. analis* nous indiquerons les caractères qui nous ont engagé à réintégrer cette espèce dans la méthode.

HISTOIRE. — La synonymie si compliquée du *C. ovalis* démontre la confusion dont il a été l'objet. En 1778, Leske le figure d'une manière très-reconnaissable et avec une indication précise de localité (Muttenz, près Bâle), sous le nom de *Spatangites ovalis*. En 1840, M. Agassiz, le plaçant dans son genre *Dysaster*, lui attribue le nom de *bicordatus* que Leske avait assigné à une espèce toute différente. Deux années plus tard, M. Desor, dans sa belle *Monographie des Dysaster*, signale, sans la faire cesser, cette regrettable confusion, et conserve à l'espèce le nom de *bicordatus*. Cette dénomination a longtemps été adoptée par tous les auteurs, et lorsqu'en 1854, d'Orbigny changea avec raison le nom générique de *Dysaster* en celui de *Collyrite*, il laissa à l'espèce qui nous occupe le nom erroné de *bicordatus*. C'est seulement en 1856, dans une Note insérée au *Bulletin de la Société géologique de France* (1), que nous avons, en rendant à l'espèce le nom d'*ovalis*, rétabli sa véritable synonymie ; à peu près à la même époque, M. Desor, dans le *Synopsis des Échinides fossiles*, arrive à un résultat pareil ; seulement il émet, sur les rapports

____

(1) *Note sur quelques ours. du départ. de la Sarthe*, Bull. Soc. géol. de France, 2ᵉ sér., t. XIII, p. 616.

de cette espèce avec le *Spatangites ovalis* de Leske, quelques doutes qui ne nous paraissent pas justifiés, et la mentionne sous le nom d'*analis*, employé par Agassiz dès 1839, pour désigner une espèce que M. Desor considère comme une simple variété du *C. ovalis*. Le nom d'*ovalis* reposant sur une antériorité incontestable a prévalu ; il a été adopté par M. Wright dans sa *Monographie des Oursins jurassiques d'Angleterre*, et par presque tous les auteurs. Du reste aujourd'hui que nous regardons le *C. analis* comme une espèce distincte, l'alternative entre les deux dénominations n'est plus possible. Nous réunissons au *C. ovalis* les *C. avellana, symmetrica, Robinaldina, æqualis* et *Agassizi* qui ne sont que des variétés plus jeunes, plus allongées ou plus renflées de la même espèce, et présentant toutes ce double caractère d'être presque aussi larges en avant qu'en arrière et d'avoir les aires ambulacraires placées immédiatement au-dessus du périprocte.

Localités. — Bayeux, Moutiers, Saint-Vigor, Sainte-Honorine de Perthes (Calvados); tranchée du Morteau sur le chemin de fer de Poitiers à La Rochelle, Saint-Maixent, Souvigné (Deux-Sèvres). Environs de Varzy (Nièvre) ; Josseron (Ain). Assez abondant. Etage bajocien. — Croisilles, Bysé près Caen, Port-en-Bessin (Calvados); Asnières, Vezelay (Yonne) ; Sélongey (Côte-d'Or ; Charroux (Vienne). Environs de Niort (Deux-Sèvres). Assez abondant. Etage bathonien.

Toutes les collections.

Localités autres que la France. — Walditch-hill près de Brideport (Angleterre). Etage bajocien. Charlcomb près Bath, Wilts (Angleterre); Muttenz près Bâle (Suisse), Balin près Cracovie (Pologne). Etage bathonien.

EXPLICATION DES FIGURES. — Pl. 7, f. 6, *C. ovalis*, de l'étage bathonien, de Port-en-Bessin, de la coll. de la Sorbonne, vu de côté ; fig. 7, face sup. ; fig. 8, face inf. ; fig. 9, face postérieure ; fig. 10, périprocte et ambulacres postérieurs grossis ; fig. 11, individu de l'étage bathonien d'Asnières (Yonne), de ma collection, vu de côté ; fig. 12, face sup. ; fig. 13, péristome grossi. — Pl. 8, fig. 1, individu de petite taille, var. *avellana*, de l'étage bajocien de Moutiers, de la coll. de l'École des mines, vu de côté ; fig. 2, face sup. ; fig. 3, face inf. ; fig. 4, face postérieure ; fig. 5, appareil apical et ambulacre grossis.

N° 8. **Collyrites analis**, Des Moulins, 1837.

(Agass., 1836.)

Pl. 8, fig. 6-12, et pl. 9.

Dysaster analis,	Agassiz, *Prod. d'une Monog. des radiaires*, Mém. de la Soc. des sc. nat. de Neuchâtel, t. I, p. 183, 1836.
Collyrites analis,	Des Moulins, *Études sur les Éch. foss.*, p. 368, 1837.
Dysaster analis,	Agassiz, *Desc. des Échinod. foss. de la Suisse*, I, p. 6, pl. i, fig. 12-14, 1839.
— —	Agassiz, *Catal. syst. Éctyp. foss. Mus. neoc.*, p. 3, 1840.
— —	Desor, *Monog. des Dysaster*, p. 10, pl. ii, fig. 8-10, 1842.
— —	Agassiz et Desor, *Catal. rais. des Échin.*, p. 137, 1847.
— —	Bronn, *Index paleont.*, p. 428, 1848.
Collyrites analis,	Bronn, *id.*, p. 319.
Dysaster analis,	Marcou, *Recherches géol. sur le Jura salinois*, Mém. Soc. géol. de France, 2ᵉ série, t. III, p. 79, 1848.
— —	D'Orbigny, *Prod. de pal. strat.*, t. I, p. 289, n° 493, 1850.

Dysaster analis,	Giebel, *Deutschland's Petrefacten,* p. 325, 1852.
Collyrites analis,	D'Orbigny, *Paléont. franç., terr. crétacé,* t. VI, p. 48, 1853.
Collyrites analis,	D'Orbigny, *Note rectif. sur divers genres d'Échin.,* Rev. et Mag. de zool., 2ᵉ série, t. VI, p. 27, 1854.
Dysaster analis,	Forbes *in* Morris, *Cat. of Brit. Foss.,* 2ᵉ éd., p. 77, 1854.
Collyrites analis (pars),	Desor, *Syn. des Éch. foss.,* p. 206, 1857.
Dysaster analis,	Pictet, *Traité de paléont.,* t. IV, p. 189, 1857.
Collyrites ovalis (pars),	Cotteau et Triger, *Éch. du département de la Sarthe,* p. 45, pl. VIII, fig. 7-9, 1858.
— —	Ebray, *Etudes paléont. sur le département de la Nièvre,* p. 40, pl. I, fig. 3, 1858.
— —	Wright, *Monog. of the Brit. Foss. Echin., from the Ool. Format.,* p. 309 (excl. fig.), 1859.
Dysaster analis,	Bonjour, *Catal. des foss. du Jura,* p. 20, 1864.
— —	Winkler, *Mus. Teyler, Catal. syst.,* p. 203, 1864.
Collyrites analis,	Moesch, *Geolog. Beschreib. Umgeb. von Brugg,* p. 36, 1867.

Q. 82.

Espèce de taille assez forte, oblongue, ovale, arrondie en avant, un peu acuminée en arrière ; face supérieure médiocrement renflée ; face inférieure presque plane, très-légèrement déprimée dans la région antérieure. Sommet ambulacraire excentrique en avant. Aires ambulacraires fortement disjointes, formées de pores petits, sub-virgulaires, rapprochés les uns des autres à la face supérieure, s'espaçant vers l'ambitus et dans la région infra-marginale, se multipliant un peu autour du péristome. Aire ambulacraire impaire se dirigeant en droite ligne jusqu'à la bouche, et offrant seulement vers l'ambitus les traces d'un sillon vague et atténué qui se prolonge jusqu'à la face inférieure. Aires ambulacraires paires antérieures sub-flexueuses, arrondies près du sommet, partout à fleur du test. Aires ambulacraires postérieures un peu plus larges que les autres, convergeant immédiatement au-dessus du périprocte et se recourbant un peu à leur partie supérieure. Tubercules petits, sub-scrobiculés, épars, plus nombreux autour du périprocte et dans la région infra-marginale, munis de radioles cylindriques, aciculés, garnis de stries longitudinales et granuleuses ; l'intervalle qui sépare les tubercules est rempli par une granulation fine, abondante, homogène. Péristome excentrique en avant, sub-circulaire, un peu ovale, à fleur du test. Périprocte ovale, sub-pyriforme, aigu à sa partie supérieure, s'ouvrant au sommet d'un sillon à peine apparent qui s'efface entièrement au-dessus de l'ambitus. Appareil apical étroit, granuleux, allongé. Plaques génitales visiblement perforées très-près du bord, celle antérieure de droite plus développée que les autres et presque entièrement madréporiforme ; plaques ocellaires antérieures en contact immédiat par le milieu et offrant quelquefois, vers leur base, à leur angle interne, une petite plaque complémentaire de forme quadrangulaire et très-nettement circonscrite ; plaques ocellaires postérieures très-petites.

Hauteur, 23 millimètres ; diamètre transversal, 37 millimètres ; diamètre antéro-postérieur, 41 millimètres.

Var. sub-circulaire : hauteur, 19 millimètres ; diamètre transversal et antéro-postérieur, 32 millimètres.

Le *C. analis* varie peu dans sa forme. Presque tous les exemplaires que nous connaissons sont uniformément bombés, arrondis et un peu échancrés en avant, rétrécis en arrière, ce qui leur donne un aspect cordiforme assez nettement prononcé. Chez certains individus, la face postérieure s'élargit un peu, le diamètre transversal est aussi étendu que le diamètre antéro-postérieur, et l'ambitus tend à devenir quasi-circulaire. Cette variété a beaucoup d'analogie avec le *C. excentrica* (*Nucleolites excentricus*, Munster) que nous ne connaissons que par les figures que Goldfuss et M. Desor nous en ont données. Si plus tard l'identité des deux types était démontrée, le nom d'*excentrica*, qui est plus ancien, devrait remplacer celui d'*analis*.

RAPPORTS ET DIFFÉRENCES. — Le *C. analis* nous a paru se distinguer du *C. ovalis* par sa taille plus forte, sa forme dilatée en avant et un peu acuminée en arrière, sa face supérieure plus uniformément bombée, beaucoup moins élevée en avant, tronquée moins obliquement en arrière, son périprocte situé plus bas, sa face inférieure un peu moins arrondie sur les bords. Par son aspect général le *C. analis* rappelle certaines variétés du *C. elliptica*, il s'en éloigne d'une manière positive par ses aires ambulacraires postérieures convergeant immédiatement au-dessus du périprocte.

HISTOIRE. — Etabli par Agassiz en 1836, décrit et figuré dans les *Échinides de la Suisse* et plus tard dans la *Monographie des Dysaster*, le *C. analis* a été longtemps considéré par tous les auteurs comme une espèce distincte et très-nettement circonscrite. Dans ces dernières années, M. Desor, M. Wright et moi, nous l'avons regardé comme identique au *C. ovalis*, et nous avons cru devoir réunir les deux espèces. L'étude minutieuse que nous venons de faire d'un grand nombre d'exemplaires nous engage aujourd'hui à revenir sur cette opinion.

LOCALITÉS. — Monné, La Jaunelière, Tassé, Champfleur

(tranchée du chemin de fer), Petit-Oisseau, Gesne-le-Gandelin, Aubigné (ferme), Pecheseul, Noyen, Saint-Pierre-
du-Bois (Sarthe); environs de Mamers, Saint-Paterne
(Orne); Nevers, Pougues, La Malle (Nièvre); Nerondes
(Cher); Demi-Lune, Le Porteau près Poitiers (Vienne);
Chanaz (Isère); La Latte près Nantua, Oncien, Blannax,
Tenay (Ain); environs de Mâcon, Davayé (Haute-Saône) ;
environs de Besançon (Doubs) ; Thisy, Romange et Ma-
lange près de Dôle (Jura). Abondant. Étage bathonien.

Toutes les collections.

LOCALITÉS AUTRES QUE LA FRANCE. — Egg, Burg, Acken,
Holderbanck, Miseren, Birmendorf, Gunsberg, Kreisacker,
Achenberg, Linnberg, Kornberg, Hornussen, Botzen,
Wallemburg (canton d'Argovie) ; Goldenthal (canton de
Soleure); Ederschwyl (canton de Berne). Abondant. Étage
bathonien.

EXPLICATION DES FIGURES. — Pl. 8, fig. 6, *C. analis*, de
ma coll., vu de côté ; fig. 7, face sup. ; fig. 8, face inf. ;
fig. 9, face postérieure ; fig. 10, péristome grossi ; fig. 11,
individu de grande taille, de la coll. de M. Gilliéron,
vu sur la face sup. ; fig. 12, face inf. — Pl. 9, fig. 1, autre
exempl. de taille plus petite et plus renflée, de ma coll.,
vu de côté ; fig. 2, face sup. ; fig. 3, face inf. ; fig. 4, face
postérieure; fig. 5, appareil apical et sommet des aires
ambulacraires grossis ; fig. 6, périprocte et sommet des
aires ambulacraires postérieures grossis ; fig. 7, plaque
interambul. grossie ; fig. 8, var. sub-circulaire, de la
coll. de M. Dumortier, vue de côté; fig. 9, face sup. ;
fig. 10, face inf. ; fig. 11, région anale; fig. 12, appareil
apical grossi.

N° 9. **Collyrite elliptica,** Des Moulins, 1835.

(Lam., 1816.)

Pl. 10, 11 et 12.

	Bruckner, pl. xiii, fig. 1 (d'après M. Desor). 1785.
	Bruguière, *Table encycl. et méth.*, Atlas, pl. clix, fig. 15, 1791.
Ananchytes elliptica,	Lamarck, *Animaux sans vert.*, t. III, n° 7, 1816.
— —	Deslongchamps, *Encycl. méth.*, *Zooph.*, t. II, p. 63, 1824.
Collyrites elliptica,	Des Moulins, *Études sur les Éch. foss.*, p. 48, 1835.
Dysaster ellipticus,	Agassiz, *Prod. d'une Monog. des radiaires*, Mém. Soc. des sc. nat. de Neuchâtel, t. I, p. 183, 1836.
Collyrites elliptica,	Des Moulins, *Études sur les Éch. foss.*, p. 364, n° 5, 1837.
Ananchytes elliptica,	Dujardin *in* Lamarck, *Animaux sans vert.*, 2e édit., t. III, p. 310, n° 7, 1840.
Dysaster ellipticus,	Agassiz, *Catal. syst. Ectyp. foss. Mus. neoc.*, p. 3, 1840.
Dysaster malum,	Agassiz, *id.*
Dysaster ellipticus,	Desor, *Monog. des Dysaster*, p. 12, pl. ii, fig. 5-7, 1842.
Dysaster malum,	Desor, *id.*, p. 16, pl. ii, fig. 11-13.
Dysaster ellipticus,	Agassiz et Desor, *Catal. rais. des Échin.*, p. 137, 1847.
Collyrites elliptica,	Bronn, *Index paleontol.*, p. 320, 1848.
Dysaster ellipticus,	Bronn., *id.*, p. 429.
— —	D'Orbigny, *Prod. de paléont. strat.*, t. I, p. 345, n° 254, 1850.
Collyrites elliptica,	D'Orbigny, *Pal. franç.*, *terr. crétacé*, t. VI, p. 49, 1853.
— —	D'Orbigny, *Note rectif. sur div. genres d'Échin.*, Rev. et Mag. de zool., t. VI, p. 27, 1854.
— —	Pictet, *Traité de paléont.*, t. IV, p. 189, pl. xciii, fig. 1, 1857.

Collyrites elliptica,   Desor, *Synops. des Éch. foss.*, p 203,
                               pl. xxxvi, fig. 5-8, 1857.

Dysaster ellipticus,   Étallon, *Esquisse d'une desc. géol. du
                               Haut-Jura*, p. 27, 1857.

—   —   Quenstedt, *Der Jura*, p, 510, pl. lxvii,
                               fig. 13 et 14, 1858.

Collyrites elliptica,   Cotteau et Triger, *Échin. du département
                               de la Sarthe*, p. 82, pl. xviii, fig. 1-4,
                               1858.

—   —   Wright, *Monog. of the Brit. Foss. Echin.
                               from the Ool. Format.*, p. 324, 1859.

Dysaster ellipticus,   Bonjour, *Catal. des foss. du Jura*, p. 28,
                               1864.

Type de l'espèce : M. 7. — Var. *brevis :* M. 4. — Var.
maxima (Dysaster malum) : P. 82 et V. 29.

Espèce de taille très-variable, oblongue, ovale, quelquefois sub-circulaire, arrondie en avant, un peu rétrécie en
arrière ; face supérieure uniformément bombée, légèrement déclive dans la région antérieure ; face inférieure
plane. Sommet presque central, quelquefois rejeté en
arrière, dans certains exemplaires au contraire un peu
excentrique en avant. Aires ambulacraires fortement disjointes, formées de pores apparents, virgulaires, serrés
jusqu'à l'ambitus, plus petits et plus espacés à la face
inférieure, se multipliant irrégulièrement autour du péristome. Aire ambulacraire impaire droite, présentant à
l'ambitus les traces d'un sillon qui échancre à peine le
pourtour du test et se prolonge jusqu'à la bouche. Aires
ambulacraires paires antérieures sub-flexueuses, arrondies
près du sommet. Aires ambulacraires postérieures un
peu plus larges que les autres, moins recourbées à
leur partie supérieure, convergeant à une assez grande
distance du périprocte. Tubercules petits, sub-scrobiculés, épars, plus nombreux dans la région infra-margi-

nale autour du périprocte et sur la face inférieure, au milieu de l'aire interambulacraire impaire. Granules intermédiaires fins, homogènes, plus ou moins abondants. Péristome excentrique en avant, sub-circulaire, un peu allongé dans le sens du diamètre antéro-postérieur. Périprocte elliptique, aigu au sommet, supra-marginal, sans trace de sillon. Appareil apical étroit, granuleux ; les plaques ocellaires latérales antérieures, aussi grandes que les plaques génitales, ne sont séparées au milieu par aucune plaque complémentaire, du moins dans les exemplaires que nous avons sous les yeux ; la plaque génitale antérieure de droite, un peu plus développée que les autres, est quelquefois saillante et d'un aspect spongieux dans presque toute son étendue. Les pores génitaux inférieurs ne sont pas placés sur la même ligne ; celui de droite s'ouvre toujours plus bas que celui de gauche. L'appareil antérieur est relié aux plaques ocellaires postérieures par une série de petites plaques inégales, irrégulières, qui se prolongent jusqu'au périprocte ; ces plaques dont l'existence a été signalée pour la première fois par M. Desor, varient beaucoup dans leur nombre, leur forme et leur disposition.

Type de l'espèce : Hauteur, 28 millimètres ; diamètre transversal, 47 millimètres ; diamètre antéro-postérieur, 50 millimètres.

Var. circulaire : Hauteur, 20 millimètres ; diamètre transversal et diamètre antéro-postérieur, 40 millimètres.

Var. sub-pentagonale : Hauteur, 26 millimètres ; diamètre transversal, 43 millimètres ; diamètre antéro-postérieur, 46 millimètres.

Var. *maxima* (*Dysaster malum* : Hauteur, 45 millimètres ;

diamètre transversal, 67 millimètres ; diamètre antéro-
postérieur, 70 millimètres.

Cette espèce, toujours très-abondamment répandue dans
les couches où on la rencontre, offre plusieurs variétés
qu'il importe de distinguer. Le type de l'espèce est ovale,
arrondi en avant et en arrière, uniformément bombé en
dessus, bien légèrement déclive dans la région antérieure. Certains exemplaires affectent une forme presque
circulaire, et leur diamètre transversal égale leur diamètre
antéro-postérieur. Quelques-uns sont acuminés et sub-tron-
qués en arrière ; leur face supérieure est plus ou moins
élevée, et leur ambitus prend un aspect tantôt cordiforme, tantôt sub-pentagonal. D'autres atteignent une
taille énorme, et leur face supérieure se renfle outre mesure. C'est la variété *maxima* dont on avait fait dans
l'origine une espèce distincte, sous le nom de *Dysaster
malum*. L'appareil apical antérieur lui-même varie dans sa
position ; le plus souvent il occupe le centre, mais parfois
il est rejeté soit en avant, soit en arrière. L'espace qui le
sépare des aires ambulacraires postérieures n'est pas toujours le même et se modifie suivant que la face supérieure
est plus ou moins renflée. Les aires ambulacraires postérieures varient également un peu dans leur position et
sont plus ou moins éloignées du périprocte.

RAPPORTS ET DIFFÉRENCES. — Le *C. elliptica*, malgré les
nombreuses variétés que nous venons d'énumérer, forme
un type particulier que caractérisent nettement son
ambitus arrondi en avant et en arrière, son sommet
presque central, ses aires ambulacraires sub-flexueuses
et recourbées à leur partie supérieure, ses aires ambulacraires postérieures convergeant à une certaine distance
du périprocte, son anus s'ouvrant très-bas et entièrement

dépourvu de sillon anal. Certains exemplaires légèrement acuminés en arrière rappellent le *C. analis*, mais ils s'en distinguent d'une manière tranchée par la position de leurs aires ambulacraires postérieures.

HISTOIRE. — Mentionnée pour la première fois par Lamarck, en 1866, sous le nom d'*Ananchytes elliptica*, cette espèce a été considérée par Des Moulins, en 1835, comme un des types de son genre *Collyrites*. L'année suivante, Agassiz la plaçait dans le genre *Dysaster* où elle est restée jusqu'en 1853, époque à laquelle d'Orbigny lui a rendu le nom de *C. elliptica* qu'elle a conservé depuis. Dès 1847, dant le *Catal. raisonné des Échinides*, MM. Agassiz et Desor avaient réuni à l'espèce qui nous occupe le *Dysaster malum* qui n'en est qu'une variété plus grande et plus renflée. Dans le *Synopsis des Échinides*, M. Desor rapporte au *C. elliptica* le *C. dorsalis* (*Dys. dorsalis*, Ag.). Dans nos *Échinides de la Sarthe*, nous n'avons pas admis ce rapprochement ; en décrivant plus loin le *C. dorsalis* nous indiquerons les motifs qui nous engagent à séparer les deux espèces. Suivant M. Desor, les *Dysaster Bruckneri*, Merian (Bruckner, pl. XIII, fig. 1), et *Ananchytes Monardii*, Def. (manusc.), ne sont que des variétés du *C. elliptica*.

LOCALITÉS. — Beaumont (carrière du chemin de fer), La Vanette, entre le Mans et Domfront, Pecheseul (zone sup.) (Sarthe); étang de la Moëche près Belfort (Haut-Rhin). Abondant. Etage bathonien. — Bellême, Hauterive, près Alençon, Sainte-Scolasse, Origny-le-Roux, Chemillé, Perou (Orne) ; Chauffour, Pizieux, Téloché, Montbizet, Marolles (carrières de l'Épine), Le Chevain, René, Courgains, Toigné, Commerveil, Saint-Remy des Monts (Sarthe) ; environs de Poitiers (Vienne) ; Ancy-le-Franc

(Yonne); Montgoublin, Pougues, Limon, Guerigny, Gar-
chizy, environs de Nevers (Nièvre) ; Etrochey, Darois,
Hauteville (Côte-d'Or); Marault, Latrecey, Vesaignes (Haute-
Marne) ; Gy (Haute-Saône); Lévigny (Saône-et-Loire) ; La
Voult (Ardèche) ; Nantua (Ain) ; Viel-Saint-Remy (Ardennes); Liffol-le-Grand (Vosges). Abondant. Étage callovien.

Toutes les collections.

LOCALITÉS AUTRES QUE LA FRANCE. — Le *C. elliptica,* si
commun en France, est fort rare au dehors de notre pays.
Il n'a pas encore été signalé en Angleterre. Les échantillons de Suisse provenant de Wallemburg (canton de
Bâle) et de Kreisacher (canton d'Argovie), qu'on voudrait
y réunir, nous paraissent douteux ; il en est de même
de celui que Quenstedt a figuré sous le nom de *Dysaster
ellipticus* et qu'il indique comme ayant été recueilli à
Guttmadingen (grand-duché de Bade) ; il diffère des exemplaires de France non-seulement par sa taille constamment
plus petite, mais par sa forme moins ovale et sub-tronquée
en arrière.

EXPLICATION DES FIGURES. — Pl. 10, fig. 1, *C. elliptica* de
l'étage bathonien de Beaumont, de ma collection, vu sur
sa face sup. ; fig. 2, autre individu de l'étage callovien, de
ma coll., vu de côté ; fig. 3, face sup. ; fig. 4, face inf. ;
fig. 5, face postérieure; fig. 6, appareil apical et aires
ambulacraires grossis ; fig. 7, péristome grossi. — Pl. 11,
fig. 1, variété ovale à aires ambulacraires très-rapprochées,
de l'étage callovien de la Sarthe, de ma collection, vue
de côté ; fig. 2, face sup. ; fig. 3, face postérieure ;
fig. 4, variété sub-circulaire, de ma collection, vue de côté ;
fig. 5, face sup. ; fig. 6, face postérieure ; fig. 7, var. sub-
pentagonale, de la coll. de l'École des mines, vue de côté ;

fig. 8, face sup. ; fig. 9, appareil apical et plaques accessoires grossis (figure copiée dans le *Synopsis* de M. Desor). — Pl. 12, fig. 1, autre variété de ma collection, vue de côté ; fig. 2, face sup. ; fig. 3, var. de grande taille (*Coll. malum*), d'après un moule en plâtre de la coll. de l'École des mines, vue de côté ; fig. 4, face supérieure.

N° 10. **Collyrites dorsalis,** d'Orbigny, 1852.

(Agass., 1847.)

Pl. 13.

Dysaster dorsalis,	Agassiz et Desor, *Catal. rais. des Éch.,* p. 139, 1847.
— —	D'Orbigny, *Prod. de paléont. strat.,* t. I, p. 345, n° 255, 1850.
Dysaster Orbignyanus,	Cotteau, *Études sur les Éch. foss. du départ. de l'Yonne,* t. I, p. 86, pl. ix, fig. 3-5, 1850.
Collyrites dorsalis,	D'Orbigny, *Paléont. franç., terr. crét.,* t. VI, p. 50, 1853.
— —	D'Orbigny, *Note rectif. sur quelques esp. d'Éch.,* Rev. et Mag. de zool., t. VI, p. 26, 1854.
— —	Davoust, *Note sur les foss. spéciaux à la Sarthe,* p. 26, 1856.
— —	Cotteau et Triger, *Échin. du département de la Sarthe,* p. 84, pl. xviii, fig. 5-8, 1857.
Collyrites Orbignyana,	Desor, *Synops. des Éch. foss.,* p. 205, 1857.
— —	Pictet, *Traité de paléont.,* t. IV, p. 189, 1857.
Dysaster Orbignyanus,	Leymerie et Raulin, *Stat. géol. et minéral. du départ. de l'Yonne,* p. 624, 1858.
Collyrites Orbignyana,	Wright, *Monog. of the Brit. Foss. Ech. from the Ool. Form.,* p. 325, 1859.

Espèce de taille moyenne, ovale, allongée, arrondie et

un peu échancrée en avant, sub-tronquée presque verticalement en arrière; face supérieure haute, renflée, subdéprimée dans la région antérieure; face inférieure presque plane, marquée d'un léger renflement de l'aire interambulacraire impaire, au milieu de laquelle se montrent quelques protubérances alternes plus ou moins prononcées et correspondant à l'angle des plaques. Sommet un peu excentrique en avant. Aires ambulacraires formées de pores petits, obliques, rapprochés les uns des autres près du sommet, s'espaçant vers l'ambitus, plus nombreux et irrégulièrement disposés autour du péristome. Aire ambulacraire impaire droite, logée dans un sillon apparent surtout à la face supérieure, plus large et plus atténué vers l'ambitus. Aires ambulacraires paires antérieures à peine arrondies près du sommet, très-légèrement flexueuses. Aires ambulacraires postérieures un peu plus larges que les autres, et convergeant à quelque distance du périprocte. Tubercules petits, inégaux, épars, abondants surtout vers l'ambitus à la face inférieure, au milieu de l'aire interambulacraire impaire et de chaque côté du périprocte. Granules intermédiaires fins, homogènes, très-serrés, donnant au test un aspect chagriné. Péristome excentrique en avant, irrégulièrement pentagonal, un peu allongé dans le sens du diamètre antéro-postérieur, légèrement relevé sur les bords. Périprocte elliptique, aigu à sa partie supérieure, s'ouvrant au sommet de la face postérieure, sans trace de sillon. Appareil apical étroit, allongé, granuleux.

Hauteur, 23 millim.; diamètre transversal, 35 millim.; diamètre antéro-postérieur, 37 millim.

Individu jeune : hauteur, 17 millim.; diamètre transversal, 22 millim.; diamètre antéro-postérieur, 25 millimètres.

L'exemplaire que nous venons de décrire est celui-là même qui a servi de type à l'espèce ; il se distingue un peu de l'échantillon décrit et figuré dans nos *Échinides de la Sarthe*. Ce dernier est moins développé, plus étroit, relativement plus renflé, sa face postérieure est sensiblement plus tronquée ; il ne saurait cependant être distingué du type. L'espèce que nous avons décrite et figurée dans nos *Études sur les Echinides fossiles de l'Yonne*, sous le nom de *Dysaster Orbignyanus*, remarquable par sa forme renflée, son sillon antérieur apparent, ses aires ambulacraires postérieures convergeant à peu de distance du périprocte, ne nous paraît pas devoir être séparée du *C. dorsalis*. Lorsqu'en 1850, nous avons figuré notre *Dysaster Orbignyanus*, nous ne connaissions le *C. dorsalis* que par la courte diagnose du *Catalogue raisonné*, insuffisante certainement pour établir l'identité de nos échantillons avec ceux de Marolles (Sarthe).

RAPPORTS ET DIFFÉRENCES. — Le *C. dorsalis* est considéré, par M. Desor, comme une variété courte et renflée du *C. elliptica*. Nous ne saurions admettre ce rapprochement. Les deux espèces sont bien certainement distinctes, et le *C. dorsalis* sera toujours facilement reconnaissable à sa forme plus trapue, plus courte et plus renflée, à sa face postérieure plus haute et tronquée verticalement, à ses aires ambulacraires antérieures moins arrondies et moins flexueuses, à ses aires ambulacraires postérieures un peu moins éloignées du périprocte, et surtout à l'existence d'un sillon antérieur près du sommet. Le *C. dorsalis* offre plus de rapports avec le *C. bicordata* ; il s'en éloigne cependant par son aspect moins cordiforme, sa face supérieure plus renflée, son sillon antérieur plus accusé près du sommet, moins apparent vers l'ambitus, ses aires ambulacraires postérieures plus arrondies à leur partie supérieure et plus rapprochées du périprocte.

Localités. — Marolles (Sarthe) ; Mamers (Orne); Stigny (Yonne): Daix, ferme de Giron près Dijon (Côte-d'Or). Assez rare. Étage callovien.

Muséum de Paris (coll. d'Orbigny), École des mines (coll. Michelin), coll. Triger, Chaudron, Martin, ma collection.

Explication des figures. — Pl. 13, fig. 1, *C. dorsalis*, individu jeune de Marolles, de ma collection, vu de côté ; fig. 2, face sup.; fig. 3, face inf. ; fig. 4, face postérieure ; fig. 5, appareil apical grossi ; fig. 6, péristome grossi ; fig. 7, autre individu de grande taille, du Muséum d'hist. nat. de Paris, vu de côté ; fig. 8, face sup.; fig. 9, face inf.; fig. 10, face postérieure ; fig. 11, périprocte et sommet des aires ambulacraires postérieures grossis.

N° 10. **Collyrites pseudo-ringens,** Cotteau, 1867.

Pl. 14.

Espèce de taille assez forte, sub-circulaire, arrondie en avant, légèrement rostrée en arrière ; face supérieure peu élevée, uniformément bombée ; face inférieure concave au milieu, plus ou moins pulvinée, marquée de renflements qui correspondent aux aires interambulacraires et notamment à l'aire interambulacraire impaire. Sommet un peu excentrique en arrière. Aires ambulacraires très-étroites, fortement disjointes, formées de pores petits et espacés à la face supérieure, déviant de la ligne droite, presque microscopiques et beaucoup plus nombreux aux approches du péristome. Aire ambulacraire antérieure droite et ne présentant, sur la face supérieure ou vers l'ambitus, aucune trace de sillon. Aires ambulacraires paires antérieures sub-flexueuses. Aires ambulacraires paires postérieures plus larges et moins apparentes que les autres, convergeant immédiatement au-dessus du périprocte et se recourbant à leur extrémité d'une manière très-prononcée. Tubercules extrêmement petits, épars, un peu plus développés vers l'ambitus. Granulation intermédiaire fine, serrée, homogène. Péristome sub-circulaire, vaguement pentagonal, un peu excentrique en avant, s'ouvrant dans la partie la plus déprimée de la face inférieure. Périprocte ovale, aigu à sa partie supérieure, placé au-dessous de l'ambitus, de manière à n'être pas visible de la face supérieure, au sommet d'un sillon vaguement caréné sur les bords, et qui se prolonge, en s'atténuant, au milieu de l'aire interambulacraire impaire.

Hauteur, 20 millim. ; diamètre transversal, 43 millim. ; diamètre antéro-postérieur, 44 millim.

Cette espèce varie non-seulement dans sa forme qui est plus ou moins circulaire, mais aussi dans l'aspect de sa face inférieure, marquée de renflements plus ou moins prononcés ; les individus les plus jeunes sont, en général, les plus allongés.

RAPPORTS ET DIFFÉRENCES. — Cette espèce présente, assurément, dans sa forme générale, dans la disposition de ses aires ambulacraires, dans les renflements de sa face inférieure, beaucoup de ressemblance avec certains exemplaires du *C. ringens*, et nous l'avions d'abord considérée comme une variété de grande taille de cette espèce. Un examen plus minutieux nous a engagé à en faire un type distinct, qui nous a paru se séparer du *C. ringens* par sa taille beaucoup plus forte et relativement plus déprimée, par son ambitus plus arrondi en avant, son sommet ambulacraire plus excentrique en arrière, et surtout par son péri-

procte placé plus bas et visible seulement de la face inférieure.

LOCALITÉS. — Chanaz (Savoie). Assez commun. Étage
callovien (zone ferrugineuse).

École des mines (collect. Michelin), coll. Kœchlin-
Schlumberger, Dumortier, ma collection.

EXPLICATION DES FIGURES. — Pl. 14, *C. pseudo-ringens*, de
la collection de M. Kœchlin-Schlumberger, vu de côté;
fig. 2, face sup.; fig. 3, face inf.; fig. 4, face postérieure;
fig. 5, région buccale grossie; fig. 6, autre exemplaire à
face inférieure fortement pulvinée, de ma collection; fig. 7,
individu plus jeune de la collection de M. Kœchlin-Schlumberger, vu sur la face sup.; fig. 8, portion des aires ambulacraires paires antérieures grossie; fig. 9, plaque interambulacraire grossie.

Nº 12. **Collyrites castanea,** Desor, 1858.

Pl. 13, fig. 1-9.

Collyrites castanea,	Desor, *Synops. des Éch. foss.,* p. 207, 1858.
— —	Wright, *Monog. of the Brit. Foss. Echin. from the Ool. Format.,* p. 326, 1859.

V. 69.

Espèce de taille moyenne, courte, un peu allongée, arrondie en avant et sub-rostrée en arrière; face supérieure
haute, renflée, presque sphérique; face inférieure un peu
étroite, pulvinée, remarquable par le renflement des aires
interambulacraires, et notamment de l'aire interambulacraire postérieure, qui présente une double série de petites
protubérances alternes. Sommet presque central. Aires
ambulacraires fortement disjointes, étroites, peu apparentes
à la face supérieure, logées en dessous dans des sillons dis-

tincts qui séparent les aires interambulacraires et aboutissent au péristome. Aire ambulacraire impaire droite, atténuée, ne présentant, à la face supérieure ou vers l'ambitus, aucune trace de sillon. Aires ambulacraires paires antérieures très-étroites, sub-flexueuses, arrondies près du sommet. Aires ambulacraires postérieures un peu plus larges que les autres, très-fortement recourbées à leur partie supérieure, convergeant presque immédiatement au-dessus du périprocte qui est ovale, acuminé et s'ouvre fort bas à l'extrémité d'un rostre plus ou moins saillant et qui n'est visible que de la face inférieure. Péristome ovale, sub-pentagonal, un peu excentrique en avant, présentant, sur le moule intérieur, de petites entailles assez prononcées. Appareil apical étroit, allongé.

Type de l'espèce : hauteur, 17 millim. ; diamètre transversal, 22 millim. ; diamètre antéro-postérieur, 25 millim.

Var. sphérique : hauteur, 23 millim. ; diamètre transversal, 27 millim. ; diamètre antéro-postérieur, 29 millim. 1/2.

Individu jeune : hauteur, 10 millim. ; diamètre transversal, 15 millim. ; diamètre antéro-postérieur, 17 millim.

Cette espèce varie dans sa forme : le type est sensiblement rostré en arrière et uniformément renflé en dessus ; chez certains exemplaires, le rostre postérieur s'atténue, la face supérieure se renfle outre mesure et prend un aspect presque sphérique. Les individus jeunes sont, en général, plus déprimés, et leur face postérieure est plus étroite et plus rostrée.

RAPPORTS ET DIFFÉRENCES. — Le *C. castanea*, par sa forme oblongue, sa face inférieure pulvinée, l'étroitesse de ses aires ambulacraires antérieures et ses aires ambulacraires

postérieures convergeant au-dessus du périprocte, rappelle certaines variétés du *C. ringens;* il s'en distingue d'une manière positive par sa face supérieure beaucoup plus renflée et sub-sphérique, par ses aires ambulacraires postérieures encore plus recourbées, par son périprocte s'ouvrant beaucoup plus bas, par son péristome plus central.

LOCALITÉ. — Montreuil-Bellay (Maine-et-Loire). Rare. Étage callovien.

Coll. Farge.

LOCALITÉS AUTRES QUE LA FRANCE. — Pouillerel près la Chaux-de-Fonds (canton de Neufchâtel); Sainte-Croix (canton de Vaud) (Suisse). Assez commun. Étage callovien.

Musée de Neuchâtel, coll. Campiche, Gilliéron, Nicolet, de Loriol, ma collection.

EXPLICATION DES FIGURES. — Pl. 15, fig. 1, *C. castanea*, de la collection de M. Farge, vu de côté; fig. 2, face supér.; fig. 3, face infér.; fig. 4, face antérieure; fig. 5, face postérieure; fig. 6, région buccale grossie; fig. 7, individu jeune, du Musée de Lausanne, vu de côté; fig. 8, face sup.; fig. 9, face inf.

N° 13. **Collyrites acuta,** Desor, 1857.

(Des., 1840.)

Pl. 15, fig. 10-13, et pl. 16, fig. 1-6.

Dysaster acutus,	Desor, *Monog. des Dysaster*, p. 19, pl. III, fig. 15-17, 1842.
— —	Agassiz et Desor, *Catal. rais. des Éch.*, p. 138, 1847.
— —	Bronn, *Index paleont.*, p. 428, 1848.
Dysaster ovalis (pars),	Cotteau, *Études sur les Échin. foss. du*

	départ. de l'Yonne, t. I, p. 86, pl. viii, fig. 9 (excl. pl. x, fig. 1 et 2), 1849.
Collyrites acuta,	Desor, *Synops. des Échin. foss.,* p. 205, 1857.
— —	Étallon, *Paléontostatique du Jura, Jura Graylois,* p. 18, 1860.

Espèce de taille moyenne, oblongue, ovale, arrondie et légèrement cordiforme en avant, plus étroite et un peu acuminée en arrière ; face supérieure convexe, médiocrement renflée ; face inférieure presque plane, sub-déprimée dans la région antérieure. Sommet ambulacraire excentrique en avant. Aires ambulacraires fortement disjointes, composées de pores étroits, sub-virgulaires, séparés ordinairement par un renflement granuliforme, rapprochés les uns des autres à la face supérieure, s'espaçant vers l'ambitus et dans la région infra-marginale, très-petits, ronds, et se multipliant un peu autour du péristome. Aire ambulacraire impaire droite, un peu moins large que les autres, offrant, seulement vers l'ambitus, les traces d'un sillon assez prononcé qui se prolonge jusqu'au péristome. Aires ambulacraires paires antérieures sub-flexueuses, arrondies près du sommet, partout à fleur du test. Aires ambulacraires postérieures plus larges que les antérieures, arquées, très-légèrement recourbées à leur sommet, convergeant à une assez grande distance du périprocte, au tiers environ de l'espace compris entre le périprocte et les aires ambulacraires antérieures. Tubercules petits, sub-scrobiculés, épars. Granulation fine, serrée, homogène. Périprocte ovale, sub-pyriforme, aigu à sa partie supérieure, s'ouvrant à la face postérieure sans trace apparente de sillon. Péristome excentrique en avant, sub-elliptique, allongé dans le sens du diamètre antéro-postérieur, à fleur de test. Appareil apical étroit, granuleux ; plaque madré-

poriforme saillante et relativement très-développée ; les plaques ocellaires antérieures, dans l'exemplaire que nous avons sous les yeux, paraissent séparées au milieu par une plaque étroite, allongée, sub-quadrangulaire.

Hauteur, 15 millim. ; diamètre transversal, 23 millim. ; diamètre antéro-postérieur, 26 millim.

Var. *major :* hauteur, 17 millim. ; diamètre transversal, 30 millim. 1/2 ; diamètre antéro-postérieur, 34 millim.

Nous avons examiné un assez grand nombre d'exemplaires appartenant à cette espèce. Sauf la taille qui est très-variable, ils présentent beaucoup d'analogie dans leur forme générale, dans la position de leurs aires ambulacraires, en un mot, dans l'ensemble de leurs caractères.

RAPPORTS ET DIFFÉRENCES. — Le *C. acuta* offre quelque ressemblance avec certaines variétés du *C. elliptica*, qu'on rencontre à peu près au même horizon. Les deux types, cependant, nous paraissent bien distincts, et le *C. acuta* sera toujours reconnaissable à sa taille moins forte, à sa forme générale moins elliptique, sensiblement plus étroite en arrière, à ses aires ambulacraires postérieures plus arquées et moins arrondies à leur sommet. La disposition de ses aires ambulacraires rapproche peut-être davantage le *C. acuta* du *C. bicordata* de l'étage oxfordien supérieur ; il en diffère néanmoins d'une manière positive par sa forme moins renflée, moins arrondie et plus acuminée en arrière.

HISTOIRE. — Cette espèce a été décrite et figurée, pour la première fois, en 1842, par M. Desor, sans indication de localité, sous le nom de *Dysaster acutus*. Plus tard, M. Desor, dans le *Synopsis des Échinides fossiles*, en plaçant cette espèce parmi les *Collyrites*, lui a réuni avec raison un échantillon de l'Oxford-clay ferrugineux de Gigny, que nous avions figuré, dans nos *Études sur les Echinides de l'Yonne*, comme une variété du *Dysaster ovalis* (*Collyrites bicordata*).

LOCALITÉS.—Gigny, Sennevoy, Étivey (Yonne) ; Châtillon-sur-Seine, Hauteville, Daix, Montigny-sur-Aube (Côte-d'Or) ; Latrecey (Haute-Marne) ; Plotte près Tournus (Saône-et-Loire). Assez commun. Étage oxfordien, zone à *Ammonites cordatus*.

Coll. de la Sorbonne, coll. Martin, Barotte, Perron de Loriol, ma collection.

EXPLICATION DES FIGURES. — Pl. 15, fig. 10, *C. acuta*, vu de côté, de ma collection ; fig. 11, face sup. ; fig. 12, face inf. ; fig. 13, région buccale grossie. — Pl. 16, fig. 1, autre exempl., vu de côté, de ma collection ; fig. 2, face sup. ; fig. 3, face infér. ; fig. 4, face antérieure ; fig. 5, face postérieure ; fig. 6, région apicale grossie.

Nº 14. **Collyrites conica,** Cotteau, 1855.

(Cott., 1850.)

Pl. 16, fig. 7-13.

Dysaster conicus,	Cotteau, *Études sur les Éch. foss. du départ. de l'Yonne,* t. I, p. 89, pl. ix, fig. 6-9, 1850.
Collyrites conica,	Cotteau, *id.,* p. 251, 1855.
— —	Desor, *Synops. des Éch. foss.,* p. 205, 1857.
Dysaster conicus,	Leymerie et Raulin, *Stat. géol. et min. du départ. de l'Yonne,* p. 624, 1859.

Nous ne connaissons, de cette espèce, que le moule intérieur, mais il suffit pour la distinguer nettement de ses congénères.

Espèce de petite taille, sub-circulaire, à peu près aussi

large que longue, également arrondie en avant et en arrière ; face supérieure haute, renflée, sub-conique ; face
inférieure presque plane, très-légèrement pulvinée. Sommet ambulacraire presque central. Aire ambulacraire impaire étroite, convergeant directement vers le péristome.
Aires ambulacraires paires antérieures très-étroites, sub-
flexueuses, arrondies près du sommet. Aires ambulacraires
paires postérieures un peu plus larges, également arrondies à leur partie supérieure, se réunissant au tiers environ
de l'espace compris entre le périprocte et les aires ambulacraires antérieures. Péristome assez grand, sub-circulaire, légèrement excentrique en avant. Périprocte elliptique, un peu acuminé, s'ouvrant à la face postérieure,
au-dessus du bord, sans trace de sillon.

Hauteur, 18 millim. ; diamètre transversal, 29 millim. ;
diamètre antéro-postérieur, 28 millim.

Le type de cette espèce est remarquable par sa forme
sub-circulaire, sa face supérieure renflée et conique, son
diamètre transversal égal au diamètre antéro-postérieur,
quelquefois même un peu plus large. Cette forme cependant n'est pas constante : chez quelques exemplaires, la
face supérieure se déprime, le diamètre antéro-postérieur
s'allonge légèrement, et la face postérieure tend à se rétrécir
un peu. M. Rathier nous a communiqué tout récemment
un exemplaire qui appartient à cette variété : sa hauteur
est de 12 millim. ; son diamètre transversal est de 21 millim., et son diamètre antéro-postérieur, de 21 millim. 1/2 ;
l'ensemble de ses autres caractères ne permet pas de
séparer cette variété du *C. conica*, avec lequel, du reste,
on la rencontre associée. Cette variété allongée et sub-déprimée du *C. conica*, offre les plus grands rapports avec
certains exemplaires du calcaire à chailles d'Aarau, de

Wurinlingen, etc., que M. Desor a désignés sous le nom de *C. brevis,* et que M. Moesch, conservateur du Musée de Zurich, a bien voulu nous communiquer. Il me paraît bien difficile, pour ne pas dire impossible, de séparer les deux espèces.

RAPPORTS ET DIFFÉRENCES. — Le *C. conica* se rapproche, par la disposition générale de ses aires ambulacraires, du *C. elliptica ;* il s'en distingue nettement par sa taille beaucoup plus petite, ses aires ambulacraires plus étroites, sa face supérieure renflée et sub-conique, son ambitus subcirculaire, sa face inférieure plane, son péristome moins excentrique en avant.

LOCALITÉS. — Pacy, Ancy-le-Franc, entre Sarry et Villiers-les-Hauts (Yonne). Rare. Étage oxfordien supérieur, zone à *Ammonites plicatilis.*

Coll. Rathier, Dormois, ma collection.

EXPLICATION DES FIGURES. — Pl. 16, fig. 7, *C. conica,* de la collection de M. Dormois, vu de côté ; fig. 8, face sup. ; fig. 9, face inf. ; fig. 10, autre individu, de la collection de M. Rathier, vu de côté ; fig. 11, face inf. ; fig. 12, var. subdéprimée et un peu allongée, de la collection de M. Rathier, vue de côté ; fig. 13, face sup.

N° 15. **Collyrites capistrata,** Des Moulins, 1837.

(Goldf., 1826.)

Pl. 17.

Spatangus capistratus,	Goldfuss, *Petref. Mus. univ. reg. Boruss. rhen. Bonn.,* t. I, p. 151, pl. XLVI, fig. 5, 1826.
Dysaster capistratus,	Agassiz, *Prod. d'une Monog. des radiaires,* Mém. de la Soc. des sc. nat. de Neuchâtel, t. I, p. 183, 1836.

Dysaster capistratus,	Agassiz, *id.,* Ann. des sc. nat., Zool., t. VII, p. 275, 1837.
Collyrites capistrata,	Des Moulins, *Études sur les Éch.,* p. 366, 1837.
Dysaster capistratus,	Agassiz, *Descript. des Échinod. foss. de la Suisse,* t. I, p. 7, pl. IV, fig. 1-3, 1839.
— —	Agassiz, *Catal. syst. Ectyp. Echinod. foss. Mus. neoc.,* p. 3, 1840.
— —	Dujardin *in* Lamarck, *Anim. sans vert.,* 2ᵉ éd., t. III, p. 350, 1840.
— —	Desor, *Monog. des Dysaster,* p. 21, pl. III, fig. 12-14, 1842.
— —	Agassiz et Desor, *Catal. rais. des Échin.,* p. 138, 1847.
— —	Bronn, *Index paleont.,* p. 428, 1848.
— —	D'Orbigny, *Prod. de paléont. strat.,* t. I, p. 379, n° 503, 1850.
— —	Giebel, *Deutschland's Petrefact.,* p. 325, 1852.
Collyrites capistrata,	D'Orbigny, *Paléont. franç.,* terrain crétacé, t. VI, p. 50, 1853.
— —	D'Orbigny, *Note rectif. sur div. genres d'Échin.,* Rev. et Magas. de zool., 2ᵉ édit., t. VI, 1854.
— —	Desor, *Synops. des Éch. foss.,* p. 208, 1857.
— —	Étallon, *Esquisse d'une descript. géol. du Haut-Jura,* p. 36, 1857.
— —	Wright, *Monog. of the Brit. foss. Echin. from the Ool. Form.,* p. 327, 1859.
— —	Moesch, *Vorläufigen Bericht über die Ergebnisse,* etc., *im Weissen Jura der Kant. Solothurn und Bern,* tableau n° 1, 1862.
— —	Moesch, *Geolog. Beschreib. der Umgebungen von Brugg,* p. 44 et passim, 1867.
— —	Moesch, *Aargauer-Jura und die Nordl. Geb. des Cant. Zurich,* p. 137 et passim, 1867.

Espèce de taille moyenne, oblongue, cordiforme, élargie, arrondie et un peu échancrée en avant, fortement acuminée en arrière ; face supérieure convexe, plus ou moins renflée, dépourvue de carène dans la région postérieure ; face inférieure presque plane, un peu déprimée en avant du péristome, présentant un renflement assez apparent au milieu de l'aire ambulacraire postérieure. Sommet ambulacraire excentrique en avant, placé ordinairement dans la partie la plus élevée de la face supérieure. Aires ambulacraires disjointes, composées de pores sub-virgulaires, rapprochés les uns des autres autour du sommet, s'espaçant vers l'ambitus et dans la région infra-marginale, petits et tendant à se multiplier et à dévier de la ligne droite près du péristome. Aire ambulacraire impaire étroite, convergeant directement vers-la bouche, offrant, au-dessus de l'ambitus, les traces d'un sillon assez prononcé qui se prolonge à la face inférieure. Aires ambulacraires paires antérieures sub-flexueuses, arrondies près du sommet. Aires ambulacraires paires postérieures plus larges que les antérieures, légèrement recourbées à leur partie supérieure, remontant très-haut, convergeant le plus souvent aux deux tiers de l'espace compris entre le périprocte et les aires ambulacraires antérieures. Tubercules petits, sub-scrobiculés, épars, peu abondants. Granulation fine, serrée, homogène. Péristome excentrique en avant, sub-elliptique, allongé dans le sens du diamètre antéro-postérieur. Périprocte arrondi transversalement, sub-elliptique, situé à l'extrémité de la face postérieure, un peu au-dessus du bord et de manière à être vu seulement de la face supérieure. Appareil apical étroit, granuleux ; pores oviducaux largement ouverts.

Hauteur, 18 millim.; diamètre transversal, 27 millim. ; diamètre antéro-postérieur, 31 millim.

Cette espèce, assez abondante en Suisse et en Allemagne, est fort rare en France ; les échantillons que nous lui rapportons proviennent du terrain oxfordien du Vanneau, près Niort, et de Levigny (Saône-et-Loire). Ceux qui ont été recueillis par M. de Ferry dans cette dernière localité, se distinguent du type que nous venons de décrire par leur aspect un peu moins cordiforme, moins élargi en avant et aussi moins acuminé en arrière, par leurs aires ambulacraires convergeant moins haut. Malgré ces différences, nous avons cru devoir les réunir provisoirement au *C. capistrata*, dont ils ont bien, au premier aspect, la physionomie.

RAPPORTS ET DIFFÉRENCES. — Le *C. capistrata* ne nous paraît devoir être confondu avec aucun de ses congénères. Voisin du *C. acuta*, il s'en éloigne par son aspect plus cordiforme, plus élargi et plus échancré en avant, plus acuminé en arrière, par ses aires ambulacraires postérieures plus éloignées du périprocte. Voisin également du *C. carinata*, il en diffère par sa taille plus forte et par la position de son périprocte situé au-dessus du bord et qui n'est jamais visible de la face inférieure.

HISTOIRE. — Figurée pour la première fois par Goldfuss d'une manière très-reconnaissable, sous le nom de *Spatangus capistratus*, cette espèce a été successivement placée dans les genres *Dysaster* et *Collyrites ;* aujourd'hui elle est définitivement rangée parmi les *Collyrites*.

LOCALITÉS. — Levigny (Saône-et-Loire) ; Lepontet près Saint-Claude (Jura) ; Le Vanneau près Niort (Deux-Sèvres). Rare. Étage oxfordien, zone à *Scyphia*.

Coll. de la Sorbonne, ma collection.

LOCALITÉS AUTRES QUE LA FRANCE. — Sainte-Croix (Jura Vaudois) ; Effingen, Hornmussen, Kornberg, Birmensdorf,

Ueken, Linnberg, Elfingen, Schinznach, Oberer Frickthal, Baden, Dieststorf, Bussberg, Lagern, Braunegg (canton d'Argovie); Oberbuchsiten (canton de Soleure); Bargen, Randen (canton de Schaffouse), Suisse. — Buhlb, Kiedern (grand-duché de Bade). Steinkern (Bavière). Urach (Wurtemberg). Assez abondant. Oxfordien supérieur et astartien.

Musée de Strasbourg, de Zurich, coll. de l'École des mines, de Loriol, ma collection.

EXPLICATION DES FIGURES. — Pl. 17, fig. 1, *C. capistrata*, de ma collection, vu de côté; fig. 2, face supér.; fig. 3, face inf.; fig. 4, face antérieure; fig. 5, face postérieure; fig. 6, sommet apical grossi; fig. 7, autre exemplaire du Musée de Strasbourg, grossi, vu sur la face supérieure; fig. 8, autre exempl. de la coll. de l'École des mines, vu sur la face sup.; fig. 9, exemplaire provenant de Lévigny, de ma coll., vu de côté; fig. 10, face sup.; fig. 11, région buccale grossie; fig. 12, autre exemplaire de Vanneau (Deux-Sèvres), de ma collection, vu sur la face sup.

N° 16. **Collyrites carinata,** Desmoulins, 1857.

(Leske, 1778.)

Pl. 18.

	M. B. Valentin, *Musei Museorum*, t. II, pl. III, fig. 7, 1714.
	Baier, *Oryctographia norica*, pl. III, fig. 43, 1759.
Spatangus carinatus,	Leske, *Klein nat. Dispos. Echinod.*, p. 245, pl. LI, fig. 2 et 3, 1778.
	Bruguière, *Tabl. encycl. et méth.*, Atlas, pl. 158, fig. 1-2, 1791.

Echinus carinatus,	Gmelin, *Linnei Systema nat.,* p. 3199, 1789.
Echinus paradoxus,	Schlotheim, *Beiträge zur Naturgesch. in Geognost.,* p. 318, 1813.
Ananchytes carinata,	Lamarck, *Animaux sans vert.,* t. III, p. 26, n° 7 (excl. loc.), 1816.
Oursin en cœur,	Bosc, *Nouv. Dict. d'hist. nat.* (Déterville), t. XXIV, p. 282, 1818.
Ananchytes cordata,	Deslongchamps, *Encycl. méth., hist. nat. des Zooph.,* t. II, p. 63, 1824.
Spatangus cordatus,	Bory de Saint-Vincent, *Explic. des planches de l'Encycl. méth.,* p. 143, 1824.
Spatangus carinatus,	Goldfuss, *Petref. Mus. univers. reg. Boruss. rhen. Bonn.,* t. I, p. 150, pl. XLVI, fig. 4, 1826.
— —	De Blainville, *Zoophytes,* Dict. d'hist. nat., t. LX, p. 185, 1830.
Dysaster carinatus,	Agassiz, *Prod. d'une Monog. des radiaires,* Mém. de la Soc. des sc. nat. de Neuchâtel, t. I, p. 183, 1836.
— —	Agassiz, *id.,* Ann. des sc. nat., zool., t. VII, p. 275, 1837.
Collyrites carinata,	Des Moulins, *Études sur les Éch.,* p. 366, 1837.
Dysaster carinatus,	Agassiz, *Descript. des Echinod. foss. de la Suisse,* t. I, p. 4, pl. I, fig. 4-6, 1839.
— —	Agassiz, *Catal. syst. Ectyp. Echinod. foss. Mus. neoc.,* p. 3, 1840.
— —	Dujardin *in* Lamarck, *Anim. sans vert.,* 2e édit., t. III, p. 349, 1840.
— —	Desor, *Monog. des Dysaster,* p. 20, pl. III, fig. 1-4, 1842.
Dysaster Buchii,	Desor, *id.,* p. 21, pl. III, fig. 9-11, 1842.
Dysaster carinatus,	Agassiz et Desor, *Catal. rais. des Éch.,* p. 138, 1847.
Dysaster Buchii,	Agassiz et Desor, *id.,* p. 139.
— —	Bronn. *Index paleont.,* p. 428, 1848.
Dysaster carinatus,	Bronn, *id.*
— —	Marcou, *Rech. géol. sur le Jura sali-*

	nois, Mém. Soc. géol. de France, 2ᵉ sér., t. III, p. 94, 1848.
Dysaster carinatus,	D'Orbigny, *Prod. de paléont. strat.*, t. I, p. 379, n° 502, 1850.
— —	Giebel, *Deutschlands Petrefact.*, p. 325, 1852.
Dysaster Buchii,	Giebel, *id.*, p. 326.
Dysaster carinatus,	Quenstedt, *Handbuch der Petrefact.*, p. 589, pl. I., fig. 9, 1852.
— —	Bronn, *Lethæa geognost. oolithen Gebirges*, p. 155, pl. XVII, fig. 7 *abc*, 1852.
Collyrites carinata,	D'Orbigny, *Paléont. franç., terrain crétacé*, t. VI, p. 50, 1853.
Collyrites Buchii,	D'Orbigny, *id.*, p. 51.
Collyrites carinata,	D'Orbigny, *Note rectif. sur div. genres d'Échin.*, Rev. et Magas. de zool., 2ᵉ sér., t. VI, 1853.
Collyrites Buchii,	D'Orbigny, *id.*
Dysaster carinata,	Oppel, *Die Jura format.*, p. 689, 1856.
Collyrites carinata,	Desor, *Synops. des Éch. foss.*, p. 208, 1857.
Collyrites Buchii,	Desor, *id.*, p. 209.
Dysaster carinata,	Quenstedt, *Der Jura*, p. 740, pl. XC, fig. 27, 1858.
Collyrites carinata,	Wright, *Monog. of the Brit. foss. Echinod. from the Ool. Form.*, p. 327, 1859.
Dysaster carinatus,	Winkler, *Musée Teyler, Catal. syst. de la Coll. paléont.*, p. 205, 1863.
— —	Schauroth, *Verzeichniss der Versteiner. im hirz. Natural. zu Coburg*, p. 142, 1865.
Collyrites carinata,	Pillet, *Descript. géol. des environs de Chambéry*, p. 26, 1865.

88 ; P. 85.

Espèce de petite taille, allongée, cordiforme, dilatée en avant, très-acuminée en arrière ; face supérieure renflée, marquée d'une carène plus ou moins prononcée qui s'étend

depuis les aires ambulacraires antérieures jusqu'au périprocte; face inférieure légèrement pulvinée, déprimée en
avant du péristome, offrant, dans la région postérieure, au
milieu de l'aire interambulacraire impaire, un renflement
apparent. Sommet ambulacraire excentrique en avant,
placé ordinairement dans la partie la plus élevée de la face
supérieure. Aires ambulacraires fortement disjointes,
composées de pores très-petits, arrondis, rapprochés les
uns des autres, et disposés, même à la face supérieure, par
paires relativement espacées. Aire ambulacraire impaire
convergeant directement vers la bouche, offrant les traces
d'un sillon qui entame un peu l'ambitus et se prolonge à la
face inférieure. Aires ambulacraires paires antérieures
sub-flexueuses, arrondies près du sommet. Aires ambulacraires paires postérieures plus larges que les antérieures
et formées de pores encore moins apparents, légèrement
arrondies à leur partie supérieure, convergeant très-haut,
un peu plus près cependant du périprocte, qui est situé fort
bas, que des aires ambulacraires antérieures. Tubercules
petits, sub-scrobiculés, épars, plus abondants vers la région
marginale qu'à la face supérieure. Granulation fine, serrée,
homogène. Péristome excentrique en avant, sub-elliptique,
allongé dans le sens du diamètre antéro-postérieur. Périprocte arrondi, situé à l'extrémité inférieure de la face
postérieure, un peu au-dessous du bord, et de manière à
être vu seulement de la face inférieure. Appareil apical granuleux, assez large; plaque madréporiforme un peu saillante; pores oviducaux très-apparents.

Hauteur, 12 millim.; diamètre transversal, 18 millim.;
diamètre antéro-postérieur, 21 millim.

Var. *major* : hauteur, 15 millim.; diamètre transversal,
23 millim.; diamètre antéro-postérieur, 27 millim.

Le *C. carinata* éprouve, avec l'âge, quelques modifications qu'il importe de signaler ; plus l'animal vieillit, et plus le sillon antérieur est prononcé. Chez les individus jeunes, ce même sillon à peine apparent laisse l'ambitus presque intact, la carène qui marque le milieu de la face supérieure paraît également moins prononcée ; ces deux caractères nous ont engagé à réunir au *C. carinata* le *C. Buchii*, qui en serait alors le très-jeune âge. Le *C. carinata*, assez abondant en Suisse et en Allemagne, est très-rare en France. Les échantillons que nous lui rapportons ont été rencontrés aux environs de Chambéry ; ils sont déformés, souvent empâtés dans la roche ; nous avons cru devoir cependant y reconnaître les caractères essentiels de l'espèce qui nous occupe.

Rapports et différences. — Le *C. carinata* est facilement reconnaissable à son aspect cordiforme, à ses aires ambulacraires composées de pores très-petits et à peine apparents, à sa face supérieure plus ou moins fortement carénée, à son périprocte situé très-bas et visible seulement de la face inférieure : au premier aspect, les individus jeunes et chez lesquels le sillon antérieur est à peine indiqué, offrent une certaine ressemblance avec le *C. ovulum* de l'étage néocomien inférieur ; ils en diffèrent par leur forme moins ovale et plus acuminée en arrière, leur face supérieure moins renflée, leur périprocte situé plus bas, leur aire interambulacraire plus saillante en dessous.

Histoire. — Cette espèce paraît avoir été décrite et figurée, pour la première fois, par Leske, sous le nom de *Spatangites carinatus* ; cependant, la figure que l'auteur donne de la face inférieure ne montre pas la place du périprocte, et si, dans la description, Leske ne disait pas que l'espèce dont s'agit est carénée, nous aurions été tenté, ainsi que

M. Desor, d'y voir plutôt la représentation du *C. capistrata*, dont le périprocte n'est jamais visible à la face inférieure.

Quoi qu'il en soit, l'espèce, sous ce même nom de *Spatangus carinatus*, a été parfaitement figurée par Goldfuss. Considérée par M. Agassiz comme un des types du genre *Dysaster*, et placée par M. Des Moulins dans le genre *Collyrites*, elle est aujourd'hui adoptée, par tous les auteurs, sous le nom de *C. carinata*.

LOCALITÉ. — Lemenec, près Chambéry (Savoie). Rare. Étage oxfordien sup. Suivant toute probabilité cette espèce devra, comme le *Metaporh. transversus*, être reportée dans l'étage néocomien inf.

Coll. Pillet, Renevier.

LOCALITÉS AUTRES QUE LA FRANCE. — Gumberg (canton de Soleure); Randen (canton de Schaffouse); Riedern (canton de Zurich), Suisse. Amberg Heiligenstadt (Bavière). Environs de Boll, Sirchingen (Wurtemberg). Stochbach (grand-duché de Bade). Assez rare. Oxfordien sup.

Coll. de l'École des mines, de la Sorbonne, Musée de Strasbourg, de Lausanne, coll. de Loriol, ma collection.

EXPLICATION DES FIGURES. — Pl. 18, fig. 1, *C. carinata*, de la coll. de la Sorbonne (type du Wurtemberg), vu de côté, fig. 2, face sup.; fig. 3, face inf.; fig. 4, face antérieure; fig. 5, face postérieure; fig. 6, aires ambulacraires antérieures et postérieures grossies; fig. 7, exemplaire de taille plus forte, du Musée de Strasbourg, vu de côté; fig. 8, face sup.; fig. 9, face postérieure; fig. 10, exempl. des environs de Chambéry, de la coll. de M. Renevier, vu sur la face inf.; fig. 11, autre exempl., plus petit, de la même localité, de la coll. de M. Pillet, vu sur la face sup.; fig. 12, face inf.

N° 17. **Collyrites Friburgensis.** Ooster, 1865.

Pl. 19.

Collyrites Friburgensis,	Ooster, *Synops. des Echinod. foss. des Alpes suisses,* p. 55, pl. vɪɪɪ, fig. 7-10, 1865.
Nucleolites subtrigonatus,	Schauroth, *Verzeichniss der Versteiner. im Herzogl. Naturalien zu Coburg,* p. 142, pl. ɪv, fig. 5, 1865.

Espèce de taille assez grande, sub-triangulaire, cordiforme, dilatée et fortement échancrée en avant, très-acuminée en arrière ; face supérieure renflée, ayant sa plus grande hauteur à peu près au point où se réunissent les aires ambulacraires antérieures, sub-déclive en avant ; face inférieure presque plane, marquée en arrière d'un renflement assez apparent qui correspond à l'aire interambulacraire impaire. Sommet ambulacraire sub-central, quelquefois un peu rejeté en arrière. Les aires ambulacraires sont à peine visibles dans les exemplaires que nous avons sous les yeux et dans ceux décrits par M. Ooster ; on reconnaît cependant que l'aire ambulacraire impaire est logée dans un sillon qui prend naissance à quelque distance du sommet. D'abord vague et atténué, ce sillon se creuse, se rétrécit et aboutit au péristome en échancrant très-profondément l'ambitus. Les aires ambulacraires paires antérieures paraissent très-étroites et sub-flexueuses. Les aires ambulacraires postérieures, comme toujours un peu plus larges que les autres, sont légèrement arrondies à leur partie supérieure, et convergent aux deux cinquièmes environ de l'espace compris entre le périprocte et les aires ambulacraires antérieures. La bande que les aires ambulacraires postérieures occupent à la face inférieure est droite, lisse, et présente seulement quelques rares tubercules. Péristome très-excentrique en avant, s'ouvrant à l'origine du sillon antérieur. Périprocte arrondi, placé à l'extrémité de la face postérieure et visible seulement de la face inférieure. L'un des exemplaires décrits par M. Ooster présente, adhérents au test, quelques petits radioles ; ils paraissent lisses, aciculés, sub-fusiformes, avec un anneau saillant.

Hauteur, 27 millim.? diamètre transversal, 45 millim. ; diamètre antéro-postérieur, 44 millim.

Var. plus petite : hauteur, 21 millim. ; diamètre transversal et diamètre antéro-postérieur, 36 millim.

Presque tous les échantillons qui appartiennent à cette époque, et que nous connaissons, sont incomplets ou déformés : nous avons pu constater, cependant, qu'ils variaient un peu dans leurs proportions générales. Si, dans la plupart des cas, le diamètre antéro-postérieur est à peu près égal au diamètre transversal, il arrive néanmoins, chez certains exemplaires, que le diamètre transversal est un peu plus étendu que le diamètre antéro-postérieur ; quelquefois c'est le contraire qui a lieu, et l'espèce paraît alors un peu plus longue que large. Malgré leur mauvais état de conservation, nous n'hésitons pas à rapporter à cette curieuse espèce quelques Échinides recueillis par M. Schlumberger dans les environs de Batna (Algérie) ; ils sont de taille plus forte que nos exemplaires de France ou de Suisse, mais ils présentent, dans leur forme, trop d'analogie avec le type que nous avons fait figurer pour pouvoir en être séparés.

Rapports et différences. — Cette espèce sera toujours parfaitement reconnaissable à sa taille assez grande, à son aspect cordiforme et triangulaire, à son sillon antérieur étroit et profond, à son sommet apical un peu excentrique en arrière, à son périprocte s'ouvrant à l'extrémité de la face postérieure. — Ce dernier caractère place cette espèce dans le voisinage du *C. carinata ;* elle s'en distingue par sa taille beaucoup plus forte, son aspect plus cordiforme et surtout par son sillon antérieur plus apparent à la face supérieure, beaucoup plus profond vers l'ambitus.

HISTOIRE. — C'est à M. Ooster que revient le mérite d'avoir fait connaître, en 1865, cette intéressante espèce. Bien qu'il n'eût à sa disposition que de très-mauvais exemplaires, il a parfaitement saisi ses affinités zoologiques et indiqué d'une manière très-exacte, soit dans les figures, soit dans la description qui les accompagne, les caractères essentiels de cette espèce. La même année, M. Schauroth figurait cet échinide, sous le nom de *Nucleolites sub-trigonatus*, avec une diagnose de quelques lignes seulement, aussi n'avons-nous pas hésité à donner la priorité à la détermination de M. Ooster. — Il nous paraît très-douteux que l'*Echinospatagus Sentisianus*, dont M. Desor indique d'une manière si précise le gisement, soit identique au *C. Friburgensis ;* si plus tard cependant cette identité était reconnue, le nom de *Sentisiana* devrait remplacer celui de *Friburgensis*.

LOCALITÉS. — Montagne des Voirons (Savoie); Batna (Algérie). Rare. Étage oxfordien, peut-être néocomien inf.

Coll. de Loriol, ma collection.

LOCALITÉS AUTRES QUE LA FRANCE. — Broc, Botterens, près Broc, Payouds, près Châtel-Saint-Denis. Assez rare. Étage oxfordien. Cabra (Espagne). Néocomien inf?

Musée de Lausanne, coll. Ooster, Gilliéron, Renevier, de Verneuil.

EXPLICATION DES FIGURES. — Pl. 19, fig. 1, *C. Friburgensis*, de la collection de M. de Loriol, vu sur la face inf. ;

fig. 2, autre exemplaire plus petit, de la collection de
M. Renevier, vu sur la face sup. ; fig. 3, face inférieure ;
fig. 4, face postérieure ; fig. 5, tubercules grossis ; fig. 6,
exempl. de grande taille, des environs de Batna, de ma
collection, vu de côté ; fig. 7, face inf.

N° 18. **Collyrites Voltzi.** Desor, 1857.

(Agass., 1840.)

Pl. 20.

Dysaster Voltzii,	Agassiz, *Descript. des Échin. foss. de la Suisse,* partie I, p. 8, pl. ıv, fig. 11-13, 1839.
— —	Desor, *Monog. des Dysaster,* p. 25, pl. ı, fig. 18-21, 1842.
— —	Agassiz et Desor, *Catal. rais. des Echin.,* p. 139, 1847.
— —	Bronn, *Index paleont.,* p. 429, 1848.
Collyrites Voltzii,	Desor, *Synops. des Ech. foss.,* p. 207, 1857.
— —	Wright, *Monog. of the Brit. foss. Echinoderm. from the Ool. Format.,* p. 326, 1859.
— —	Ooster, *Synops. des Echinod. foss. des Alpes suisses,* p. 54, 1865.

Les deux exemplaires qui ont servi de types à cette espèce sont indiqués, par M. Desor, comme se trouvant au
Musée de Strasbourg.— Malgré les recherches minutieuses
qui ont été faites par M. Schimper, que nous ne saurions
trop remercier de son obligeance, ces deux précieux échantillons n'ont pu être retrouvés. Ceux que nous avons entre
les mains sont trop incomplets pour pouvoir être décrits,
et nous devons nous borner à reproduire la description
donnée par M. Desor, dans sa *Monographie des Dysaster,*
publiée en 1842 :

« On distingue aisément cette espèce à sa forme circu-
« laire : sa face supérieure est uniformément bombée, et
« sous ce rapport elle a la plus grande ressemblance avec
« le *D. ringens*, mais sa face inférieure est loin d'être aussi
« accidentée ; à l'exception du rostre postérieur, elle est
« même à peu près plane. L'ouverture buccale est presque
« centrale, ce qui n'a lieu dans aucune autre espèce ; les
« ambulacres antérieurs s'élèvent jusqu'au milieu de la
« face supérieure; les postérieurs recouvrent l'anus; les
« uns et les autres, très-étroits à la face supérieure, s'élar-
« gissent considérablement à la face inférieure , et j'ai
« même pu m'assurer, par l'exemplaire figuré, que les
« pores, en approchant de l'ouverture buccale, se multi-
« plient considérablement, à peu près comme dans beau-
« coup de Cidarides. Les tubercules ne présentent rien de
« particulier dans leur structure ni dans leur disposition.
« C'est à feu M. Voltz qu'est due la découverte de cette
« espèce ; elle n'a été signalée, jusqu'à présent, que dans
« l'oxfordien des Voirons, près de Genève. Parmi les exem-
« plaires que j'ai sous les yeux, il s'en trouve un qui a
« 3 pouces 1/2 de diamètre, c'est-à-dire le double de la
« longueur de l'exemplaire figuré. »

Dimensions de l'échantillon figuré par M. Desor : hauteur, 20 millim.; diamètre transversal, 44 millim. ; diamètre antéro-postérieur, 45 millim.

M. de Loriol nous a communiqué un exemplaire de
grande taille recueilli également à la montagne des Voirons, et que nous n'hésitons pas, malgré son très-mauvais
état de conservation, à rapporter au *C. Voltzi :* sa forme
est assez régulièrement circulaire ; son diamètre transversal, aussi étendu que le diamètre antéro-postérieur, mesure
environ 71 millimètres; sa face inférieure paraît presque

plane ; son péristome sub-pentagonal et s'ouvrant dans une dépression du test, est plus excentrique en avant que dans l'exemplaire figuré par M. Desor ; il est entouré, ainsi que l'indique M. Desor, de pores ambulacraires épars et abondants : le périprocte est infra-marginal.

Rapports et différences. — Le *C. Voltzi* rappelle, par sa forme générale et la disposition de ses aires ambulacraires, les *C. ringens* et *pseudo-ringens* ; il s'en distingue par sa taille plus forte, sa face inférieure beaucoup moins pulvinée, son péristome ordinairement plus central, son périprocte s'ouvrant encore plus bas que dans le *C. pseudo-ringens*.

Localité. — Montagne des Voirons (Savoie). Très-rare. Étage oxfordien, associé au *C. Friburgensis*.

Musée de Strasbourg ?? Coll. de Loriol, Ooster.

Localités autres que la France. — Châtel-Saint-Denis, Prayouds près Châtel-Saint-Denis (canton de Fribourg) ; Lagerle, près Blattenheide (canton de Berne), Suisse. Rare.

Explication des figures. — Pl. 20, fig. 1, *C. Voltzi*, vu de côté ; fig. 2, face sup. ; fig. 3, face inf. (ces trois figures sont copiées dans la *Monographie des Dysaster* de M. Desor) ; fig. 4, exemplaire de grande taille, de la coll. de M. Loriol, vu sur la face inf. ; fig. 5, portion de la région buccale grossie.

N° 19. **Collyrites bicordata.** Des Moulins, 1837.

(Leske, 1778.)

Pl. 21 et pl. 22, fig. 1-6.

	Andrea, *Brief aus der Schweiz*, p. 16, pl. ii, fig. r, 1776.
Spatangites bicordatus,	Klein, *nat. Dispos. Echin.*, p. 244, pl. xliii, fig. 6, 1778.

Echinus bicordatus,   Gmelin, *Linn. Syst. nat.*, p. 3199, 1789.

Spatangites ovalis,   ) Parkinson, *Organ. Remains*, t. III, pl.
(non Leske)   } III, fig. 3, 1811.

Ananchytes bicordata,   Lamarck, *Animaux sans vert.*, t. III, p. 26, 1816.

Spatangites ovalis,   Young and Bird, *Geol. of the Yorkshire Coast*, p. 215, pl. vi, fig. 9, 1822.

Ananchytes bicordata,   Deslongchamps, *Encycl. méth., hist. nat. des Zooph.*, t. II, p. 62, 1824.

Spatangites ovalis,   Phillips, *Geol. of Yorkshire*, p. 127, pl. iv, fig. 23, 1829.

Spatangus bicordata,   Blainville, *Zoophyte, Dict. des sc. nat.*, t. LX, p. 185, 1830.

Dysaster ovalis,   Agassiz, *Prod. d'une Monog. des radiaires*, Mém. de la Soc. des sc. nat. de Neuchâtel, t. I, p. 183, 1836.

—   —   Agassiz, *id.*, Ann. des sc. nat., zool., t. VII, p. 275, 1837.

Collyrites bicordata (pars), Des Moulins, *Etudès sur les Echin.*, p. 366, n° 5, 1837.

Collyrites ovalis,   Des Moulins, *id.*, p. 368, n° 13, 1837.

Dysaster truncatus,   Dubois de Montpereux, *Voyage au Caucase* (sér. géol.), pl. i, fig. 1.

Dysaster propinquus,   Agassiz, *Echin. foss. de la Suisse*, part. 1, p. 2, pl. i, fig. 1-3, 1839.

Dysaster ovalis,   Rœmer, *Norddeutschen Oolithengebirges*, p. 17, 1839.

—   —   Agassiz, *Catal. syst. Ectyp. foss. Mus. neoc.*, p. 3, 1840.

Dysaster propinquus,   Agassiz, *id.*

Ananchytes bicordata (pars), Dujardin *in* Lamarck, *Animaux sans vert.*, 2e édit., t. III, p. 317, 1840.

Dysaster ovalis,   Desor, *Monog. des Dysaster*, p. 15, pl. iii, fig. 21-23, 1842.

Dysaster propinquus,   Desor, *id.*, p. 14, pl. iii, fig. 24-26. 1842.

Dysaster truncatus,   Desor, *id.*, p. 17, pl. xiii des *Galérites*, fig. 8-11, 1842.

Dysaster ovalis,   Morris, *Catal. of Brit. Foss.*, p. 51, 1843.

Dysaster ovalis,	Agassiz et Desor, *Catal. rais. des Echin.*, p. 138, 1847.
— —	Bronn, *Index paleont.*, p. 429, 1848.
Dysaster propinquus,	Bronn, *id.*
Dysaster truncatus,	Bronn, *id.*
Dysaster propinquus,	Marcou, *Rech. géol. sur le Jura salinois,* Mém. Soc. géol. de France, 2e série, t. III, p. 94, 1848.
Dysaster ovalis,	Cotteau, *Etudes sur les Ech. foss. de l'Yonne,* t. I, p. 85, pl. IX, fig. 1-2, 1849.
— —	D'Orbigny, *Prod. de paléont. strat.,* t. I, p. 378, n° 500, 1850.
— —	Wright, *On the Cassidulidæ of the Ool.,* p. 80, 1851.
— —	Giebel, *Deutschland's Petrefact.,* p. 325, 1852.
Dysaster propinquus,	Giebel, *id.,* p. 326, 1852.
Collyrites ovalis,	D'Orbigny, *Paléont. franç., terr. crétacé,* t. VI, p. 50, 1853.
— —	D'Orbigny, *Note rectif. sur div. genres d'Echin.,* Rev. et Mag. de zool., 2e sér., t. VI, 1853.
Dysaster ovalis,	Morris, *Catal. of Brit. Foss.,* 2e édit., p. 77, 1854.
Collyrites ovalis,	Cotteau, *Etudes sur les Echin. foss. du départ. de l'Yonne,* t. I, p. 246, 1855.
Collyrites bicordata,	Cotteau, *Note sur quelques Ech. du départ. de la Sarthe,* Bull. Soc. géol. de France, 2e sér., t. XIII, p. 649, 1856.
— —	Oppel, *Die Jura format.,* p. 609 et passim, 1856.
Collyrites ovalis,	Etallon, *Esq. d'une Desc. géol. du Haut-Jura,* p. 26, 1857.
Collyrites bicordata,	Desor, *Synops. des Ech. foss.,* p. 204, 1857.
Collyrites pinguis,	Desor, *id.,* p. 205, 1857.
Collyrites ovalis,	Pictet, *Traité de paléont.,* 2e édit., t. III, p. 189, 1857.
Dysaster ovalis,	Leymerie et Raulin, *Stat. géol. et minér.*

	du département de l'Yonne, p. 624 et *passim*, 1858.
Collyrites bicordata,	Cotteau et Triger, *Echin. du départ. de la Sarthe*, p. 126, pl. xxii, fig. 13, 1858.
Collyrites bicordata,	Wright, *Monog. of the Brit. Foss. Echin. from the Ool. Format.*, p. 318, pl. xxiii, fig. 2, 1859.
Collyrites pinguis,	Wright, *id.*, p. 324, 1859.
Collyrites bicordata,	Etallon, *Paléontost. du Jura, Jura Bernois*, p. 11, 1859.
— —	Etallon, *id.*, *Jura Graylois*, p. 18, 1860.
— —	Moesch, *Vorläufiger Bericht über die Ergebnisse etc. im Weissen Jura der Cant. Solothurn und Bern*, tabl. n° 1, 1862.
— —	Moesch, *Aargauer Jura und die Nordl. Geb. des Cantons. Zurich*, p. 157, 1867.
— —	Moesch, *Geol. Beschreib. der Umgeb. von Brugg*, p. 49, 1867.

Q. 77, type du *Dysaster propinquus ;* 24., var. *inflata ;* — V. 65., type du *Coll. pinguis.*

Espèce de taille assez forte, oblongue, cordiforme, dilatée et un peu échancrée en avant, étroite et sub-tronquée en arrière ; face supérieure plus ou moins renflée ; face inférieure presque plane, marquée en avant du péristome d'une dépression assez apparente, et en arrière, d'un renflement correspondant à l'aire interambulacraire postérieure. Sommet ambulacraire excentrique en avant, placé ordinairement dans la partie la plus élevée de la face supérieure. Aires ambulacraires disjointes, composées de pores sub-virgulaires, rapprochés les uns des autres à la face supérieure, s'espaçant vers l'ambitus et dans la région infra-marginale. Aire ambulacraire impaire convergeant en droite ligne jusqu'au péristome, logée dans un sillon qui échancre sensiblement l'ambitus. Aires ambulacraires paires antérieures sub-flexueuses, étroites et arrondies à leur partie supérieure. Aires ambulacraires postérieures plus larges que les autres, plus ou moins recourbées, convergeant au tiers postérieur de l'espace compris entre le périprocte et les aires ambulacraires antérieures. Tubercules assez apparents, sub-scrobiculés, épars, peu abondants. Granulation intermédiaire fine, serrée, homogène. Péristome excentrique en avant, sub-circulaire, légèrement pentagonal. Périprocte elliptique, s'ouvrant à la face postérieure, au sommet d'une aréa vague, sub-triangulaire, qui se prolonge, en s'atténuant, au-dessous de l'ambitus. Appareil apical étroit, allongé, granuleux.

Hauteur, 24 millim. 1/2; diamètre transversal, 35 mill.; diamètre antéro-postérieur, 39 millim.

Variété plus déprimée : hauteur, 19 millim. ; diamètre transversal, 32 millim. ; diamètre antéro-postérieur, 36 millim.

Individu jeune : hauteur, 11 millim. ; diamètre transversal, 19 millim. ; diamètre antéro-postérieur, 18 millim. 1/2.

Le *C. bicordata* varie beaucoup dans sa forme et dans sa taille : chez certains exemplaires, la face supérieure est épaisse, renflée et fortement tronquée en arrière ; quelquefois, au contraire, la face supérieure se déprime, la région postérieure, au lieu d'être tronquée carrément, se rétrécit d'une manière sensible et donne au test un aspect sub-cordiforme. Les individus jeunes éprouvent également des modifications qu'il importe de noter : leur forme générale est moins allongée et presque circulaire ; la face inférieure est plus plane ; les tubercules qui garnissent le test paraissent plus développés, surtout à la face supérieure.

RAPPORTS ET DIFFÉRENCES. — Le *C. bicordata,* abondamment répandu dans l'étage oxfordien supérieur de France, de Suisse et d'Angleterre, constitue un type qu'il sera toujours facile de reconnaître à sa forme épaisse et renflée, légèrement échancrée en avant, sub-tronquée en arrière, à ses aires ambulacraires antérieures étroites et à peine arrondies au sommet, à ses aires ambulacraires postérieures plus larges et convergeant à une assez grande distance du périprocte. Voisin du *C. acuta,* qu'on rencontre également dans l'étage oxfordien, mais à un niveau plus inférieur, il s'en éloigne par sa face supérieure plus épaisse et plus renflée, et beaucoup moins acuminée en arrière.

HISTOIRE. — Décrite et figurée pour la première fois par Leske, en 1778, sous le nom de *Spatangites bicordata,* cette espèce a été rapportée à tort par Parkinson au *Spatangites ovalis,* du même auteur. Cette erreur a été reproduite par Phillips et adoptée pendant longtemps par presque tous les auteurs. Au mois de mai 1856, dans une Note lue à la Société géologique de France, nous avons signalé la confusion qui existait relativement à la synonymie de cette espèce. A peu près en même temps que nous, M. Desor s'occupait de la synonymie de cet Échinide et lui rendait également le nom de *Collyrites bicordata,* qu'il a conservé depuis. Dès 1847, Agassiz et Desor avaient réuni à l'espèce qui nous occupe les *Dysaster propinquus* et *truncatus,* qui ne sauraient être distingués du type. Nous avons considéré comme une simple variété de ce même *Collyrites,* le *C. pinguis,* qui d'après le moule en plâtre (V. 65.) que M. Desor attribue à cette espèce, n'en diffère que par sa forme plus épaisse et plus large surtout en arrière.

LOCALITÉS. — Druyes, Chatelcensoir, Lucy-le-Bois, Ancy-le-Franc, Pacy, Argenteuil (Yonne) ; Is-sur-Tille, Selongey

(Côte-d'Or) ; Bologne, Vesaigne-sous-la-Fauche, Reynel (Haute-Marne); Gy, Neuvelle-lès-Champlitte (Haute-Saône); Mont-Brigitte près Besançon, Larnod, Torpes (Doubs) ; Lévigny (Saône-et-Loire) ; Saint-Amour, Valgrenans, Chappis, Mesmay, Lombard près de Quingey (Jura) ; Sionne (Vosges) ; environs de Mendes (Lozère) ; Djebel-Seba Hamoun au sud de Bou-Saada (Algérie). Assez abondant. Etage oxfordien supérieur.

Ecole des mines; collection de la Sorbonne ; collection Dumortier, Perron, Babeau, Martin, Péron, ma collection.

LOCALITÉS AUTRES QUE LA FRANCE. — Auenstein, Bozberg, Geissberg, Reussbrucke, Rhyfluh, Laufor, Wildegg, Geissbergfluh, Scherzberg (canton d'Argovie) ; Movelier, Liesberg, Délémont, Porrentruy (canton de Berne), Suisse. — Scarborough, Hildenley, Holywell (Angleterre). — Etage oxfordien supérieur.

Musée de Zurich, de Lausanne, de Neuchâtel, etc. collection Wright, etc.

EXPLICATION DES FIGURES. — Pl. 21, fig. 1, *C. bicordata*, de ma collection, vu de côté ; fig. 2, face sup. ; fig. 3, face inf. ; fig. 4, autre exempl., de ma coll., vu de côté ; fig. 5, face sup. ; fig. 6, exempl. de grande taille, de la coll. de M. Perron, vu sur la face sup. ; fig. 7, autre exemplaire, var. *pinguis*, de la collect. de M. Dumortier, vu de côté ; fig. 8, face sup.— Pl. 22, fig. 1, individu jeune de Saint-Amour (Jura), de ma collection ; fig. 2, face sup. ; fig. 3, face inf. ; fig. 4, face antérieure ; fig. 5, face postérieure ; fig. 6, appareil apical grossi, montrant la grosseur des tubercules à la face supérieure.

N° 20. **Collyrites Desoriana,** Cotteau, 1855.

Pl. 22, fig. 7, et pl. 23, fig. 1 et 2.

Collyrites Desoriana,	Cotteau, *Étud. sur les Ech. foss. de l'Yonne,* t. I, p. 251, pl. xxxix, fig. 1, 1855.
— —	Pictet, *Traité de paléont.,* t. IV, p. 190, 1857.
— —	Desor, *Synops. des Ech. foss.,* p. 206, 1857.
Dysaster Desorianus,	Leymerie et Raulin, *Stat. géol. et min. du dép. de l'Yonne,* p. 624 et passim, 1858.
Collyrites Desoriana,	Wright, *Monog. of the Foss. Echinod. from the Ool. Format.,* p. 325, 1859.

Nous ne connaissons cette espèce qu'à l'état de moule
intérieur; cependant, elle nous a paru présenter des caractères suffisants pour la distinguer de ses congénères. C'est
une espèce de grande taille, ovale, plus longue que large,
dilatée et cordiforme en avant, obtuse et un peu rétrécie
en arrière; face supérieure uniformément bombée; face
inférieure presque plane, un peu déprimée en avant du
péristome, marquée en arrière d'un renflement plus ou
moins apparent, sub-caréné et correspondant à l'aire interambulacraire impaire. Sommet apical, un peu excentrique
en avant. Aire ambulacraire impaire droite, logée vers
l'ambitus dans un sillon assez profond, qui échancre le
pourtour et se prolonge jusqu'au péristome. Aires ambulacraires paires antérieures étroites, effilées surtout à leur
partie supérieure, arrondies, sub-flexueuses, formées de
pores très-serrés près du sommet, beaucoup plus espacés
vers l'ambitus et à la face inférieure. Aires ambulacraires
postérieures plus larges, moins flexueuses, presque droites,
convergeant au tiers postérieur environ de l'espace compris

entre le périprocte et l'appareil apical. Péristome très-excentrique en avant, sub-circulaire, vaguement pentagonal. Périprocte elliptique, s'ouvrant à la face postérieure. Appareil apical offrant, d'après l'empreinte laissée sur le moule intérieur, l'aspect d'un trapèze irrégulier, à l'un des angles duquel correspond chacun des quatre pores oviducaux.

Hauteur, 33 millim.; diamètre transversal, 74 millim.; diamètre antéro-postérieur, 87 millim.

Cette espèce varie beaucoup dans sa taille : les plus gros exemplaires, sans doute à cause de l'extrême ténuité du test, sont presque toujours écrasés et déformés, et il est difficile de connaître, d'une manière exacte, leurs proportions.

RAPPORTS ET DIFFÉRENCES. — Le *C. Desoriana* offre quelque ressemblance avec les exemplaires de grande taille du *C. elliptica*, mais il s'en distingue par sa forme moins renflée, beaucoup plus longue que large, rétrécie en arrière et assez fortement échancrée en avant, par ses aires ambulacraires antérieures plus étroites et plus effilées. Son aspect général le rapproche peut-être davantage de certaines variétés du *C. bicordata*, qu'on rencontre au même niveau. Il nous a paru cependant s'en éloigner par sa taille beaucoup plus forte, sa forme générale plus ovale, ses aires ambulacraires postérieures moins arquées. Malgré ces différences, on arrivera peut-être à ne voir, dans le *C. Desoriana*, qu'une variété très-développée du *C. bicordata*.

LOCALITÉ. — Chatelcensoir, Druyes (Yonne). Assez rare, Etage corallien inf. (Calcaire à chailles).

Ma collection.

EXPLICATION DES FIGURES. — Pl. 22, fig. 7, *C. Desoriana*, vu sur la face supérieure, de ma collection. — Pl. 23, fig. 1, autre exempl., de ma coll., vu de côté ; fig. 2, autre exempl., vu sur la face inf.

Nº 21. **Collyrites Loryi,** d'Orbigny, 1853.

(*A. Gras,* 1852.)

Pl. 23, fig. 3-10.

Dysaster Loryi,	A. Gras, *Catal. des corps org. foss. du dép. de l'Isère,* p. 49, pl. II, fig 4 et 5, 1852.
Collyrites Loryi,	D'Orbigny, *Paléont. franç. terr. crétacé,* t. VI, p. 51, 1853.
— —	D'Orbigny, *Note rect. sur div. genres d'Echin.* Rev. et Mag. de zool., t. VI, 1854.
— —	Desor, *Synops. des Ech. foss.,* p. 205, 1857.
Dysaster Loryi,	Pictet, *Traité de paléont.,* t. IV, p. 190, 1857.
Collyrites Loryi,	Wright, *Monog. of the Brit. Foss. Echinod. from the Ool. Form.,* p. 325, 1859.

Espèce de taille moyenne, ovale, oblongue, arrondie en avant, sans trace d'échancrure, un peu plus étroite et subtronquée en arrière ; face supérieure renflée, régulièrement bombée, légèrement déclive sur les côtés, épaisse et arrondie vers l'ambitus ; face inférieure presque plane, marquée dans l'aire interambulacraire impaire d'un renflement très-peu prononcé, et en avant du péristome, d'une dépression à peine sensible. Sommet ambulacraire excentrique en avant. Aires ambulacraires étroites surtout à leur partie supérieure, formées de pores petits, rapprochés les uns des autres, disposés par paires relativement assez espacées, et qui ne paraissent pas se multiplier autour du péristome. Aire ambulacraire impaire droite, sans trace de sillon vers l'ambitus. Aires ambulacraires paires antérieures à peine arrondies près du sommet. Aires ambulacraires postérieures arquées, remontant très-haut, plus rapprochées des aires ambulacraires antérieures que du périprocte. Tubercules petits, sub-scrobiculés, peu abondants, épars. Périprocte ovale, acuminé à sa partie supérieure, situé à la face postérieure, au milieu d'un aréa sub-triangulaire qui se prolonge, en s'atténuant, à la face inférieure. Péristome excentrique en avant, sub-circulaire, légèrement elliptique dans le sens du diamètre transversal. Appareil apical étroit, allongé, granuleux; pores oviducaux ne paraissant pas très-ouverts.

Hauteur, 15 millim.; diamètre transversal, **22** millim.; diamètre antéro-postérieur, 25 millim.

Cette espèce, dans le jeune âge, présente assez bien les caractères du type. Nous avons sous les yeux un exemplaire dont l'épaisseur est de 7 millim., le diamètre transversal de 10 millim. et le diamètre antéro-postérieur de 11 millim. Cet individu, très-jeune, offre, dans sa forme générale, dans la disposition de ses aires ambulacraires, une grande analogie avec l'échantillon que nous venons de décrire.

RAPPORTS ET DIFFÉRENCES. — Le *C. Loryi* rappelle le *C. acuta* par quelques-uns de ses caractères, et notamment par la place qu'occupent à la face supérieure ses aires ambulacraires postérieures; il s'en distingue nettement par son aspect moins cordiforme, l'absence de sillon à l'ambitus antérieur, sa face postérieure moins acuminée, sa face inférieure non déprimée en avant. Ce sont deux types certainement différents. Par sa face postérieure tronquée, le *C. Loryi* se rapproche de certaines variétés du *C. bicordata;* cette dernière espèce, cependant, sera toujours reconnaissable à sa forme plus dilatée et un peu échancrée en avant, à ses aires ambulacraires postérieures beaucoup moins étroites et remontant un peu moins haut.

LOCALITÉ. — L'Échaillon (Isère). Rare. Étage corallien.

Musée de Grenoble (Coll. A. Gras).

Explication des figures. — Pl. 23, fig. 3, *C. Loryi*, du Musée de Grenoble, vu de côté ; fig. 4, face sup.; fig. 5, face inf.; fig. 6, face postérieure ; fig. 7, individu jeune, du Musée de Grenoble, vu de côté ; fig. 8, face sup.; fig. 9, face inf. ; fig. 10, face postérieure.

Résumé géologique sur les Collyrites.

Nous avons décrit et fait figurer seize espèces de *Colly-rites* recueillies dans le terrain jurassique de France, et ainsi réparties dans les divers étages :

Deux espèces se développent dans l'étage bajocien, *Collyrites ringens* et *ovalis;* elles ne sont pas spéciales à cet étage et se retrouvent dans l'étage bathonien qui nous offre en outre trois autres espèces, *C. analis, acuta* (1) et *elliptica*.

L'étage callovien renferme quatre espèces, le *C. elliptica*, qui déjà s'était montré à l'époque précédente, et trois espèces nouvelles, *C. dorsalis, pseudo-ringens* et *castanea*. Ces quatre espèces disparaissent avec l'étage callovien.

L'étage oxfordien inférieur ne nous a fourni qu'une seule espèce, *C. acuta*, dont nous avons déjà signalé la présence dans les assises supérieures de l'étage bathonien. Trois espèces se rencontrent dans l'étage oxfordien supérieur, *C. conica, capistrata* et *bicordata*.

La dernière de ces espèces existe également, associée

(1) Le *C. acuta* nous avait paru jusqu'ici propre à l'étage oxfordien inférieur. Nous avons recueilli tout récemment, aux environs de Châtelcensoir, dans une couche siliceuse, que nous rapportons à la partie supérieure de la grande oolithe, des exemplaires parfaitement caractérisés du *C. acuta,* associés à l'*Echinobrissus clunicularis*, au *Pygurus Michelini*, à l'*Acrosalenia spinosa*. L'existence de cette espèce, dans les étages bathonien et oxfordien inférieur, nous semble établie d'une manière positive.

au *C. Desoriana*, dans les calcaires à chailles, que nous
plaçons à la base de l'étage corallien. Une seule espèce,
C. Loryi, caractérise les calcaires blancs de l'étage corallien inférieur.

Restent trois espèces, *C. carinata, Friburgensis* et *Voltzi*,
qui appartiennent à cet ensemble de couches intermédiaires que quelques géologues rapportent au terrain néocomien inférieur, et que d'autres persistent à placer à la
partie supérieure de l'étage oxfordien.

L'étage corallien moyen et supérieur, les étages kimmeridien et portlandien, ne nous ont offert jusqu'ici aucun
représentant du genre *Collyrites*.

M. Desor, dans le *Synopsis des Echinides fossiles*, mentionne vingt et une espèces de *Collyrites* : sur ce nombre,
cinq sont étrangères à la France et n'ont pu trouver place
dans notre travail :

C. prior, Desor, du lias (couche à pentacrines), de Frick
(canton d'Argovie). « Espèce voisine du *C. analis;* les ambulacres postérieurs convergent immédiatement au-dessus du périprocte, mais sa forme est plus renflée, surtout
en avant. » V. 87 (type de l'espèce), exempl. unique. Coll.
Moesch.

C. Buchii, Syn. *Dysaster Buchii*, Desor, *Monog. des Dysaster*,
p. 20, t. III, fig. 9-11, du calcaire à nérinées (corallien ?) de
Stockach (grand-duché de Bade), et du corallien de Sirchingen (Wurtemberg). « Petite espèce renflée, comme le
C. carinata, mais sans carène; le sillon antérieur est à
peu près nul. Périprocte visible seulement d'en bas. » « Il
se pourrait, ajoute M. Desor, que cette espèce ne fût que
le jeune âge du *C. capistrata*. »

C. faba, Desor, du callovien d'Ueken, près d'Effingen
(canton d'Argovie). « Petite espèce intermédiaire entre le

C. capistrata et le *C. bicordata*, moins triangulaire que la première, mais cependant rétrécie en arrière. Ambulacres postérieurs, convergeant à quelque distance au-dessus du périprocte, qui est visible à peu près en entier d'en haut. » Coll. Moesch. Assez abondant.

C. excentrica, Desor, syn., *Nucleolites excentricus*, Munster in Goldf., p. 140, pl. XIX, fig. 7, 1826. — *Catopygus excentricus*, Agass., *Prod. d'une Monog. des radiaires*, p. 18, 1836. — *Dysaster excentricus*, Desor, *Monog. des Dysaster*, p. 13, pl. IV, fig. 1-3, 1842, du calcaire jurassique des environs de Kehlheim, « petit oursin déprimé, elliptique, fortement déclive et sub-tronqué en arrière; ambulacres convergeant sur le périprocte. » Musée de Munich (Coll. Munster).

C. silicea, Desor, syn. *Dysaster siliceus*, Quenstedt, *der Jura*, p. 740, pl. XC, fig. 28, du corallien (Jura blanc E.) de Natheim. « Petite espèce renflée, voisine du *C. Buchii*, mais qui en diffère en ce que le périprocte est visible d'en haut. » Musée Tubingen.

Sur les seize espèces françaises énumérées dans le *Synopsis*, quatre nous ont paru devoir être supprimées, *C. pinguis, Orbignyana, æqualis* et *transversa ;* les trois premières font double emploi avec d'autres espèces, et nous les considérons comme des variétés ou des synonymes ; la quatrième, *C. transversa*, appartient par sa forme générale et la structure de ses aires ambulacraires, comme nous l'avons démontré plus haut, au genre *Metaporhinus*. Restent douze espèces, que nous avons décrites, *C. ringens, analis, elliptica, castanea, acuta, conica, capistrata, Voltzi, bicordata, Desoriana* et *Loryi*. A ces douze espèces, nous en avons ajouté quatre, *C. ovalis, dorsalis, pseudo-ringens* et *Friburgensis*, qui élèvent, comme on l'a vu, à seize le nombre des espèces de France décrites dans notre travail.

Indépendamment des cinq espèces étrangères citées dans le Synopsis, nous en connaissons encore quatre, recueillies hors de France, et dont voici la diagnose :

C. Gillieroni, Desor (in coll.), de l'étage bajocien du Four de Brême (canton de Fribourg, Suisse). Espèce de petite taille, oblongue, épaisse, arrondie en avant, un peu acuminée en arrière, pulvinée en dessous ; voisine du *C. ringens,* var. *Eudesi,* elle s'en distingue par son périprocte moins marginal, son sillon anal plus profond, sa face postérieure très-obliquement tronquée en avant. Coll. Gilliéron, ma collection.

C. trigonalis, Desor (in coll.), Moesch, *der Aargauer-Jura,* p. 189, 1867, du terrain jurassique supérieur de Randen, de Lagern, de Baden (canton d'Argovie, Suisse). Espèce de taille moyenne, allongée, cordiforme, un peu échancrée en avant, très-acuminée en arrière ; les aires ambulacraires postérieures convergent très-haut au-dessus du périprocte ; voisine du *C. carinata,* elle en diffère par sa taille plus forte et son périprocte situé toujours moins bas. Musée de Zurich. Abondant.

C. thermarum, Moesch, *der Aargauer-Jura,* p. 315, pl. VII, fig. 4, a, b, c, 1867, du terrain jurassique supérieur de Randen et de Baden (canton d'Argovie, Suisse). Espèce de taille moyenne, ovale, cordiforme, un peu plus longue que large, marquée en avant d'un léger sillon qui se prolonge jusqu'à la bouche. Sommet ambulacraire placé un peu en arrière de la gibbosité antérieure. Cette espèce, suivant M. Moesch, a quelque ressemblance avec le *C. bicordata,* mais elle est plus large. Coll. Moesch.

Sous le nom de *Dysaster altissimus,* Zeuschner, figure une espèce qui paraît, au premier aspect, se rapporter au genre *Collyrites,* mais qui est un véritable *Metaporhinus,* très-voisin du *M. transversus,* ainsi que nous l'avons déjà fait remarquer , en décrivant plus haut cette dernière espèce. Depuis que nous avons publié la description et les figures du *M. transversus*, nous avons eu occasion d'examiner, dans la collection de la Sorbonne, des exemplaires types du *Dysaster altissimus*, recueillis par M. Zeuschner lui-même, et nous avons été frappé, malgré leur taille plus petite, de la grande ressemblance que ces exemplaires présentent avec le *M. transversus*. Le petit nombre d'échantillons que nous avons pu comparer, et l'état assez médiocre de leur conservation, ne nous permettent pas encore d'avoir une certitude absolue sur l'identité des deux espèces ; nous sommes cependant porté à croire qu'il y aura lieu de les réunir. Dans ce cas, le nom d'*altissimus* devrait remplacer celui de *transversus*.

<h3 style="text-align:center">4e Genre. — DYSASTER, Agassiz, 1830.</h3>

Dysaster (pars),   Agassiz, 1836.
Collyrites (pars),   Des Moulins, 1837 ; d'Orbigny, 1853.
Dysaster,   Cotteau, 1856 ; Desor, 1857.

Test de taille moyenne, allongé, renflé, sub-cylindrique, ordinairement tronqué en arrière, presque plane en dessous. Sommet excentrique en avant. Aires ambulacraires apétaloïdes et à fleur du test, très-disjointes. Aire ambulacraire impaire convergeant en ligne droite du sommet au péristome. Aires ambulacraires paires sub-flexueuses, peu apparentes. Pores ambulacraires de même nature sur les cinq aires ambulacraires, très-petits, rangés par paires obliques, espacés vers l'ambitus et à la face inférieure, tendant à se resserrer et à se multiplier autour du péristome. Tubercules petits, perforés, crénelés, sub-scrobiculés, inégaux et épars. Granulation intermédiaire fine, serrée, homogène, donnant au test un aspect chagriné. Péristome excentrique en avant, sub-circulaire, ordinairement un peu allongé dans le sens du diamètre antéro-postérieur, s'ouvrant à fleur du test. Périprocte pyriforme, supra-marginal, placé au sommet de la face postérieure. Appareil apical sub-compacte avec plaques ocellaires latérales antérieures non en contact par le milieu et intercalées à l'angle des plaques génitales.

RAPPORTS ET DIFFÉRENCES. — Le genre *Dysaster*, en le restreignant comme nous avons cru devoir le faire dans nos *Etudes sur les Echinides fossiles de l'Yonne* (1), se sépare nettement des *Collyrites*, non-seulement par sa forme plus allongée et plus cylindrique, mais surtout par la structure sub-compacte de son appareil apical. Cette différence importante nous a permis de conserver dans la méthode le genre *Dysaster*, en lui donnant, il est vrai, une acception beaucoup moins large que celle que M. Agassiz lui avait assignée dans l'origine. Il nous a paru d'autant plus juste de maintenir le nom de *Dysaster* que l'espèce la plus répandue, le *D. granulosus*, était considérée par M. Agassiz, lorsqu'il a publié le *Prodrome d'une Monographie des radiaires*, comme un des types de son genre *Dysaster*.

Le genre *Dysaster* est peu nombreux en espèces; il se montre surtout dans les étages supérieurs du terrain jurassique et disparait avec les couches inférieures de l'étage néocomien.

N° 22. **Dysaster Moeschi**, Desor, 1857.

Pl. 24, fig. 1-7.

Dysaster Moeschii,   Desor, *Synops. des Ech. foss.*, p. 202, 1857.

(1) T. I, p. 331.

Dysaster Moeschi, Cotteau, *Echin. du départ. de la Sarthe,*
     p. 51, pl. xiv, fig. 9-11, 1857.
— — Wright, *Monog. of the Brit. Foss. Echinod.*
     from the Ool. Format., p. 323, 1857.
— — Dujardin et Hupé, *Hist. nat. des zooph.*
     Echinod., p. 553, 1862.

V. 63.

Espèce de taille moyenne, allongée, arrondie et dilatée
en avant, plus étroite, tronquée carrément et obliquement
en arrière ; face supérieure renflée, convexe ; face inférieure presque plane, légèrement déprimée en avant du
péristome. Appareil apical sub-central. Aires ambulacraires
étroites, composées de pores très-petits, visibles seulement à la loupe, s'espaçant à la face inférieure, plus rapprochés et plus nombreux autour de la bouche. Aire ambulacraire antérieure descendant en droite ligne jusqu'au
péristome, et occupant un sillon vague et atténué, apparent
seulement au sommet et à la face inférieure, mais qui
s'efface complétement vers l'ambitus. Aires ambulacraires
paires antérieures étroites, arrondies à leur extrémité
supérieure. Aires ambulacraires postérieures un peu plus
larges, arrondies également au sommet, convergeant immédiatement au-dessus du périprocte. Péristome excentrique en avant, sub-circulaire, irrégulièrement pentagonal. Périprocte allongé, pyriforme, placé au sommet de la
face postérieure qui ne présente aucune trace de sillon.
Appareil apical presque carré ; pores génitaux très-rapprochés les uns des autres.

Hauteur, 22 millimètres ; diamètre transversal, 29 millimètres ; diamètre antéro-postérieur, 35 millimètres.

Individu plus jeune : hauteur, 19 millimètres ; diamètre
transversal, 22 millimètres ; diamètre antéro-postérieur,
26 millimètres.

RAPPORTS ET DIFFÉRENCES. — Cette espèce, signalée pour la première fois par M. Desor dans le *Synopsis des Echinides fossiles*, présente beaucoup de rapport avec le *D. granulosus ;* elle nous a paru cependant s'en éloigner par sa forme moins allongée, plus dilatée en avant et relativement plus étroite en arrière, par son sommet ambulacraire un peu moins excentrique en avant. Ces différences sont constantes dans les exemplaires que nous avons sous les yeux, et nous engagent à maintenir dans la méthode cette espèce qui occupe du reste un horizon stratigraphique toujours inférieur au *D. granulosus*.

LOCALITÉS. — Saint-Marceau (Sarthe). Très-rare. Étage bathonien sup. ?... Marcilly-sur-Tille, ferme de Giron, près Dijon (Côte-d'Or). Lupien, commune de Saint-Rambert (Ain). Assez rare. Étage callovien.

Coll. Guéranger, Martin, Dumortier, Kœchlin-Schlumberger, ma collection.

LOCALITÉS AUTRES QUE LA FRANCE. — Pouillerel près la Chaux-de-Fonds (canton de Neuchâtel) ; Hornusen, Ueken, Erlinsbach (canton d'Argovie), Suisse. Assez commun. Étage callovien.

EXPLICATION DES FIGURES. — Pl. 24, fig. 1, *C. Moeschi*, du terrain oxfordien inf. de Saint-Raimbert, de la coll. de M. Dumortier, vu de côté ; fig. 2, face sup. ; fig. 3, face inf. ; fig. 4, face postérieure ; fig. 5, autre exempl., de l'étage bathonien supérieur de la Sarthe, de la coll. de M. Guéranger, vu de côté ; fig 6, face sup. ; fig. 7, face inf. (ces trois dernières figures copiées dans les *Echinides de la Sarthe*).

N° 23. **Dysaster granulosus**, Agassiz, 1836.

(Goldf., 1826.)

Pl. 24, fig. 8-11, et pl. 25.

Nucleolites granulosus,	Goldfuss, *Petref. Mus. univers. reg. Boruss. rhen. Bonn.*, t. I, p. 138, pl. XLIII, fig. 4, 1826.
Dysaster granulosus,	Agassiz, *Prod. d'une Monog. des radiaires*, Mém. de la Soc. des sc. nat. de Neuchâtel, t. I, p. 183, 1836.
— —	Agassiz, *id.*, Ann. des sc. nat., Zool., t. VII, p. 275, 1837.
Collyrites granulosa,	Des Moulins, *Etudes sur les Ech.*, p. 364, n° 4, 1837.
Dysaster granulosus,	Agassiz, *Catal. syst. Ectyp. foss. Mus. neoc.*, p. 5, 1840.
— —	Desor, *Monog. des Dysaster*, p. 17, pl. III, fig. 18-20, 1842.
Dysaster anasteroïdes,	Leymerie, *Stat. géol. et minér. du dép. de l'Aube*, p. 239, 1846.
Dysaster granulosus,	Agassiz et Desor, *Catal. rais. des Ech.*, p. 138, 1847.
— —	Bronn, *Index paleont.*, p. 429, 1848.
— —	D'Orbigny, *Prod. de paléont. strat.*, t. I, p. 379, n° 501, 1850.
Dysaster suprajurensis,	D'Orbigny, *id.*, t. II, p. 55, n° 183, 1850.
Dysaster granulosus,	Giebel, *Deutschlands Petrefact.*, p. 326, 1852.
— —	Quenstedt, *Handbuch der Petrefact.*, p. 590, pl. L, fig. 11 et 12, 1852.
Collyrites granulosa,	D'Orbigny, *Paléont. franç., terr. crét.*, t. VI, p. 50, 1853.
Collyrites anasteroïdes,	D'Orbigny, *id.*, p. 51, 1853.
Collyrites granulosa,	D'Orbigny, *Note rectif. sur div. genres d'Echin.*, Rev. et Mag. de zool., 2e sér., t. VI, p. 27, 1853.
Collyrites anasteroïdes,	D'Orbigny, *id.*, p. 27.
Collyrites granulosa,	Cotteau, *Note sur les Ech. du départ. de l'Aube*, Bull. Soc. géol. de France, t. XI, p. 357, 1854.

Collyrites granulosa,	Cotteau, *Note sur l'étage coral. de l'Yonne*, Bull. Soc. géol. de France, 2ᵉ sér., t. XII, p. 707, 1855.
— —	Cotteau, *Études sur les Ech. du départ. de l'Yonne*, t. I, p. 253, pl. xl, fig. 1-4, 1855.
Dysaster anasteroïdes,	Cotteau, *id.*, p. 336.
Dysaster granulosus,	Oppel, *Die Jura Format.*, p. 609 et passim, 1856.
— —	Desor, *Synops. des Ech. foss.*, p. 201, 1857.
Dysaster anasteroïdes,	Desor, *id.*, p. 202.
Collyrites granulosa,	Pictet, *Traité de paléont.*, 2ᵉ édit., t. IV, p. 190, 1857.
Dysaster anasteroïdes,	Pictet, *id.*
Dysaster granulosus,	Étallon, *Esquisse d'une Desc. géol. du Haut-Jura*, p. 36, 1857.
— —	Quenstedt, *Der Jura*, p. 657 et 799, pl. lxxx, fig. 15 et 16, et pl. xcviii, fig. 32, 1858.
— —	Leymerie et Raulin, *Stat. géol. et min. du départ. de l'Yonne*, p. 624, 1858.
— —	Wright, *Monog. of the Brit. Foss. Echin. from the Ool. Format.*, p. 323, 1859.
Dysaster anasteroïdes,	Wright, *id.*
Dysaster granulosus,	Étallon, *Paléontostat. du Jura, Jura Graylois*, p. 18, 1860.
— —	Moesch, *Tabl. des Weissen Jura in Kant, Aargau Verhandl. der Sch. nat. Gesell.*, 1862.
— —	Dujardin et Hupé, *Hist. nat. des zooph. Echinod.*, p. 553, 1862.
Dysaster anasteroïdes,	Dujardin et Hupé, *id.*
Dysaster granulosus,	Winkler, *Musée Teyler, Catal. syst. de la coll. paléont.*, p. 205, 1863.
Dysaster anasteroïdes,	Cotteau, *Catal. rais. des Ech. foss. du départ. de l'Aube*, p. 7, 1865 (Extrait du Congrès scient. de 1864).
Collyrites granulosa,	Pillet, *Descript. géol. des envir. de Chambéry*, p. 33, 1865.
Dysaster granulosus,	Moesch, *Geol. Beschreib. der Umgeb. von Brugg.*, p. 46, 1867.

M. 35 ; Q. 39; var. *major*, V. 87.

Espèce de taille assez forte, très-allongée, sub-cylindrique, arrondie et un peu dilatée en avant, tronquée obliquement et carrément en arrière ; face supérieure renflée, convexe, ayant sa plus grande hauteur. au point où se réunissent les aires ambulacraires antérieures, s'abaissant légèrement vers la région postérieure ; face inférieure presque plane, légèrement déprimée près du péristome. Sommet ambulacraire excentrique en avant. Aires ambulacraires très-disjointes, à peine visibles, formées de pores très-petits. Aire ambulacraire antérieure étroite, convergeant en droite ligne vers le péristome, placée dans un sillon très-atténué, un peu apparent près du sommet et à la face inférieure. Aux approches de l'appareil apical, chaque pore est séparé par un petit bourrelet oblique qui forme, des deux côtés du sillon, une rangée distincte et régulière. Aires ambulacraires paires antérieures subflexueuses, arrondies à leur partie supérieure. Aires ambulacraires postérieures un peu plus larges que les autres, légèrement recourbées, convergeant immédiatement au-dessus du périprocte. Tubercules abondants, sub-scrobiculés, épars sur toute la surface du test, plus nombreux cependant à la partie antérieure et dans la région infra-marginale. Péristome assez grand, excentrique en avant, subcirculaire, s'ouvrant à fleur de test, un peu allongé dans le sens du diamètre antéro-postérieur. Périprocte pyriforme, placé au sommet de la face postérieure qui ne présente aucune trace de sillon. Appareil apical presque carré, granuleux; pores génitaux largement ouverts ; plaque madréporiforme saillante et beaucoup plus étendue que les autres; plaques ocellaires antérieures petites , inégales, irrégulières, très-visiblement intercalées à l'angle des

plaques génitales ; plaques ocellaires postérieures placées près du sommet du périprocte.

Hauteur, 19 millimètres ; diamètre transversal, 28 millimètres ; diamètre antéro-postérieur, 35 millimètres.

Var. *major* (v. 87) : Hauteur, 22 millimètres ; diamètre transversal, 33 millimètres ; diamètre antéro-postérieur, 41 millimètres.

Var. *anasteroides* : Hauteur , 17 millimètres ; diamètre transversal, 24 millimètres ; diamètre antéro-postérieur, 34 millimètres.

Tous les exemplaires que nous rapportons au *D. granulosus*, quelle que soit leur taille, offrent un ensemble de caractères qui ne permet pas de les confondre avec aucune autre espèce. S'ils éprouvent quelques modifications, c'est uniquement dans leur forme plus ou moins renflée à la face supérieure, plus ou moins dilatée dans la région antérieure. Jusqu'ici la plupart des auteurs ont admis comme espèce distincte le *D. anasteroides* de l'étage kimmeridien. En comparant avec soin nos échantillons aux types les mieux caractérisés du *D. granulosus*, nous avons reconnu qu'il n'était pas possible, malgré la différence du gisement, de séparer les deux espèces. Si quelques exemplaires du *D. anasteroides*, ainsi que nous l'avions fait remarquer dans nos *Etudes sur les Echinides de l'Yonne*, tendent à se distinguer du *D. granulosus,* par leur forme plus allongée, plus étroite en arrière, plus cylindrique, plus convexe et plus régulièrement renflée à la face supérieure, ces caractères sont loin d'être constants, et parmi les échantillons de l'étage kimmeridien assez nombreux et de localités diverses que nous venons d'étudier, il s'en trouve plusieurs qui ne présentent réellement, même dans leur forme, aucune différence avec le *D. granulosus.*

RAPPORTS ET DIFFÉRENCES. — Le *D. granulosus*, tel que nous le comprenons, sera toujours facilement reconnaissable à sa forme allongée, arrondie en avant, tronquée obliquement et presque carrément en arrière, à sa face supérieure renflée, à sa face inférieure presque plane, à son sommet ambulacraire excentrique en avant, à son aire ambulacraire impaire étroite, placée dans un sillon très-vague et qui disparaît complétement vers l'ambitus. L'espèce avec laquelle le *D. granulosus* offre le plus de ressemblance est le *D. sub-elongatus*, du terrain néocomien inférieur, dont il ne diffère que par sa région postérieure plus large et tronquée plus carrément, par son sillon postérieur moins prononcé et son périprocte plus ovale.

HISTOIRE. — Le *D. granulosus* a souvent été mentionné par les auteurs. Décrit et figuré pour la première fois, en 1816, par Goldfuss, sous le nom de *Nucleolites granulosus*, il a été considéré par Agassiz, en 1836, comme un des types du genre *Dysaster*. Des Moulins et plus tard d'Orbigny l'ont confondu avec les *Collyrites*. C'est en 1856 que nous avons signalé les différences génériques qui distinguaient cette espèce des véritables *Collyrites*, et que nous l'avons replacée parmi les *Dysaster* où tous les auteurs la maintiennent aujourd'hui. La variété *anasteroides* a été, dans le *Catalogue raisonné* de MM. Agassiz et Desor, l'objet d'une confusion regrettable : en créant le nom d'*anasteroides*, M. Leymerie l'a donné à un Échinide du terrain kimmeridien de l'Aube ; mais M. Agassiz, tout en adoptant le nom d'*anasteroides*, l'a appliqué à une espèce néocomienne distincte, pour le gisement de laquelle il indique Grasse, Martigues, Castellane, Escragnolle, Nérou, sans citer aucune des localités kimmeridiennes signalées par M. Leymerie. Dans la *Paléontologie française*, d'Orbigny a fait ces-

ser cette confusion en séparant du véritable *anasteroides* de
M. Leymerie l'espèce néocomienne à laquelle il a donné le
nom de *sub-elongata*. Le *C. suprajurensis* du *Prodrome
stratigraphique* doit être réuni au *D. granulosus*. Déjà d'Orbigny avait reconnu que son *C. suprajurensis* faisait double
emploi avec le *D. anasteroides* de M. Leymerie.

LOCALITÉ. — Cette espèce assez abondamment répandue
se rencontre à la fois dans l'étage oxfordien, dans les couches marneuses et lithographiques de l'étage corallien et
dans l'étage kimmeridien. — Sennevoy (Yonne) ; Flavigny
(Côte-d'Or) ; Montsaon, Vieville (Haute-Marne) ; Neuvelle
(Haute-Saône) ; Saint-Amour (Jura) ; Le Vanneau près Niort,
tranchée du puits d'Enfer sur le chemin de fer de Poitiers
à la Rochelle (Deux-Sèvres) ; Djebel-Seba Hamoun au sud
de Bou-Saada (Algérie). Assez commun. Étage oxfordien,
zone à Scyphia. — Courson, St-Vinnemer, Tanlay, Fresne
(Yonne). Rare. Étage corallien, calcaires lithographiques.
— Environs de Chablis (Yonne) ; Bar-sur-Aube, les Riceys,
Longchamps, Clairvaux (Aube) ; Champcourt, Maranville
(Haute-Marne). Assez rare. Étage kimmeridien.

Musée de Paris (Coll. d'Orbigny) ; École des Mines (Coll.
Michelin) ; Coll. de la Sorbonne ; Musée de Troyes ; Coll.
Dumortier, Royer, Perron, Deloisy, Kœchlin-Schlumberger,
Péron, de Loriol, ma collect.

Localités autres que la France. — Birmensdorf, Ueken,
Ellingen, Freudenstein, Baden, Rieden, Laufor, Veschi-
nan, Effingen, Zeichen, Kornberg, Bozen, Nureulingen
(canton d'Argovie) ; Oberbuchsiten, Rumpel, Wangen (canton de Soleure) ; Movelier, Bord-Chatel, Liesberg près
Lauffen (canton de Berne), Suisse. — Istein (Grand-Duché
de Bade) ; Amberg, Streilberg et Wargau (Bavière) ; Urach
(Wurtemberg). Assez commun. Étage oxfordien sup.

Musée de Zurich ; coll. Gilliéron, etc.

EXPLICATION DES FIGURES. — Pl. 24, fig. 8, *D. granulosus*, de l'oxfordien de Saint-Amour, de la coll. de M. Perron, vu de côté ; fig. 9, face inf. ; fig. 10, face sup. ; fig. 11, autre exempl., de la coll. de la Sorbonne, vu sur la face sup. Pl. 25, fig. 1, *D. granulosus* du kimmeridien de Bar-sur-Aube, de ma collection, vu de côté ; fig. 2, face sup. ; fig. 3, face inf. ; fig. 4, région anale ; fig. 5, région antérieure ; fig. 6, plaque grossie montrant la disposition des tubercules et des granules ; fig. 7, appareil apical grossi ; fig. 8, péristome grossi ; fig. 9, individu jeune de la même localité et de ma collection, vu de côté ; fig. 10, face sup. ; fig. 11, face inf.

2ᵉ Famille. Cassidulidées, Agassiz, 1846.

Cassidulides (pars),	Agassiz et Desor, 1846.
Nucléolidées,	Albin Gras, 1846.
Echinobrissidées,	D'Orbigny, 1855 ; Wright, 1856-1863.
Cassidulides,	Desor, 1857 ; Cotteau, 1862.

Pores ambulacraires pétaloïdes ou sub-pétaloïdes, serrés aux approches du sommet, plus espacés à la face inférieure, se multipliant autour du péristome. Aires ambulacraires non disjointes. Aire ambulacraire impaire semblable aux autres par la structure de ses pores, quelquefois un peu différente par sa forme. Tubercules petits, inégaux, subscrobiculés, ordinairement crénelés et perforés. Péristome situé à la plaque inférieure, sub-central, pentagonal, anguleux ou transversalement elliptique, entouré le plus souvent d'un floscelle dû au renflement des aires interambulacraires. Périprocte très-variable. Appareil apical compacte, remarquable par le développement de la plaque madréporiforme qui se prolonge au milieu de l'appareil.

Rapports et différences. — La famille des Cassidulidées comprend un grand nombre de genres d'aspect bien différent, mais qui présentent tous ce caractère commun d'avoir les aires ambulacraires pétaloïdes ou sub-pétaloïdes, le péristome sub-central et dépourvu de mâchoire. Dans l'origine M. Agassiz avait réuni à la famille qui nous occupe d'une part les *Echinoconidées*, et de l'autre les *Clypéastroïdées*. Les premiers s'en distinguent par leurs pores ambulacraires simples et les seconds par leur péristome dépourvu de mâchoire. La structure de leurs pores ambulacraires, celle de leur péristome et de leur appareil apical, la position de leur périprocte ne permettent pas de confondre les *Cassidulidées* avec les *Collyritidées*.

Nous conservons à la famille des Cassidulidées les limites que lui a données M. Desor, si ce n'est que nous croyons devoir en retrancher la tribu des *Claviaster*. Les deux genres qu'elle renferme, *Archiacia* et *Claviaster*, remarquables par leur forme bizarre et la structure de l'aire ambulacraire impaire qui se compose de pores différents des autres, nous paraissent, d'après les principes de classification que nous avons adoptés, se rapprocher beaucoup des *Spatangidées*, et nous préférons les placer avec d'Orbigny à la fin de cette famille, en y réunissant comme lui le genre *Asterostoma* que de récentes observations nous engagent à classer également parmi les *Spatangidées*. Tout en reconnaissant que la famille des *Cassidulidées* correspond à peu près exactement à la famille des *Nucléolidées* d'Albin Gras et à celle des *Echinobrissidées* de d'Orbigny, nous n'hésitons pas à lui laisser son nom le plus ancien, comme l'a fait l'auteur du *Synopsis* (1).

____

(1) Desor, *Synopsis des Echinides fossiles*, p. 215.

M. Wright divise les *Cassidulidées* en deux familles qu'il désigne sous le nom d'*Echinobrissidæ* et d'*Echinolampidæ* (1) : la première a pour type les genres *Echinobrissus*, *Clypeus*, et ceux qui s'en rapprochent par la forme de leurs aires ambulacraires et la position de leur périprocte ; la seconde est réservée pour les *Echinolampas*, les *Pygurus* et autres genres à aires ambulacraires fortement pétaloïdes et à périprocte ordinairement infra-marginal. Cette subdivision repose sur des caractères bien vagues, et nous ne pensons pas qu'elle puisse être adoptée dans la méthode.

Le périprocte, comme nous l'avons dit, est extrêmement variable et dans sa forme et dans la position qu'il occupe à la surface du test. Il est ovale, arrondi, triangulaire, pyriforme, allongé, ou transversalement elliptique ; il s'ouvre tantôt à la face supérieure, tantôt vers le bord, souvent à la face inférieure ; il est superficiel ou relégué au fond d'un sillon plus ou moins évasé ; quelquefois il se montre à l'extrémité d'un rostre. Malgré cette variété de forme et cette instabilité, le périprocte n'en fournit pas moins un excellent caractère générique ; aussi la plupart des types qui partagent la famille des *Cassidulidées* sont-ils établis sur la forme du périprocte et la place qu'il occupe sur le test.

Parmi les autres caractères qui distinguent les genres de la famille des *Cassidulidées*, la structure du péristome mérite surtout d'être étudiée. Dans le *Synopsis des Echinides fossiles*, M. Desor a appelé d'une façon toute particulière l'attention sur cet organe : il nous a montré comment, aux approches du péristome, les aires ambulacraires s'é-

(1) *Monograph of the British Fossil Echinodermata from the Oolitic Formations*, p. 339 et 389, 1859. — *Id.*, *of the Cretaceous Formations*, p. 32, 1864.

largissent et se dépriment pour recevoir des pores ambulacraires plus nombreux et plus serrés que sur les autres
points de la face inférieure ; comment ces dépressions, auxquelles il a donné le nom de phyllodes, alternent avec les
bourrelets buccaux qui correspondent à l'extrémité plus
ou moins renflée des aires interambulacraires, et comment
cet ensemble forme autour du péristome une étoile toujours élégante et qui a reçu le nom de floscelle, pour la distinguer de la rosette buccale ou péristomale des *Clypéastroïdées* dont l'aspect est bien différent. Le floscelle des
Cassidulidées est jusqu'ici un caractère spécial à cette
famille, ce qui ne l'empêche pas d'éprouver, dans la série
des genres, de très-importantes modifications. S'il atteint
chez les *Pygurus*, ainsi que le fait remarquer M. Desor, son
maximum de développement, nous le voyons bientôt s'at-
ténuer chez les *Echinobrissus*, les *Echinolampas*, les *Botriopygus*, puis disparaître entièrement chez les *Caratomus* et
les *Amblypygus*. Quelles que soient cependant les variations qu'elle éprouve, cette structure du péristome a une
importance organique qu'on ne saurait méconnaître, et se
rattache à la disposition même des aires ambulacraires. En
effet, depuis longtemps on a remarqué que plus le floscelle
est apparent, plus l'aspect pétaloïde des aires ambulacraires à la face supérieure est fortement prononcé, tandis que
chez les genres à aires ambulacraires sub-pétaloïdes, le
floscelle est à peine visible ou même fait complétement
défaut. Aussi, nous servirons-nous de ce caractère pour
établir, dans la famille des *Cassidulidées*, deux groupes
principaux, le premier correspondant à la tribu des *Echinanthus* de M. Desor et le second à celle des *Caratomus*.

Voici les caractères opposables des divers genres qui
constituent ces deux groupes :

A. Aires ambulacraires pétaloïdes ;
floscelle très-apparent.

  a. Périprocte inférieur.

    X. Périprocte ordinairement ovale, longitudinal ; face inférieure pulvinée.   PYGURUS. Agassiz, 1840.

      Type. — *Pygurus Blumenbachi*, Ag.

    XX. Périprocte transverse.

      x. Face inférieure sub-pulvinée.   ECHINOLAMPAS. Gray, 1834.

        Echin. stelliferus, Blain.

      xx. Face inférieure plate.

        y. Aires ambulacraires presque fermées à la face supérieure.   FAUJASIA. D'Orb., 1855.

        Faujasia Delaunayi, d'Orb.

        yy. Aires ambulacraires ouvertes jusqu'au bord.   CONOCLYPEUS (1). Agassiz, 1840.

        Conocl. semiglobus, Desor.

  b. Périprocte marginal.

    X. Aires ambulacraires à zones porifères égales.

---

(1) Il nous a paru conforme aux règles de l'étymologie, de remplacer le nom de *Conoclypus* par celui de *Conoclypeus,* ainsi que l'a fait depuis longtemps M. Bayle pour les étiquettes de la collection paléontologique de l'École des mines.

x. Périprocte visible en
dessus et en dessous,
oval, longitudinal.   BOTRIOPYGUS.
                             D'Orb., 1855.

Botriop. obovatus, d'Orb.

xx. Périprocte visible seulement en dessus.
   y. Périprocte longitudinal avec aréa plus ou
   moins prononcée.
      z. Face inférieure sub-
      pulvinée.   ECHINANTHUS.
                             Breyn, 1732.

Echinanthus Cuvieri, Des.

   zz. Face inférieure
   plate.   CATOPYGUS.
                             Agassiz, 1837.

Catopygus carinatus, Ag.

yy. Périprocte transverse;
face inférieure sub-pul-
vinée.   PYGORHYNCHUS (1).
                             Agassiz, 1840.

Pygorh. Grignonensis, Ag.

XX. Aires ambulacraires à
zones porifères inégales.   EURHODIA.
                             D'Arch. et Haine, 1853.

Eurh. Morrisi, d'Arch. et Haine.

____

(1) M. Agassiz, *Bull. of the Museum of the Comparat. Zoology Cam-
bridge*, p. 27, 1863, a décrit une espèce vivante du genre *Pygorhynchus*,

c. Périprocte supérieur.

X. Périprocte oval, logé dans
un sillon profond.

x. Face inférieure sub-pulvinée.

y. Péristome central; test
sub-circulaire.   CLYPEUS.
Klein, 1734.

Clypeus Ploti, Klein.

yy. Péristome excentri-
que en avant; test al-
longé.   CLYPEOPYGUS.
D'Orbigny, 1856.

Clyp. Paultrei, d'Orb.

xx. Face inférieure plate.   CASSIDULUS.
Lamarck, 1801.

Cassid. lapis cancri, Lam.

XX. Périprocte transverse,
recouvert par une expansion
du test.   RHYNCHOPYGUS.
D'Orbigny, 1855.

Rhynch. Marmini, d'Orb.

XXX. Périprocte pyriforme,
surmonté d'un petit canal
longitudinal.   CYRTHOMA (1).
Clelland, 1840.

Cyrth. galeata (d'Orb.), Cott.

provenant des environs d'Acapulco, et à laquelle il donne le nom de
Pyg. pacificus.

(1) Le genre *Cyrthoma* a été créé en 1840, par J. M. Clelland, pour

B. Aires ambulacraires sub-pétaloïdes ; floscelle peu apparent,
souvent nul.

   a. Pores ambulacraires inégaux,
   conjugués ; floscelle peu apparent.

     X. Périprocte supérieur.

       x. Test allongé.

         y. Périprocte ovale, situé
          dans un sillon profond.   Echinobrissus.
                              Breyn, 1732.

            Echin. clunicularis, d'Orb.

         yy. Périprocte ovale, si-
          tué dans un sillon très-
          atténué, rapproché du
          bord postérieur.   Phyllobrissus.
                             Cotteau, 1860.

            Phyll. Gresslyi, Cott.

quelques espèces fossiles recueillies dans les terrains secondaires (probablement crétacés) de l'Inde anglaise, à Cherra-Ponji. Les descriptions
que l'auteur a données et les figures qui les accompagnent, bien qu'elles
ne soient pas très-nettes, nous paraissent se rapporter au genre *Stimatopygus* de d'Orbigny. Ce rapprochement est d'autant plus admissible que
l'espèce décrite dans la *Paléontologie française* (t. VI, p. 332, pl. 928)
comme un des types du genre *Stimatopygus*, le *Stim. elatus* (*Cassidulus
elatus*, Forbes), provient précisément des environs de Pondichéry.
Le genre *Stimatopygus* n'ayant été établi qu'en 1855, le nom de
Cyrthoma, qui est beaucoup plus ancien, doit lui être préféré. J. M. Clelland décrit six espèces de *Cyrthoma* : les *Cyrth. Herschelliana, Prinse-
piana, Griffithia, dentata, Duracina, depressa* et *Astroloba*, recueillies
toutes dans les terrains de Cherra-Ponji; mais ce nombre devra sans
doute être réduit, car quelques-unes de ces espèces ne nous paraissent
que de simples variétés. *On Cyrthoma, a new Genus of fossil Echinidæ,*
par M. J. M. Clelland, *The Calcutta Journal of natural history*, vol. I,
p. 155, 1840.

xx. Test transverse.   PSEUDO-DESORELLA.
Etallon, 1860.

Pseud. Orbignyana, Et.

XX. Périprocte marginal, visible le plus souvent en
dessous.   PYGAULUS.
Agassiz, 1847.

Pyg. Moulinsi, Ag.

b. Pores ambulacraires, égaux,
non conjugués.
X. Floscelle apparent; périprocte marginal.   OOLOPYGUS.
D'Orbigny.

Oolop. Bargesi, d'Orb.

x. Floscelle nul ou presque
nul.
y. Péristome sub-central,
pentagonal ou oblique.
z. Périprocte supérieur,
logé dans un sillon pro-
fond.   NUCLEOLITES.
Lamarck, 1801.

Nucl. parallelus, Ag.

yy. Périprocte inférieur.
z. Périprocte petit,
sub-triangulaire, pla-
cé près du bord pos-
térieur.   CARATOMUS.
Agassiz, 1840.

Carat. rostratus, Ag.

zz. Périprocte très-
  grand, pyriforme, in-
  termédiaire entre le
  bord postérieur et le
  péristome.   AMBLYPYGUS.
                          Agassiz, 1840.

> *Amblyp. apheles,* Ag.

zzz. Périprocte petit,
  ovale, plus rappro-
  ché du péristome
  que du bord posté-
  rieur.   HAIMEA.
                          Michelin, 1851.

> *Haimea Cailliaudi,* Mich.

xx. Péristome excentrique
  en avant, transverse.   HETEROLAMPAS.
                          Cotteau, 1864.

> *Heter. Maresi,* Cott.

La famille des *Cassidulidées*, à partir de l'étage bajocien
dans lequel elle se montre pour la première fois, parcourt
toute la série des étages jurassiques, crétacés et tertiaires.
C'est à l'époque crétacée qu'elle atteint le maximum de développement ; elle est également très-répandue à l'époque
tertiaire dans les couches inférieures, surtout en espèces
et en individus, mais le nombre des genres a diminué d'une
manière sensible. Dans la période actuelle, cette famille est
en pleine voie de décroissement, et n'est plus représentée
que par quelques espèces fort rares appartenant à des types
qui ont fait leur apparition aux époques précédentes.

Sur les vingt-quatre genres dont se compose la famille

des *Cassidulidées,* quatre seulement ont leur origine dans le terrain jurassique, *Pygurus, Clypeus, Echinobrissus* et *Pseudo-Desorella.* Deux de ces genres, *Clypeus* et *Pseudo-Desorella* lui sont propres ; les deux autres se retrouvent dans les couches inférieures du terrain crétacé qui renferme en outre les genres *Faujasia, Conoclypeus, Botriopygus, Echinanthus, Catopygus, Pygorhynchus, Clypeopygus, Cassidulus, Rhynchopygus, Cyrthoma, Phyllobrissus, Pygaulus, Oolopygus, Nucleolites, Caratomus* et *Heterolampas*, en tout dix-huit genres. Sur ce nombre, cinq genres seulement, *Conoclypeus, Echinanthus, Pygorhynchus, Cassidulus* et *Nucleolites* franchissent les limites supérieures du terrain crétacé et se retrouvent dans le terrain tertiaire, où nous voyons apparaître pour la première fois les genres *Eurhodia, Amblypygus* et *Haimea*. Aucun type particulier n'existe dans les mers actuelles ; les quelques espèces de *Cassidulidées* qu'on y a rencontrées appartiennent aux genres *Echinolampas, Pygorhynchus* et *Nucleolites*, tous trois d'origine crétacée.

1er Genre. PYGURUS, Agassiz, 1839.

Clypeaster (pars),   Lamarck, 1816.
Echinolampas (pars), Agassiz, 1836.
Pygurus,   Agassiz, 1839 ; Cotteau, 1852 ; D'Orbigny, 1854 ; Desor, 1857 ; Wright, 1858.

Test de grande taille, clypéiforme ou discoïde, arrondi et échancré en avant, le plus souvent sub-rostré en arrière, plus ou moins renflé en dessus, fortement pulviné en dessous. Aires ambulacraires larges et pétaloïdes à la face supérieure, s'effilant vers le pourtour du test, et logées, à la face inférieure, dans des dépressions étroites qui aboutissent directement au péristome. Aire ambulacraire impaire sensiblement moins large que les autres. Dans chaque zone porifère, la rangée externe, sur la face supérieure, et tant que l'aire ambulacraire conserve sa forme pétaloïde, est composée de pores très-allongés et transverses, tandis que la rangée interne est formée de pores simples plus courts et plus ouverts. Vers le pourtour du test les deux rangées se rapprochent et deviennent semblables, et à la face inférieure les zones porifères se réduisent à de petits pores arrondis, séparés seulement par un renflement granuliforme, disposés par paires obliques et espacées qui se multiplient vers le péristome, et offrent alors une tendance plus ou moins prononcée à se grouper par triples paires. Tubercules serrés, scrobiculés, crénelés et perforés, très-petits à la face supérieure, un peu plus gros en dessous autour des renflements interambulacraires. Péristome étroit, pentagonal, excentrique en avant, entouré d'un floscelle très-prononcé, composé de larges phyllodes alternant avec de gros bourrelets. Périprocte médiocrement développé, infra-marginal, ordinairement ovale, placé au milieu d'une aréa plus ou moins apparente. Appareil apical compacte, remarquable par l'énorme développement de la plaque madréporiforme.

RAPPORTS ET DIFFÉRENCES. — Les espèces qui composent le genre *Pygurus* se reconnaîtront toujours assez facilement à leurs aires ambulacraires pétaloïdes et effilées, à leur face inférieure fortement pulvinée, à leur péristome entouré d'un floscelle très-apparent, à leur périprocte s'ouvrant au milieu d'une aréa toujours distincte. Le genre *Pygurus* se rapproche des genres *Faujasia* et *Botriopygus*. Il se distingue du premier par ses aires ambulacraires plus larges et plus allongées, par sa face inférieure pulvinée au lieu d'être plate, et du second par son périprocte moins marginal et qui n'entame jamais le bord postérieur. Les *Echinolampas* ont également quelques rapports avec les *Pygurus*, mais ils s'en éloignent par leur face supérieure plus renflée, moins amincie sur les bords, par leurs aires ambulacraires moins pétaloïdes, par leur face inférieure concave, mais moins pulvinée, par leur périprocte toujours transverse et dépourvu d'aréa.

HISTOIRE. — Le genre *Pygurus* a été établi, en 1839, par Agassiz pour recevoir certaines espèces qu'il avait d'abord cru devoir réunir aux *Echinolampas*, Gray. En 1854, tout en admettant le genre *Pygurus*, d'Orbigny en retira quelques espèces crétacées pour lesquelles il créa les genres *Faujasia* et *Botriopygus*. Le genre *Pygurus* ainsi restreint constitue une coupe des plus naturelles et qui a été adoptée par tous les auteurs.

Presque toutes les espèces de *Pygurus* sont caractérisées par la forme ovale de leur périprocte. Une espèce jurassique, le *P. Jurensis* et deux espèces crétacées seulement, les *P. rostratus* et *lampas*, font exception à cette règle et ont le périprocte transversalement ovale. D'Orbigny a proposé d'établir pour ces deux espèces le genre *Echinopygus*. La forme du périprocte étant la seule différence appréciable qui existe entre ces espèces et les véritables *Pygurus*, ce caractère ne nous semble pas suffisant pour motiver la création d'une coupe générique nouvelle. Il nous paraît préférable de laisser ces trois espèces parmi les *Pygurus*, que nous subdivisons en deux groupes distincts : le premier comprend toutes les espèces dont le périprocte est allongé dans le sens du diamètre antéro-postérieur ; le second groupe est réservé pour les espèces à périprocte transverse. Les espèces du premier groupe sont de beaucoup les plus nombreuses et forment deux séries assez nettement tranchées. La première renferme les *Pygurus* à ambitus sub-circulaire, et dont la face supérieure, tantôt conique, tantôt déprimée, est toujours assez régulièrement déclive. Le *P. depressus* et les espèces qui s'en rapprochent peuvent servir de type à cette première division. La seconde série contient les *Pygurus* munis d'un rostre plus ou moins prononcé, et dont la face supérieure est ordinairement gibbeuse et renflée ; tels sont les *P. Blumenbachi*, *Montmollini*, et autres espèces voisines.

Le genre *Pygurus* se fait remarquer par la taille énorme de quelques-unes de ses espèces ; il commence à se montrer dans l'étage bajocien et atteint son plus grand développement dans l'étage corallien ; il est encore assez abondant à l'époque crétacée, mais surtout dans les étages inférieurs. La dernière espèce, *Pygurus lampas*, disparaît avec les couches cénomaniennes.

N° 24. **Pygurus acutus**, Agassiz, 1847.

Pl. XXVI, fig. 1-4.

Pygurus acutus, Agassiz et Desor, *Catal. rais. des Echin.*, p. 104, 1847.
— — D'Orbigny, *Prod. de paléont. strat.*, t. I, p. 290, 1.t. 10, n° 495, 1850.
— — D'Orbigny, *Paléont. franç.*, terrain crétacé, t. VI, p. 301, 1854.
— — Pictet, *Traité de paléont.*, t. IV, p. 211, 1857.
— — Desor, *Synops. des Ech. foss.*, p. 314, 1857.
— — Wright, *Monog. of the Brit. Foss. Echinod. from the Ool. Format.*, p. 409, 1858.

T. 70.

Espèce de petite taille relativement aux dimensions qu'atteignent ordinairement les *Pygurus*, oblongue, sub-pentagonale, un peu arrondie en avant, étroite, sub-triangulaire et fortement rostrée dans la région postérieure, ayant sa plus grande largeur en arrière du sommet apical ; face supérieure très-médiocrement renflée, plus élevée en avant qu'en arrière, amincie sur les bords ; face inférieure déprimée, pulvinée, surtout dans les aires interambulacraires postérieures. Aires ambulacraires très-pétaloïdes, peu étendues, se rétrécissant à une grande distance du bord. Aire ambulacraire impaire plus droite et moins développée que les autres. Zones porifères larges ; pores externes formant des sillons obliques, allongés, étroits. Les aires interambulacraires sont très-resserrées, aux approches du sommet, par les zones porifères ; cependant elles se prolongent jusqu'à l'appareil apical. Péristome excentrique en avant, entouré d'un floscelle très-prononcé. Périprocte arrondi, légèrement sub-elliptique dans le sens du diamètre antéro-postérieur, s'ouvrant à l'extrémité d'un rostre très-proéminent, au milieu d'une aréa vaguement indiquée. Appareil apical remarquable pour le développement et la saillie de la plaque madréporiforme.

Hauteur, 16 millim.; diamètre transversal, 52 millim.; diamètre antéro-postérieur, 59 millim.

RAPPORTS ET DIFFÉRENCES. — Le *P. acutus* est la plus ancienne espèce que nous connaissions du genre *Pygurus*, la seule qui ait été rencontrée jusqu'ici dans l'étage bajocien. Sauf sa taille qui est relativement petite, elle présente tous les caractères distinctifs du genre : aires ambulacraires fortement pétaloïdes, zones porifères larges, face inférieure pulvinée, péristome entouré d'un floscelle, périprocte s'ouvrant à l'extrémité d'un rostre proéminent, et nous fournit par cela même un excellent exemple d'un type qui, dès sa première apparition, se montre muni de tous ses caractères. L'espèce avec laquelle le *P. acutus* offre la plus grande ressemblance est le *P. productus* de l'étage néocomien. Il s'en distingue par sa forme plus pentagonale, sa face supérieure plus élevée en avant, son rostre anal plus triangulaire et plus accusé.

HISTOIRE. — Le *P. acutus* a été établi, en 1847, par M. Agassiz, dans le *Catalogue raisonné des Echinides,* d'après un échantillon faisant partie de la collection d'Orbigny (T. 70). L'espèce est fort rare, nous n'en connaissons que deux exemplaires : celui qui a servi de type à l'espèce et un échantillon plus petit faisant partie du Musée de Dijon. Le *P. acutus* n'a jamais été décrit ni figuré.

LOCALITÉ. — Nantua (Ain). Très-rare. Etage bajocien.

Muséum de Paris, coll. d'Orbigny, Musée de Dijon.

EXPLICATION DES FIGURES. — Pl. XXVI, fig. 1, *Pyg. acutus,* de la coll. d'Orbigny, vu de côté ; fig. 2, face inf.; fig. 3, autre exemplaire plus jeune du Musée de Dijon, vu sur la face sup.; fig. 4, appareil apical grossi.

N° 25. **Pygurus Terquemi.** Cotteau, 1868.

Pl. 26, fig. 5, pl. 27 et 28.

Espèce de grande taille, régulièrement ovale, arrondie en avant, très-légèrement rostrée en arrière ; face supérieure peu élevée, uniformément bombée, également déclive de tous les côtés, peut-être un peu plus renflée dans la région antérieure ; face inférieure sub-déprimée au milieu, médiocrement pulvinée sur les bords. Sommet sub-central, un peu rejeté en avant. Aires ambulacraires relativement étroites, allongées, conservant presque jusqu'aux bords leur forme pétaloïde. Aire ambulacraire antérieure ayant à peu près le même développement que les autres, mais un peu plus droite. Zones porifères larges et déprimées à la face supérieure ; la rangée externe est composée de pores étroits aboutissant à des sillons très-allongés, presque transverses, séparés par de petites bandes de test couvertes de granules inégaux et épars ; la rangée interne est formée de pores simples et transversalement ovales. A quelque distance du pourtour, le sillon diminue et disparaît ; les pores se rapprochent et sont disposés à la face inférieure en paires obliques, rangées assez irrégulièrement ; mais bientôt ils se resserrent et offrent, en s'avançant vers le péristome, une tendance très-prononcée à se grouper par triples paires obliques. A la face inférieure, les aires ambulacraires forment des bandes d'autant plus déprimées et étroites qu'elles se rapprochent du péristome vers lequel elles se dirigent en ligne droite. Tubercules crénelés, perforés, scrobiculés, épars, abondants et homogènes en dessus, plus inégaux en dessous, s'espaçant et augmentant de volume autour du péristome et sur le bord des dépressions ambulacraires. Péristome excentrique en avant, petit, pentagonal, enfoncé, entouré d'un floscelle assez apparent, mais cependant moins prononcé qu'il ne l'est ordinairement dans les autres espèces du genre. Périprocte ovale, allongé dans le sens du diamètre antéro-postérieur, sans aréa distincte, s'ouvrant au fond d'une cavité profonde et correspondant à une échancrure postérieure du test, non visible de la face supérieure. Appareil apical sub-pentagonal ; la plaque madréporiforme se prolonge au milieu de l'appareil, et en occupe la plus grande partie ; les autres plaques, relativement très-petites, se groupent autour de la plaque madréporiforme et s'intercalent dans de petites échancrures.

Hauteur, 29 millimètres ; diamètre transversal, 114 millimètres ; diamètre antéro-postérieur, 124 millimètres.

Rapports et différences. — Cette belle espèce se distingue de toutes celles que nous connaissons par sa forme ovale et uniformément renflée, par ses aires ambulacraires conservant leur forme pétaloïde presque jusqu'au bord, et formant en dessous des zones étroites qui ne s'élargissent point aux approches du péristome, par sa face inférieure médiocrement pulvinée, son péristome petit et excentrique en avant, son périprocte dépourvu d'aréa. Plusieurs de ces caractères lui donnent quelque ressemblance avec les exemplaires jeunes et allongés du *P. Hausmanni* de l'étage corallien, mais cette dernière espèce, en prenant pour type l'exemplaire figuré par Kock et Dunker, sera toujours reconnaissable à sa face inférieure plus pulvinée, à son péristome plus grand et plus excentrique en avant, à ses aires ambulacraires moins larges, moins pétaloïdes, se rétrécissant plus rapidement à la face supérieure, et formant en dessous des zones plus développées.

Localité. — Environs de Metz (Moselle). Nous ne connaissons cette espèce que par un exemplaire que nous a communiqué M. Terquem. En nous l'envoyant, M. Terquem n'a pu nous donner d'indications sur son gisement et la localité d'où elle provient. La couleur de l'échantillon et la nature oolithique de la roche nous engagent à placer provisoirement cette espèce dans l'étage bathonien.

Explication des figures. — Pl. 26, *P. Terquemi*, de la coll. de M. Terquem, vu du côté. — Pl. 27, fig. 1, le même, vu sur la face inférieure ; fig. 2, pores ambul. de la face sup. grossis : fig. 3, tubercules de la face sup. grossis ; fig. 4, appareil apical grossi ; pl. 28. fig. 1, le même, vu sur la face inf. ; fig. 2, partie inf. des aires ambulacraires grossie ; fig. 3, partie infra-marginale des aires ambulacraires grossie; fig. 4, tubercules de la face inférieure grossis.

N° 25. **Pygurus Michelini,** Cotteau, 1849.

Pl. 29 et 30.

Pygurus Michelini,	Cotteau, *Etudes sur les Ech. foss. de l'Yonne,* t. I, p. 70 pl. v, fig. 7, 1840.
Pygurus pentagonalis (non Phill.),	Wright, *On the cassidulidæ of the Oolites,* Ann. and Mag. of nat. hist., 2e sér., vol. IX, p. 313, pl. iv, fig. 3, 1851.
— — —	Forbes in Morris, *Catal. of Brit. fossils,* 2e édit., p. 88, 1854.
Pygurus Michelini,	D'Orbigny, *Paléont. franç., terr. crét.,* t. VI, p. 301, 1855.
Pygurus Davoustianus,	Cotteau in Davoust, *Note sur les foss. spéciaux à la Sarthe,* p. 6, 1856.
— —	Cotteau, *Sur quelques oursins du départ. de la Sarthe,* Bull. Soc. géol. de France, 2e série, t. XIII, p. 650, 1856.
Pygurus Michelini,	Desor, *Synops. des Ech. foss.,* p. 315, 1857.
— —	Leymerie et Raulin, *Stat. géol. du départ. de l'Yonne,* p. 622, 1858.
— —	Cotteau et Triger, *Ech. du dép. de la Sarthe,* p. 65, pl. xiii, 1858.
— —	Wright, *Monog. of the Brit. Foss. Echinod. from the Oolit. Format.,* p. 392,

pl. xxxv, fig. 2, *a, b, c, d, e, f, g,* 1860.

Pygurus Michelini,   Dujardin et Hupé, *Hist. nat. des Zooph. Echinod.,* p. 586, 1862.

—   Moesch, *Beitrage zur Geol. karte der Schweiz, der Aargauer-Jura und die Nordl. Geb. des kant., Zurich,* p. 98, 1867.

13.

Espèce de taille moyenne, ovale, allongée, sub-pentagonale, arrondie et un peu échancrée en avant, légèrement sub-rostrée en arrière ; face supérieure plus ou moins renflée, quelquefois sub-conique, uniformément déclive sur les côtés, un peu plus élevée dans la région antérieure ; face inférieure presque plane, sub-déprimée au milieu, médiocrement pulvinée sur les bords. Sommet sub-central, un peu rejeté en avant. Aires ambulacraires larges et pétaloïdes à la face supérieure, se rétrécissant à peu de distance de l'ambitus, logées à la face inférieure dans des dépressions étroites qui aboutissent directement au péristome et sont d'autant plus prononcées qu'elles s'en rapprochent davantage. Aire ambulacraire impaire antérieure à peu près semblable aux autres, cependant un peu plus droite et un peu moins large à la face supérieure. Zones porifères formées en dessus d'une rangée externe de pores qui aboutissent à des sillons étroits, allongés, transverses, et d'une rangée interne de pores plus ouverts, allongés dans le même sens, mais beaucoup plus petits. A quelque distance de l'ambitus, ces zones porifères se rapprochent et se réduisent à des pores simples, presque microscopiques, disposés par paires obliques qui s'espacent dans la région infra-marginale, se multiplient et se resserrent en arrivant près du péristome, et forment alors six rangées distinctes et régulières. Les deux rangées internes sont composées de pores directement superposés, tandis que les autres pores continuent à être placés par paires obliques. Tubercules très-petits, abondants, serrés, assez homogènes à la face supérieure, vers l'ambitus et sur le milieu des renflements inter-ambulacraires, moins serrés, plus développés, sub-scrobiculés près du péristome et sur le bord des dépressions qui renferment les aires ambulacraires. Granules intermédiaires visibles seulement à la loupe et dans les exemplaires bien conservés, remplissant tout l'espace qui sépare les tubercules, et formant, dans les aires ambulacraires de la surface supérieure, entre les paires de pores, des séries horizontales très-distinctes. Péristome excentrique en avant, pentagonal, entouré d'un floscelle apparent, mais relativement peu prononcé ; l'extrémité des bourrelets qui séparent les phyllodes est finement granuleuse. Périprocte ovale, s'ouvrant dans une dépression profonde qui échancre légèrement le pourtour du test. Appareil apical remarquable par le développement de la plaque madréporiforme autour de laquelle se groupent les trois autres plaques génitales et les cinq plaques ocellaires très-petites et sub-pentagonales. L'appareil apical que nous avons fait figurer dans nos *Echinides de la Sarthe* (1), et que M. Wright a reproduit (2), présente une cinquième place imperforée correspondant à l'aire intcrambulacraire impaire ; cette cinquième plaque fait défaut chez tous les exemplaires que nous avons observés depuis, et peut-être dans notre premier échantillon, avons-nous pris pour une plaque génitale imperforée, une simple plaque coronale rudimentaire.

(1) *Echinides de la Sarthe*, pl. xiii, fig. 5.
(2) *Monog. of the Brit. Foss. Echinod. from the Ool. Formations*, p. xxxv, fig. 3.

Hauteur, 22 millimètres ; diamètre transversal, 67 millimètres ; diamètre antéro-postérieur, 71 millimètres.

Le *P. Michelini* offre dans sa forme générale quelques
variétés qu'il importe de signaler ; le type de l'espèce, tel
que nous l'avons figuré, en 1858, dans nos *Echinides de la
Sarthe*, est elliptique, assez régulièrement ovale, à peine
échancré en avant et très-légèrement rostré en arrière.
Cette forme se modifie par des passages insensibles. Certains exemplaires deviennent presque discoïdes ; tandis que
quelques autres affectent un aspect sub-pentagonal plus ou
moins prononcé, dû au rétrécissement de la région postérieure. La face inférieure est ordinairement presque plane
et à peine pulvinée, cependant quelquefois elle se déprime
vers le milieu, et les aires interambulacraires, notamment
l'aire interambulacraire postérieure, présentent vers le
pourtour des renflements plus ou moins apparents.

Rapports et différences. — Le *P. Michelini* a souvent été
confondu avec le *P. depressus*. Comme nous l'avons fait remarquer dans nos *Echinides de la Sarthe*, il s'en distingue par
sa forme plus oblongue, plus allongée, par sa taille souvent
plus forte, par ses aires ambulacraires relativement plus
larges, se rétrécissant moins brusquement, et logées, aux
approches du péristome, dans des dépressions plus droites
et plus prononcées, par sa face inférieure plus plane et
beaucoup moins pulvinée, par son péristome plus développé. Ces différences sont très-apparentes, si l'on compare
entre eux les types de chacune de ces deux espèces, mais
elles perdent certainement de leur valeur lorsque l'on étu-
die quelques-unes des variétés du *P. Michelini*, notamment
celles qui, par leur forme discoïde et leur face inférieure
plus ou moins pulvinée, tendent à se rapprocher du *P. depressus*. Peut-être arrivera-t-on, plus tard, à réunir les deux

espèces, il nous a paru néanmoins plus naturel, dans l'état actuel de nos observations, de les maintenir l'une et l'autre dans la méthode.

HISTOIRE. — Nous avons décrit pour la première fois cette espèce en 1840, d'après des moules intérieurs siliceux assez mal conservés, provenant de la grande oolithe du département de l'Yonne. Plus tard, dans les *Echinides de la Sarthe*, nous en avons donné une description et des figures détaillées, en y réunissant notre P. *Davoustianus* qui n'en diffère par aucun caractère essentiel. M. Wright a retrouvé le *P. Michelini* en Angleterre, et reconnu que c'était à ce dernier type qu'appartenait l'espèce qu'il avait précédemment rapportée au *Clypeaster* (*Pygurus*) *pentagonalis* de Phillips.

LOCALITÉS. — Luc, Ranville (Calvados); Mortagne, environs de Mamers (Orne); Monné, la Jaunelière, Hyère, Nogent, Pêcheseul, route de Contilly, route de Suré (Sarthe); Asnières, Châtelgerard (Yonne); Gorze (Moselle); Chandeney près Toul (Meurthe); Lifol-le-Grand (Vosges). Assez commun. Étage bathonien.

Coll. de l'École des Mines, de la Sorbonne ; coll. Triger, Guéranger, Rathier, Terquem, Schlumberger, Renevier, Kœchlin, ma collection.

LOCALITÉS AUTRES QUE LA FRANCE. — Minchinhampton, Trowbridge, Wilts, Rushden, Yeovil, Shurdington, Hill Wincanton, Bradford (Angleterre).

EXPLICATION DES FIGURES. — Pl. 29, *Pyg. Michelini*, de ma collection, vu sur la face sup. ; fig. 2, face inf. ; fig. 3, pores ambulacraires de la face sup. grossis ; fig. 4, tubercules grossis. — Pl. 30, fig. 1, le même, vu de côté ; fig. 2, autre individu plus jeune et plus pentagonal, de ma collection,

vu sur la face sup.; fig. 3, face inf.; fig. 4, partie inf. des
aires ambulacraires grossie; fig. 5, appareil grossi.

N° 26. **Pygurus depressus.** Agassiz, 1840.

Pl. 31 et pl. 32, fig. 1.

Pygurus depressus,	Agassiz, *Catal. syst. Ectyp. foss. Mus. Neoc.,* p. 3, 1840.
Pygurus fongiformis,	Agassiz, *id.*
Pygurus depressus,	Agassiz et Desor, *Catal. rais. des Echin.,* p. 104, 1847.
— —	Bronn, *Index paléont.,* p. 1067, 1848.
Pygurus fongiformis,	Bronn, *id.*
Pygurus depressus,	D'Orbigny, *Prod. de paléont. strat.,* t. I, p. 345, 12e ét., n° 256, 1850.
— —	Guéranger, *Essai d'un Rép. paléont. du dép. de la Sarthe,* p. 25, 1853.
Pygurus fongiformis,	D'Orbigny, *Paléont. franç., terr. crétacés,* t. VI, p. 301, 1855.
Pygurus depressus,	D'Orbigny, *id.*
— —	Desor, *Synopsis des Ech. Foss.* (excl. syn.), p. 313, 1857.
— —	Pictet, *Traité de paléont.,* t. IV, p. 211, 1857.
— —	Cotteau et Triger, *Ech. du départ. de la Sarthe,* p. 90, pl. xv, fig. 1-6, 1858.
— —	Wright, *Monog. of the Brit. foss. Echinod. from the Ool. Format.,* p. 409, 1860.
— —	Dujardin et Hupé, *Hist. nat. des Zooph. Echinod.,* p. 580, 1864.
— —	Bonjour, *Géol. strat. du Jura,* p. 19, 1863.
— —	Bonjour, *Catal. des fossiles du Jura,* p. 28, 1864.
— —	Ogérien, *Hist. géol. nat. du Jura et des dép. voisins,* t. I, p. 674, 1865.

40.

Espèce de taille moyenne, sub-circulaire, légèrement
pentagonale, un peu échancrée en avant et à peine rostrée

en arrière ; face supérieure renflée, sub-conique, uniformément déclive sur les côtés ; face inférieure déprimée, concave et fortement pulvinée. Sommet sub-central, un peu rejeté en avant. Aires ambulacraires très-pétaloïdes à la face supérieure, effilées, se rétrécissant aux deux tiers environ de l'espace compris entre le sommet et le bord, vaguement indiquées dans la région infra-maginale, logées, aux approches du péristome, dans des dépressions presque droites qui s'élargissent un peu, puis se resserrent brusquement à leur extrémité. Aire ambulacraire antérieure à peu près semblable aux autres, cependant plus droite et un peu moins large. Zones porifères formées, à la face supérieure, d'une rangée externe de pores très-petits qui se terminent par des sillons étroits, allongés, transverses, et d'une rangée interne de pores ovales et plus ouverts. A une assez grande distance de l'ambitus et à la face inférieure, les zones porifères se réduisent à de petits pores simples, presque microscopiques, disposés par paires obliques et espacées qui se multiplient et se resserrent en arrivant près du péristome, et forment alors six rangées distinctes et régulières. Comme chez la plupart des *Pygurus*, les deux rangées externes sont composées de pores inégaux, l'inférieur toujours plus petit que celui qui est au-dessus ; elles se prolongent plus avant que les quatre autres rangées, et descendent jusque dans la cavité péristomale. Tubercules très-petits, abondants, sub-scrobiculés, homogènes à la face supérieure et vers l'ambitus, moins serrés et plus développés dans le voisinage du péristome et sur le bord des dépressions ambulacraires. Granules intermédiaires très-fins, épars, remplissant tout l'espace qui sépare les tubercules. Péristome excentrique en avant, étroit, pentagonal, anguleux, entouré d'un floscelle plus ou moins apparent ;

l'extrémité des bourrelets qui séparent les phyllodes est finement granuleuse. Périprocte petit, ovale, acuminé du côté du péristome, placé dans une dépression profonde, mais qui échancre à peine le bord postérieur. Appareil apical occupé en grande partie par la plaque madréporiforme qui se prolonge irrégulièrement au milieu des autres plaques. Pores génitaux largement ouverts ; les deux petites plaques ocellaires postérieures, dans les exemplaires que nous avons sous les yeux, paraissent se rejoindre par le milieu, et ne pas laisser de place à une plaque imperforée correspondante à l'aire interambulacraire postérieure.

Hauteur, 23 millimètres ; diamètre transversal, 63 millimètres ; diamètre antéro-postérieur, 60 millimètres.

Le *P. depressus* offre plusieurs variétés intéressantes : certains exemplaires, au lieu d'affecter, comme le type, une forme sub-circulaire, s'allongent ou prennent un aspect sub-pentagonal très-prononcé; alors la région antérieure se rétrécit, tandis que la partie postérieure se prolonge en un rostre plus ou moins distinct. La face supérieure est également assez variable : le plus souvent elle est élevée et sub-conique ; quelquefois elle se déprime et paraît uniformément bombée. La face inférieure éprouve aussi quelques modifications, et les renflements qui marquent, sur les bords, chacune des aires interambulacraires, sont plus ou moins proéminents.

Rapports et différences. — Ainsi que nous l'avons déjà fait remarquer, cette espèce est voisine du *P. Michelini ;* elle nous a paru cependant s'en distinguer par plusieurs caractères, surtout par ses aires ambulacraires plus effilées, perdant à une plus grande distance du bord leur forme pétaloïde, et par sa face inférieure plus fortement pulvinée.

HISTOIRE. — Cette espèce établie, en 1840, par Agassiz a a été décrite et figurée pour la première fois dans nos *Echinides de la Sarthe*. M. Desor, dans le *Synopsis des Echinides fossiles*, lui donne pour synonymes les *P. pentagonalis* de Wright (non Phillips) et *P. nasutus* de d'Orbigny. Ces rapprochements ne nous paraissent pas devoir être admis : le *P. pentagonalis* de Wright, ainsi que M. Wright l'a reconnu lui-même, se rapporte plutôt au *Pyg. Michelini.* Quant au *P. nasutus,* comme nous le verrons plus loin, il appartient à un niveau beaucoup plus élevé, et constitue une espèce différente, voisine du *P. Jurensis,* sinon identique. D'un autre côté, nous n'avons pas hésité à considérer comme synonyme de l'espèce qui nous occupe, le *P. fungiformis* de la grande oolithe de Normandie (P. 15.), que M. Agassiz, et plus tard M. Desor ont réuni au *P. Marmonti,* mais qui s'en éloigne, d'après les exemplaires que nous avons sous les yeux, par ses aires ambulacraires effilées et se rétrécissant à une grande distance du bord.

LOCALITÉS. — Le *P. depressus* se rencontre à la fois dans les étages bathonien et callovien. Luc, Ranville, Saint-Aubin (Calvados); environs de Mamers (Orne); Rénay, Saint-Rambert (Ain); Solutré (Haute-Marne). Assez rare. Étage bathonien. — Sainte-Scolasse (Orne); Chauffour, Pizieux, Montbizot, route de Mamers à Origny-le-Roux (Sarthe); environs de Nevers (Nièvre); étang de Moeche près Belfort (Haut-Rhin); Oncien (Ain); Marville (Meuse). Rare. Étage callovien.

Coll. de l'École des Mines, Musée de Dijon; coll. Triger, Guéranger, Guillier, Tombeck, Dumortier, Renevier, ma collection.

LOCALITÉS AUTRES QUE LA FRANCE. — Kreisacher, Kornberg, Williswgl, Staffelegg, Reinhalde (canton d'Argovie); Tittertin (canton de Soleure) ; Suisse. Rare. Étage bathonien.

EXPLICATION DES FIGURES. — Pl. 31, fig. 1, *Pyg. depressus* de l'étage bathonien du Calvados, de la coll. de l'École des Mines, vu de côté ; fig. 2, face sup. ; fig. 3, appareil apical grossi ; fig. 4, individu type de l'étage callovien de la Sarthe, de la coll. de M. Triger, vu de côté ; fig. 5, face sup. ; fig. 6, aire ambulacraire de la face inf. grossie ; pl. 32, fig. 1, le même individu, vu sur la face inf.

N° 27. **Pygurus Marmonti** (Beaudouin), Agassiz, 1847.

PL. 32, fig. 2-6, et pl. 33.

Laganum Marmonti,	Beaudouin, *Desc. d'une nouv. esp. d'Echinide,* Bull. Soc. géol. de France, 1re série, t. XIV, p. 155, 1842.
Pygurus orbiculatus (non Leske),	Agassiz et Desor, *Catal. rais. des Ech.,* p. 104, 1847.
Pygurus Marmonti,	Agassiz et Desor, *id.,* p. 105.
Laganum Marmonti,	Bronn, *Index paléont.,* p. 624, 1848.
Pygurus orbiculatus,	D'Orbigny, *Prod. de paléont. strat.,* t. I, p. 345, 12e ét., n° 257, 1850.
Pygurus Marmonti,	D'Orbigny, *id.,* n° 258.
Pygurus orbiculatus,	D'Orbigny, *Paléont. franç., terrain crétacé,* t. VI, p. 301, 1855.
Pygurus Marmonti,	D'Orbigny, *id.*
Pygurus orbiculatus,	Cotteau in Davoust, *Note sur les foss. spéciaux à la Sarthe,* p. 25, 1855.
— —	Desor, *Synops. des Ech. foss.,* p. 315, 1857.
Pygurus Marmonti,	Desor, *id.,* p. 316.
— —	Pictet, *Traité de paléont.,* t. IV, p. 211, 1857.
Pygurus orbiculatus,	Pictet, *id.*
— —	Cotteau et Triger, *Echin. du*

	départ. de la Sarthe, p. 88, pl. xix, fig. 5-7, 1858.
Pygurus orbiculatus,	Wright, *Monog. of the Brit. Foss. Echinod. from the Ool. Form.*, p. 410, 1860.
Pygurus Marmonti,	Wright, *id.*
— —	Dujardin et Hupé, *Hist. nat. des Zooph. Echin.*, p. 580, 1862.
Pygurus orbiculatus,	Dujardin et Hupé, *id.*

R. 14 (type du *Pyg. orbiculatus*); R. 17 (type du *Pyg. Marmonti*).

Espèce de taille assez grande, sub-circulaire, ordinairement un peu plus longue que large, arrondie en avant et en arrière ; face supérieure légèrement renflée, sub-conique, amincie sur les bords ; face inférieure presque plane, marquée, dans les aires ambulacraires, de renflements à peine apparents. Sommet presque central. Aires ambulacraires allongées, conservant leur forme pétaloïde jusque vers le pourtour du test, non indiquées dans la région infra-marginale, logées, aux approches du péristome, dans des dépressions presque droites qui s'élargissent un peu, puis se resserrent à leur extrémité. Aire ambulacraire antérieure à peu près semblable aux autres, cependant un peu moins large. Zones porifères très-développées à la face supérieure, formées d'une rangée externe de pores qui aboutissent à des sillons étroits, très-allongés, transverses, et d'une rangée de pores internes également transverses, mais moins longs et plus ouverts. Vers l'ambitus, les zones porifères se réduisent à de petits pores presque microscopiques disposés par paires obliques, d'autant plus espacées qu'elles s'éloignent du bord. En arrivant près du péristome, ces paires de pores se rapprochent, se multiplient et forment alors six rangées distinctes et régulières. Les zones interporifères, relativement étroites, forment des bandes à peu près d'égale largeur dans toute leur étendue, si ce n'est près du sommet où elles se terminent en pointe. Tubercules très-petits, sub-scrobiculés, homogènes, assez espacés à la face supérieure, plus serrés vers l'ambitus, et dans la région inframarginale, sur le milieu des aires inter-ambulacraires, moins nombreux, un peu plus développés et plus largement scrobiculés autour du péristome et sur le bord des dépressions ambulacraires. Granules intermédiaires nombreux, épars, se prolongeant en séries régulières entre les pores de la face supérieure. Péristome excentrique en avant, étroit, pentagonal, anguleux, entouré d'un floscelle assez apparent ; l'extrémité des bourrelets qui séparent les phyllodes est finement granuleuse. Périprocte petit, ovale, sub-pyriforme, acuminé du côté du péristome, s'ouvrant dans une dépression à peine indiquée, séparé du bord par une bande plus ou moins large. Appareil apical irrégulièrement pentagonal. Plaque madréporiforme très-grande, formant bouton au milieu de l'appareil, les autres plaques génitales et les plaques ocellaires relativement très-petites. Dans aucun de nos exemplaires nous n'avons reconnu de plaque génitale imperforée correspondant à l'aire interambulacraire postérieure.

Type du *Pyg. orbiculatus* : hauteur, 20 millimètres ; diamètre transversal, 71 millimètres ; diamètre antéro-postérieur, 76 millimètres.

Individu jeune, var. sub-circulaire : hauteur, 19 millimètres ; diamètre transversal, 60 millimètres ; diamètre antéro-postérieur, 61 millimètres.

Type du *Pyg. Marmonti*, variété de grande taille : hauteur, 26 millimètres; diamètre transversal, 104 millimètres; diamètre antéro-postérieur, 111 millimètres.

Le *P. Marmonti*, remarquable par l'uniformité de ses caractères, varie seulement dans sa forme qui est ordinairement sub-circulaire, surtout chez les individus de petite et moyenne taille. Les échantillons de grande taille ont un aspect moins arrondi; le diamètre antéro-postérieur est sensiblement plus allongé que le diamètre transversal; la région antérieure est un peu échancrée, et la région postérieure très-légèrement tronquée.

RAPPORTS ET DIFFÉRENCES. — Le *P. Marmonti*, en y réunissant le *P. orbiculatus*, Agassiz, se distingue nettement de ses congénères, et sera toujours reconnaissable à sa forme sub-circulaire, à sa face supérieure légèrement conique, amincie sur les bords, à son sommet central, à ses aires ambulacraires conservant leur forme pétaloïde jusqu'à l'ambitus, à la largeur de ses zones porifères, à sa face inférieure presque plane. L'ensemble de ses caractères l'éloigne des *Pygurus*, et lui donne, au premier aspect, quelque ressemblance avec certains genres de la famille des *Clypéastroïdées*, et nous comprenons parfaitement que M. Beaudouin, lorsqu'il a décrit pour la première fois cette espèce intéressante, l'ait rapprochée des Scutelles, et placée dans le genre *Laganum*. Mais cette ressemblance, ainsi que l'ont reconnu depuis longtemps MM. Agassiz et Desor, est plus apparente que réelle. Par la structure de ses aires ambulacraires et de son péristome, l'espèce qui nous occupe est un véritable *Pygurus* et ne saurait se confondre avec les *Laganum*, qui appartiennent à une famille dont tous les genres sont munis de mâchoires.

HISTOIRE. — M. Beaudouin nous a fait connaître le premier cette espèce, en 1844, sous le nom de *Laganum Mar-*

monti, et en a donné une description détaillée dans le *Bulletin de la Société géologique de France*. Quelques années plus tard, M. Agassiz, dans le *Catalogue raisonné des Échinides*, plaça cette espèce dans le genre *Pygurus* et mentionna, dans le même ouvrage, un nouveau *Pygurus* de l'étage callovien de l'Orne et de la Sarthe, auquel il donna le nom d'*orbiculatus*, le réunissant ainsi à l'*Echinanthus orbiculatus* de Leske dont il paraissait effectivement se rapprocher par sa forme sub-circulaire. Les *Pyg. Marmonti* et *orbiculatus* ont été adoptés depuis par tous les auteurs. En 1858, tout en conservant dans nos *Echinides de la Sarthe*, le *P. orbiculatus*, nous avons indiqué combien l'espèce nous paraissait voisine du *P. Marmonti*, et en même temps nous avons fait remarquer que la figure de Leske, reproduite plus tard dans l'*Encyclopédie*, et dessinée d'après un exemplaire provenant des bords du lac de Neuchâtel où l'espèce de l'Orne et de la Sarthe n'a jamais été signalée, ne paraissait pas s'appliquer au *Pygurus* mentionné par Agassiz. Nous avons sous les yeux un assez grand nombre d'exemplaires appartenant au type du *orbiculatus* et au type du *P. Marmonti*. Après les avoir comparés avec soin, nous n'éprouvons aucun doute sur leur identité spécifique, et nous n'hésitons plus à les réunir. Ce *Pygurus* doit conserver le nom de *Marmonti*, celui d'*orbiculatus* ne lui ayant été donné que par suite d'une fausse assimilation. Déjà, dans le *Synopsis des Echinides fossiles*, M. Desor avait retranché de la synonymie de cette espèce l'*Echinanthus orbiculatus* de Leske qui n'est autre chose, suivant lui, qu'un exemplaire usé du *P. rostratus* de l'étage néocomien inférieur.

LOCALITÉS. — Environs de Mamers (Orne) ; Coulans, Téloché, Pizieux, Montbizot (Sarthe) ; Manois (Haute-Marne) ; Etrochey (Côte-d'Or). Assez rare. Étage callovien.

Coll. de l'École des mines, coll. Beaudouin, Guéranger, Triger, Martin, Babeau, Guillier, ma collection.

EXPLICATION DES FIGURES. — Pl. 32, fig. 2, *Pyg. Marmonti*
(type du *Pyg. orbiculatus*, Agassiz), de l'étage callovien de
la Sarthe, de ma collection, vu de côté; fig. 3, face sup.;
fig. 4, pores ambulacraires de la face supérieure, grossis;
fig. 5, aire ambulacraire inf. grossie; fig. 6, tubercules
de la face sup. grossis. — Pl. 33, fig. 1, autre exemplaire (type du *Pyg. Marmonti*), de l'étage callovien
d'Étrochey (Côte-d'Or), de la coll. de M. Martin, vu de
côté; fig. 2, face inf.

Nº 28. **Pygurus Icaunensis**, Cotteau, 1855.

Pl. 34 et 35, fig. 1.

Pygurus Icaunensis,	Cotteau, *Etudes sur les Ech. du départem. de l'Yonne*, t. I, p. 239, pl. XXXVII, fig. 1, et pl. XXXVIII, fig. 1-4, 1855.
— —	Cotteau, *Note sur l'âge des couches inf. et moy. de l'Et. corallien*, Bull. Soc. géol. de France, 2e sér., t. XII, p. 702, 1855.
— —	D'Orbigny, *Paléont. franç., terr. crétacé*, t. VI, p. 301, 1855.
— —	Desor, *Synops. des Ech. Foss.*, p. 314, 1857.
— —	Leymerie et Raulin, *Stat. géol. du départ. de l'Yonne*, p. 622, 1858.
— —	Pictet, *Traité de paléont.*, 2e édit., t. IV, p. 211, 1858.
— —	Wright, *Monog. of the Brit. Foss. Echin. From the Ool. Form.*, p. 405, 1860.
— —	Dujardin et Hupé, *Hist. nat. des Zooph. Echin.*, p. 586, 1862.

Espèce de grande taille, sub-circulaire, ovale, un peu
plus longue que large, arrondie et légèrement échancrée

en avant, étroite et sub-rostrée en arrière ; face supérieure renflée, conique, uniformément déclive, si ce n'est cependant dans la région postérieure qui est un peu plus élevée ; face inférieure fortement pulvinée, concave au milieu. Sommet presque central. Aires ambulacraires larges, pétaloïdes, effilées, se rétrécissant à quelque distance du pourtour, logées à la face inférieure dans des dépressions presque droites, d'autant plus apparentes qu'elles se rapprochent du péristome. Aire ambulacraire antérieure un peu moins développée que les autres. Zones porifères assez larges, à en juger par les empreintes qu'elles ont laissées à la face supérieure. Un peu au-dessus de l'ambitus, les zones porifères se rapprochent, se rétrécissent insensiblement, et se réduisent à des pores simples, disposés par paires obliques et espacées à la face inférieure, plus serrées et plus nombreuses près du péristome. Tubercules très-petits, sub-scrobiculés, paraissant homogènes à la face supérieure, un peu plus gros, plus largement scrobiculés et plus espacés en dessous, autour du péristome et sur le bord des aires ambulacraires. Péristome très-excentrique en avant, pentagonal, anguleux, muni d'un floscelle proéminent. Périprocte ovale, sub-pyriforme, acuminé du côté du péristome, s'ouvrant dans une dépression profonde, qui se prolonge au milieu de l'aire interambulacraire impaire en une aréa très-atténuée, vaguement renflée sur les bords. L'appareil apical n'est pas apparent dans les échantillons que nous avons sous les yeux ; il devait être peu développé, car l'extrémité des aires ambulacraires est très-rapprochée du sommet.

Hauteur, 40 millimètres ; diamètre transversal, 109 millimètres ; diamètre antéro-postérieur, 113 millimètres.

RAPPORTS ET DIFFÉRENCES. — Cette espèce offre dans sa

forme générale, dans sa taille et dans la structure de ses aires ambulacraires, beaucoup de ressemblance avec le *P. Hausmanni*, auquel Etallon a cru devoir la réunir. Tout en reconnaissant que les deux espèces sont très-voisines, nous persistons à les considérer comme distinctes : le *P. Icaunensis* se reconnaîtra toujours facilement à son ambitus sub-circulaire et moins allongé, à sa face supérieure moins convexe, plus élevée et plus conique, à sa face inférieure plus fortement pulvinée, à son péristome un peu plus excentrique en avant, à son périprocte situé dans une dépression plus profonde, à ses tubercules paraissant plus espacés autour du péristome.

LOCALITÉ. — Druyes (Yonne). Très-rare. Étage corallien inférieur.

Ma collection.

EXPLICATION DES FIGURES. — Pl. 34, fig. 1, *P. Icaunensis*, de ma collection, vu de côté ; fig. 2, face sup. Pl. 35, fig. 1, le même vu sur la face inf.

N° 29. **Pygurus Hausmanni** (Kock et Dunker).

Agassiz, 1840.

Pl. 35, fig. 2, et pl. 36 et 37.

Clypeaster Hausmanni,	Kock et Dunker, *Beit. zur Kinn. des nordl. Oolithgebildes*, p. 38, pl. IV, fig. 3, 1837.
Pygurus Hausmanni,	Agassiz, *Catal. Ectyp. foss. Mus. neoc.*, p. 5, 1840.
— —	Leymerie, *Stat. géol. et min. du départ. de l'Aube*, p. 239, 1846.
— —	Agassiz et Desor, *Catal. rais. des Ech.*, p. 104, 1847.
— —	Bronn, *Index paleont.*, p. 1067, 1848.

Pygurus Hausmanni,	D'Orbigny, *Prod. de paléont. strat.,* t. II, p. 26, 14ᵉ ét., n° 1850.
Clypeaster Hausmanni,	Quenstedt, *Handbuch der Petrefaktenkunde,* p. 586, 1852.
— —	Giebel, *Deutschlands Petrefacten,* p. 321, 1852.
— —	Cotteau, *Note sur les Ech. de l'étage kimmeridgien de l'Aube,* Bull.Soc.géol. de France, 2ᵉ sér., t. XI, p. 317, 1853.
— —	Forbes *in* Morris, *Catal. of Brit. Foss. Echin.,* 2ᵉ édit., p. 88, 1854.
Pygurus Hausmanni,	D'Orbigny, *Paléont. franç., terr. crét.,* t. VI, p. 301, 1855.
— —	Cotteau, *Etudes sur les Ech. foss. du départ. de l'Yonne,* t. I, p. 328, 1856.
Pygurus giganteus,	Wright, *Ool. Echin., Report of the Brit. Assoc. for the Adv. of Sc. for* 1856, p. 396, 1857.
Pygurus Hausmanni,	Desor, *Synops. des Ech. foss.,* p. 314, 1857.
— —	Pictet, *Traité de paléont.,* 2ᵉ édit., t. IV, p. 211, 1858.
Pygurus giganteus,	Oppel, *Die Jura Format.,* p. 610 et 671, 1858.
Pygurus fragilis,	Cotteau et Triger, *Echin. du départ. de la Sarthe,* p. 130, pl. xxii, fig. 6-7, 1859.
Pygurus Hausmanni,	Étallon, *Paléont. du Jura, faune de l'ét. corallien* (Acte de la Soc. jurassienne d'émulation), p. 18, 1860.
— —	Étallon, *Paléont. du Jura, Jura Bernois, faune du terrain jurass. sup.,* p. 11, 1860.
— —	Étallon, *Paléont. du Jura, Jura Graylois,* Soc. imp. d'agric. d'Hist. nat. de Lyon, p. 31, 1860.
— —	Wright, *Monog. of the Brit. Foss. Echin. from the Ool. Form.,* p. 405, 1860.
— —	Etallon, *Lethea Bruntrut.,* p. 297, pl. xliv, fig. 1, 1861.
— —	Dujardin et Hupé, *Hist. nat. des Zooph. Echinod.,* p. 586, 1862.

Pygurus fragilis,   Dujardinet Hupé, *Hist. nat. des Zooph.
                      Echinod.,* p. 586, 1868.

Pygurus Hausmanni, Karl von Seebach, *Der Hannoversche
                      Jura,* p. 75, 1864.

—   —   Cotteau, *Catal. rais. des Ech. foss. du
                      dép. de l'Aube,* p. 10, 1860.

X. 50.

Espèce de taille très-grande, sub-circulaire, ordinairement plus longue que large, arrondie et un peu échancrée
en avant, légèrement rostrée en arrière ; face supérieure
médiocrement renflée, assez uniformément bombée ; face
inférieure pulvinée, concave vers le milieu. Sommet
presque central, un peu rejeté en avant. Aires ambulacraires larges, pétaloïdes, effilées, se rétrécissant à quelque
distance du pourtour, vaguement indiquées dans la région
infra-marginale, logées à la face inférieure dans des dépressions presque droites, d'autant plus apparentes qu'elles se
rapprochent du péristome. Aire ambulacraire antérieure
un peu moins large que les autres. Zones porifères moins
développées qu'elles ne le sont dans certaines espèces,
formées comme toujours d'une rangée externe de pores qui
se prolongent en sillons étroits et transverses, et d'une
rangée de pores internes également transverses, mais moins
longs et plus ouverts. A une certaine distance de l'ambitus,
les zones porifères se rapprochent, se rétrécissent insensiblement et se réduisent bientôt à des pores simples,
disposés par paires obliques qui s'espacent à la face inférieure et s'ouvrent alors dans de petites dépressions assez
vaguement circonscrites ; aux approches du péristome les
paires de pores se resserrent et se multiplient. Les zones
interporifères, beaucoup plus larges que les zones porifères,
sont ordinairement à fleur du test, et s'étendent en forme
de pétales. Tubercules petits, sub-scrobiculés, homogènes

à la face supérieure, un peu plus développés, plus largement scrobiculés, et moins nombreux en dessous, autour du péristome et sur le bord des aires ambulacraires. Péristome excentrique en avant, pentagonal, anguleux, assez largement ouvert, entouré d'un floscelle apparent. Périprocte ovale, sub-pyriforme, acuminé du côté du péristome, s'ouvrant dans une dépression très-faiblement indiquée, séparé du bord par une bande de test très-étroite. L'appareil apical n'est pas visible dans les exemplaires que nous avons sous les yeux.

Individu de grande taille : hauteur, 30 millimètres; diamètre transversal, 144 millimètres; diamètre antéro-postérieur, 152 millimètres.

Individu de taille moyenne : hauteur, 27 millimètres; diamètre transversal, 110 millimètres; diamètre antéro-postérieur, 123 millimètres.

Individu jeune, *Pygurus fragilis :* hauteur, 13 millimètres; diamètre transversal, 58 millimètres; diamètre antéro-postérieur, 57 millimètres.

Le *P. Hausmanni* est très-variable dans sa forme. Les plus grands exemplaires sont sub-circulaires et ordinairement très-déprimés; la région antérieure est arrondie, et la région postérieure elle-même est à peine proéminente. Chez les exemplaires de taille moyenne, la forme devient plus pentagonale, le diamètre antéro-postérieur s'allonge, l'ambitus s'échancre un peu en avant, et présente en arrière un rostre anguleux quelquefois assez prononcé. Le plus souvent la face supérieure est uniformément renflée; chez certains exemplaires, cependant, elle s'élève et prend un aspect sub-conique. Les aires ambulacraires éprouvent elles-mêmes quelques modifications qu'il importe de signaler. Dans les individus plus grands, elles sont largement développés et conservent leur forme pétaloïde jusqu'à très-peu de distance du bord, tandis que dans les exemplaires plus jeunes, les aires ambulacraires sont relativement plus étroites et commencent à s'effiler à une distance beaucoup plus éloignée de l'ambitus. Etallon signale dans l'échantillon qu'il a décrit et figuré (*Lethea Bruntrutana*), la saillie des aires ambulacraires. Ce caractère existe effectivement chez un individu que nous a communiqué M. Perron, mais tous nos autres exemplaires ont les aires ambulacraires à fleur du test.

RAPPORTS ET DIFFÉRENCES. — Cette espèce est remarquable par sa grande taille et sa forme sub-déprimée ; voisine, comme nous l'avons vu plus haut, du *P. Terquemi*, elle s'en distingue assez nettement par ses aires ambulacraires plus larges et plus effilées à la face supérieure et sa face inférieure plus pulvinée. Elle présente aussi quelques rapports avec le *P. tenuis*, espèce propre jusqu'ici à la Suisse, remarquable également par sa grande taille, bien qu'elle soit cependant moins développée que celle du *P. Hausmanni;* mais le *P. tenuis* sera toujours facile à reconnaître à sa forme plus pentagonale, à sa face supérieure plus élevée et plus amincie sur les bords et surtout à la largeur de ses zones porifères. L'espèce dont le *P. Hausmanni* se rapproche le plus est sans contredit le *P. Icaunensis;* en décrivant cette dernière espèce nous avons indiqué les différences qui nous engagent à la maintenir dans la méthode.

HISTOIRE. — Décrite et figurée par Kock et Dunker, dès 1837, sous le nom de *Clypeaster Hausmanni*, cette espèce a été placée, en 1840, par M. Agassiz, dans le genre *Pygurus* où elle est restée depuis. Etallon, dans le *Lethea Bruntrutana*, lui réunit les *P. Icaunensis, fragilis, nasutulus* et *depressus*. Si ce rapprochement est exact en ce qui touche le *P. fragilis* que nous ne connaissons que par un exemplaire très-incomplet, et qui nous paraît comme à Etallon le jeune âge du *P. Hausmanni*, il n'en est pas de même relativement aux deux dernières espèces qui ne sauraient être confondues avec le *P. Hausmanni* et constituent certainement des types tout à fait différents.

Localités. — Bazinghen (Pas-de-Calais); Champlitte, Neuville-lez-Champlitte (Haute-Saône); Polisot, Tennefontaine près Longchamps (Aube); Druyes, Courson (Yonne); Ecommoy (Sarthe). Rare, Etage corallien.

Coll. de l'Ecole des mines; coll. Perron, Royer, Guéranger, ma collection.

Localités autres que la France. — Malton (Yorkshire), Angleterre. — Caquerelle près Porrentruy (canton de Berne), Suisse. — Kleinbremen près Bruckeburg, Allemagne. Rare. Etage corallien.

Explication des figures. — Pl. 35, fig. 2, *P. Hausmanni*, de la coll. de M. Royer, vu de côté. — Pl. 36, fig. 1, le même, vu sur la face inf. ; fig. 3, tubercules de la face int. grossis; fig. 2, plaques coronales prises à la face sup. vers l'ambitus grossies. — Pl. 37, fig. 1, *P. Hausmanni*, de la coll. de M. Perron, vu sur la face sup. ; fig. 2, individu jeune (type du *P. fragilis*), de la coll. de M. Guéranger, vu de côté ; fig. 3, le même, vu sur la ace sup. Ces deux dernières figures sont la copie des figures 6 et 7 de la pl. XXIII des *Echinides de la Sarthe*.

N° 30. **Pygurus costatus,** Wright, 1860.

Pl. 38, fig. 1-2.

Pygurus costatus,   Wright, *Monog. of the Brit. Foss. Echin. from the Ool. Form.,* p. 397, 1860.

Pygurus costatus, Karl von Seebach, *Der Hannoversche Jura,* p. 73, 1864.

Espèce de taille moyenne, sub-pentagonale, plus longue que large, échancrée en avant, sensiblement rostrée en arrière; face supérieure très-peu renflée. Sommet presque central. Aires ambulacraires costulées, pétaloïdes, effilées, se rétrécissant à peu de distance du pourtour. Zones porifères larges, formées d'une rangée externe de pores qui se prolongent en sillons étroits et transverses et d'une rangée interne de pores également transverses, mais très-petits. Vers l'ambitus, ces deux rangées se rapprochent et se réduisent à deux petits pores égaux et arrondis. Aucun autre caractère n'est visible dans l'exemplaire unique que nous avons sous les yeux.

Hauteur, 14 millim. ; diamètre transversal, 82 millim. ; diamètre antéro-postérieur, 77 millim.

Ce n'est pas sans quelque hésitation que nous rapportons le *Pygurus* que nous venons de décrire au *P. costatus* Wright. La forme de notre exemplaire est plus pentagonale, sa face supérieure un peu moins élevée et ses aires ambulacraires plus effilées près du bord ; malgré ces différences, il nous a paru, d'après sa physionomie générale et l'aspect costulé de ses aires ambulacraires, appartenir au même type.

M. Wright a donné de cette espèce une description détaillée et de belles figures qui nous permettent de compléter la diagnose de notre exemplaire. La face inférieure est déprimée ; le péristome est largement ouvert et entouré d'un floscelle très-apparent. Le périprocte placé près du bord, dans une dépression qui échancre l'ambitus, affecte une forme ovale.

RAPPORTS ET DIFFÉRENCES. — Le *P. costatus* offre quelque

ressemblance avec certains exemplaires du *P. Marmonti ;* il s'en distingue par sa forme plus pentagonale, ses aires ambulacraires proéminentes et sub-costulées, ses zones porifères moins larges. Au premier aspect on serait tenté de rapprocher cette espèce de la figure assez mauvaise que Phillips a donnée du *P. pentagonalis ;* mais ce rapprochement n'est plus possible, lorsque l'on prend pour type de cette dernière espèce les figures publiées par M. Wright, et que l'on consulte la description qui les accompagne. Le *Pygurus pentagonalis* se distinguera toujours facilement à sa face supérieure beaucoup plus élevée, à ses aires ambulacraires plus larges et non costulées, à sa face inférieure plus pulvinée, à son péristome moins large. Suivant les caractères donnés par M. Wright, ce sont deux espèces bien différentes.

Localité. — Champlitte (Haute-Saône). Très-rare. Étage corallien.

Coll. Perron.

Localités autres que la France. — Oxford, Calne (Angleterre). Rare. Calcareous grit.

Explication des figures. — Pl. 38, fig. 1, *P. costatus,* de la collection de M. Perron, vu de côté ; fig. 2, le même, vu sur la face sup.

N° 31. **Pygurus Blumenbachi** (Kock et Dunker).

Agassiz, 1867.

Pl. 38, fig. 3 ; pl. 39 et 40.

Echinolampas Blumenbachi,	Kock et Dunker, *Beit. zur Kenn. des Nordl. Ool.,* p. 37, pl. IV, fig. 1, *a, b, c,* 1837.
Clypeus acutus,	Agassiz, *Desc. des Echin. foss. de*

	la Suisse, t. I, p. 38, pl. x, fig. 1, 1839.
Clypeus acutus,	Agassiz, *Catal. syst. Ectyp. foss. mus. neoc.*, p. 4, 1840.
— —	Agassiz et Desor, *Catal. rais. des Echin.*, p. 98, 1847.
Pygurus Blumenbachi,	Agassiz et Desor, *id.*, p. 104.
Clypeaster Blumenbachi,	Bronn, *Index paleont.*, p. 312, 1848.
Clypeus acutus,	Bronn, *id.*, p. 313.
Pygurus Blumenbachi,	D'Orbigny, *Prod. de paléont. strat.*, t. II, p. 26, 14ᵉ ét., n° 406, 1850.
— —	Wright, *On the Cass. of the Oolites*, Ann. and Mag. of nat. hist., 2ᵉ sér., vol. IX, p. 312, 1851.
Clypeaster Blumenbachi,	Giebel, *Deutschlands Petref.*, p. 321, 1852.
Pygurus Blumenbachi,	Forbes *in* Morris, *Catal. of Brit. foss.*, 2ᵉ éd., p. 88, 1854.
— —	Cotteau, *Notice sur l'âge des couches inf. et moy. de l'Et. corallien du départ. de l'Yonne*, Bull. Soc. géol. de France, 2ᵉ sér., t. XII, p. 702, 1855.
— —	D'Orbigny, *Paléont. franç., terr. crétacé*, t. VI, p. 301, 1855.
— —	Cotteau, *Etudes sur les Ech. foss. de l'Yonne*, t. I, p. 233, pl. xxxv et xxxvi, 1856.
— —	Cotteau, *Note sur les Ech. du terr. jurass. sup. de la Haute-Marne*, Bull. Soc. géol. de France, 2ᵉ sér., t. XIII, p. 817, 1856.
— —	Desor, *Synops. des Ech. foss.*, p. 313, 1857.
— —	Étallon, *Esquisse d'une description géol. du Haut-Jura*, p. 54, Ann. de la Soc. imp. d'agric., d'hist. nat. et des arts utiles de Lyon, 1857.
	Oppel, *Die Jura Format.*, p. 610 et 671, 1858.

Pygurus Blumenbachi,	Pictet, *Traité de paléont.,* 2e édit., t. IV, p. 211, 1858.
— —	Etallon, *Paléontostatique du Jura, Jura Bernois, faune des terr. jur. sup.,* p. 11, 1860.
Pygurus Cotteaui,	Etallon, *Paléontost. du Jura, Jura Graylois,* Ann. de la Soc. imp. d'agric., d'hist. nat. de Lyon, p. 31, 1860.
Pygurus Blumenbachi,	Wright, *Monog. of the Brit. Foss. Echinod. from the Ool. Form.,* p. 400, pl. xxxviii, fig. 1 et 2, 1860.
— —	Etallon, *Lethea Bruntrut.,* p. 295, pl. xliii, fig. 1, 1861.
—	Dujardin et Hupé, *Hist. nat. des Zooph. Echinod.,* p. 586, 1862.
— —	Cartier, *Der ober Jura bei ober-buchsitten,* in Act. nat. Gess., t. III, p. 49, 1862.
— —	H. Credner, *Ueber die Glied. der oberen Jura Format. im Nordw. Deutschl.,* p. 15, 1863.
— —	H. Credner, *Die Pteroceras schichten der Umgebung von Hannover,* p. 47, 1864.
— —	Karl von Seebach, *Der Hanno-versche Jura,* p. 75, 1864.
— —	Cotteau, *Catal. rais. des Ech. foss. du départ. de l'Aube,* p. 10, Extrait du congr. sc. de Troyes, 1865.
— —	Sadebeck, *Der oberer Jura im Pomer. Zeitschrift der Deutschl. geol. Gess.,* t. XIII, p. 662, 1865.

R. 68; X. 36 (*Clypeus acutus*).

Espèce de grande taille, clypéiforme, ordinairement un peu plus longue que large, rétrécie et échancrée en avant, se prolongeant en arrière en un rostre très-prononcé ; face

supérieure renflée, sub-conique, s'élevant d'abord dans la
région antérieure à angle presque droit, puis s'infléchissant
obliquement pour atteindre le sommet. Le milieu de l'aire
inter-ambulacraire postérieure est marqué jusqu'à l'extrémité du rostre, d'un renflement plus ou moins saillant, et
accompagné de chaque côté d'une dépression qui échancre
assez profondément l'ambitus ; face inférieure concave et
fortement pulvinée. Sommet excentrique et distinctement
porté en avant. Aires ambulacraires très-pétaloïdes, gra-
cieusement effilées, se rétrécissant à une grande distance
de l'ambitus, vaguement indiquées vers l'ambitus et dans la
région infra-marginale, logées à la face inférieure dans des
dépressions qui se creusent et s'élargissent aux approches
du péristome, puis se resserrent brusquement à leur extrémité. Aire ambulacraire antérieure plus droite et beaucoup
moins développée que les autres. Zones porifères très-
larges, formées à la face supérieure d'une rangée externe
de pores transverses, étroits, allongés, et d'une rangée
interne de pores ovales et plus ouverts. A l'endroit où les
aires ambulacraires cessent d'être pétaloïdes, les zones porifères se réduisent à de petits pores simples, presque microscopiques, disposés par paires obliques et espacées qui
se multiplient et se rapprochent comme toujours dans les
phyllodes qui entourent le péristome. Tubercules crénelés,
perforés, sub-scrobiculés, très-inégaux, petits et serrés sur
les côtés et dans la région postérieure, sensiblement plus
gros et plus espacés aux approches du sommet, sur les
bords du périprocte, autour du péristome, et surtout dans
la région antérieure. Ces tubercules ne présentent nulle
part une disposition régulière ; cependant, sur les aires
inter-ambulacraires, vers le pourtour du test, ils tendent à
se ranger en lignes concentriques, tandis que, dans les aires

ambulacraires, sur le bord des zones porifères, ils forment
plutôt des séries longitudinales qui ne manquent pas d'une
certaine régularité. L'espace intermédiaire entre les tubercules est rempli par une granulation fine, inégale, abondante et partout disséminée sans ordre ; plaques coronales
longues, étroites et fortement coudées aux deux tiers à peu
près de leur étendue. Péristome petit, sub-pentagonal,
étoilé, excentrique en avant et correspondant à peu près
au sommet ambulacraire. Périprocte ovale, pyriforme, très-
allongé dans le sens du diamètre antéro-postérieur, s'ouvrant au fond d'une dépression assez prononcée. Appareil
apical compacte, composé de quatre plaques génitales
perforées, anguleuses et de cinq plaques ocellaires également perforées ; les pores génitaux sont circulaires et largement ouverts ; la plaque génitale antérieure de droite
n'est que le prolongement de la plaque madréporiforme qui
est très-grande, d'un aspect spongieux, irrégulière en ses
contours et occupe le centre de l'appareil apical. Les deux
plaques ocellaires postérieures, dans l'exemplaire que
nous avons sous les yeux, paraissent se toucher ; celle de
droite est beaucoup plus large que l'autre ; elle remplit
l'espace compris entre l'extrémité des deux aires ambulacraires postérieures, et nous avait fait croire dans l'origine (1) à l'existence d'une cinquième plaque génitale imperforée. Cette cinquième plaque génitale n'existe probablement chez aucune des espèces du genre *Pygurus*, et la
plaque que quelques auteurs considèrent comme telle, n'est
sans doute, comme dans le *P. Blumenbachi*, que le prolongement d'une des plaques ocellaires postérieures, ou
peut-être encore, lorsqu'elle paraît isolée, une petite plaque
coronale rudimentaire.

(1) *Etudes sur les Echinides foss. de l'Yonne*, t. I, p. 236, pl. xxxv, fig. 2.

Hauteur, 34 millim.; diamètre transversal, 86 millim.; diamètre antéro-postérieur, 87 millim.

Individu de grande taille, de l'étage corallien des environs de Boulogne : hauteur, 38 millim.; diamètre transversal, 96 millim.; diamètre antéro-postérieur, 103 millim.

Individu jeune : hauteur, 12 millim.; diamètre transversal, 22 millim.; diamètre antéro-postérieur, 24 millim.

La forme générale du *P. Blumenbachi* est assez variable : dans certains exemplaires, le diamètre transversal est plus étendu que le diamètre antéro-postérieur; quelques échantillons, au contraire, sont plus longs que larges. Le plus souvent cette espèce affecte une forme sub-circulaire, presque carrée, et le diamètre transversal est alors à peu près égal au diamètre antéro-postérieur. La face supérieure, toujours gibbeuse et renflée, offre des caractères assez constants, et que nous retrouvons chez les individus jeunes comme chez les exemplaires les plus développés ; cependant le rostre postérieur est plus ou moins proéminent en arrière, et forme, à la face supérieure, une saillie plus ou moins prononcée.

RAPPORTS ET DIFFÉRENCES. — Le *P. Blumenbachi*, parfaitement caractérisé par sa face supérieure gibbeuse et renflée, sa forme sub-quadrangulaire, sa face postérieure munie d'un rostre très-apparent, ses aires ambulacraires pétaloïdes et effilées, ses zones porifères larges et se rétrécissant à une grande distance de l'ambitus, son aire ambulacraire plus étroite et moins développée que les autres, ses tubercules plus gros et plus espacés dans la région antérieure que partout ailleurs, sa face inférieure fortement pulvinée, son périprocte allongé et pyriforme, peut être considéré comme type des *Pygurus* à face supérieure gibbeuse et à rostre proéminent. Il se rapproche beaucoup du *P. Montmollini*

qu'on rencontre dans l'étage néocomien; il en diffère par
sa taille plus grande, sa face supérieure plus renflée en
avant et moins conique, par sa région postérieure plus rostrée, par ses aires ambulacraires beaucoup moins rapprochées près du sommet et plus effilées à leur extrémité, par
ses tubercules plus serrés et plus irrégulièrement disposés.
Le *P. Blumenbachi* offre également beaucoup de ressemblance avec le *P. Royerianus* qui paraît propre aux couches
kimmeridiennes. En décrivant le *P. Royerianus*, nous indiquerons les différences qui nous engagent à maintenir dans
la méthode ces deux espèces très-voisines l'une de l'autre,
mais cependant distinctes.

HISTOIRE. — Décrite et figurée pour la première fois, en
1837, sous le nom d'*Echinolampas Blumenbachi*, cette
espèce a été plus tard placée par MM. Agassiz et Desor
dans le genre *Pygurus*, où elle est restée depuis. Dans le
Synopsis des Echinides fossiles, M. Desor réunit à cette
espèce le *Clypeus acutus*, Ag., figuré dans les *Echinides de la
Suisse*, et connu seulement par un fragment qui montre le
sommet de la face supérieure. Ce rapprochement a été
adopté depuis par tous les auteurs. M. Etallon, dans ses
Etudes sur le Jura (*Faune du Jura Graylois*), avait donné le
nom de *P. Cotteaui* à un *Pygurus* qu'il reconnut plus
tard, dans le *Lethea Bruntrutana*, n'être qu'une variété à
granulation plus fine et plus abondante, à sommet plus
saillant et moins excentrique, du *P. Blumenbachi*.

LOCALITÉS. — Méry-sur-Yonne, Chatelcensoir, Coulanges-sur-Yonne, Druyes (Yonne); Champlitte (Haute-Saône).
Rare. Etage corallien inf. — Bazinghen (Pas-de-Calais); Co-
lombey-les-deux-Eglises (Haute-Marne); Arconville, Baro-
ville, Bayel (Aube); Tonnerre, Bailly, Courson, Thury
(Yonne). Assez commun. Etage corallien sup.

École des mines, coll. de la Sorbonne, coll. Perron, Royer, Pellat, ma collection.

LOCALITÉS AUTRES QUE LA FRANCE. — Abbotsbury, Dorsetshire, Bullington-Green near Oxford (Angleterre); Caquerelle près Porrentruy (canton de Berne), Laufon (Jura salinois), Suisse; Waltsberg (Hanovre). Rare. Etage corallien.

EXPLICATION DES FIGURES. — Pl. 38, fig. 3, *P. Blumenbachi* du coral-rag sup. de Thury, de ma collection, vu de côté. — Pl. 39, fig. 1, le même vu sur la face sup.; fig. 2, portion des zones porifères prise à la face sup. grossie; fig. 3, plaque inter-ambulacraire grossie; fig. 4, tubercules de la région antérieure grossis; fig. 5, appareil apical grossi. — Pl. 40, fig. 1, le même, vu sur la face inf.; fig. 2, individu jeune du coral-rag de Tonnerre, de ma collection, vu de côté; fig. 3, face sup.; fig. 4, face inf.

N° 32. **Pygurus Royerianus**, Cotteau, 1854.

Pl. 41 et 42.

Pygurus Royerianus,	Cotteau, *Note sur les Ech. kimmer. de l'Aube,* Bull. Soc. géol. de France, 2e sér., t. XI, p. 356, 1854.
— —	Cotteau, *Etudes sur les Ech. foss. de l'Yonne,* t. I, p. 332, pl. xlvi, fig. 1-2, 1855.
— —	Desor, *Synops. des Ech. foss.,* p. 314, 1856.
— —	Cotteau, *Note sur les Ech. foss. de la Haute-Marne,* Bull. Soc. géol. de France, 2e série, t. XIII, p. 818, 1856.
— —	Dujardin et Hupé, *Hist. nat. des Zooph. Echinod.,* p. 586, 1862.
— -	Dollfuss, *Faune kimmeridienne du cap la Hève,* p. 93, pl. xviii, fig. 7-9, 1863.
— - -	Etallon, *Etud. paléont. sur le Jura Graylois,* Mém. Soc. d'émul. du Doubs, 3e sér., t. VIII, p. 480, 1864.

Pygurus Royerianus, Cotteau, *Catal. des Ech. du dép. de l'Aube,*
(Extrait du Congr. scient. de Troyes).
p. 9, 1865.
— — De Loriol et Cotteau, *Mon. du terr. portlandien du départ. de l'Yonne,* p. 220,
pl. xiv, fig. 11, 1868.

Espèce de taille moyenne, clypéiforme, ordinairement
un peu plus large que longue, sub-quadrangulaire, arrondie
et fortement échancrée en avant, terminée en arrière par
un rostre muni de deux sinus bien prononcés; face supérieure médiocrement renflée, assez régulièrement convexe,
légèrement carénée dans la région postérieure ; face inférieure paraissant concave et fortement pulvinée. Sommet
ambulacraire excentrique en avant. Aires ambulacraires
très-effilées, se rétrécissant à une assez grande distance du
bord. Aire ambulacraire antérieure à peu près de même
largeur que les autres, mais un peu plus droite. Zones porifères très-développées à la face supérieure, composées
d'une rangée externe de pores transverses, étroits, allongés,
et une rangée interne de pores ovales et plus ouverts. A
l'endroit où les aires ambulacraires s'effilent, les zones
porifères deviennent beaucoup plus étroites et se réduisent,
vers l'ambitus, à de petits pores simples, à peine apparents,
disposés par paires obliques et espacées. Tubercules crénelés, perforés, assez homogènes, un peu plus gros cependant vers la région antérieure, formant dans les aires interambulacraires, presque partout, mais notamment au-dessus
de l'ambitus, des séries concentriques et régulières. Granules intermédiaires fins, abondants, tantôt rangés en cercle
autour des tubercules, tantôt disposés en séries concentriques très-régulières. Ces mêmes granules forment sur
chacune des plaques porifères de la face supérieure, une
rangée horizontale, très-distincte chez tous les individus

bien conservés. Plaques coronales, vers l'approche de l'ambitus, longues, étroites, fortement coudées aux deux tiers à peu près de leur étendue. La face inférieure n'existe intacte dans aucun des exemplaires que j'ai sous les yeux, et quant à présent je ne puis donner aucun détail particulier sur sa structure, sur la forme du périprocte et du péristome. Par son aspect général, elle paraît se rapprocher beaucoup de la face inférieure du *P. Blumenbachi*.

Échantillon type : hauteur, 20 millim. ; diamètre transversal, 80 millim. ; diamètre antéro-postérieur, 75 millim.

Individu plus jeune : hauteur, 13 millim.; diamètre transversal, 62 millim.; diamètre antéro-postérieur, 52 millim.

Individu plus élevé : hauteur, 37 millim.; diamètre transversal, 78 millim.; diamètre antéro-postérieur, 74 millimètres.

Le *P. Roycrianus* varie dans sa forme générale : le type de l'espèce, telle que nous l'avons établie dans nos *Études sur les Echinides de l'Yonne*, est déprimé en dessus, régulièrement convexe, et le diamètre transversal est sensiblement plus large que le diamètre antéro-postérieur. Cette forme ne paraît pas constante ; certains exemplaires se font remarquer par leur aspect général plus carré, leur diamètre antéro-postérieur relativement plus allongé, et leur face supérieure plus renflée. Le bel exemplaire que M. de Loriol a décrit tout récemment dans la *Monographie du terrain portlandien de l'Yonne*, et qui provient des environs d'Auxerre, se range dans cette dernière variété. Les exemplaires plus petits et assez nombreux, que MM. Perron et Etallon ont rencontrés dans le terrain portlandien de Gray-la-ville, appartiennent à une variété encore plus gibbeuse et plus renflée, et dont la face inférieure est très-

profondément déprimée. Malgré les différences assez tranchées qui les séparent du type kimmeridien, nous les
réunissons provisoirement, comme l'a fait Etallon, au
P. Royerianus, dont ils ont les aires ambulacraires effilées et les tubercules régulièrement disposés.

RAPPORTS ET DIFFÉRENCES. — Le *P. Royerianus* offre assurément beaucoup de ressemblance avec certains individus
larges et médiocrement renflés du *P. Blumenbachi*, et ce
n'est pas sans quelque hésitation, qu'en 1863, lorsque nous
avons publié le *Catalogue des Echinides du département de
l'Aube*, nous avons maintenu cette espèce dans la méthode.
L'étude comparative que nous venons de faire d'un grand
nombre d'exemplaires appartenant à l'une et à l'autre de
ces espèces, nous rend aujourd'hui plus affirmatif.

Le *P. Royerianus* nous paraît s'éloigner du *P. Blumenbachi* par des différences constantes, et qui ne manquent pas
d'une certaine importance; sans parler de la forme, qui est
ordinairement plus large, plus échancrée en avant, plus
déprimée, plus régulièrement convexe en dessus, le
P. Royerianus se reconnaîtra toujours assez facilement à ses
aires ambulacraires moins pétaloïdes, plus étroites, plus
effilées, à son aire ambulacraire antérieure à peu près de
même largeur que les autres, à ses tubercules plus homogènes, moins gros dans la région antérieure, plus développés sur le surplus de la face supérieure, et formant, aux
approches de l'ambitus, des séries plus régulières, bordées
souvent de petits filets de granules.

Le *P. Royerianus* est également voisin du *P. Bonanomii*,
rencontré par Etallon dans le kimmeridien inférieur (-trom-
bien) des environs de Porrentruy, que nous ne connaissons que par la figure et la description qu'il a données.
Cette espèce, d'après les caractères que lui attribue Etallon,

diffère du *P. Royerianus* par sa taille plus forte, sa face supérieure plus gibbeuse et cependant plus déprimée au sommet, ses aires ambulacraires plus larges, plus longues, plus saillantes, ses tubercules plus fins, son rostre postérieur moins nettement prononcé.

LOCALITÉS.—Le Havre (Seine-Inférieure); les Riceys (Aube); Bouzancourt (Haute-Marne); Chablis, Tonnerre (Yonne). Rare. Etage kimmeridien. — Gray-la-Ville (Haute-Saône); Auxerre (Yonne). Assez rare. Etage portlandien.

Coll. Dolfuss, Rathier, Royer, Lambert, ma collection.

EXPLICATION DES FIGURES. — Pl. 41, fig. 1, *P. Royerianus*, du terrain kimmeridien des environs de Tonnerre, de la coll. de M. Rathier, vu de côté; fig. 2, face sup.; fig. 3, pores ambulacraires de la face supérieure grossis; fig. 4, plaque interambulacraire grossie; fig. 5, tubercules de la région antérieure grossis. — Pl. 42, fig. 1, var. de grande taille, du portlandien des environs d'Auxerre, de la coll. de M. Lambert, vue sur la face sup.; fig. 2, variété plus petite et plus renflée, du portlandien de Gray-la-Ville, de ma collection, vue de côté; fig. 3, face sup.; fig. 4, plaque interambulacraire grossie; fig. 5, tubercules de la région antérieure grossis.

N° 33. **Pygurus jurensis,** Marcou, 1848.

Pl. 43.

Pygurus jurensis,	Marcou, *Rech. sur le Jura salinois*, Mém. Soc. géol. de France, 2ᵉ sér., t. III, p. 114, 1848.
Pygurus nasutus,	D'Orbigny, *Prod. de paléont. strat.*, t. II, p. 26, 14ᵉ ét., n° 408, 1850.
— —	D'Orbigny, *Paléont. franç., terr. crétacé,* t. VI, p. 301, 1855.

Pygurus jurensis,	D'Orbigny, *id.*, p. 302, 1855.
Pygurus nasutus,	Cotteau, *Études sur les Éch. de l'Yonne*, t. I, p. 242, pl. xxxvii, fig. 1 et 2, 1856.
Pygurus jurensis,	Desor. *Synops. des Éch. foss.*, p. 315, 1857.
Pygurus nasutus,	Leymerie et Raulin, *Stat. géol. du départ. de l'Yonne*, p. 623, 1858.
— —	Pictet, *Traité de paléont.*, t. IV, p. 211, 1858.
Pygurus jurensis,	Pictet, *id.*
— —	Etallon, *Paléontostatique du Jura, Jura Bernois, faune du terr. jur. sup.*, p. 11, 1860.
— —	Etallon, *Rayonnés du Jura sup.*, p. 15, pl. ı, fig. 1 et 2, 1860.
— —	Wright, *Monog. of the Brit. foss. Echinod. from the Ool. Format.*, p. 412, 1860.
— —	Etallon, *Lethœa Bruntrut.*, p. 298, pl. xliv, fig. 2, 1861.
Pygurus nasutus,	Dujardin et Hupé, *Hist. nat. des zooph. Echinod.*, p. 586, 1862.
Pygurus jurensis,	Dujardin et Hupé, *id.*
— —	Karl von Seebach, *Der Hannoversche Jura*, p. 75, 1864.
— —	Cotteau, *Catal. des Éch. du départ. de l'Aube* (Extrait du Congr. scient. de Troyes), p. 8, 1865.

Espèce de taille moyenne et même petite relativement
aux dimensions ordinaires des *Pygurus*, sub-pentagonale,
à peu près aussi longue que large, arrondie et échancrée
en avant, étroite et fortement rostrée en arrière ; face supérieure renflée, assez uniformément déclive, quelquefois
sub-conique ; face inférieure concave et très-pulvinée.
Sommet ambulacraire excentrique en avant. Aires ambulacraires pétaloïdes, effilées, se rétrécissant à une certaine
distance de l'ambitus. Aire ambulacraire antérieure plus
courte, plus droite que les autres, mais à peu près de la
même largeur. Zones porifères très-développées, formées à
la face supérieure d'une rangée externe de pores transverses, étroits, allongés, et d'une rangée interne de pores

également transverses, mais plus courts et un peu plus ouverts. A l'endroit où les aires ambulacraires cessent d'être
pétaloïdes, les zones porifères se réduisent à de petits pores
simples, à peine visibles, disposés vers l'ambitus et dans la
région infra-marginale par paires obliques et espacées, qui
se rapprochent et se multiplient dans les phyllodes larges
et très-déprimées qui entourent le péristome. Tubercules
petits, inégaux, espacés, épars sur toute la face supérieure,
un peu plus gros, cependant, dans la région antérieure au-dessus de l'ambitus, plus serrés, plus développés, plus fortement scrobiculés dans la région infra-marginale, autour des renflements inter-ambulacraires. Granules très-fins, abondants, remplissant l'espace intermédiaire, et disposés entre les plus gros tubercules, à la face
inférieure, en séries circulaires, ou même hexagonales
quand les tubercules sont très-serrés. Ces mêmes granules
forment, sur chacune des plaques porifères de la face supérieure, une rangée régulière et très-distincte. Plaques
coronales, vers l'approche de l'ambitus, longues, étroites
et fortement coudées aux deux tiers environ de leur étendue. Péristome petit, sub-pentagonal, étoilé, excentrique
en avant et paraissant correspondre assez exactement au
sommet ambulacraire. Périprocte infra-marginal, très-rapproché du bord, triangulaire, sub-transversal, s'ouvrant
dans une dépression assez sensible de l'aire inter-ambulacraire postérieure. Appareil apical remarquable par le développement de la plaque génitale antérieure de droite qui
est spongieuse, légèrement proéminente et occupe le milieu de l'appareil. Autour du corps madréporiforme se
groupent les trois autres plaques génitales et les cinq plaques ocellaires qui sont petites et sub-pentagonales. La
plaque postérieure paraît faire défaut.

Hauteur, 16 millim.; diamètre transversal, 54 millim.; diamètre antéro-postérieur, 53 millim.

Individu plus déprimé, type du *P. nasutus* : hauteur, 10 millim. 1/2; diamètre transversal, 40 millim. ; diamètre antéro-postérieur, 42 millim.

Cette espèce, comme tous les *Pygurus*, éprouve dans sa forme générale quelques modifications qu'il est bon de noter. Le plus souvent, et malgré la proéminence toujours très-accusée du rostre postérieur, le diamètre transversal est à peu près aussi étendu que le diamètre antéro-postérieur. Dans certains exemplaires cependant, notamment dans l'échantillon figuré par Etallon, la longueur l'emporte sensiblement sur la largeur. La face supérieure est ordinairement sub-conique et régulièrement déclive sur les côtés; quelquefois, néanmoins, la face supérieure est déprimée vers le sommet. C'est à cette dernière variété qu'appartient le *P. nasutus*, d'Orbigny, qui, par tous ses autres caractères, se rapproche tellement du *P. jurensis*, que nous n'avons pas hésité à l'y réunir.

RAPPORTS ET DIFFÉRENCES. — Le *P. jurensis* constitue un type nettement tranché et qui sera toujours reconnaissable à sa taille petite ou moyenne, à sa forme sub-pentagonale, légèrement échancrée en avant, munie en arrière d'un rostre très-prononcé, à sa face supérieure ordinairement sub-conique, à ses bords épais, à sa face inférieure profondément concave et très-pulvinée, à ses tubercules petits, inégaux, épars, espacés en dessus, très-serrés dans la région infra-marginale, à son périprocte sub-transverse, triangulaire, très-rapproché du bord. Par sa forme générale, cette espèce offre quelque ressemblance avec le *P. acutus* de l'étage bajocien ; elle en diffère par son diamètre antéro-postérieur moins allongé, sa face supérieure plus renflée, ses bords plus épais, son sommet plus excentrique en arrière, sa face inférieure plus déprimée, son périprocte moins allongé et plus triangulaire. Dans le *Synopsis des Echinides fossiles*, M. Desor a cru devoir réunir le *P. nasutus* de d'Orbigny au *P. depressus*. Nous ne pouvons admettre ce rapprochement : le *P. nasutus* diffère du *P. depressus* par sa forme plus pentagonale, plus rostrée en arrière, par son sommet plus excentrique en avant, par sa face inférieure plus concave, par son périprocte sub-triangulaire ; il nous a paru beaucoup plus naturel de le considérer comme une simple variété du *P. jurensis*. Suivant Etallon (*Lethea Bruntrutana*, p. 297), le *P. nasutus* n'est qu'un individu jeune du *P. Hausmanni ;* mais cette opinion ne saurait être discutée, car les espèces n'ont entre elles aucun rapport.

HISTOIRE. — Mentionnée pour la première fois, en 1848, par M. Marcou, dans ses *Recherches sur le Jura salinois*, cette espèce a été adoptée depuis par tous les auteurs. Elle a été figurée par Etallon, dans la *Description des Rayonnés des environs de Montbéliard* et dans le *Lethea Bruntrutana*. En 1867, dans notre *Catalogue des Echinides de l'Aube*, nous avons indiqué les motifs qui nous engageaient à rapprocher le *P. nasutus* établi par d'Orbigny dans le prodrome de 1850, du *P. jurensis*. L'étude comparative que nous venons de faire nous a engagé à réunir définitivement les deux espèces.

LOCALITÉS. — Gyé-sur-Seine (Aube) ; Tonnerre, Chablis (Yonne) ; Gray, Arc (Haute-Saône) ; Suzeau près Salins (Jura). Rare. Etage kimmeridien.

Muséum d'hist. nat. (Coll. d'Orbigny) ; coll. Babeau, Perron, ma collection.

LOCALITÉS AUTRES QUE LA FRANCE. — Porrentruy (Suisse). Rare. Etage kimmeridien.

EXPLICATION DES FIGURES. — Pl. 43, fig. 1, *P. jurensis* de l'étage kimmeridien de Gyé-sur-Seine, de la coll. de M. Babeau, vu de côté ; fig. 2, face supérieure ; fig. 3, pores ambulacraires de la face supérieure grossis ; fig. 4, plaque inter-ambulacraire grossie ; fig. 5, individu plus déprimé, type du *P. nasutus*, de la coll. d'Orbigny, vu de côté ; fig. 6, face sup. ; fig. 7, face inf.

Résumé géologique sur les Pygurus.

Le terrain jurassique de France nous a présenté onze espèces de *Pygurus*, ainsi réparties dans les divers étages :

La première espèce du genre, le *P. acutus*, s'est montrée dans l'étage bajocien et lui est propre.

Trois espèces, les *P. Terquemi, Michelini* et *depressus*, se sont rencontrées dans l'étage bathonien. Deux d'entre elles, *P. Terquemi* et *Michelini*, sont caractéristiques de l'étage bathonien ; la troisième, *P. depressus*, se retrouve dans l'étage callovien qui renferme en outre une seconde espèce, le *P. Marmonti*.

Quatre espèces, *P. Icaunensis, costatus, Hausmanni* et *Blumenbachi*, appartiennent à l'étage corallien et n'en franchissent pas les limites. Les deux premières, *P. Icaunensis* et *costatus*, sont propres à l'étage corallien inférieur. Les deux autres se rencontrent également dans les couches coralliennes supérieures.

L'étage kimmeridien renferme deux espèces, *P. Royerianus* et *jurensis*. Le *P. jurensis* est propre à l'étage ; le *P. Royerianus* remonte dans l'étage portlandien.

M. Desor, dans le *Synopsis des Echinides fossiles*, énumère treize espèces de *Pygurus* jurassiques. Sur ce nombre, neuf ont été décrites par nous ; ce sont les *P. acutus, Michelini, depressus, Marmonti, Icaunensis, Hausmanni, Blumenbachi,*

Royerianus et *jurensis*. Une des quatre qui restent, *P. orbiculatus*, a été réunie par nous au *P. Marmonti ;* les trois autres, *P. pentagonalis, tenuis* et *emarginatus*, sont étrangères
à la France. La troisième, *P. emarginatus*, ainsi que l'a démontré M. Wright, n'est point un *Pygurus*, mais un véritable *Clypeus ;* les *P. pentagonalis* et *tenuis* devront seuls
être conservés. Si à ces deux espèces étrangères, nous ajoutons le *P. Phillipsi* du Coral-rag de Malton (Yorkshire), décrit et figuré par M. Wright, et le *P. Bonanomii*, Etallon,
du terrain jurassique supérieur des environs de Porrentruy,
nous aurons quatre espèces à joindre aux onze que nous
avons décrites ; ce qui élèvera à quinze le nombre des *Pygurus* jurassiques aujourd'hui connus.

Voici la diagnose très-sommaire des quatre espèces qui
n'ont pas encore été signalées en France :

P. pentagonalis, Forbes, 1855, *Clypeaster pentagonalis*,
Phillips, *Geol. of Yorkshire*, pl. 4, fig. 24, 1829. D'après
les figures et la description données par Wright, c'est une
espèce de taille moyenne, sub-pentagonale, légèrement rostrée en arrière, très-voisine du *P. Michelini* dont elle diffère par sa face supérieure plus convexe, sa face inférieure
plus déprimée, ses aires ambulacraires plus effilées, son
péristome plus petit. Les caractères attribués à cette espèce par M. Wright n'ont que bien peu de rapport avec
ceux que présente la figure, il est vrai, très-incomplète,
donnée par Phillips. — Bullington, Farringdon, Scarborough, etc. Calcareous grit. — Malton, Scarborough, etc.
Coralline oolite. Coll. Wright.

P. Phillipsii, Wright, 1856. Espèce sub-circulaire, aussi
longue que large, très-déprimée en dessus ; voisine du
P. Hausmanni, elle paraît en différer non-seulement par sa
taille moins forte, mais par ses aires ambulacraires con-

servant leur forme pétaloïde sur toute la face supérieure.
Très-rare. Malton. Coralline oolite. Coll. Wright.

P. tenuis, Desor, 1847. Espèce de grande taille, très-di-
latée, circulaire, à bords très-minces et presque tranchants.
Sommet central. Aires ambulacraires longues, conservant
leur forme pétaloïde jusqu'au bord. Zones porifères très-
développées (R. 30, type de l'espèce). Laufon, Oberbuchsiten (Jura salinois). Coll. de l'École des mines, de Loriol,
ma collection.

P. Bonanomii, Etallon, 1860. Voisine du *P. Blumenbachi*,
cette espèce en diffère, suivant Etallon, par son sommet plus
excentrique, plus surbaissé, suivi en arrière d'une dépression plus marquée, ses aires ambulacraires plus égales,
sensiblement saillantes et plus larges vers le milieu de leur
longueur, ses tubercules paraissant plus fins, plus égaux,
tandis que les granulations sont plus développées. — Porrentruy. Rare. Etage kimmeridien (strombien inf.). Coll.
Thurmann.

11e Genre. — CLYPEUS, Klein, 1834.

Clypeus,	Klein, 1734.
Nucleolites (pars),	Defrance, 1825 ; Forbes, 1849.
Echinoclypeus,	De Blainville, 1830.

Test de grande taille, sub-circulaire, arrondi en avant,
sub-rostré en arrière, plus ou moins renflé en dessus,
presque plane en dessous. Sommet ambulacraire sub-central, un peu rejeté en arrière. Aires ambulacraires larges et
pétaloïdes à la face supérieure, plus étroites vers l'ambitus
et logées à la face inférieure, dans des dépressions plus ou
moins atténuées qui aboutissent directement au péristome.
Aire ambulacraire antérieure plus droite, mais à peu près

de même largeur que les autres. Zones porifères presque toujours très-développées à la face supérieure. La rangée externe, tant que l'aire ambulacraire conserve sa forme pétaloïde, est composée, comme dans les *Pygurus*, de pores étroits, très-allongés, transverses, tandis que la rangée interne est formée de pores simples, plus courts et plus ouverts. Vers le pourtour du test, les deux rangées se rapprochent et se réduisent à de petits pores simples, arrondis, assez irrégulièrement disposés, se multipliant aux approches du péristome, et offrant alors une tendance plus ou moins prononcée à se grouper par triples paires. Tubercules petits, scrobiculés, crénelés et perforés, homogènes et uniformément espacés à la face supérieure, plus serrés et un peu plus développés dans la région infra-marginale, plus écartés autour du péristome et sur le bord des dépressions ambulacraires. Péristome sub-central, un peu excentrique en avant, étroit, pentagonal, étoilé, entouré d'un floscelle médiocrement prononcé. Périprocte supérieur, allongé, aigu à son extrémité, s'ouvrant dans un sillon profond qui se prolonge le plus souvent jusqu'au sommet. Appareil apical compacte, composé de quatre plaques génitales et de cinq plaques ocellaires, remarquable par le développement de la plaque madréporiforme.

RAPPORTS ET DIFFÉRENCES. — Le genre *Clypeus* est surtout caractérisé par sa grande taille, sa forme sub-circulaire, son sommet presque central, ses aires ambulacraires larges et pétaloïdes à la face supérieure, et son péristome entouré d'un floscelle apparent. Si ces caractères étaient dans toutes les espèces aussi nettement tranchés qu'ils le sont chez les *Clypeus Plotii* ou *Agassizi*, aucune difficulté n'existerait relativement à la délimitation du genre; mais il n'en est pas toujours ainsi, et certaines espèces, tout en présentant la forme circulaire, le sommet central, les aires ambulacraires assez fortement pétaloïdes, se rapprochent des *Echinobrissus* par leur taille plus petite, leur péristome presque dépourvu de floscelle, et rendent quelquefois très-difficile à préciser la ligne de démarcation entre les deux types. Frappés de ces difficultés, quelques auteurs, parmi lesquels nous citerons Forbes, ont préféré réunir les deux genres. M. Wright avait d'abord partagé cette manière de voir, mais plus récemment, dans sa belle *Monographie des Echinides oolitiques d'Angleterre*, il est revenu sur son opinion et a pensé qu'il était préférable de maintenir dans la méthode deux genres dont les espèces extrêmes offrent entre elles de si notables différences. Tel a été l'avis de M. Desor dans le *Synopsis des Echinides fossiles ;* tel est aussi le nôtre : assurément la limite générique est pour quelques espèces très-incertaine ; les *Clypeus Hugi* et *orbicularis* sont-ils de véritables *Clypeus ?* Ne doit-on pas plutôt les placer parmi les *Echinobrissus ?* La question est difficile à trancher d'une manière positive ; il n'en est pas moins vrai que le genre *Clypeus*, considéré dans son ensemble, et en le restreignant aux espèces de grande taille à sommet central, à ambitus sub-circulaire, forme un groupe qu'il est plus facile, comme l'a dit M. Desor, de reconnaître que de définir, mais qui n'en est pas moins naturel, et utile par cela même à conserver dans la nomenclature.

Le genre *Clypeopygus*, d'Orbigny, en en retranchant les *Phyllobrissus*, ainsi que nous l'avons fait dans nos *Etudes sur les Echinides de l'Yonne*, et en lui donnant pour type le *Clypeopygus Paultrei*, se distingue nettement du genre *Clypeus* par sa forme allongée et aplatie, son test mince, son sommet ambulacraire très-excentrique en avant. C'est à tort, suivant nous, que M. Desor, dans le *Synopsis des Echinides fossiles*, a réuni au genre *Clypeopygus* le *Cl. Hugi* dont le sommet est presque central, et qu'on peut considérer comme un véritable *Clypeus* ou comme un *Echinobrissus*, mais qui ne saurait certainement être rapproché du *Clypeopygus Paultrei*.

HISTOIRE. — Le genre *Clypeus* a été établi par Klein en 1734 ; ce qui n'a pas empêché Lamarck, en 1816, de placer dans son genre *Galerites*, sous le nom spécifique de *patella*, l'espèce qui avait servi de type à Klein et à Leske. En 1830, de Blainville établit, pour cette même espèce, le genre *Echinoclypeus* qu'aucun auteur n'a adopté, et que M. Agassiz, dès 1835, a joint avec raison au genre *Clypeus*. Plus tard Forbes et M. Wright suppriment de la méthode le genre *Clypeus* et réunissent au genre *Nucleolites* de Lamarck les espèces dont il se compose, sans tenir compte de l'antériorité que le nom de *Clypeus* avait sur celui beaucoup plus récent de *Nucleolites*. M. Desor, dans le *Synopsis*, rétablit le genre *Clypeus* qui paraît aujourd'hui admis par tous les auteurs.

M. Desor et plus tard M. Wirght ont subdivisé en deux groupes les espèces du genre *Clypeus*. Dans le premier le périprocte est logé au fond d'un sillon qui remonte jusqu'au sommet ; dans le second groupe, le sillon s'arrête à quelque distance du sommet, et le périprocte s'ouvre presque à fleur du test. Cette distinction nous paraît un peu vague, car quelquefois, dans une même espèce, le sillon qui relie le périprocte au sommet est plus ou moins apparent.

Le genre *Clypeus* est propre jusqu'ici au terrain jurassique ; il abonde surtout dans les étages bajocien et bathonien, et devient beaucoup plus rare dans les couches

oxfordiennes et coralliennes. Aucune espèce n'a encore été
signalée dans les étages kimmeridien et portlandien.

N° 34. **Clypeus Agassizi** (Wright), Desor, 1857.

Pl. 44.

Nucleolites Agassizi,	Wright, *Cassidulidæ of the Oolites*, Ann. and Mag. of Nat. Hist., 2ᵉ sér., vol. IX, p. 308, pl. ui, fig. 3 a c, 1851.
— —	Forbes *in* Morris, *Catal. of Brit. Foss.*, 2ᵉ édit., p. 84, 1054.
Clypeus Agassizi,	Desor, *Synops. des Ech. foss.*, p. 278, 1856.
— — (pars),	Cotteau *in* Davoust, *Note sur les foss. spéciaux à la Sarthe*, p. 25, 1856.
— — (pars),	Cotteau, *Note sur quelques Ours. du dép. de la Sarthe*, Bull. Soc. géol. de France, 2ᵉ sér., t. XIII, p. 650, 1856.
— — (pars),	Cotteau et Triger, *Echin. du départem. de la Sarthe* (excl. fig.), p. 16, 1857.
— —	Wright, *Monog. of the Brit. Foss. Echinod. from the Ool. Format. of England*, p. 378, pl. xxxi et xxxii, 1859.
— —	Dujardin et Hupé, *Hist. nat. des zooph. Echinod.*, p. 580, 1862.

Espèce de grande taille, sub-circulaire, à peu près aussi
large que longue, arrondie en avant, légèrement tronquée
en arrière; face supérieure très-élevée, sub-conique, assez
uniformément renflée ; face inférieure presque plate. Sommet ambulacraire un peu excentrique en arrière. Aires ambulacraires fortement pétaloïdes, l'aire ambulacraire antérieure à peu près de même largeur que les autres, mais plus
longue et plus droite. Les deux aires ambulacraires postérieures sont sensiblement plus courtes que les deux aires
ambulacraires latéro-antérieures. Zones porifères très-

larges, conservant leur forme pétaloïde presque jusqu'à l'ambitus, logées, à la face inférieure, dans des dépressions très-atténuées, apparentes seulement aux approches du péristome. Tubercules crénelés et perforés, sub-scrobiculés, de petite taille, épars et assez homogènes. Péristome petit, pentagonal, étoilé, entouré d'un floscelle peu prononcé, sub-central, légèrement rejeté en avant. Périprocte ovale, elliptique, presque superficiel, s'ouvrant à peu près au tiers supérieur de l'espace compris entre le sommet et l'ambitus.

Hauteur, 58 millim.; diamètre transversal et antéro-postérieur, 101 millim.

La description qui précède est faite en grande partie d'après le type figuré par M. Wright. L'échantillon unique que nous possédons de cette espèce et que nous devons à l'obligeance de M. le curé Davoust, est trop petit et trop incomplet pour pouvoir être décrit avec détails. Malgré sa taille beaucoup plus petite, il nous a paru se rapprocher d'une manière positive de l'espèce anglaise par sa face supérieure très-élevée, ses aires ambulacraires fortement pétaloïdes, son périprocte ovale, superficiel, relié au sommet par un sillon à peine apparent, s'ouvrant, comme dans le type anglais, à peu près au tiers supérieur de l'espace compris entre l'appareil apical et l'ambitus.

Dans nos *Echinides de la Sarthe* nous avons rapporté au *Clypeus Agassizi* de Wright, un grand oursin remarquable par sa forme élevée et hémisphérique et sa face inférieure tout à fait plane, mais qui paraissait cependant s'en distinguer par son périprocte plus allongé, plus rapproché du sommet, logé dans un sillon très-profond. Les figures si belles et si exactes que M. Wright a données depuis du *Cl. Agassizi*, et la comparaison en nature que nous avons été

même de faire de nos échantillons et de ceux d'Angleterre, nous engagent aujourd'hui à séparer les deux espèces
entre lesquelles nous avons reconnu plusieurs différences qui nous avaient échappé d'abord et dont cependant l'importance ne saurait être contestée. Nous designe-
rons cette seconde espèce sous le nom de *Cl. Trigeri*,
heureux de la dédier à la mémoire de notre regretté collègue.

RAPPORTS ET DIFFÉRENCES. — Le *Cl. Agassizi*, ainsi déli-
mité, sera toujours reconnaissable à sa forme élevée et
sub-conique, à sa face inférieure plane, à ses zones porifères larges et conservant jusqu'au bord leur forme pétaloïde, à son péristome petit et sub-central, à son périprocte ovale, superficiel, éloigné du sommet.

LOCALITÉS. — La Rougeolière (Sarthe). Très-rare. Etage
bajocien (Oolite inf. miliaire). Ma collection.

LOCALITÉS AUTRES QUE LA FRANCE. — Brideport, Barton,
Bradstock, Walditch-Hill (Angleterre). Assez rare. Étage
bajocien.

EXPLICATION DES FIGURES. — Pl. 44, fig. 1, *C. Agassizi*,
de l'oolite inf. d'Angleterre, de ma collection, vu de côté
sur la région anale; fig. 2, zone porifère grossie; fig. 3, tubercules de la face inf. grossis; fig. 4, exemplaire de la
Rougeolière (Sarthe), de ma collection, vu de côté sur la région anale; fig. 5, zones porifères grossies.

N° 35. **Clypeus Trigeri**, Cotteau, 1869.

Pl. 45, 46 et 47.

Clypeus Agassizi (non Wright),   Cotteau *in* Davoust, *Note sur
les foss. spéciaux à la Sarthe,
p. 25, 1855.*

Clypeus Agassizi, Cott.	Cotteau, *Note sur quelques oursins du départ. de la Sarthe.* Bull. Soc. géol. de France, 2ᵉ sér., t. XIII, p. 650, 1856.
— —	Cotteau et Triger, *Ech. du dép. de la Sarthe,* p. 16 et 61, pl. iii, fig. 1 ; pl. ix, fig. 9 et 10, pl. x, fig. 1-3, 1857.
— —	De Longuemar, *Rech. géol. et agron. dans le départ. de la Vienne,* p. 103, 1866.

Y. 26.

Espèce de grande taille, sub-circulaire, un peu allongée, arrondie en avant, légèrement tronquée en arrière ; face supérieure très-élevée, hémisphérique, quelquefois sub-conique, uniformément bombée, un peu déclive dans la région postérieure ; face inférieure plane. Sommet ambulacraire un peu excentrique en arrière. Aires ambulacraires pétaloïdes, relativement étroites. Aire ambulacraire antérieure à peu près de même largeur que les autres, mais plus longue et plus droite ; aires ambulacraires postérieures plus courtes et plus pétaloïdes. Zones porifères assez larges, mais se rétrécissant et perdant leur forme pétaloïde à une assez grande distance de l'ambitus, formées d'une rangée externe de pores transverses, longs et étroits et d'une rangée interne de pores simples, ovales, plus ouverts. Chaque paire de pores est séparée par une rangée très-régulière de petits granules. Un peu au-dessus de l'ambitus, les zones porifères se rétrécissent et se réduisent à de petits pores simples, non conjugués par un sillon, à peine apparents, disposés par simples paires espacées qui se multiplient aux approches du péristome, et tendent à se grouper par triples paires ; les dépressions ambulacraires qui renferment les zones porifères à la face infé-

rieure sont très-peu prononcées dans la région infra-marginale ; elles se dépriment un peu en se rapprochant de la
bouche autour de laquelle elles forment un floscelle très-
distinct. Tubercules petits, sub-scrobiculés, épars, abondants, partout assez homogènes, un peu plus gros cependant et un peu plus espacés à la face inférieure autour du
péristome et sur le bord des dépressions ambulacraires.
Péristome pentagonal, étoilé, de petite taille, sub-central,
un peu rejeté en avant. Périprocte allongé, aigu à sa partie
supérieure, s'ouvrant à peu de distance du sommet, dans
un sillon profond qui se relie au sommet par un canal
étroit, mais toujours très-prononcé. Au-dessous du périprocte, le sillon s'évase, s'élargit, s'atténue, puis disparaît
presque complétement en arrivant vers l'ambitus. Appareil apical sub-pentagonal, remarquable par le développement de la plaque madréporiforme et la petitesse des
autres plaques. La plaque génitale postérieure manque et
est remplacée par deux plaques longues, étroites, qui descendent jusqu'au-dessus du périprocte, et paraissent être
le prolongement des deux plaques ocellaires postérieures.

Individu de grande taille, de la coll. de M. Guéranger :
hauteur, 60 millimètres ; diamètre transversal, 105 millimètres ; diamètre antéro-postérieur, 106 millimètres.

Individu jeune : hauteur, 31 millimètres ; diamètre transversal, 63 millimètres ; diamètre antéro-postérieur, 66 millimètres.

Le *Cl. Trigeri* paraît éprouver quelques modifications
avec l'âge : chez les exemplaires les plus petits, et par conséquent les plus jeunes, la face supérieure est moins élevée, moins hémisphérique, la forme générale est un peu
plus longue, et le diamètre antéro-postérieur dépasse de
quelques millimètres le diamètre transversal ; les zones

porifères paraissent un peu plus larges, et le péristome est relativement plus excentrique en avant. Malgré ces différences, qui du reste tendent à disparaître chez certains individus, nous n'avons pas voulu faire de ces échantillons une espèce particulière.

RAPPORTS ET DIFFÉRENCES. — La première fois que nous avons décrit cette espèce, nous l'avons réunie au *C. Agassizi*, Wright, dont elle se rapprochait par sa grande taille, sa face supérieure très-élevée et sub-hémisphérique, sa face inférieure plane et son péristome presque central. Dès cette époque cependant, nous avions bien remarqué qu'il existait, entre nos exemplaires et ceux d'Angleterre, une notable différence dans la forme et la position du périprocte qui est à fleur du test, «nearly superficial», chez le *Cl. Agassizi*, tandis que dans les échantillons de France que nous lui rapportions, il est placé dans un sillon étroit et profond. Si nous n'avions pas attaché, dès l'origine, à ce caractère toute l'importance que nous lui donnons aujourd'hui, c'est parce que nous avions vu, dans certains exemplaires, ce sillon devenir moins profond, surtout à sa partie supérieure, et nous avions pensé qu'il avait bien pu, chez certains individus d'Angleterre, disparaître tout à fait. Un examen nouveau et plus minutieux nous a fait renoncer à cette opinion et admettre deux espèces distinctes. Le *C. Trigeri* nous a paru différer du *C. Agassizi*, non-seulement par l'existence d'un sillon ou canal qui relie le périprocte au sommet, mais encore par la forme même du périprocte qui est plus allongé, plus aigu, plus rapproché du sommet, et toujours situé dans un sillon profond, par ses aires ambulacraires plus étroites, ses zones porifères moins larges surtout dans les individus de grande taille, et cessant d'être pétaloïdes à une plus longue distance du bord. Quelques exemplaires d'Angleterre présentent, il est vrai, entre le sommet et le périprocte, une légère dépression, mais elle ne saurait être confondue avec le petit canal qui caractérise tous nos exemplaires du *C. Trigeri*. Son périprocte aigu, rapproché du sommet et situé dans un sillon profond, donne au *C. Trigeri* quelque ressemblance avec les individus les plus renflés du *C. Ploti*, il s'en éloigne cependant d'une manière positive par sa face supérieure plus haute et plus hémisphérique, par son sillon anal plus étroit à l'endroit où s'ouvre le périprocte, plus atténué vers l'ambitus, par sa face inférieure plus plane, son péristome muni d'un floscelle moins apparent, ses aires ambulacraires plus droites, moins larges et moins pétaloïdes, ses zones porifères se rétrécissant à une distance beaucoup plus grande du bord.

Localités. — Conlie (Sarthe), les Ratandes, près Poitiers (Vienne). Rare. Etage bajocien. — Monné, Pêcheseul, environs de Mamers. Rare. Etage bathonien.

Coll. Guéranger, Triger, Davoust, ma collection.

Explication des figures. — Pl. 45, fig. 1, *C. Trigeri*, vu de côté, de ma collection ; fig. 2, face sup. — Pl. 46, fig. 1, le même exemplaire, vu de côté sur la région anale ; fig. 2, face inf. — Pl. 47, fig. 1, individu plus jeune, de ma collection, vu de côté ; fig. 2, région anale ; fig. 3, face sup. ; fig. 4, zone porifère grossie ; fig. 5, phyllode grossie ; fig. 6, appareil apical grossi.

N° 36. **Clypeus angustiporus,** Agassiz, 1840.

Pl. 48.

Clypeus angustiporus,   Agassiz, *Catal. syst. Ectyp. foss. Mus. Neoc.,* p. 4, 1840.

— —   Agassiz et Desor, *Catal. rais. des Echin.,* p. 98, 1847.

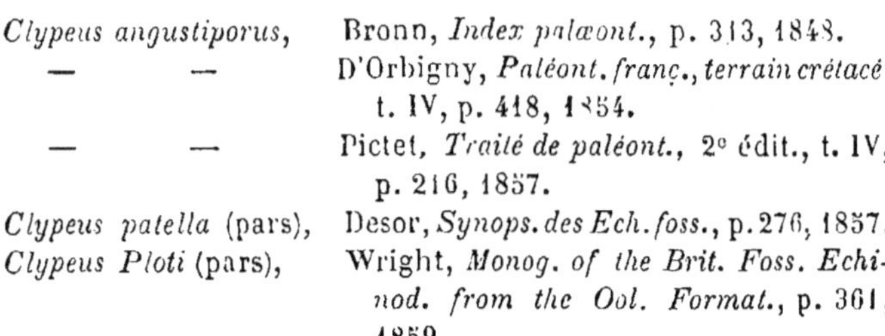

Clypeus angustiporus,　　Bronn, *Index palæont.*, p. 313, 1848.

— —　　D'Orbigny, *Paléont. franç., terrain crétacé,* t. IV, p. 418, 1854.

— —　　Pictet, *Traité de paléont.*, 2ᵉ édit., t. IV, p. 216, 1857.

Clypeus patella (pars),　　Desor, *Synops. des Ech. foss.*, p. 276, 1857.

Clypeus Ploti (pars),　　Wright, *Monog. of the Brit. Foss. Echinod. from the Ool. Format.*, p. 361, 1859.

Espèce de taille moyenne, sub-circulaire, à peu près aussi longue que large, arrondie en avant, sub-tronquée en arrière ; face supérieure médiocrement renflée, uniformément bombée, un peu déclive dans la région postérieure ; face inférieure presque plane. Sommet ambulacraire un peu excentrique en arrière. Aires ambulacraires longues, étroites, moins pétaloïdes que dans les autres espèces. Aire ambulacraire antérieure ayant à peu près la même largeur et le même développement que les deux aires latérales antérieures, cependant un peu plus étroite et un peu plus droite. Aires ambulacraires postérieures plus courtes et plus larges. Zones porifères peu développées, se rétrécissant et cessant d'être pétaloïdes à une grande distance de l'ambitus ; elles se réduisent alors à de petits pores simples, arrondis, disposés par paires obliques et espacées. Dans la région infra-marginale, ces paires de pores s'espacent et affectent une disposition assez irrégulière ; elles se resserrent et tendent à se grouper par triples paires, aux approches du péristome. Plaques coronales longues, étroites, subflexueuses, fortement coudées surtout au-dessus de l'ambitus. Péristome petit, étoilé, sub-pentagonal, excentrique en avant, entouré d'un floscelle peu apparent. Périprocte allongé, aigu, s'ouvrant très-près du sommet dans un sillon profond, large, caréné sur les bords, qui s'évase et devient un peu moins profond en se rapprochant de l'ambitus.

Hauteur, 18 millimètres; diamètre transversal, 56 millimètres; diamètre antéro-postérieur, 55 millimètres.

RAPPORTS ET DIFFÉRENCES. — Nous avons sous les yeux le type du *C. angustiporus;* il nous a paru se distinguer très-nettement du *C. Ploti* auquel on l'a réuni dans ces dernières années, par sa face supérieure plus aplatie et moins épaisse sur les bords, sa face inférieure moins pulvinée et moins déprimée au milieu, et surtout par ses aires ambulacraires plus étroites, et ses zones porifères beaucoup moins larges et cessant d'être pétaloïdes à une grande distance du bord. Ce dernier caractère lui donne beaucoup de ressemblance avec le *C. Michelini*, Wright, et ce n'est pas sans quelque hésitation que nous avons séparé les deux espèces. Cependant le *C. angustiporus* nous a paru s'éloigner du *C. Michelini* par sa forme plus circulaire et moins allongée, sa face supérieure moins épaisse sur les bords, sa face inférieure plus plate, ses aires ambulacraires plus étroites et offrant, à la face supérieure, une zone interporifère beaucoup moins large.

HISTOIRE. — Cette espèce, établie en 1840, par Agassiz, dans le *Catal. syst. des moules du Musée de Neuchâtel*, n'a jamais été ni décrite ni figurée. Les auteurs l'ont conservée dans la méthode jusqu'en 1857, époque à laquelle M. Desor, dans le *Synopsis des Echinides fossiles*, l'a réunie au *C. Ploti*. Nous venons d'indiquer les raisons qui nous engagent à la séparer de nouveau du *C. Ploti*.

LOCALITÉS. — Terrain jurassique de France. La couleur un peu jaunâtre et ferrugineuse de l'échantillon nous porte à croire qu'il provient de l'étage bajocien dans lequel nous le plaçons provisoirement.

Coll. de l'Ecole des mines (coll. Michelin).

EXPLICATION DES FIGURES. — Pl. 48, fig. 1, *Cl. angusti-porus*, vu de côté, de la coll. de l'Ecole des mines ; fig. 2, face sup. ; fig. 3, face inf. ; fig. 4, aire ambulacraire, vue sur la face supérieure, grossie ; fig. 5, portion inf. de l'aire ambulacraire, grossie.

N° 37. **Clypeus Osterwaldi,** Desor, 1858.

Pl. 49 et 50.

Clypeus Osterwaldi,	Desor, *Synops. des Echin. foss.*, p. 276, 1858.
	Wright, *Monogr. of the Brit. Foss. Echin. from the Ool. Form.*, p. 387, 1859.
Clypeus Ploti (non Klein)	De Ferry, *Mém. sur le groupe Ool. inf. des envir. de Mâcon*, p. 36, 1861.
Clypeus Osterwaldi,	Dujardin et Hupé, *Hist. nat. des Zoophytes Echinod.*, p. 580, 1862.

Espèce de taille assez grande, sub-circulaire, arrondie en avant, fortement rostrée en arrière ; face supérieure médiocrement renflée, uniformément bombée, déclive dans la région postérieure ; face inférieure pulvinée, déprimée au milieu, remarquable, surtout dans certains exemplaires, par le renflement de l'aire inter-ambulacraire postérieure correspondant au rostre. Sommet presque central, un peu rejeté en arrière. Aires ambulacraires pétaloïdes, presque égales, à l'exception de l'aire ambulacraire antérieure qui est un peu plus longue et plus droite que les autres. Zones porifères larges, mais s'effilant et se rétrécissant à une assez grande distance de l'ambitus. Dans la région infra-marginale, les pores sont très-petits et forment des paires obliques, espacées, assez irrégulièrement disposées, qui se rapprochent, se multiplient et se groupent par triples paires très-distinctes autour du péristome. Tubercules inégaux, petits, épars, sub-scrobiculés à la face supérieure, plus serrés et entourés d'un scrobicule plus profond dans la région infra-marginale, et notamment sur le milieu des renflements inter-ambulacraires, plus espacés, et d'une taille plus forte autour du péristome et sur le bord des dépressions ambulacraires de la face inférieure. Granules intermédiaires abondants, inégaux, groupés en cercles autour des plus gros tubercules. Plaques coronales longues, étroites, fortement coudées au-dessus de l'ambitus, plus courtes et plus larges au fur et à mesure qu'elles se rapprochent du sommet. Péristome relativement assez développé, pentagonal, étoilé, un peu excentrique en avant, entouré d'un floscelle apparent. Les phyllodes sont nettement accusées et fortement resserrées à leur extrémité péristomale par les renflements inter-ambulacraires qui, en cet endroit, sont couverts d'une granulation abondante et homogène. Périprocte allongé, aigu, s'ouvrant à peu près au milieu de l'espace qui s'étend entre le sommet et le bord postérieur, dans un sillon étroit et profond qui part de l'appareil apical, et se prolonge, en s'évasant un peu, jusqu'à l'extrémité du rostre. Appareil apical allongé, sub-pentagonal ; la plaque génitale antérieure de droite est comme toujours très-développée et occupe le milieu de l'appareil ; les pores génitaux sont largement ouverts, les deux postérieurs un peu plus écartés que les deux autres ; les plaques ocellaires antérieures sont petites et déprimées à l'endroit où s'ouvrent les pores ; les deux plaques ocellaires postérieures, beaucoup plus développées, sont étroites, allongées, et s'étendent, ainsi que nous l'avons déjà remarqué dans d'autres espéces, jusque dans le sillon anal. La plaque génitale impaire fait défaut, mais entre les deux plaques ocellaires postérieures se montrent, en contact avec la plaque madréporiforme, une ou deux autres petites plaques inégales, anguleuses, irrégulières, toujours imperforées.

Hauteur, 18 millim.; diamètre transversal, 63 millim.; diamètre antéro-postérieur, 64 millim.

Individu de grande taille : hauteur, 20 millim.; diamètre transversal, 81 millim.; diamètre antéro-postérieur, 77 millim.

Individu jeune : hauteur, 14 millim.; diamètre transversal, 47 millim.; diamètre antéro-postérieur, 48 millim.

Cette espèce éprouve, dans sa forme générale, quelques variations qu'il importe de noter : le type de l'espèce est de taille moyenne; sa face supérieure est assez élevée, et sa face inférieure fortement pulvinée; le diamètre transversal est à peu près égal au diamètre antéro-postérieur, et le sommet ambulacraire est presque central. Chez quelques individus, bien que le rostre postérieur soit assez prononcé, la forme générale devient plus circulaire, et le diamètre transversal aussi étendu que le diamètre antéro-postérieur. Dans les exemplaires les plus développés, ce caractère s'exagère encore, et le diamètre transversal dépasse de quelques millimètres le diamètre antéro-postérieur ; le test est alors plus aplati, et le sommet devient un peu excentrique en arrière. Cette dernière variété, malgré les différences qui au premier aspect tendent à l'éloigner du type, nous a paru s'y réunir par des passages insensibles.

RAPPORTS ET DIFFÉRENCES. — Le *C. Osterwaldi* a été longtemps confondu avec le *C. Ploti;* il s'en distingue par sa taille moins forte, sa face supérieure beaucoup moins renflée, son rostre plus prononcé, sa face inférieure plus pulvinée, son sommet ambulacraire plus central, ses zones porifères s'effilant à une plus grande distance du bord, son

péristome relativement plus grand , son périprocte plus
éloigné du sommet, et s'ouvrant dans un sillon plus étroit.

LOCALITÉS. — Pouilly, Vergisson , Milly, Verzé (Saône-
et-Loire). Assez commun. Etage bajocien, associé au *C.
ringens* et à l'*Holectypus hemisphæricus*. — Selongey (Côte-
d'Or). Rare. Etage bathonien. Ecole des Mines, coll. de
Ferry, ma collection.

LOCALITÉS AUTRES QUE LA FRANCE. — Noiraignes (canton
de Neuchâtel, Suisse). Assez commun. Etage bathonien,
au-dessous des marnes à Discoïdées.

EXPLICATION DES FIGURES. — Pl. 49, fig. 1, *C. Osterwaldi*,
de ma collection, vu de côté; fig. 2, face sup.; fig. 3, zone
porifère de la face sup. grossie; fig. 4, tubercules de la face
sup. grossis; fig. 5, appareil apical grossi ; fig. 6, autre
exemplaire, vu sur la face sup. — Pl. 50, fig. 1, exempl.
de taille moyenne, de ma collection, vu sur la face inf.;
fig. 2, autre exemplaire de grande taille, vu sur la face sup.;
fig. 3, tubercules de la face inf. grossis; fig. 4, phyllode
grossie ; fig. 5, appareil apical grossi.

N° 38. **Clypeus Ploti**, Klein, 1734.

Pl. 51 et 52.

Polar stone,	Plot, *Hist. of Oxfordshire,* pl. ii, fig. 9 et 10, 1677.
Echinites,	Lister, *De lapidibus turbinatis ,* p. 224, pl. vii, fig. 27, 1678.
Echinites clypeatus,	Llhwyd, *Lithophylaci Britannici Ichonogr.,* p. 48, pl. viii, n° 971, 1698.
Echinus discoïdes,	Morton, *Nat. Hist. of Northamptonshire,* p. 233, 1712.
Clypeus Ploti,	Klein, *Nat. Disposit. Echinod.,* p. 22, pl. xii, 1734.
— —	Klein, *Ordre nat. des oursins de mer,* p. 64, pl. vii, fig. A, 1734.

Clypeus sinuatus,	Leske, *Additamenta ad Kleinii Nat. disposit. Echinod.*, p. 157, pl. XII, 1778.
— —	Bruguières, *Encycl. méth. des vers*, atlas, pl. CXLII, fig. 7 et 8, 1791.
— —	Bruguières, *id.*, pl. CXLIII, fig. 1 et 2, 1791.
Echinus sinuatus,	Gmelin, *Linnei Systema naturæ*, p. 3180, 1739.
Clypeus sinuatus,	Parkinson, *Organic Remains*, t. III, p. 24, pl. II, fig. 1 et 4, 1811.
Galerites patella,	Lamarck, *Anim. sans vert.*, t. III, p. 23, n° 14, 1816.
Galerites umbrella,	Lamarck, *id.*, n° 15, 1816.
Clypeus sinuatus,	*Descriptive Catal. of the Min. and Foss. Org. Rem. of Scarborough*, p. 175, 1816.
— —	Smith, *Strat. Syst. of Organ. Foss.*, p. 109, 1817.
Echinites sinuatus,	Schlotheim, *Petre facktenkunde*, I, p. 310, 1820.
Galerites patella,	Deslongchamps, *Encycl. méth., Hist. nat. des Zooph.*, p. 434, n° 14, 1844.
Galerites umbrella,	Deslongchamps, *id.*, p. 435, n° 15, 1844.
Galerites patella,	Bory de Saint-Vincent, *Expl. des pl. de l'Encycl. méth.*, p. 142, 1825.
Galerites umbrella,	Bory de Saint-Vincent, *id.*, 1825.
Nucleolites patella,	Defrance, *Nucleolites, Dict. des sc. nat.*, t. XXXV, p. 213, 1825.
Echinoclypeus umbrella,	Blainville, *Zoophytes, Dict. des sc. nat.*, t. LX, p. 180, 1830.
Echinoclypeus patella,	Blainville, *id.*, 1830.
Echinoclypeus umbrella,	Blainville, *Manuel d'actinologie*, p. 208, 1834.
Clypeus patella,	Agassiz, *Prodr. d'une monog. des radiaires*, Mém. Soc. d'hist. nat. de Neuchâtel, t. I, p. 186, 1835.
Clypeus sinuatus,	Agassiz, *id.*, 1835.
Clypeus patella,	Agassiz, *id.*, Ann. des sc. nat., Zoologie, t. VII, p. 279, 1837.
Clypeus sinuatus,	Agassiz, *id.*, 1837.
Nucleolites umbrella,	Des Moulins, *Etudes sur les Ech.*, p. 354, n° 2, 1837.
Nucleolites patella,	Des Moulins, *id.*, n° 3, 1837.

Clypeus patella,	Agassiz, *Descript. des Echinod. foss. de la Suisse,* 1re partie, p. 36, pl. v, fig. 4-6, 1839.
—	Agassiz, *Catal. syst. Ectyp. foss. Mus. Neoc.,* p. 3, 1840.
— —	Dujardin *in* Lamarck, *Anim. sans vert.,* 2e éd., t. III, p. 352, 1840.
Clypeus sinuatus,	Dujardin *in* Lamarck, *id.,* 1840.
— —	Morris, *Catal. of Brit. Foss.,* p. 50, 1843.
Clypeus patella,	Morris, *id.,* 1843.
— —	Agassiz et Desor, *Catal. descrip. des Ech.,* p. 98, 1847.
— —	Murchison, *Outline of the Geol. of the Neighbourhood of Cheltenham,* p. 73, 1845.
Clypeus sinuatus,	Murchison, *id.*
— —	Bronn, *Index paléont.,* p. 314, 1848.
Clypeus patella,	Marcou, *Recherches géol. sur le Jura soleurois,* Mém. Soc. géol. de France, 2e sér., t. III, p. 79, 1848.
Clypeus excentricus,	M'Coy, *Ann. and Mag. of nat. hist.,* p. 417, 1848.
Nucleolites sinuatus,	Forbes, *Echinodermata,* Mem. of Geol. Surv., Dec.1, p. 8, 1849.
Clypeus patella,	D'Orbigny, *Prodr. de Paléont. strat.,* t. I, p. 319, 10e ét., n° 400, 1850.
Nucleolites sinuatus,	Wright, *Cassidulidæ,* Ann. and Mag. of Nat. Hist., t. IX, p. 306, 1851.
Clypeus patella,	Bronn, *Lethea geogn.,* t. II, p. 152, pl. xv, fig. 9 a-e, 1851.
Nucleolites patella,	Quenstedt, *Handbuch der Petrefactenkunde,* p. 584, pl. xlix, fig. 49, 1852.
Clypeus patella,	Giebel, *Deutschlands petrefact.,* p. 323, 1852.
Clypeus patella,	M'Coy, *Contribut. to Brit. Paleont.,* p. 64, 1854.
Nucleolites sinuatus,	Forbes *in* Morris, *Catal. of Brit. Foss.,* p. 84, 1854.
Clypeus patella,	Terquem, *Paléont. du dép. de la Moselle,* p. 33, 1855.
Clypeus sinuatus,	D'Orbigny, *Paléont. franç.,* terrain crétacé, t. VI, p. 418, 1856.

Clypeus Plotii,	Salter *in* Hull's *Memoirs of the Geolog. Survey,* 1857.
Clypeus patella,	Pictet, *Traité de Paléont.*, 2ᵉ éd., t. IV, p. 216, 1857.
Clypeus sinuatus,	Desor, *Synops. des Echin. foss.*, p. 276, pl. xxxv, 1858.
Clypeus Plotii,	Wright, *Monog. of the Brit. Foss. Echin. from the Ool. Format.*, p. 36, pl. xxviii et xxix, 1859.
Clypeus Plotii,	Wright, *Subdivis. of the inf. Ool. on the south of England,* Quart. journ. of the geol. Soc., p. 45, 1860.
Clypeus sinuatus,	Dujardin et Hupé, *Hist nat. des zooph. Echinod.*, p. 580, 1862.
Clypeus patella,	Bonjour, *Géol. strat.*, p. 15, 1863.
— —	Winkler, *Mus. Teyler,* p. 200, 1864.
— —	Bonjour, *Catal. des foss. du Jura,* p. 20, 1864.
Clypeus patella,	Ogérien, *Hist. nat. du Jura et des départ. voisins,* t. 1, *Géologie,* p. 736, 1865.
Clypeus sinuatus,	Ogérien, *id.*, 1865.
Clypeus Plotii,	Huxley et Etheridge, *Catal. of the Coll. of Foss. in the Museum of Pract. Geol.*, p. 223, 1865.
Clypeopygus sinuatus,	Moesch, *Geol. Beschreibung der Umgebungen von Brugg,* p. 32, 1867.
— —	Moesch, *Aargauer Jura, und die Nord. Geb. des Kantons Zurich,* p. 85, 1867.
Clypeus sinuatus,	Greppin, *Essai géologique sur le Jura suisse,* p. 55, 1867.
— —	Dewalque, *Prodrome d'une descript. géol. de la Belgique,* p. 354, 1869.

Q. 15 (type).

Espèce de grande taille, sub-circulaire, discoïde, arrondie en avant, dilatée et un peu tronquée en arrière ; face supérieure assez régulièrement convexe, un peu aplatie en avant et plus renflée en arrière ; face inférieure presque plane, légèrement pulvinée sur les bords, sub-déprimée au milieu. Sommet ambulacraire un peu excentrique en

arrière. Aires ambulacraires très-pétaloïdes ; l'aire ambulacraire antérieure, à peu près de même largeur que les autres, est plus longue et plus droite ; les deux aires latéro-
antérieures affectent une forme sub-flexueuse plus ou moins
prononcée ; les deux aires ambulacraires postérieures sont
plus courtes, plus larges et plus régulièrement pétaloïdes.
Zones porifères très-développées et conservant leur forme
pétaloïde jusqu'à l'ambitus, composées d'une rangée externe de pores étroits, allongés, transverses, et d'une rangée interne de pores ovales et beaucoup plus ouverts. Vers
l'ambitus les deux rangées de pores se rapprochent, et les
zones porifères se réduisent à de petits pores simples, presque microscopiques, disposés assez irrégulièrement par
paires obliques qui se resserrent, se multiplient et se groupent par triples paires aux approches du péristome. A la
face inférieure, ces zones porifères sont logées dans des
dépressions presque droites, très-atténuées vers la région
infra-marginale, un peu plus prononcées en s'avançant vers
le centre, et rétrécies, à leur extrémité péristomale, par les
renflements interambulacraires. Tubercules crénelés ,
perforés et visiblement scrobiculés, petits, épars, homogènes à la face supérieure, plus serrés dans la région infra-
marginale, vers le milieu des renflements interambulacraires, un peu plus gros et plus espacés sur le bord des
dépressions ambulacraires et autour du péristome. Plaques coronales longues, étroites, sub-flexueuses et fortement coudées à la face supérieure. L'espace intermédiaire
entre les tubercules est occupé par une granulation fine,
inégale, abondante et partout disséminée sans ordre. Péristome sub-pentagonal, étoilé, excentrique en avant, assez
grand. Périprocte allongé, aigu, s'ouvrant à peu de distance
du sommet, au fond d'un sillon très-profond, anguleux, qui

remonte jusqu'à l'appareil apical, et se prolonge, en s'évasant et en s'atténuant, jusqu'à l'ambitus un peu tronqué en cet endroit, mais à peine échancré. Appareil apical composé de quatre plaques génitales largement perforées et de cinq plaques ocellaires. La plaque génitale antérieure de droite est remarquable par le développement considérable du corps madréporiforme qui occupe tout le milieu de l'appareil ; les trois autres plaques génitales sont peu développées, sub-triangulaires et granuleuses; les cinq plaques ocellaires sont très-petites, un peu déprimées. La plaque génitale postérieure impaire fait certainement défaut ; elle est remplacée par deux grandes plaques longues, étroites, granuleuses, qui s'étendent au fond du sillon, au-dessus du périprocte.

Hauteur, 25 millimètres ; diamètre transversal, 86 millimètres ; diamètre antéro-postérieur, 87 millimètres.

Variété de grande taille : hauteur, 37 millimètres ; diamètre transversal, 110 millimètres ; diamètre antéro-postérieur, 111 millimètres.

Le *C. Ploti* varie un peu dans sa forme : la face supérieure est plus ou moins renflée; dans certains exemplaires la partie la plus élevée est dans la région antérieure; quelquefois au contraire la plus grande épaisseur se montre vers le sommet et même un peu en arrière du sommet. Dans la plupart des exemplaires, le diamètre antéro-postérieur est à peu près égal au diamètre transversal, la forme générale est sub-circulaire, seulement un peu tronquée en arrière ; quelques exemplaires cependant affectent une forme un peu plus allongée, et leur face postérieure, prolongée en un rostre plus ou moins accusé, tend à les rapprocher du *C. Solodurinus*.

RAPPORTS ET DIFFÉRENCES. — Le *C. Ploti*, malgré les

quelques variations qu'il éprouve dans sa forme, sera toujours reconnaissable à sa grande taille, à sa face supérieure épaisse et renflée, à son sommet ambulacraire excentrique en arrière, à ses aires ambulacraires fortement pétaloïdes, à ses zones porifères larges et se prolongeant jusqu'à l'ambitus, à sa face inférieure légèrement pulvinée sur les bords, sub-déprimée au milieu, à son périprocte situé dans un sillon profond, évasé, qui s'étend du sommet à l'ambitus. Les exemplaires les plus élevés offrent quelque ressemblance avec le *C. Trigeri;* ils en diffèrent par leur face supérieure beaucoup moins haute, leur face inférieure plus pulvinée, leurs aires ambulacraires plus larges et plus fortement pétaloïdes, leur sillon anal plus profond, leur péristome moins étroit.

M. Desor considère le *C. Solodurinus* comme pouvant n'être qu'une variété allongée et sub-rostrée du *C. Ploti.* Nous étions, au premier abord, assez disposé à nous ranger à cette opinion, mais un examen plus approfondi nous a fait reconnaître, entre les deux espèces, des différences autres que celles qui résident dans la forme. Le *C. Solodurinus* (moule en plâtre *S.* 49.), tel qu'il a été décrit par Agassiz dans les *Echinodermes de la Suisse,* me paraît bien caractérisé non-seulement par sa forme allongée, sub-rostrée et tronquée en arrière, mais par son sommet plus central, ses aires ambulacraires un peu moins développées, son périprocte s'ouvrant plus près du sommet, sa face inférieure plus déprimée. Le type du *C. Solodurinus* provient des marnes vésuliennes d'Obergösgen (Jura soleurois). M. Desor, d'après M. Marcou, mentionne la présence de cette espèce à Plasne près Poligny (Jura); les échantillons de cette localité que possède le Musée de Besançon nous paraissent appartenir au *C. Ploti.*

HISTOIRE. — Le *C. Ploti* est très-anciennement connu, et sa synonymie est longue et compliquée. Figuré successivement par Plot, Lister, Llhwyd, il a reçu de Klein, en 1734, le nom de *Clypeus Plotii.* Ce qui n'a pas empêché Leske, en 1778, tout en maintenant l'espèce dans le genre *Clypeus*, de lui donner le nom de *sinuatus*. En 1816, Lamarck, sans tenir compte des travaux de ses devanciers, plaça cette même espèce dans son genre *Galerites* et lui donna les noms d'*umbrella* et de *patella*, que les auteurs ont adoptés pendant longtemps. Agassiz, en 1835, dans le *Prodrome d'une Monographie des radiaires*, rétablit le *C. sinuatus* de Leske qui fut généralement admis. C'est à M. Wright que revient le mérite d'avoir restitué à cette espèce le nom de *Ploti* qui a certainement l'antériorité sur tous les autres. Nous lui réunissons, comme l'ont fait avant nous MM. Desor et Wright, le *C. excentricus.* Quant au *C. angustiporus*, que M. Desor et Wright considèrent comme une simple variété de l'espèce qui nous occupe, nous ne pouvons partager leur opinion. Le *C. angustiporus* dont nous avons le type sous les yeux sera toujours reconnaissable à ses aires ambulacraires plus étroites et à ses zones porifères beaucoup moins larges.

LOCALITÉS. — Le *C. Ploti* est assez rare en France, dans l'oolite inférieure ou étage bajocien. Son gisement habituel est dans les marnes à *Ostrea acuminata* ou marnes vésuliennes que nous plaçons avec d'Orbigny à la base de l'étage bathonien ; on le rencontre également dans le forest marble. Environs de Langres (Haute-Marne) ; Villey-Saint-Etienne (Meurthe). Rare. Etage bajocien. — Marquise, environs de Boulogne-sur-Mer (Pas-de-Calais); Chayul (Ardennes) ; Gorze, près de Metz, Thiaucourt (Moselle) ; Montanville, Flincy (Meuse): Pompey, station de Rouard, environs de Nancy (Meurthe) ; Kiffis, Sentheim (carrière à poix), (Haut-Rhin) ; Leffonds-Champlitte, Montarlot, Fauvert, environs de Besançon (Haute-Saône) ; Sélongey (Côte-d'Or) ; Ageville, ferme de Saxy près Pranthou (Haute-Marne) ; environs de Poitiers sur la route de Paris (Vienne) ; Plasne près de Poligny, Saint-André près de Salins (Jura). Assez abondant. Etage bathonien.

Toutes les collections.

LOCALITÉS AUTRES QUE LA FRANCE. — Stowestowe-in-the-wold, Rodborough Hill, Shurdington Hill, Leckhampton, Cleeve, Cubberley, Cowley Wood, Pen Hill, Litle Rissington, etc., Gloucestershire ; Sarsden, Stonesfield, Oxon, Burford, Oxfordshire, très-commune dans certaines localités. Etage bajocien. — Minchinampton, Kiddington, Oxon, Kingsthorp, Northampton Trowbridge, Wilts. Très-commun. Etage bathonien (Fuller's-earth, Great oolite et Cornbrash). — Hauptroggenstein ; Hornussen, Kornberg près de Frick, Buren près Gensingen, Kreisacker (canton d'Argovie) ; Muttenz (Bâle) ; Bettlachberg (canton de Soleure). Calcaire de Longwy (Belgique). Etage bathonien (Oolite vésulienne).

EXPLICATION DES FIGURES. — Pl. 51, fig. 1. *C. Ploti*, vu de côté, de la collection de M. Terquem ; fig. 2, face sup. — Pl. 52, fig. 1, le même exemplaire vu sur la face inf. ; fig. 2, appareil apical grossi.

N° 39. **Clypeus Boblayei**, Michelin, 1857.

Pl. 53, et pl. 54, fig. 1-2.

Clypeus Boblayei, Michelin, *in coll.*, 1857.
  —   —   Cotteau et Triger, *Echinides du départ. de la Sarthe*, p. 64. pl. XI, fig. 4-5. 1857.

Clypeus Boblayei Desor, *Synops. des Echin. foss.*, p. 435,
     1858.
— — Wright, *Monog. Of the Brit. Foss. Echinod.*
     from the Ool. Form, p. 386, 1859.
— — Cotteau et Triger, *Echinides de la Sarthe*,
     Descript. des familles et des genres, p. 422,
     1869.

Espèce de grande taille, sub-circulaire, discoïde, arrondie en avant, légèrement tronquée en arrière; face supérieure relativement très-déprimée; face inférieure plate, un peu concave dans la région péristomale. Sommet ambulacraire très-excentrique en arrière. Aires ambulacraires fortement pétaloïdes, très-droites, les trois antérieures beaucoup plus longues que les deux autres. Les zones porifères sont très-développées et conservent leur forme pétaloïde jusqu'au bord; elles sont composées d'une rangée externe de pores étroits, allongés, transverses, et d'une rangée interne de pores ovales et plus ouverts. Un peu au-dessus de l'ambitus les zones porifères se rétrécissent brusquement et se réduisent à de petits pores simples, presque microscopiques, non conjugués par un sillon; à la face inférieure ces pores se rangent par paires obliques espacées, assez irrégulièrement disposées, et qui ne tardent pas, en se rapprochant du péristome, à se resserrer et à se grouper par triples paires, comme dans toutes les espèces de *Clypeus*. Sur la face supérieure la zone interporifère, étroite près du sommet, s'élargit au fur et à mesure qu'elle se dirige vers l'ambitus, et ne participe en rien de la forme pétaloïde des zones porifères. Tubercules crénelés, perforés et visiblement scrobiculés; sur la face inférieure ils sont petits, serrés, partout homogènes et abondants, même dans les dépressions ambulacraires. Péristome de petite taille, sub-pentagonal, assez profondément excavé, entouré d'un floscelle apparent, excentrique en avant. Périprocte rapproché du sommet, s'ouvrant au fond d'un sillon aigu, profond, étroit, qui commence à s'évaser à peu de distance de l'ambitus. Appareil apical sub-pentagonal, remarquable par le développement de la plaque madréporiforme.

Hauteur, 10 millimètres ; diamètre transversal et antéropostérieur, 100 millimètres.

Le type de cette espèce est très-déprimé ; nous croyons devoir lui réunir un second exemplaire recueilli dans la même zone géologique et qui offre le même ensemble de caractères, tout en ayant la face supérieure un peu moins déprimée, légèrement sub-conique, et le sillon anal un peu moins étroit vers le sommet.

RAPPORTS ET DIFFÉRENCES. — M. Desor, dans le *Synopsis des Echinides fossiles,* est porté à considérer cette espèce comme une variété circulaire et très-déprimée du *C. Ploti.* Les deux espèces sont assurément voisines l'une de l'autre, cependant un examen comparatif minutieux nous engage à les maintenir dans la méthode. Le *C. Boblayei* se distingue de son congénère non-seulement par sa forme beaucoup plus déprimée, mais par son sommet plus excentrique en arrière, par ses aires ambulacraires plus inégales et plus droites, son sillon anal plus étroit et commençant à s'évaser plus près de l'ambitus, par son péristome relativement plus petit, par sa face inférieure garnie de tubercules moins développés, plus serrés, plus homogènes, plus abondants dans les dépressions ambulacraires. Ce sont la de légères différences ; mais leur réunion donne au *C. Boblayei,* une physionomie qui, au premier aspect, l'éloigne de tous les exemplaires que nous connaissons du *C. Ploti.*

Localités. — Environs de Mamers (Orne); Gesne-le-Gandelin (Sarthe). Très-rare. Etage bathonien.

Ecole des mines (Coll. Michelin); coll. Guillier, ma collection.

Explication des figures. — Pl. 53, fig. 1, *C. Boblayei* de l'Ecole des mines, vu de côté ; fig. 2, face sup. ; fig. 3, plaques porifères grossies, prises vers le milieu de la face supérieure ; fig. 4, plaques porifères grossies prises à la face sup. près de l'ambitus. — Pl. 54, fig. 1, autre exemplaire de la coll. de M. Guillier, vu sur la face inf. ; fig. 2, portion des aires ambulacraires grossie, prise à la face inf. près de l'ambitus; fig. 3, portion des aires ambulacraires grossies, prise aux approches du péristome ; fig. 4, plaque interambulacraire grossie, prise à la face inférieure.

N° 40. **Clypeus Mulleri**, Wright, 1859.

Pl. 54, fig. 1 et pl. 55.

Nucleolites Solodurinus,	Wright, *Cassidulidæ, Ann. and Mag. of nat. hist.*, t. IX, p. 305, 1851.
— —	Forbes in Morris, *Catal. of Brit. Foss.*, 2ᵉ ed., p. 84, 1854.
— —	Wright, *Report on Brit. Ool. Echinod.* Brit. Assoc. Report, 1857.
Clypeus Mulleri,	Wright, *Monog. of the Brit. Foss. Echin. from the Ool. Form.*, p. 371, pl. xxxiii, fig. 1-6, 1859.
Echinobrissus Mulleri,	Huxley et Etheridge, *Catal. of the Coll. of Foss. in the Mus. of Pract. Geol.*, p. 229, 1865.

Espèce de taille moyenne, oblongue, arrondie en avant, sub-tronquée et légèrement rostrée en arrière; face supérieure uniformément bombée, épaisse sur les bords ;

face inférieure sub-pulvinée, fortement concave au milieu.
Sommet ambulacraire un peu excentrique en arrière;
aires ambulacraires très-pétaloïdes, l'aire ambulacraire
antérieure à peu près de même largeur que les autres, mais
plus longue et plus droite ; les deux aires latéro-antérieures
affectent une forme sub-flexueuse assez prononcée ; les
deux aires postérieures sont plus courtes et plus régulièrement pétaloïdes. Zones porifères larges, se rétrécissant
un peu au-dessus de l'ambitus, composées d'une rangée
externe de pores étroits, allongés, transverses, et d'une rangée interne de pores ovales et beaucoup plus ouverts. Un peu
au-dessus de l'ambitus les deux rangées de pores se rapprochent, et les zones porifères se réduisent à de petits
pores simples, égaux, presque microscopiques, disposés
par paires obliques très-serrées et formant une série régulière. A la face inférieure, ces paires de pores s'espacent,
dévient de la ligne droite, puis se resserrent et se groupent
par triples paires aux approches du péristome. La zone interporifère, qu'elle soit droite, comme dans l'aire ambulacraire antérieure, ou sub-flexueuse comme les deux aires
latéro-antérieures, forme une bande très-étroite vers le
sommet apical et qui s'élargit insensiblement au fur et à
mesure qu'elle se rapproche de l'ambitus. Tubercules
crénelés, perforés, scrobiculés, petits, épars, homogènes
à la face supérieure, plus serrés dans la région infra-marginale, un peu plus gros et plus espacés sur le bord des
dépressions ambulacraires et autour du péristome ; l'espace
intermédiaire entre les tubercules est occupé par une granulation fine, abondante, paraissant homogène, mais en
réalité assez inégale et disséminée sans ordre. Péristome
médiocrement développé, sub-pentagonal, étoilé, un peu
excentrique en avant. Périprocte allongé, aigu, s'ouvrant à

quelque distance du sommet, au fond d'un sillon profond, anguleux, remontant jusqu'à l'appareil apical, et se prolongeant, en s'évasant et s'atténuant, jusqu'à l'ambitus qui est légèrement échancré. Appareil apical composé de quatre plaques génitales largement perforées et de cinq plaques ocellaires. La plaque génitale antérieure de droite est remarquable par le développement du corps madréporiforme qui est spongieux, légèrement saillant, irrégulier en ses contours, et occupe tout le milieu de l'appareil. Les cinq plaques ocellaires sont très-petites, anguleuses, déprimées et aboutissent directement sur la plaque madréporiforme. La plaque génitale postérieure impaire fait certainement défaut ; elle est remplacée, ainsi que nous l'avons déjà reconnu chez un certain nombre de *Clypeus*, par deux plaques étroites, granuleuses, qui s'étendent, au fond du sillon anal, au-dessus du périprocte.

Hauteur, 18 millimètres ; diamètre transversal, 55 millimètres ; diamètre antéro-postérieur, 57 millimètres et demi.

Nous avons sous les yeux un exemplaire de taille plus petite, recueilli dans la même localité que celui que nous venons de décrire ; il présente les mêmes caractères que le type, cependant le diamètre antéro-postérieur est un peu plus étendu relativement au diamètre transversal ; la face postérieure est plus sensiblement rostrée ; les aires ambulacraires latéro-antérieures paraissent un peu moins flexueuses à la face supérieure.

RAPPORTS ET DIFFÉRENCES. — Le *C. Mulleri*, ainsi que l'a fait remarquer M. Wright, se rapproche du *C. Ploti* par plusieurs caractères, notamment par l'aspect uniformément bombé de sa face supérieure, et la disposition fortement pétaloïde de ses aires ambulacraires ; il s'en distingue néanmoins, d'une manière positive, par sa forme

constamment et sensiblement plus longue que large, par
ses zones porifères qui, tout en étant très-développées à la
face supérieure, commencent à se rétrécir à une distance
plus éloignée du bord, par son sillon anal moins large et
moins évasé, par sa face inférieure beaucoup plus déprimée,
par son péristome relativement plus étroit. Cette espèce offre
également quelque rapport avec le *C. Michelini* que nous
décrivons un peu plus loin, mais cette dernière espèce est
toujours reconnaissable à ses zones porifères beaucoup
plus étroites et cessant d'être pétaloïdes à une très-grande
distance du bord ; ce sont, en raison de ce caractère, deux
types essentiellement distincts et qui ne sauraient être confondus. Dans l'origine M. Wright avait réuni cette espèce
au *C. Solodurinus*. Plus tard, le savant professeur a reconnu
son erreur, et dans sa Monographie des Echinides jurassiques d'Angleterre a fait de cette espèce un type nouveau
sous le nom de *C. Mülleri*.

LOCALITÉS. — Marquise (Pas-de-Calais). Assez rare. Etage
bathonien.

Collection de l'Ecole des mines.

LOCALITÉS AUTRES QUE LA FRANCE. — Cirencester, Nort-
teach, Salperton Tunnel, Minchinhampton, Cowley Wood
(Gloucestershire). Great oolite. Rushden (Northampton-
shire). Cornbrash.

EXPLICATION DES FIGURES. — Pl. 54, fig. 5, *C. Mülleri*,
individu jeune de la collection de l'Ecole des mines, vu
sur la face sup. — Pl. 55, fig. 1, autre individu de la coll.
de l'Ecole des mines, vu de côté ; fig. 2, face sup. ; fig. 3,
face inf. ; fig. 4, portion d'une aire ambulacraire grossie,
prise à la face supérieure ; fig. 5, appareil apical grossi ;
fig. 6, partie inférieure d'une aire ambulacraire grossie,
prise à la face inf., sur l'individu jeune figuré pl. 54, fig. 5.

N° 41. **Clypeus Davoustianus**, Cotteau, 1856.

Pl. 56.

Clypeus Davoustianus,	Cotteau in Davoust, *Note sur les foss. spéciaux à la Sarthe,* p. 7, 1856.
— —	Cotteau, *Note sur quelques Ours. de la Sarthe,* Bull. Soc. géol. de France, 2ᵉ sér., t. XIII, p. 650, 1856.
— —	Desor, *Synops. des Ech. foss.,* p. 277, 1857.
— —	Cotteau et Triger, *Echin. du départ. de la Sarthe,* p. 62, pl. xii, 1858.
Clypeus altus (pars),	Wright, *Monog. of the Brit. foss. Ech. from the Ool. Format.,* p. 366, 1859.
Clypeus Davoustianus,	Dujardin et Hupé, *Hist. nat. des zooph. Echinod.,* p. 580, 1862.
— —	Cotteau et Triger, *Echin. du dép. de la Sarthe, Descript. des fam. et des genres,* p. 422, 1865.

V. 98.

Espèce de taille assez forte, sub-circulaire, un peu plus
large que longue, sub-sinueuse au pourtour, sub-rostrée
en arrière ; face supérieure haute, renflée, sub-conique ;
face inférieure sub-pulvinée, un peu déprimée au milieu.
Sommet ambulacraire presque central, un peu rejeté en
arrière. Aires ambulacraires légèrement renflées, pétaloïdes, à peu près égales entre elles, les trois antérieures
cependant un peu plus longues que les deux autres. Zones
porifères médiocrement développées, beaucoup moins
larges que l'intervalle qui les sépare, formées d'une rangée
interne de pores étroits, allongés, obliques, et d'une rangée
externe de pores ovales et plus ouverts. A une assez
grande distance de l'ambitus les deux rangées de pores se
rapprochent, et les zones porifères se réduisent à de petits

pores simples, égaux, presque microscopiques. Sur la face
inférieure les aires ambulacraires sont placées dans des
dépressions étroites et qui convergent directement à la.
bouche ; les paires de pores sont un peu plus espacées
dans la région infra-marginale, puis elles se resserrent
et se groupent par triples paires aux approches du péristome. Tubercules nombreux, épars, apparents surtout à la
face inférieure et vers l'ambitus. Granules intermédiaires
fins, saillants, homogènes, garnissant toute la surface du
test, formant sur les plaques porifères, à la face supérieure,
des rangées transverses très-régulières. Péristome de petite
taille, un peu excentrique en avant, sub-pentagonal, entouré d'un floscelle à peine apparent. Périprocte placé
non loin du bord postérieur, dans un sillon profond qui
s'évase largement vers l'ambitus et se relie au sommet par
un canal étroit et très-long. Appareil apical sub-circulaire, un peu allongé, granuleux, fortement échancré par
les aires ambulacraires. Pores génitaux largement ouverts ;
pores ocellaires plus petits et placés sur le bord des plaques.

Hauteur, 25 millimètres; diamètre transversal, 61 millimètres; diamètre antéro-postérieur, 64 millimètres.

RAPPORTS ET DIFFÉRENCE. — Le *C. Davoustianus*, que nous
avons décrit et figuré, pour la première fois, dans nos *Echinides du département de la Sarthe* sera toujours facilement
reconnaissable à sa forme sub-circulaire, à sa face supérieure haute et conique, à ses aires ambulacraires pétaloïdes et formées de zones porifères médiocrement développées, à sa face inférieure presque plate, à son péristome
étroit et surtout à son périprocte placé près du bord et
relié au sommet par un sillon étroit et très-long. M. Wright
a cru devoir réunir cette espèce au *C. altus*, M' Coy. Ces

deux types, remarquables l'un et l'autre par leur forme circulaire, leur face supérieure sub-conique, sont effecti- vement voisins; ils nous ont cependant paru différer par des caractères importants et qui ne permettent pas de les confondre. Nous avons sous les yeux un exemplaire parfaitement conservé du *C. altus* de l'Oolite inférieure du Dorsetshire, appartenant à l'Ecole des mines de Paris et envoyé par M. Wright à M. Michelin. Nous l'avons comparé à notre *C. Davoustianus*, et il s'en éloigne d'une manière positive. Dans l'espèce anglaise les aires ambulacraires sont plus larges, plus pétaloïdes, plus effilées à leur extrémité et formées de zones porifères relativement plus développées ; la face inférieure est plus déprimée, plus fortement pulvinée, et le péristome est plus largement ouvert ; le sillon anal présente aussi de notables différences : il est moins long, moins étroit, et le périprocte s'ouvre à une distance beaucoup plus grande du bord postérieur. Ce dernier caractère suffirait seul à séparer les deux espèces. Le *C. Davoustianus* est également voisin du *C. rostratus*, Desor, des marnes vésuliennes de Kornberg près Frick ; c'est encore un type à face supérieure conique et à sillon anal long et étroit ; mais cette dernière espèce se distingue de celle qui nous occupe par sa taille plus petite, sa forme moins circulaire, sa face supérieure moins haute, sa région postérieure plus sensiblement rostrée, sa face inférieure plus pulvinée, son péristome plus grand, son périprocte s'ouvrant plus loin du bord. La position du périprocte tend à rapprocher le *C. rostratus* du *C. altus :* si l'identité des deux espèces était démontrée, le nom plus ancien de *rostratus* devrait être conservé.

LOCALITÉ. — Pecheseul (Sarthe). Très-rare. Etage bathonien.

Coll. Davoust.

EXPLICATION DES FIGURES. — Pl. 56, fig. 1, *C. Davoustianus*, vu de côté; fig. 2, face sup.; fig. 3, face inf.; fig. 4, plaques ambulacraires prises sur la face sup., grossies; fig. 5, plaque interambulacraire grossie; fig. 6, appareil apical grossi; fig. 7, tubercules grossis.

N° 42. **Clypeus Michelini** (Wright), Desor, 1855.

Pl. 57.

Nucleolites Michelini,	Wright, *On new. sp. of Ech. from the Lias and Ool.*, p. 23, pl. ii, fig. 6 a-c, 1854.
— —	Forbes *in* Morris, *Catal. of Brit. Foss.*, 2ᵉ ed., *Additional Sp. of Echinod.*, 1854.
— —	Wright, *Report. Ool. Echin. Brit. Ass.*, 1857.
Clypeus Michelini,	Desor, *Synops. des Ech. foss.*, p. 266, 1858.
— —	Wright, *Monog. of Brit. Foss. Echinoderm. from the Ool. Format.*, p. 369, pl. 366, fig. 2 a, b, c, d, 1859.
— —	Wright, *On the Subd. of the inf. Ool. in the south of England Compar. with Equival. Beds of the Form. on the Yorkshire Coast*, p. 33, Quarterly Jour. of the Geol. Soc., 1860.
—	Cotteau et Triger, *Ech. du départ. de la Sarthe*, p. 351, pl. lviii, fig. 11 et 12, 1861.
—	Dujardin et Hupé, *Hist. nat. des zooph. Echinod.*, p. 580, 1862.
— —	Huxley et Etheridge, *Catal. of the Coll. of Foss. in the Museum of Pract. Geol.* p. 222, 1865.
— —	Cotteau et Triger, *Echin. du départ. de la*

Sarthe, *Descript. des fam. et des genres*, p. 423, 1869.

Espèce de taille moyenne, sub-circulaire, un peu plus longue que large, arrondie en avant, sub-rostrée et légèrement échancrée en arrière; face supérieure à peine convexe, sub-déprimée dans la région antérieure, un peu plus haute en arrière du sommet apical, épaisse et renflée sur les bords; face inférieure presque plane dans la région infra-marginale, très-faiblement pulvinée, sensiblement concave au milieu. Sommet ambulacraire sub-central, un peu rejeté en arrière. Aires ambulacraires étroites, à peine lancéolées, les postérieures un peu moins longues et un peu plus larges que les autres; zones porifères très-peu développées et beaucoup moins larges que l'intervalle qui les sépare, formées d'une rangée externe de pores étroits, allongés, obliques, et d'une rangée interne de pores ovales et plus ouverts. A une grande distance de l'ambitus les deux rangées de pores se rapprochent et les zones porifères cessent d'être pétaloïdes. Tubercules très-petits surtout à la face supérieure. Péristome pentagonal, sensiblement excentrique en avant, entouré de bourrelets peu saillants. Appareil apical compacte, sub-circulaire, remarquable par l'étendue de la plaque madréporiforme. Périprocte allongé, s'ouvrant très-près du sommet, à la partie supérieure d'un sillon étroit, très-profond, qui s'évase et s'atténue en se rapprochant du bord.

Hauteur 15 millim.; diamètre transversal, 56 millim.; diamètre antéro-postérieur, 57 millim. 1/2.

Autre individu : hauteur, 17 millim.; diamètre transversal et diamètre antéro-postérieur, 46 millim.

D'après les figures données par M. Wright, cette espèce, en Angleterre, serait très-variable dans sa forme générale

tantôt sub-circulaire, tantôt allongée, quelquefois sensiblement rostrée en arrière. Les deux seuls exemplaires jusqu'ici rencontrés en France affectent un aspect sub-circulaire, et le diamètre antéro-postérieur ne dépasse pas
d'un demi-millimètre le diamètre transversal.

RAPPORTS ET DIFFÉRENCES. — Le *C. Michelini* présente
quelque ressemblance avec certaines variétées des C. *Ploti*
et *Mulleri*, mais il s'en distingue toujours facilement par sa
face supérieure plus déprimée, ses aires ambulacraires plus
grêles, ses zones porifères beaucoup moins larges et son péristome plus excentrique en avant. L'espèce dont il se rapproche le plus est assurément le *C. angustiporus*. Nous
avons indiqué plus haut les motifs qui nous engagent à
maintenir ces deux espèces, bien qu'elles soient très-voisines.

LOCALITÉ. — Le Chevain Saint-Paterne (Sarthe). Rare.
Etage bathonien.

Coll. Triger, ma collection.

LOCALITÈS AUTRES QUE LA FRANCE. — Vallsquarry Nailsworth, Cleeve, Cheltenham, Whitwell. Angleterre. Etage
bajocien.

EXPLICATION DES FIGURES. — Pl. 57, fig. 1, C. *Michelini*,
de ma collection, vu de côté; fig. 2, face sup.; fig. 3, aire
ambulacraire grossie ; fig. 4, appareil apical grossi; fig. 5,
autre individu de taille plus forte, de la coll. de M. Triger,
vu de côté; fig. 6, face supérieure ; les deux dernières figures sont copiées dans les *Echinides de la Sarthe.*

N° 43. **Clypeus Rathieri**, Cotteau, 1849.

Pl. 58.

Clypeus Rathieri,   Cotteau, *Etudes sur les Ech. foss. de*

	l'Yonne, t. I, p. 71, pl. vi, fig. 1-4, 1849.
Clypeus Loriercanus,	Cotteau *in* Davoust, *Note sur les foss. spéciaux à la Sarthe*, p. 6, 1856.
Clypeus Rathieri,	Desor, *Synops. des Ech. foss.*, p. 278, 1857.
— —	Pictet, *Traité de paléont.*, t. IV, p. 216, 1857.
— —	Cotteau et Triger, *Ech. du départ. de la Sarthe*, p. 63, pl. x, fig. 4-6, 1857.
— —	Leymerie et Raulin, *Stat. géol. et min. du départ. de l'Yonne*, p. 622, 1858.
— —	Wright, *Monog. of Brit. Foss. Echinod. from the Ool. Format.*, p. 387, 1859.
— —	Dujardin et Hupé, *Hist. nat. des Zooph. Echinod.*, p. 580, 1862.
— –	Cotteau et Triger, *Echin. du départ. de la Sarthe, Descr. des fam. et des genres*, p. 423, 1869.

Espèce de taille moyenne, oblongue, arrondie et un peu
étroite en avant, sub-rostrée et légèrement échancrée en
arrière; face supérieure déprimée, presque plane, épaisse et
renflée sur les bords; face inférieure pulvinée, sub-concave
au milieu. Sommet ambulacraire sub-central, un peu rejeté
en arrière. Aires ambulacraires pétaloïdes, lancéolées, les
postérieures moins longues que les autres. Zones porifères
très-larges à la face supérieure, formées d'une rangée externe de pores longs, étroits et transverses, et d'une rangée
interne de pores ovales; entre chaque paire de pores existe
une rangée très-régulière de petits granules. A quelque
distance de l'ambitus les zones porifères se rétrécissent
brusquement et se réduisent à des pores simples, non conjugués, d'abord assez rapprochés, mais qui à la face inférieure
s'espacent, dévient de la ligne droite et se multiplient près
du péristome. L'aire interporifère, beaucoup moins large
vers le milieu de la face supérieure que les zones porifè-

res qui la circonscrivent, s'élargit au fur et à mesure qu'elle
se rapproche de l'ambitus, et descend en ligne directe du
sommet au péristome. Tubercules très-petits, épars,
abondants et serrés vers la région marginale, plus espacés
autour du péristome. Plaques interambulacraires longues,
étroites, et d'autant plus coudées sur la face supérieure
qu'elles s'éloignent davantage du sommet. Péristome excentrique en avant, peu développé, pentagonal, entouré
d'un floscelle à peine apparent. Périprocte logé dans un
sillon profond, aigu à sa partie supérieure, s'ouvrant à
moitié environ de l'espace compris entre le sommet et le
bord postérieur, relié du reste à l'appareil apical par un
petit canal. Appareil apical un peu allongé, déprimé, granuleux ; pores génitaux et ocellaires très-apparents.

Hauteur, 14 millimètres ; diamètre transversal, 44 millimètres ; diamètre antéro-postérieur, 40 millimètres.

Le *C. Rathieri* varie beaucoup dans sa forme : le type
est sensiblement allongé, cependant quelques exemplaires, surtout lorsqu'ils sont jeunes, affectent un aspect sub-
circulaire, et c'est à peine alors si le diamètre antéro-postérieur dépasse d'un millimètre le diamètre transversal.
Le périprocte varie également un peu dans sa position ; il
est toujours éloigné du sommet : la distance qui l'en sépare n'est jamais moindre de moitié de l'espace compris
entre le sommet et le bord ; dans les exemplaires de
l'Yonne cette distance est souvent des deux tiers.

RAPPORTS ET DIFFÉRENCES. — Le *C. Rathieri* sera toujours
reconnaissable à sa forme oblongue, à sa face supérieure
très-déprimée, à la largeur de ses zones porifères et surtout à son périprocte très-éloigné du sommet et placé cependant dans un sillon anal profond. Il se rapproche de certaines variétés allongées du *C. Mulleri* que caractérise

également la largeur de ses zones porifères, mais il s'en
éloigne par sa forme plus déprimée et son périprocte beaucoup plus éloigné du sommet. — L'échantillon que nous
avons décrit et figuré dans nos *Echinides de la Sarthe* se
distingue bien un peu des exemplaires de l'Yonne qui ont
servi de type au C. *Rathieri* : sa forme est plus ovale ; son
sillon anal plus rapproché du sommet, échancre moins
profondément le bord postérieur ; cependant ces différences ne nous paraissent pas suffisantes pour lui laisser le
nom de *Loriereanus* sous lequel nous l'avons d'abord dé-
signé.

LOCALITÉS. — Chatel-Gérard (Yonne); Saint-Christophe
en Champagne (Sarthe). Rare. Etage bathonien.

Collection Rathier, Davoust, de Loriol, ma collection.

EXPLICATION DES FIGURES. — Pl. 58, fig. 1, *C. Rathieri*,
de la coll. de M. l'abbé Davoust, vu sur la face sup. ;
fig. 2, plaques ambulacraires de la face supérieure grossies ;
fig. 3, appareil apical grossi ; fig. 4, moule intérieur siliceux, de la collection de M. Rathier, vu de côté ; fig. 5,
face sup. ; fig. 6, côté anal ; fig. 7, autre individu de taille
plus forte, de la coll. de M. Rathier, vu sur la face sup.

N° 44. **Clypeus Babeaui**, Cotteau, 1870.

Pl. 61 et 62, fig. 1.

Espèce de taille assez grande, allongée, arrondie en
avant, anguleuse et sub-rostrée en arrière ; face supérieure
très-peu élevée, uniformément bombée ; face inférieure
déprimée au milieu, à peine pulvinée sur les bords. Sommet ambulacraire un peu excentrique en arrière. Aires
ambulacraires très-pétaloïdes. L'aire antérieure à peu près

de même largeur que les autres, est plus longue et plus droite ; les deux aires latéro-antérieures affectent une forme légèrement flexueuse ; les deux aires ambulacraires postérieures sont plus courtes et plus régulièrement pétaloïdes. Zones porifères très-développées, mais abandonnant leur forme pétaloïde à une certaine distance de l'ambitus ; la zone interporifère est relativement, étroite, et constitue une bande presque droite qui s'élargit un peu en se rapprochant de l'ambitus. A la face inférieure les aires ambulacraires sont logées dans des sillons presque droits, à peine distincts dans la région infra-marginale, plus déprimés au fur et à mesure qu'ils se rapprochent du péristome. Tubercules petits, épars, homogènes à la face supérieure, plus serrés et plus développés, et cependant encore très-homogènes à la face inférieure. Péristome pentagonal, étoilé, assez grand, excentrique en avant. Périprocte allongé, aigu, s'ouvrant à quelque distance du sommet, dans un sillon profond, coupé à angle droit, et qui se prolonge, en s'évasant et en s'atténuant, jusqu'à l'ambitus. Le périprocte est relié au sommet par un canal très-étroit. Appareil apical sub-pentagonal, granuleux, remarquable par le développement de la plaque madréporiforme qui occupe tout le milieu de l'appareil.

Hauteur, 16 millimètres ; diamètre transversal, 66 millimètres ; diamètre antéro-postérieur, 70 millimètres.

RAPPORTS ET DIFFÉRENCES. — Cette espèce par son aspect général rappelle le *C. Solodurinus* (S. 49.) figuré dans les *Échinodermes de la Suisse* ; elle nous a paru cependant en différer d'une manière positive par sa forme encore plus allongée et plus déprimée, par sa face inférieure plus concave, par ses aires ambulacraires formées de zones porifères plus larges, et se rétrécissant à une plus grande distance de l'ambitus, par ses zones interporifères relativement moins développées, et par son périprocte plus éloigné du sommet et relié à l'appareil apical par un canal très-étroit.

LOCALITÉS. — Manois (Haute-Marne). Rare. Etage callovien.

Coll. Babeau.

EXPLICATION DES FIGURES.—Pl. 61, fig. 1, *C. Babeaui*, de la coll. de M. Babeau, vu sur la face sup. ; fig. 2, face inf. ; fig. 3, appareil apical et aire ambulacraire de la face supérieure, grossis ; fig. 4, péristome et aire ambul. de la face inférieure, grossis ; pl. 62, fig. 1, même exemplaire vu de côté.

N° 45. **Clypeus Hugii**, Agassiz, 1839.

Pl. 59.

Clypeus Hugii,	Agassiz, *Echin. fos. de la Suisse*, 1ʳᵉ partie, p. 37, pl. x, fig. 2-4, 1839.
— —	Agassiz, *Catal. syst. Ectyp. foss. Mus. Neocom.*, pl. IV, 1840.
Nucleolites lacunifera,	Merian *in* Agassiz, *id.*
Clypeus Hugii,	Agassiz et Desor, *Catal. raison. des Ech.*, p. 98, 1847.
— —	Bronn, *Index paleont.*, p. 314, 1848.
— —	Marcou, *Recherches géol. sur le Jura salinois*, Mém. soc. géol. de France, 2ᵉ sér., t. III, p. 79, 1848.
Nucleolites Hugii,	Forbes, *Mem. of the Geol. Survey of Great. Britain*, Dec. 1, *Echinod.*, Descrip. of pl. IX, p. 7, 1850.
Clypeus Hugii,	D'Orbigny, *Prod. de paléont. strat.*, t. I, p. 290, n° 496, 1850.
Nucleolites Hugii,	Wright, *Cassidulidæ of the Oolites*, Ann. and magaz. of nat. hist., t. IX, . 306, 1851.

Clypeus Hugii,	Giebel, *Deutschlands petrefact.*, p. 322, 1854.
Nucleolites Hugii,	Forbes *in* Morris, *Catal. of Brit. Foss.*, p. 84, 1854.
Echinobrissus Hugii,	D'Orbigny, *Paléont. franç., terrains crétacés,* t. VI, p. 391, 1855.
Clypeus Hugii,	Pictet, *Traité de paléont.*, 2ᵉ éd., t. IV, p. 215, pl. xciv, fig. 9, 1857.
Clypeopygus Hugii,	Desor, *Synops. des Ech. foss.*, p. 274, 1857.
Echinobrissus Hugii,	Cotteau et Triger, *Ech. du départ. de la Sarthe,* p. 58, pl. vii, fig. 10-12, 1857.
Clypeus Hugii,	Wright, *Monog. of the Brit. Foss. Echin. from the Ool. Format.,* p. 376, pl. xxx, fig. *a, b, c, d, e, f,* 1859.
— —	Wright, *Subd. of the inf. Ool. in the south of England,* quart. journal of the Geol. Soc., p. 41 et suiv., 1860.
— —	Bonjour, *Geol. strat. du Jura,* p. 15, 1863.
— —	Winkler, *Mus. Teyler,* p. 200, 1864.
— —	Bonjour, *Catal. des foss. du Jura,* p. 20, 1864.
— —	Ogérien, *Hist. nat. du Jura et des départ. voisins,* t. I, *Géologie,* p. 736, 1865.
— —	Huxley et Etheridge, *Catal. of the Coll. of Foss. in the Museum of Pract. Geol.,* p. 222, 1865.
Clypeopygus Hugii,	Moesch, *Aargauer Jura und die nordl. geb. des Kantons Zurich,* p. 98, 1867.
Clypeus Hugii,	Cotteau et Triger, *Echin. du départ. de la Sarthe, Descript. des fam. et des genres,* p. 423, 1869.

P. 20.

Espèce de taille petite relativement aux dimensions ordinaires des *Clypeus,* sub-circulaire, à peu près aussi longue que large, arrondie et légèrement échancrée en avant, sub-rostrée en arrière ; face supérieure renflée, quelquefois sub-conique, fortement déclive dans la région postérieure ; face inférieure sub-concave au milieu, offrant des inégalités plus ou moins prononcées dues au renflement des aires inter-ambulacraires et notamment de l'aire interambulacraire impaire. Sommet presque central, cependant un peu rejeté en avant. Aires ambulacraires pétaloïdes, l'aire antérieure un peu plus étroite et un peu moins longue que les autres. Zones porifères larges à la face supérieure, composées d'une rangée externe de pores étroits, allongés, transverses, et d'une rangée interne de pores ovales et paraissant plus ouverts. A une assez grande distance de l'ambitus, le sillon disparaît, les pores se rapprochent, deviennent simples, obliques, et leurs paires sont beaucoup plus espacées sur-tout dans la région infra-marginale. Aux approches du péristome l'espace occupé par les aires ambulacraires est un peu déprimé, et les pores se resserrent et se multiplient. Péristome légèrement excentrique en avant, sub-pentago-nal, muni de bourrelets à peine apparents. Périprocte s'ouvrant à moitié environ de l'espace compris entre le sommet et l'ambitus, dans un sillon profond, obtus, de médiocre largeur, qui se rétrécit, puis s'évase près du bord postérieur. Le périprocte n'est relié au sommet par aucune trace de canal ou de dépression. Appareil apical sub-cir-culaire ; plaques génitales et ocellaires groupées autour de la plaque madréporiforme qui est largement développée comme chez tous les *Clypeus ;* pores génitaux irrégulière-ment disposés, les deux antérieurs plus rapprochés que les deux autres.

Hauteur, 14 millim. ; diamètre transversal et antéro-postérieur, 28 millim.

Dimension d'un exemplaire d'Angleterre de taille ordinaire : hauteur, 18 millim.; diamètre transversal, 38 millim.; diamètre antéro-postérieur, 37 millim.

Cette espèce est abondante en Angleterre et surtout en Suisse, mais elle est rare en France, et nous n'en connaissons encore que deux exemplaires. Malgré leur taille plus petite, nous n'avons pas hésité à les réunir au type dont ils présentent bien les caractères. Cependant, comme nos deux échantillons laissent un peu à désirer sous le rapport de la conservation, nous avons cru devoir faire figurer un exemplaire d'Angleterre qui montre parfaitement la structure des aires ambulacraires et de l'appareil apical. En Angleterre cette espèce atteint quelquefois de très-grandes dimensions. L'échantillon figuré par M. Wright a 25 millim. de hauteur; son diamètre transversal est de 54 millim., et son diamètre antéro-postérieur de 53.

Rapports et différences. — Cette espèce ne saurait être confondue avec aucun autre *Clypeus ;* elle sera toujours reconnaissable à sa taille relativement peu développée, à son sommet ambulacraire un peu excentrique en avant, à ses zones porifères cessant d'être pétaloïdes à une assez grande distance de l'ambitus, à son périprocte éloigné du sommet auquel il ne se relie par aucune trace de sillon. Sa forme générale rapproche le *C. Hugii* de l'*Echinobrissus orbicularis ;* il s'en éloigne cependant par sa taille plus forte, son aspect moins circulaire, son appareil apical moins allongé, son périprocte beaucoup plus éloigné du sommet.

Histoire. — Le *C. Hugii* a été décrit et figuré pour la première fois par M. Agassiz dans les *Echinodermes de Suisse*, et considéré comme appartenant au genre *Clypeus*. Les auteurs l'ont placé successivement dans les genres *Clypeus*, *Nucleolites*, *Echinobrissus* et *Clypeopygus :* l'ensemble des caractères qui distinguent cette espèce explique ce désaccord. D'un côté sa taille médiocrement développée, son péristome presque dépourvu de bourrelets la rapprochent assurément des *Echinobrissus*, et c'est parmi les espèces de ce genre que nous l'avions rangée, lorsque nous l'avons décrite et figurée dans nos *Echinides du département de la Sarthe;* d'un autre côté son sommet un peu excentrique en avant avait engagé M. Desor à la réunir aux *Clypeopygus*, mais elle en diffère par sa forme sub-circulaire, sa face supérieure renflée, ses aires ambulacraires non flexueuses, son sommet beaucoup moins excentrique en avant, son péristome muni de bourrelets à peine apparents. Tout bien pesé et considéré, nous croyons plus naturel, ainsi que l'a fait récemment M. Wright, de replacer cette espèce parmi les *Clypeus*, sur la limite extrême du genre.

LOCALITÉS. — Les Géniveaux près Metz (Moselle). Rare. Etage bajocien. — Environs de Mamers (Sarthe). Très-rare. Etage bathonien? M. Bonjour, dans le *Catalogue des fossiles du Jura,* mentionne la présence de cette espèce à Geraine

Musée de Paris, coll. d'Orbigny, ma collection.

LOCALITÉS AUTRES QUE LA FRANCE. — Hornussen, Bözen, Kornberg, Kienberg, Birmensdorf, Egg (canton d'Argovie), Olten (canton de Soleure), Suisse. Roadborough Shurdington, Leckhampton, Ravonsgate, Hampen, Charlcombe près Bath (Angleterre). Etage bajocien.

Ecole des mines, Musée de Zurich, de Bâle; coll. de Loriol, Wright, ma collection.

EXPLICATION DES FIGURES. — Pl. 59, fig. 1, *C. Hugii,* de ma collection, vu de côté; fig. 2 face sup.; fig. 3, face inf.; fig. 4, côté anal; fig. 5, échantillon de l'oolite inf. d'Angleterre, de ma collection, vu de côté; fig. 6, face sup.; fig. 7, face inf.; fig. 8, aire ambulacraire grossie; fig. 9, appareil apical grossi.

Nº 46. **Clypeus subulatus** (Young et Bird), Wright, 1859.

Pl. 60.

Echinites subulatus,	Young et Bird, *Geol. Survey of the Yorkshire Coast.*, p. 214, pl. vi, fig. 11, 1827.
Clypeus emarginatus,	Phillips, *Geol. of Yorkshire*, p. 127, pl. iii, fig. 18, 1829.
— —	Agassiz, *Prod. d'une Monog. des Radiaires*, Mem. soc. des sc. nat. de Neuchâtel, t. I, p. 186, 1836.
Nucleolites emarginatus,	Des Moulins, *Etudes sur les Ech.*, p. 362, n° 27, 1837.
Clypeus emarginatus,	Agassiz, *Prod. d'une Monog. des Radiaires*, Ann. des sc. nat., Zool., t. VII, p. 257, 1837.
— —	Morris, *Catal. of Brit. Foss.*, p. 50, 1843.
— —	Bronn, *Index paleont.*, p. 314, 1848.
Nucleolites emarginatus,	Forbes, *Mem. of Geol. Survey*, dec. 1, *Echinodermata*, descr. de la pl. ix, p. 8, 1849.
— —	Wright, *On the Cassidulidæ of the Ool.*, *Ann. and mag. of nat. hist.*, 2e sér., vol. IX, p. 310, 1851
Clypeus Michelineus,	Buvignier, *Stat. géol., minéral. et pal. du départ. de la Meuse*, atlas, p. 46, pl. xxxii, fig. 23-27, 1852.
Nucleolites emarginatus,	Forbes *in* Morris, *Catal. of Brit. Foss.*, 2e éd., p. 84, 1854.
Clypeus emarginatus,	Pictet, *Traité de paléont.*, t. IV, p. 216, 1857.
Pygurus emarginatus,	Desor, *Synops. des Ech. foss.*, p. 316, 1857.
Clypeus subulatus,	Wright, *Monogr. on the Brit. Foss. Ech. from the Ool. Form.*, p. 382, p. xxxiv, fig. 1 a, b, c, d, e, f, g, 1859.
Pygurus emarginatus,	Dujardin et Hupé, *Hist. nat. des Zooph. Echinod.*, p. 586, 1862.

Espèce de taille très-variable, un peu plus longue que large, arrondie et légèrement rétrécie en avant, ayant sa plus grande largeur un peu en arrière du sommet ambulacraire, sub-rostrée dans la région postérieure ; face supérieure médiocrement renflée ; face inférieure à peine pulvinée, très-faiblement déprimée au milieu, presque plane. Sommet ambulacraire presque central, cependant un peu rejeté en arrière. Aires ambulacraires fortement pétaloïdes, l'aire antérieure de même largeur que les autres, mais plus droite et un peu plus longue. Zones porifères très-larges à la face supérieure, composées d'une rangée externe de pores étroits, allongés, transverses, et d'une rangée interne de pores ovales et paraissant plus ouverts. A une très-faible distance de l'ambitus le sillon disparaît assez brusquement, les pores se rapprochent, deviennent égaux, simples, obliques, et leurs paires sont beaucoup plus espacées, surtout dans la région infra-marginale. Sur la face inférieure l'espace occupé par les aires ambulacraires est déprimé, et forme des sillons très-droits, d'autant plus apparents qu'ils se rapprochent du péristome. Vers le milieu de la face supérieure la zone interporifère est plus étroite que les zones porifères ; elle est aiguë près du sommet et s'élargit un peu en se dirigeant vers l'ambitus. Tubercules petits, abondants, finement crénelés et perforés, scrobiculés, augmentant de volume à la face inférieure notamment autour du péristome et sur le bord des dépressions ambulacraires où ils sont plus espacés. Granules intermédiaires fins, serrés, homogènes à la face supérieure, et se prolongeant en lignes régulières sur les bandes de test qui séparent les pores, plus inégaux et un peu plus espacés à la face inférieure, disposés en cercles autour des scrobicules. Péristome excentrique en avant, pentagonal,

muni de bourrelets granuleux. Périprocte s'ouvrant aux
deux tiers de l'espace compris entre le sommet et le bord
postérieur, à la partie supérieure d'un sillon étroit, profond, s'évasant légèrement vers l'ambitus. Aucune dépression apparente ne relie la partie supérieure du sillon anal
au sommet ambulacraire. Appareil apical sub-pentagonal,
granuleux ; plaques génitales et ocellaires groupées autour
de la plaque madréporiforme qui est largement développée
et un peu saillante. Pores génitaux très-ouverts, allongés,
placés à l'extrémité des plaques génitales, les deux antérieurs plus rapprochés que les deux autres; la cinquième
plaque génitale est remplacée par une plaque complémentaire granuleuse, triangulaire, qui semble se diviser en
deux, et pourrait n'être autre chose que les deux dernières
plaques coronales de l'aire interambulacraire postérieure ;
plaques ocellaires très-petites, déprimées, sub-triangulaires.

Hauteur, 16 millim.; diamètre transversal, 43 millim.;
diamètre antéro-postérieur, 45 millim.

Un seul exemplaire de cette espèce a été recueilli en
France et fait partie de la collection de M. Buvignier. qui
l'a décrit et figuré sous le nom de *C. Michelineus*, dans son
important ouvrage sur la géologie de la Meuse. Malgré sa
taille beaucoup plus petite, cet exemplaire nous a paru
devoir être réuni au *C. subulatus* de l'étage corallien d'Angleterre, qui n'était connu en France, à l'époque où
M. Buvignier a établi son espèce, que par un mauvais des-
sin donné par Phillips. Les belles figures publiées récemment par M. Wright et la description si complète qui les
accompagne nous font parfaitement connaître le type du
C. subulatus. Nous possédons du reste dans notre collection
un échantillon provenant du coral-rag de Malton, et c'est
après une comparaison minutieuse que nous nous sommes
décidé à lui réunir le *C. Michelineus*.

RAPPORTS ET DIFFÉRENCES. — Le *C. subulatus* se distingue de la plupart des *Clypeus* par la position de son périprocte qui s'ouvre à peu de distance du bord postérieur et ne se relie au sommet ambulacraire par aucune dépression apparente. Ce caractère le rapproche du *C. Hugii* qu'on rencontre à un niveau plus inférieur, mais le *C. subulatus* en diffère d'une manière positive par sa taille ordinairement beaucoup plus forte, sa forme générale plus allongée, plus étroite en avant, plus rostrée en arrière, sa face supérieure moins conique, sa face inférieure plus plane et moins pulvinée, ses zones porifères plus larges et conservant leur forme pétaloïde plus près de l'ambitus, son péristome plus excentrique en avant : ce sont deux types parfaitement distincts, même dans le jeune âge.

HISTOIRE. — Cette espèce est fort rare, et cependant sa synonymie est déjà très-compliquée. En 1827, elle est figurée pour la première fois par Young et Bird, sous le nom d'*Echinites subulatus*. En 1829, Phillips la figura à son tour, et lui donna le nom de *Clypeus emarginatus* que tous les auteurs lui ont conservé jusqu'en 1859, époque à laquelle M. Wright lui restitue son nom le plus ancien. En 1857, M. Desor, frappé de la position que le périprocte occupe à peu de distance du bord postérieur, la place dans le genre *Pygurus*. Ce changement n'a point été adopté par M. Wright qui, tout en restituant à l'espèce le nom de *subulatus*, l'a laissé avec raison parmi les *Clypeus*, dans le voisinage du *C. Hugii* dont le périprocte est également très-rapproché du bord postérieur. Le *C. Michelineus*, Buvignier, nous a paru un individu jeune de l'espèce qui nous occupe.

LOCALITÉ. — Vieil-Saint-Remy (Ardennes). Très-rare. Etage oxfordien.

Coll. Buvignier.

Localités autres que la France. — Malton, Scarboroug (Angleterre). Étage corallien.

Explication des figures. — Pl. 60, fig. 1, *C. subulatus*, de la coll. de M. Buvignier, vu de côté ; fig. 2, face sup. ; fig. 3, face inf. ; fig. 4, le même, vu sur la face anale ; fig. 5, appareil apical grossi ; fig. 6, portion des aires ambulacraires, prise à la face sup., grossie ; fig. 7, région péristomale grossie.

N° 47. **Clypeus Deshayesi**, Cotteau, 1871.

Pl. 62, fig. 1-3.

Echinobrissus Deshayesi,	Cotteau, *Note sur quelques oursins du dép. de la Sarthe*, Bull. Soc. géol. de France, 2ᵉ sér., t. XIII, p. 650, 1856.
— —	Cotteau et Triger, *Échin. du dép. de la Sarthe*, p. 17, pl. III, fig. 2-3, 1857.
— —	Desor, *Synops. des Echin. foss.*, p. 431, 1858.

Espèce de taille relativement petite, sub-pentagonale, presque aussi large que longue, arrondie en avant, sub-tronquée en arrière ; face supérieure légèrement bombée ; face inférieure concave, sub-pulvinée. Sommet ambulacraire presque central. Aires ambulacraires renflées, à peine lancéolées, les postérieures un peu moins longues que les autres et très-légèrement flexueuses près du sommet. Zones porifères étroites, composées d'une rangée de pores transverses, allongées, et d'une rangée interne de pores très-petits et arrondis. A une assez grande distance de l'ambitus, les zones porifères se rétrécissent encore, et les pores deviennent simples. Périprocte très-rapproché du sommet, allongé, s'ouvrant dans un sillon large et profond à sa partie supérieure, caréné sur les bords, s'évasant et s'atténuant au fur et à mesure qu'il se rapproche de l'ambitus. Appareil apical circulaire et dentelé.

Hauteur, 1 millim. ; diamètre transversal, 33 millim. ; diamètre antéro-postérieur, 33 millim. 1/2.

RAPPORTS ET DIFFÉRENCES. — Cette espèce se rapproche de certains exemplaires de petite taille du *C. Michelini ;* elle s'en distingue d'une manière positive par sa forme plus pentagonale, sa face supérieure un peu plus renflée, son sommet plus central, ses aires ambulacraires légèrement costulées et composées de zones porifères encore plus étroites. Sa forme générale et les contours dentelés de son appareil apical lui donnent au premier aspect quelque ressemblance avec certaines espèces du genre *Galeropygus,* mais ses aires ambulacraires nettement pétaloïdes la placent dans une famille différente. J'avais rangé dans l'origine cette espèce parmi les *Echinobrissus ;* il me paraît plus naturel, en raison de sa taille, de sa forme générale et de la structure probable de son appareil apical, de la réunir au genre *Clypeus,* sur les limites extrêmes du genre.

LOCALITÉ. — Chaumiton (Sarthe). Très-rare. Étage bajocien.

Coll. Michelin (École des mines.)

EXPLICATION DES FIGURES. — P. 62, fig. 1, *C. Deshayesi,* de la coll. de l'École des mines, vu de côté, fig. 2 ; face sup. ; fig. 3, aire ambulacraire prise à la face supérieure, grossie. (Ces trois figures sont copiées dans les *Échinides de la Sarthe,* pl. 3, fig. 2-4.)

N° 48. **Clypeus Martini**, Cotteau, 1871.

Pl. 62, fig. 4-11.

Espèce de taille relativement petite, sub-circulaire, presque aussi large que longue, arrondie en avant, légèrement émarginée en arrière ; face supérieure renflée ; face inférieure concave, sub-pulvinée. Sommet ambulacraire presque central. Aires ambulacraires à fleur de test, à peine lancéolées, très-étroites, les postérieures beaucoup plus flexueuses que les autres. Zones porifères très-peu développées, composées d'une rangée de pores allongés, transverses, et d'une rangée interne de pores plus petits et arrondis. A une assez grande distance de l'ambitus les zones porifères se rétrécissent encore, les pores deviennent simples, presque microscopiques et forment des paires obliques, espacées à la face inférieure, qui se rapprochent et se multiplient près du péristome. Tubercules petits, épars, homogènes, sub-scrobiculés, abondants et serrés dans la région marginale. Péristome excentrique en avant, étoilé, pentagonal, entouré d'un floscelle très-apparent, s'ouvrant dans une dépression sensible de la face inférieure. Périprocte très-rapproché du sommet, allongé, placé dans un sillon large et profond à sa partie supérieure, s'évasant et s'atténuant au fur et à mesure qu'il se rapproche de l'ambitus échancré légèrement. Appareil apical compacte, sub-circulaire ; la plaque madréporiforme, un peu saillante, occupe le milieu de l'appareil ; les deux plaques génitales postérieures paraissent se prolonger au-dessous de la plaque madréporiforme ; les deux plaques occellaires postérieures sont petites et déprimées.

Hauteur, 14 millim. ; diamètre transversal, 35 millim. ; diamètre antéro-postérieur, 34 millimètres.

Rapports et différences. — Cette espèce offre quelque ressemblance avec le *C. Deshayesi* ; elle m'a paru cependant s'en éloigner par sa forme plutôt circulaire que pentagonale, arrondie en avant, subémarginée en arrière, par ses aires ambulacraires non costulées, plus étroites et plus flexueuses dans la région postérieure, par son périprocte situé dans un sillon non caréné sur les bords, plus évasé, plus atténué vers l'ambitus et échancrant un peu le bord postérieur. Voisine également des individus jeunes du *C. Michelini*, cette espèce s'en distingue par ses aires ambulacraires moins pétaloïdes, plus étroites et plus flexueuses en arrière. Je suis heureux de dédier cette jolie espèce à M. Martin, qui m'a toujours communiqué avec tant d'empressement les échinides de sa riche collection.

Localités. — Avosne (Côte-d'Or) ; Vezaignes sous la fauche (Haute-Marne). Très-rare. Étage bathonien.

Coll. Martin (de Dijon), Babeau.

Explication des figures. — Pl. 62, fig. 4, *C. Martini*, de la coll. de M. Martin, vu de côté ; fig. 6, face inf. ; fig. 7, région anale ; fig. 8, appareil apical et aires ambulacraires grossies ; fig. 9, péristome et floscelle grossis ; fig. 10, tubercules pris dans la région marginale, grossis ; fig. 11, individu jeune, de la coll. de M. Babeau, vu sur la face sup.

N° 49. Clypeus Constantini, Cotteau, 1871.

Pl. 63.

Test de grande taille, sub-pentagonal, anguleux et arrondi en avant, légèrement tronqué en arrière ; face supérieure très-élevée, sub-conique, assez uniformément bombée, très-rapidement déclive sur les côtés, ayant sa plus grande hauteur un peu en avant de l'appareil apical ; face inférieure tout à fait plane, coupée sur les bords à angle presque droit. Sommet ambulacraire excentrique en arrière. Aires ambulacraires à peine pétaloïdes, très-étroites, inégales, les antérieures plus longues que les deux autres. Zones porifères presque droites, composées d'une rangée externe de petits pores transverses, allongés, très-peu développés, plutôt sub-virgulaires que pétaloïdes, et d'une rangée interne de pores arrondis. A une légère distance de l'ambitus, ces pores se rapprochent, deviennent simples et forment des paires obliques qui s'espacent à la face inférieure et paraissent se multiplier autour du péristome. Tubercules épars, sub-scrobiculés, très-petits à la face supérieure, serrés et homogènes vers l'ambitus, plus gros et plus espacés aux approches de la bouche. Péristome sub-pentagonal, un peu enfoncé, avec rudiment de floscelle ? Périprocte médiocrement développé, allongé, placé très-près du sommet, dans un sillon assez profond, sub-caréné sur les bords, qui s'atténue et disparaît complétement bien au-dessus de l'ambitus.

Hauteur, 35 millim. 1/2 ; diamètre transversal, 64 millim ; diamètre antéro-postérieur, 65 millimètres.

RAPPORTS ET DIFFÉRENCES. — Cette espèce, par sa forme générale renflée et sub-conique, rappelle le *C. Trigeri*, mais elle s'en distingue très-nettement, par ses aires ambulacraires presque droites, très-peu larges, et formées de zones porifères à peine pétaloïdes. Cette structure toute particulière des aires ambulacraires m'avait engagé d'abord à placer cette curieuse espèce parmi les *Galeropygus*, dans la famille des *Echinonéidées*. Après un examen plus atten-tif, j'y ai renoncé, et je préfère la laisser parmi les *Clypeus*, elle en a la forme générale, le périprocte et probablement le péristome et l'appareil apical. Elle en diffère, il est vrai, surtout, par l'étroitesse des aires ambulacraires ordinairement si largement développées chez les *Clypeus*, et par ses zones porifères légèrement pétaloïdes, cependant les pores sont inégaux, visiblement conjugués par un sillon, et ce caractère m'engage à placer l'espèce dans la famille des *Cassidulidées* ; il m'a paru que c'était encore des *Clypeus* qu'elle se rapprochait le plus, formant à la fin de ce genre, avec les *C. angustiporus*, *Michelini*, *Deshayesi* et *Martini*, un groupe particulier, caractérisé par des zones porifères beaucoup plus étroites qu'elles ne le sont ordinairement chez les véritables *Clypeus*. Le seul exemplaire que je connaisse du *C. Constantini* est mal conservé, mais en raison de l'intérêt zoologique qui s'y attache, je n'ai pas hésité à le décrire et à le faire figurer, en lui donnant le nom de M. Constantin qui a bien voulu me le communiquer.

Localités.—Environs de Poitiers (Vienne). Très-rare. Étage bajocien.

Coll. Constantin.

Explication des figures. — Pl. 63, fig. 1, *C. Constantini*, de la coll. de M. Constantin, vu de côté ; fig. 2, face sup. ; fig. 3, face inf. ; fig. 4, portion d'une aire ambulacraire prise à la face supérieure, grossie ; fig. 5, tubercules de la face inférieure grossis.

Résumé géologique sur les Clypeus.

Quinze espèces de *Clypeus* ont été rencontrées dans le terrain jurassique de France ; elles sont ainsi réparties dans les divers étages :

Sept espèces proviennent de l'étage bajocien : *C. Agas-*

sizi, *Trigeri*, *angustiporus*, *Osterwaldi*, *Ploti*, *Deshayesi* et *Constantini*. Quatre d'entre elles, *C. Agassizi*, *angustiporus*, *Deshayesi* et *Constantini* paraissent caractéristiques de l'étage. Les *C. Trigeri*, *Osterwaldi* et *Ploti* se retrouvent dans l'étage bathonien qui renferme en outre six autres espèces : *C. Boblayei*, *Mulleri*, *Davoustianus*, *Michelini*, *Rathieri* et *Martini*. Ces neuf espèces s'éteignent avec les dernières assises de l'étage bathonien.

Une seule espèce, *C. Babeaui*, a été rencontrée dans l'étage callovien et lui est propre ; l'étage oxfordien renferme également une espèce, *C. subulatus*.

Aucune espèce de *Clypeus* n'a été signalée jusqu'ici dans les étages supérieurs du terrain jurassique.

M. Desor énumère, dans le *Synopsis des Echinides fossiles*, neuf espèces de *Clypeus*. Sur ce nombre six ont été décrites par nous : ce sont les *C. Agassizi*, *Osterwaldi*, *Ploti*, *Michelini*, *Davoustianus* et *Rathieri*. Les trois autres, *C. Solodurinus*, *rimosus* et *rostratus* n'ont pas encore été rencontrées dans le terrain jurassique de France. Si à ces trois espèces nous ajoutons le *C. altus*, M'Coy, décrit et figuré par M. Wright, dans la *Monographie des Echinides jurassiques d'Angleterre*, nous aurons quatre espèces à réunir aux quinze que nous avons décrites, ce qui élèvera à dix-neuf le nombre des *Clypeus* jurassiques aujourd'hui connus.

Afin de compléter la monographie du genre *Clypeus*, nous donnons une diagnose sommaire des quatre espèces étrangères à la France.

C. Solodurinus, Agassiz, 1839 (S. 49). Espèce de taille assez forte, allongée, rostrée et sub-tronquée en arrière. Sommet un peu excentrique en arrière. Aires ambulacraires médiocrement développées. Périprocte s'ouvrant plus près du sommet que dans le *C. Ploti* dont cette espèce est peut être une simple variété. — Obergoesschen (*Jura so-leurois*); Egg (Argovie). Étage bajocien.

C. rimosus, Agassiz, 1866 (S. 71). « Espèce discoïde, lé-
« gèrement convexe, sub-rostrée en arrière. Sillon anal
« très-étroit, remontant jusqu'au sommet ambulacraire.
« Pétales légèrement renflés, à zones porifères très-larges,
« égalant en longueur la zone interporifère. Dessous on-
« duleux. Péristome très-excentrique en avant. Les pores
« ont l'air de se dédoubler considérablement dans les
« phyllodes; les bourrelets, en revanche, sont très-peu ac-
« cusés. Terrain jurassique. Coll. Deluc. » (Desor, *Syno-
« psis des Echinides fossiles*.) M. Wright n'a retrouvé aucun
exemplaire de cette espèce parmi les Échinides jurassiques
de l'Angleterre; elle pourrait bien, selon lui, n'être qu'une
variété déprimée du *C. Ploti*.

C. rostratus, Desor, 1846 (T. 4.). « Espèce haute, sub-
« conique, facilement reconnaissable à son rostre très-
« prononcé et à son sillon anal très-incliné, presque verti-
« cal. Pétales ambulacraires moins allongés que dans les
« espèces précédentes. Dessous concave, très-ondulé. Pé-
« ristome excentrique avec de très-petits bourrelets.
« Kornberg près Frick et Hornussen (Argovie). Marnes vé-
« suliennes. Rare. Musée de Bâle, coll. Moesch. » (Desor,
Synops. des Ech. fossiles).

C. altus, M'Coy, 1848. Espèce de taille moyenne, sub-
circulaire, sub-rostrée en arrière, élevée et sub-conique en
dessus, déprimée et fortement pulvinée en dessous. Sommet presque central. Sillon anal remarquable par son étroitesse et sa longueur. Voisin du *C. Davoustianus* avec lequel
M. Wright l'a confondu, le *C. altus* s'en distingue par ses
aires ambulacraires plus larges, plus pétaloïdes, plus effilées à leur extrémité, par sa face inférieure plus concave,

par son périprocte s'ouvrant plus loin du bord postérieur. Suivant MM. Desor et de Loriol, le *C. Osterwaldi* doit être réuni au *C. altus*, avec lequel il fait double emploi. Je regrette vivement qu'au moment de mettre sous presse, la livraison qui renferme la description et les figures de cette espèce ne me soit pas parvenue. Dorsetshire, Burton, Bradsstock et Walditch-Hill près de Bridport. Étage bajocien.

3ᵉ Genre. — ECHINOBRISSUS, Breyn, 1732.

Echinobrissus,   Breyn, 1734; d'Orbigny, 1855 ; Desor, 1857 ;
                    Cotteau, 1858 ; Wright, 1859.
Nucleolites,   Lamarck, 1801 ; Goldfuss, 1826 ; Agassiz, 1837.

Test de petite et moyenne taille, sub-circulaire, plus ou moins allongé, arrondi en avant, ordinairement tronqué en arrière, concave ou légèrement pulviné en dessous. Sommet ambulacraire sub-central, le plus souvent un peu rejeté en avant. Aires ambulacraires pétaloïdes à la face supérieure, plus étroites vers l'ambitus, et logées, à la face inférieure, dans des dépressions à peine apparentes qui aboutissent directement au péristome. Aire ambulacraire plus droite, mais à peu près de même largeur que les autres. Zones porifères plus ou moins développées à la face supérieure et formées de pores inégaux ; la rangée externe, tant que l'aire ambulacraire conserve son aspect pétaloïde, est composée de pores étroits, allongés, transverses, tandis que la rangée interne comprend des pores simples, plus courts, et quelquefois plus ouverts. Vers le pourtour du test, les deux rangées se rapprochent et se réduisent à de petits pores simples, arrondis, assez irrégulièrement disposés, se multipliant et se resserrant aux approches du péristome. Tubercules petits, scrobiculés, crénelés et perforés, homogènes et uniformément espacés à la face supérieure, plus serrés et un peu plus développés dans la région infra-marginale, plus écartés à la face inférieure. Péristome excentrique en avant, sub-pentagonal, le plus souvent dépourvu de floscelle. Périprocte supérieur, allongé, aigu à son extrémité, s'ouvrant dans un sillon profond qui tantôt prend naissance près du sommet et tantôt à quelque distance du bord postérieur. Appareil apical granuleux, sub-compacte, composé de quatre plaques génitales et de cinq plaques ocellaires; la plaque madréporiforme, moins grande que dans le genre précédent, se prolonge cependant au centre de l'appareil et empêche presque toujours les deux plaques génitales postérieures de se toucher par le milieu.

RAPPORTS ET DIFFÉRENCES. — Le genre *Echinobrissus*, comme je l'ai dit plus haut, se rapproche de certaines espèces de *Clypeus* par l'ensemble de ses caractères; il s'en distingue par sa taille ordinairement plus petite, par ses aires ambulacraires moins pétaloïdes, son sommet plus central, quelquefois même excentrique en avant, son péristome dépourvu de floscelle, son appareil apical plus allongé. Sa taille et sa forme générale le rapprochent beaucoup, au premier aspect, du genre *Nucleolites;* il en diffère par ses zones porifères pétaloïdes à la face supérieure, c'est-à-dire composées de pores inégaux et unis par un sillon, tandis que ces mêmes zones, chez les *Nucleolites*, sont sub-pétaloïdes, c'est-à-dire formées de pores égaux et non reliés par un sillon. Le genre *Echinobrissus* est voisin également du genre *Phyllobrissus* que j'ai établi, il y a quelques années, pour certaines espèces qui sont toujours reconnaissables à leur péristome muni d'un floscelle, à leur périprocte dépourvu de sillon anal et s'ouvrant à la face postérieure.

HISTOIRE. — Le genre *Echinobrissus* a été établi par
Breyn, en 1732. La diagnose qu'il donne et les figures qui
l'accompagnent ne peuvent laisser aucune incertitude sur
l'identité de ce genre que son auteur a très-nettement
caractérisé (1). Lamarck, en 1816, substitua sans aucune
raison le nom de *Nucleolites* à celui d'*Echinobrissus*. Ce
changement est d'autant moins explicable que Lamarck
connaissait parfaitement l'ouvrage de Breyn puisqu'il cite
en synonymie le nom d'*Echinobrissus*. Quoi qu'il en soit,
le genre *Nucleolites* a été adopté pendant longtemps par
tous les auteurs, et c'est seulement, en 1855, que d'Orbigny réintégra dans la méthode le genre *Echinobrissus*.
Plus tard M. Desor, dans le *Synopsis des Échinides fossiles*,
tout en conservant le genre *Echinobrissus* auquel appartenait une antériorité incontestable, en démembra un certain nombre d'espèces à aires ambulacraires sub-pétaloïdes et leur laissa le nom de *Nucleolites*. Cette combinai-
son a le double avantage de conserver le nom plus ancien
d'*Echinobrissus* et en même temps celui de *Nucleolites*
devenu si classique.

M. Desor, dans le *Synopsis des Echinides fossiles*, divise les
Echinobrissus en deux groupes ainsi qu'il l'avait fait pour
les *Clypeus*. Le premier groupe comprend les espèces
chez lesquelles le sillon anal arrive jusqu'au sommet ambulacraire *E. clunicularis*, *orbicularis*, *elongatus*, etc.
Le second groupe renferme les espèces chez lesquelles ce
même sillon n'atteint pas le sommet ambulacraire : *E.
scutatus*, *micraulus*, *pulvinatus*. Ce caractère est très-net-

(1) Voici cette diagnose : ECHINOBRISSUS est echinus cujus oris aper-
tura centrum basis fere occupat, ani vero in vertice conspicitur a centro
aliquantulum remota et in sinu quodam ori obliquè opposita.

(BREYN, *Schediasma de Echinis.*, p. 62.)

tement tranché dans certaines espèces, mais dans quelques autres le sillon anal est très-atténué, à peine visible, et il devient difficile de les classer dans un groupe ou dans un autre.

Le genre *Echinobrissus* est abondamment répandu dans presque tous les étages du terrain jurassique; il existe également dans le terrain crétacé, mais moins nombreux, et disparaît dans les couches les plus supérieures.

N° 50. **Echinobrissus Lorioli**, Cotteau, 1871.

Pl. 64, fig. 2-8.

Espèce de taille assez forte, allongée, arrondie et étroite en avant, dilatée, sub-tronquée et un peu échancrée en arrière; face supérieure renflée, sub-conique, épaisse sur les bords; face inférieure concave, sub-pulvinée. Sommet presque central, un peu rejeté en avant. Aires ambulacraires pétaloïdes, sub-costulées, presque égales. Aire ambulacraire antérieure plus droite que les autres. Aires ambulacraires postérieures plus flexueuses et cessant d'être pétaloïdes à une plus grande distance du bord. Zones porifères larges et effilées à la face supérieure. Au-dessus de l'ambitus, sur le bord et dans la région infra-marginale, les pores deviennent très-petits et forment des paires obliques, espacées, assez irrégulièrement disposées, et qui sont à peine visibles entre les tubercules. Aux approches du péristome, les paires de pores se multiplient, se resserrent et forment près du bord quatre rangées distinctes. Tubercules à peu près égaux partout, un peu plus fins cependant à la face supérieure, plus serrés vers l'ambitus et dans la région infra-marginale, plus espacés, plus gros et

un peu plus profondément scrobiculés à la face inférieure.
Granules intermédiaires abondants, inégaux, groupés le
plus souvent en cercles distincts autour des tubercules.
Péristome pentagonal, étoilé, excentrique en avant, muni
d'un floscelle très-vague, s'ouvrant au point le plus déprimé de la face inférieure. Périprocte large, arrondi au
sommet, situé à peu près aux deux tiers de l'espace compris entre l'appareil apical et l'ambitus. Le sillon anal,
complétement nul au-dessus du périprocte, est court,
large, anguleux, très-atténué vers l'ambitus qu'il échancre
légèrement. Appareilapical allongé, granuleux; la plaque
madréporiforme assez étendue se prolonge au milieu de
l'appareil; les deux plaques génitales postérieures sont séparées par l'extrémité de la plaque madréporiforme; la
plaque génitale impaire fait entièrement défaut, et les deux
plaques ocellaires postérieures paraissent se toucher par le
milieu.

Hauteur, 16 millim.; diamètre transversal, 32 millim.;
diamètre antéro-postérieur, 35 millim.

Rapports et différences. — Cette espèce présente, dans
sa forme générale, beaucoup de ressemblance avec les
exemplaires de grande taille et à face supérieure conique
de l'*E. clunicularis;* elle s'en distingue très-nettement par
la forme et la position de son périprocte qui n'est relié au
sommet par aucun sillon. Ce caractère la rapproche
bien plutôt de l'*E. micraulus*, mais elle s'en éloigne par sa
taille plus forte, sa face supérieure plus conique, sa face
inférieure plus déprimée, son périprocte placé plus près du
bord, son sillon anal plus large et plus obtus à sa partie
supérieure.

Localités. — Longwy (Moselle), très-rare. Etage bajocien.

Coll. Terquem.

EXPLICATION DES FIGURES. — Pl. 64, fig. 2, *E. Lorioli*, vu de côté, de la coll. de M. Terquem; fig. 3, face sup.; fig. 4, face inf.; fig. 5, région anale; fig. 6, appareil apical et aire ambulacraire antérieure grossis; fig. 7, péristome et partie inf. de l'aire ambulacraire antérieure, grossis; fig. 8, tubercules grossis.

N° 51. **Echinobrissus quadratus** (Michelin), Cotteau, 1871.

Pl. 65, fig. 1-5.

Nucleolites quadratus,   Michelin, *Desc. de quelques nouv. esp. d'Echinod. foss.*, revue et mag. de zool., n° 1, 1853.
Clypeopygus quadratus,   Desor, *Synops. des Ech. foss.*, p. 275, 1857.

V. 54.

Espèce de taille moyenne, sub-circulaire, presque carrée, arrondie en avant, un peu dilatée et sub-tronquée en arrière; face supérieure médiocrement renflée, assez uniformément bombée, rapidement déclive dans la région postérieure; face inférieure sub-pulvinée, concave au milieu. Sommet ambulacraire presque central, un peu rejeté en avant. Aires ambulacraires pétaloïdes, presque égales; cependant l'aire antérieure est plus droite que les autres et les deux aires postérieures un peu plus longues. Zones porifères assez larges à la face supérieure, formées d'une rangée externe de pores allongés, étroits, transverses, et d'une rangée interne de pores plus arrondis. Un peu au-dessus de l'ambitus, les zones porifères se rétrécissent et s'effilent; les pores deviennent simples, égaux, beaucoup plus petits ; ils sont disposés par paires obliques, espacées, et forment deux rangées régulières, vers l'ambitus et dans la région infra-marginale. Tubercules épars, superficiels, espacés et très-petits à la face supérieure, un peu plus gros, plus serrés et plus sensiblement scrobiculés aux approches de l'ambitus. Granules intermédiaires abondants, inégaux, épars. Péristome excentrique en avant. Périprocte ovale, relativement de petite taille, placé non loin du bord postérieur, à un peu plus des deux tiers de l'espace compris entre l'appareil apical et l'ambitus, au sommet d'un sillon court, anguleux, assez profond qui s'évase, s'atténue et échancre d'une manière sensible l'ambitus. Le sillon anal n'est relié à l'appareil apical par aucune trace de dépression. Appareil apical allongé, granuleux ; les pores génitaux antérieurs sont sensiblement plus rapprochés que les deux autres ; la plaque madréporiforme est médiocrement développée, et les plaques génitales et ocellaires postérieures paraissent se toucher par le milieu.

Hauteur, 14 millim. ; diamètre transversal, 30 millim. ; diamètre antéro-postérieur, 29 millim. et demi.

RAPPORTS ET DIFFÉRENCES. — Cette espèce se distingue nettement de ses congénères par sa forme presque carrée, arrondie en avant, sub-tronquée en arrière, par sa face supérieure médiocrement renflée, son périprocte anguleux et très-rapproché du bord. Sa forme générale rapproche un peu cet *Echinobrissus* du *Clypeus Hugi*, mais cette dernière espèce sera toujours reconnaissable à sa face supérieure plus renflée, à son ambitus plus circulaire et légèrement sub-rostré en arrière, à ses aires ambulacraires formées de zones porifères plus larges, à son périprocte plus éloigné du bord postérieur, à son appareil apical muni d'une plaque madréporiforme beaucoup plus développée.

HISTOIRE. — Cette espèce a été établie, en 1853, par M. Michelin, sous le nom de *Nucleolites quadratus ;* plus tard M. Desor, dans le *Synopsis des Echinides*, a cru devoir la rapporter au genre *Clypeopygus*, tout en reconnaissant qu'elle s'en éloignait par plusieurs de ses caractères. Je préfère la laisser parmi les *Echinobrissus* et réserver le genre *Clypeopygus* pour les espèces allongées à sommet excentrique en avant, à aires ambulacraires postérieures très-flexueuses, à péristome muni d'un floscelle très-apparent. M. Wright, ignorant sans doute l'existence du *Nucleolites quadratus*, Michelin, a décrit et figuré sous le nom d'*E. quadratus*, une espèce allongée, dont le sillon anal très-évasé remonte jusqu'au sommet apical, et qui n'a aucun rapport avec l'espèce qui nous occupe. L'*E. quadratus*, Wright, pourrait bien n'être qu'une variété de l'*E. triangularis* que nous décrivons plus loin ; en tous cas, le nom de *quadratus* employé par M. Michelin, dès 1853, doit cesser d'être appliqué à l'espèce de M. Wright.

LOCALITÉ. — (Haute-Saône), très-rare. Etage bathonien.

Musée de Dijon.

EXPLICATION DES FIGURES. — Pl. 65, fig. 1, *E. quadratus*, vu de côté, du Musée de Dijon ; fig. 2, face sup. ; fig. 3, face inf. ; fig. 4, région anale ; fig. 5, appareil apical et partie sup. de l'aire ambulacraire antérieure, grossis.

N° 52. **Echinobrissus Terquemi** (Agassiz et Desor), d'Orbigny, 1854.

Pl. 65, fig. 6-11, et pl. 66, fig. 1-3.

Nucleolites Terquemi,	Agassiz et Desor, *Catal. raisonné des Ech.*, p. 95, 1847.
— —	D'Orbigny, *Prod. de Paléont. strat.*, t. I, et 10, n° 500, p. 290, 1850.
Echinobrissus Terquemi,	D'Orbigny, *Note rect. sur divers genres d'Echinides*, Rev. et Mag. de zool., 2ᵉ sér., t. VI, p. 24, 1854.
— —	D'Orbigny, *Paléont. franç.*, terrains crétacés, t. VI, p. 390, 1857.
Echinobrissus clunicularis (pars),	Desor, *Synops. des Ech. foss.*, p. 263, 1857.
— — —	Cotteau et Triger, *Echin. du dép. de la Sarthe*, p. 54, 1857.
Clypeopygus Orbignyanus,	Cotteau et Triger, *id.*, p. 60, pl. III, fig. 5-8, 1857.
Echinobrissus clunicularis (pars),	Wright, *A Monog. of the Brit. foss. Echinodermata*, p. 334, 1859.
Echinobrissus Orbignyanus,	Desor, *Synopsis des Ech. fossiles*, Suppl., p. 434, 1859.
Echinobrissus clunicularis (pars),	Cotteau et Triger, *Echin. du dép. de la Sarthe, Notes addit.*, p. 419, 1869.
Echinobrissus Orbignyanus,	Cotteau et Triger, *id.*

T. 63, type de l'*E. Terquemi;* Y. 20, type de l'*E. Orbignyanus.*

Espèce de taille moyenne, plus longue que large, arrondie en avant, légèrement dilatée et sub-rostrée en arrière ; face supérieure médiocrement renflée, déclive et amincie dans la région postérieure; face inférieure à peine pulvinée sur les bords, sub-concave au milieu. Sommet excentrique en avant. Aires ambulacraires pétaloïdes, les deux postérieures sub-flexueuses et sensiblement plus allongées que les autres ; la zone interporifère paraît, dans l'aire ambulacraire antérieure, un peu plus étroite que dans les autres aires. Zones porifères assez larges, composées à la face supérieure d'une rangée externe de pores allongés, transverses, et d'une rangée interne de pores plus petits et arrondis. Un peu au-dessus de l'ambitus, les pores cessent d'être pétaloïdes, deviennent trèspetits et sont disposés par paires obliques; ils se multiplient aux approches du péristome, et forment alors, comme dans presque tous les *Echinobrissus*, dans chacune des aires, quatre rangées assez irrégulières. Tubercules épars et serrés près de l'ambitus, plus petits et plus espacés en se rapprochant du sommet, plus gros et moins nombreux autour du péristome. Granules intermédiaires fins, homogènes, groupés autour des tubercules en cercles réguliers. Péristome pentagonal, excentrique en avant, dépourvu de floscelle. Périprocte allongé, obtusément anguleux à sa partie supérieure, s'ouvrant à peu de distance de l'appareil apical, au sommet d'un sillon très-profond, aigu, coupé à angle presque droit, s'élargissant et s'atténuant au fur à mesure qu'il se rapproche de l'ambitus. Le sillon anal est relié à l'appareil apical par un canal étroit, formé de deux plaques allongées et d'autres petites plaques inégales, sous lesquelles le périprocte semble s'enfoncer. Appareil apical allongé, granuleux; les trois plaques ocellaires antérieures s'intercalent à l'angle des plaques génitales; les deux plaques génitales postérieures se touchent par le milieu ou sont séparées par une plaque complémentaire qui n'est peut-être que le prolongement de la plaque madréporiforme, toujours plus développée et plus saillante que les autres ; les deux plaques ocellaires postérieures sont très-petites et séparées par une ou plusieurs plaques allongées qui relient l'appareil au périprocte.

Type de l'espèce : hauteur, 13 millim. ; diamètre transversal, 38 millim. ; diamètre-antéro-postérieur, 30 millim.

Variété *Orbignyana* : hauteur, 18 millim. ; diamètre transversal, 28 millim.; diamètre antéro-postérieur, 31 millim.

Variété *Orbignyana* de grande taille : hauteur ?... diamètre transversal, 34 millim. ; diamètre antéro-postérieur, 37 millim.

L'*E. Terquemi* varie un peu dans sa forme qui est plus ou moins renflée en dessus, et aussi dans la disposition de ses aires ambulacraires postérieures qui, vers leur sommet, se rapprochent plus ou moins du sillon anal.

Rapports et différences. — Cette espèce nous a paru se distinguer de l'*E. clunicularis*, avec laquelle quelques auteurs l'ont confondue, par sa forme générale plus allongée, subrostrée et plus amincie en arrière, son sommet plus excentrique en avant, ses aires ambulacraires postérieures plus longues et plus flexueuses, son périprocte s'ouvrant plus près du sommet, dans un sillon plus profond et plus anguleux sur les bords, sa face inférieure moins pulvinée. Très-voisin de l'*E. gracilis* du terrain jurassique supérieur de Suisse, l'*E. Terquemi* s'en distingue cependant par sa forme plus large, moins allongée et moins sensiblement rosirée en arrière, et surtout par ses aires ambulacraires plus pétaloïdes.

Histoire. — L'*E. Terquemi* a été établi, en 1847, par MM. Agassiz et Desor dans le *Catalogue raisonné des Echinides*. Plus tard, Forbes a considéré cette espèce comme une simple variété de l'*E. clunicularis*. M. Desor, M. Wright et nous-même, dans nos *Echinides du département de la Sarthe*, nous avons adopté cette opinion sur laquelle nous revenons aujourd'hui. Notre *Clypeopygus Orbignyanus*, que M. Desor, dès 1859, avait rangé parmi les véritables *Echinobrissus*, n'est qu'une variété de grande taille de l'*E. Terquemi*. Les exemplaires assez nombreux que M. Guillier a rencontrés à Pecheseul, servent de passage entre l'exemplaire de grande taille qui avait servi de type à notre *Clypeopygus Orbignyanus*, et les exemplaires les mieux caractérisés de l'*E. Terquemi* de la Moselle.

LOCALITÉS. — Longwy (Moselle), assez rare. Étage bajocien. — Gorze (Moselle); Borexviller (Haut-Rhin); Pecheseul (Sarthe). Étage bathonien.

Musée de Strasbourg, coll. Terquem, Kœchlin-Schlumberger, Guillier, ma collection.

EXPLICATION DES FIGURES. — Pl. 65, fig. 6, *E. Terquemi*, vu de côté, de la coll. de M. Kœchlin-Schlumberger; fig. 7, face sup.; fig. 8, face inf.; fig. 9, appareil apical et partie sup. de l'aire ambulacraire antérieure, grossis; fig; 10, individu de grande taille (type du *Clypeopygus Orbignyanus*), vu sur la face supérieure; fig. 11, individu jeune, vu sur la face sup., de la coll. de M. Terquem. — Pl. 66, fig. 1, autre individu de taille moyenne, vu de côté, de la coll. de M. Guillier; fig. 2, face sup.; fig. 3, péristome et partie inférieure des aires ambulacraires grossis.

N. 53. **Echinobrissus clunicularis** (Llhwyd), d'Orbigny, 1853.

Pl. 66, fig. 4-8, et pl. 67.

Lister, *Hist. animalium Angliæ*, p. 223, pl. VII, fig. 26, 1678.

Echinites clunicularis,	Llhwyd, *Lithoph. Brit. ichnog.,* p. 48, n° 988, 1699.
Echinobrissus planior,	Breyn, *Schediasma de Echin.,* p. 63, pl. vi, fig. 1 et 2, 1732.
Nucleolites Sowerbyi,	Defrance, *Nucleolites, Dict. des sc. nat.,* t. XXV, p. 413, 1825.
Clypeus lobatus,	Fleming, *British animals,* p. 479, 1828.
Clypeus clunicularis,	Phillips, *Geol. of Yorkshire,* I, p. 115, pl. vii, fig. 2, 1829.
Nucleolites clunicularis,	Blainville, *Zoophytes,* Dict. des sc. nat., t. LX, p. 188, 1830.
— —	Bronn, *Lethea geogn.,* p. 282, 1835.
— —	Agassiz, *Prodr. d'une Monog. des radiaires,* Mém. Soc. des sc. nat. de Neuchâtel, t. I, p. 186, 1836.
Clypeus Sowerbyi,	Agassiz, *id.*
— —	Des Moulins, *Études sur les Éch. foss.,* p. 358, n° 10, 1837.
Nucleolites clunicularis,	Des Moulins, *id.,* n° 15, 1837.
— —	Agassiz, *Prodr. d'une Monog. des radiaires,* Ann. des sc. nat., Zool., t. VII, p. 278, 1837.
Clypeus Sowerbyi,	Agassiz, *id.*
Nucleolites latiporus,	Agassiz, *Échinod. foss. de la Suisse,* I, p. 63, pl. vii, fig. 13-15, 1839.
— —	Agassiz, *Catal. syst. Ectyp. foss. Mus. Neocom.,* p. 4, 1840.
Nucleolites clunicularis,	Dujardin in Lamarck, *Anim. sans vertèbres,* 2e éd., t. III, p. 345, n° 7, 1840.
— —	Morris, *Catal. of Brit. foss.,* 1re éd., p. 55, 1843.
Clypeus clunicularis,	Murchison, *Outline of the Geol. of the Neighbourhood of Cheltenham,* p. 73, 1845.
Nucleolites clunicularis,	Agassiz et Desor, *Catal. raisonné des Échin.,* p. 95, 1847.
Nucleolites latiporus,	Agassiz et Desor, *id.*
Nucleolites Thurmanni,	Agassiz et Desor, *id.*
Nucleolites pyramidalis,	M'Coy, *Annals and Magaz. of nat.*

	history, 2ᵉ sér., t. II, p. 116, 1848.
Nucleolites clunicularis,	Bronn, *Index paleont.*, t. I, p. 818, 1848.
Nucleolites latiporus,	Bronn, *id.*
Nucleolites Sowerbyi,	Bronn, *id.*
Nucleolites latiporus,	Marcou, *Recherches géol. sur le Jura salinois,* Mém. Soc. géol. de France, 2ᵉ sér., t. III, p. 79, 1843.
Nucleolites Thurmanni,	Marcou, *id.*
Nucleolites clunicularis,	Forbes, *Echinod.*, Memoirs of the Geol. Survey, dec. 1, pl. IX, 1849.
— —	Cotteau, *Études sur les Éch. foss. de l'Yonne*, t. I, p. 65, pl. IV, fig. 7-12, 1850.
Nucleolites conicus,	Cotteau, *id.*, p. 64, pl. IV, fig. 4-6, 1850.
Nucleolites Edmundi,	Cotteau, *id.*, p. 67, pl. V, fig. 1-3, 1850.
Nucleolites clunicularis,	D'Orbigny, *Prodr. de Paléont. strat.*, t. I, p. 319, 11ᵉ ét., nº 402, 1850.
Nucleolites latiporus,	D'Orbigny, *id.*, p. 290, 10ᵉ ét., nº 499.
Nucleolites conicus,	D'Orbigny, p. 319, 11ᵉ ét., nº 405.
Nucleolites Thurmanni,	D'Orbigny, *id.*, nº 404.
Nucleolites Edmundi,	D'Orbigny, *id.*, nº 406.
Nucleolites oblongus,	D'Orbigny, *id.*, nº 407.
Nucleolites Sarthacensis,	D'Orbigny, *id.*, p. 290, 10ᵉ ét., nº 501.
Nucleolites clunicularis,	Wright, *On the Cassidulidæ of the Oolites*, Ann. and Magaz. of. Nat. Hist., 2ᵉ sér., t. IX, p. 297, 1851.
— —	Bronn, *Lethea geognostica, Oolithen Gebirges*, p. 152, 1851-1852.
Nucleolites latiporus,	Giebel, *Deutschlands petrefact.*, p. 322, 1852.
Nucleolites clunicularis,	Guéranger, *Essai d'un répert. paléont. de la Sarthe*, p. 25, 1853.
— —	Forbes *in* Morris, *Catal. of Brit. foss.*, 2ᵉ éd., p. 84, 1854.
Echinobrissus clunicularis,	D'Orbigny, *Note rectif. sur divers genres d'Échinides*, Rev. et Mag. de

zool., 2ᵉ sér., t. VI, p. 24, 1854.

Echinobrissus latiporus,   D'Orbigny, *id.*

Echinobrissus Thurmanni,   D'Orbigny, *id.,* p. 25.

Nucleolites pyramidalis,   M'Coy, *Contribution the Brit. Paleont.,* p. 63, 1854.

Echinobrissus clunicularis,   Wright, *On the Paleont. and Stratig. Relat. of the to called Sands of the Inf. Ool.,* Quaterly. Jour. of the Geol. Soc., p. 310, 1856.

—   —   D'Orbigny, *Paléont. Franç., terr. crétacés,* t. VI, p. 391, 1857.

Echinobrissus latiporus,   D'Orbigny, *id.*

Echinobrissus Sarthacensis,   D'Orbigny, *id.*

Echinobrissus conicus,   D'Orbigny, *id.*

Echinobrissus Edmundi,   D'Orbigny, *id.*

Echinobrissus Thurmanni,   D'Orbigny, *id.*

Nucleolites clunicularis,   Pictet, *Traité de Paléont.,* t. IV, p. 217, Atlas, pl. xciv, fig. 10, 1857.

Echinobrissus clunicularis,   Desor, *Synopsis des Echin. foss.,* p. 263, pl. xxx, fig. 18-20, 1857.

Nucleolites clunicularis,   Etallon, *Esquisse d'une descr. géol. du haut Jura,* p. 22, 1857.

Echinobrissus clunicularis,   Cotteau et Triger, *Échinides de la Sarthe,* p. 52, pl. x, fig. 7, 1857.

Nucleolites clunicularis,   Oppel, *Die Jura-form. Englands,* etc., p. 457, 1858.

—   —   Leymerie et Raulin, *Stat. géol. du dép. de l'Yonne,* p. 622, 1858.

Nucleolites conicus,   Leymerie et Raulin, *id.,* p. 623, 1858.

Nucleolites Edmundi,   Leymerie et Raulin, *id.*

Echinobrissus clunicularis,   Wright, *Monog. of the Brit. foss. Echinodermata,* p. 332, 1859.

—   —   Chapuis, *Nouv. recherches sur les foss. des terr. sec. de la prov. de Luxembourg,* p. 106, pl. xx, fig. 2, 1859.

—   —   Wright, *On the Subdiv. of the Inf. Ool. Comp. with the Equival. Beds of that Form. on the Yorkshire Coast,* Quat. Journ. of the Geol. Soc., p. 25, 1859.

Nucleolites clunicularis,   Bonjour, *Géol. strat. du Jura,* p. 17, 1863.

Nucleolites conicus,	Bonjour, *Catal. des foss. du Jura,* p. 20, 1864.
Nucleolites latiporus,	Bonjour, *id.*
Nucleolites Thurmanni,	Bonjour, *id.*
Nucleolites clunicularis,	Bonjour, *id.*, p. 24.
Echinobrissus clunicularis,	Zejszner, *Opis geologn. fom. Jura Rozpostar. W Zachodnich Stronach Polc.*, tabl., Bibl. Warszawskief, 1864.
Nucleolites latiporus,	Winkler, *Mus. Teyler, Catal. syst. de la coll. paléont.*, p. 200, 1864.
Echinobrissus clunicularis,	Seebach, *Der Hanoversche Jura*, p. 43 et 74, 1864.
— —	Huxley et Etheridge, *Catal. of the Coll. of Foss. in the Museum of the Pratic. Geol.*, p. 222, 1865.
— —	Deslongchamps, *Études sur les étages jurass. de la Normandie*, p. 155, 1865.
Nucleolites conicus,	Ogérien (frère), *Hist. nat. du Jura et des dép. voisins*, t. III, Géol., p. 736, 1865.
Nucleolites latiporus,	Ogérien (frère), *id.*
Nucleolites Thurmanni,	Ogérien (frère), *id.*
Nucleolites clunicularis,	Ogérien (frère), *id.*
Echinobrissus clunicularis,	Moesch, *Geol. Beschreibung der Umgebungen von Brugg*, p. 36, 1867.
— —	Moesch, *Aargauer Jura und die Nordl. Geb. des Kantons Zurich*, p. 97, 1867.
— —	Laube, *Die Echinodermen der Brauer Jura von Balin*, p. 2, pl. i, fig. 1, 1867.
— —	Greppin, *Essai géol. sur le Jura suisse*, p. 55, 1867.
— —	Dewalque, *Prod. d'une descript. géol. de la Belgique*, p. 354, 1868.
— —	Guillier, *Notice géol. et agric. à l'appui des profils géol. des routes imp. de la Sarthe*, p. 25, 1868.
— —	Cotteau et Triger, *Échinides du dép. de la Sarthe*, p. 419, 1869.

Echinobrissus clunicularis, Greppin, *Desc. géol. du Jura Bernois,*
        p. 51, 56, 1870.
—   —   Desor et de Loriol, *Echinol. helvét.,*
        p. 305, pl. XLVIII, fig. 3-8, 1871.

M. 85.; P. 7.; Q. 61.

Espèce de taille moyenne, un peu plus longue que large,
arrondie en avant, légèrement dilatée et sub-tronquée en
arrière; face supérieure plus ou moins renflée, quelquefois
sub-conique, oblique et fortement déclive dans la région
postérieure; face inférieure sub-pulvinée sur les bords,
concave au milieu, présentant de faibles dépressions qui
correspondent aux aires ambulacraires. Sommet sub-central, rejeté un peu en avant. Aires ambulacraires pétaloïdes.
Zones porifères composées, à la face supérieure, d'une
rangée externe de pores allongés, transverses et d'une
rangée interne de pores plus petits et arrondis. Un peu au-
dessus de l'ambitus les zones porifères se rétrécissent; les
pores deviennent plus petits, plus espacés surtout vers
l'ambitus et dans la région infra-marginale ; ils sont plus
nombreux et plus serrés près du péristome, et tout en
formant quatre rangées assez distinctes, ils affectent une
tendance à se grouper par triples paires. Tubercules de
petite taille, épars, abondants surtout vers l'ambitus, plus
gros, plus espacés et plus sensiblement scrobiculés à la face
inférieure. Granules intermédiaires fins, homogènes, formant autour des tubercules des cercles réguliers. Péristome pentagonal, excentrique en avant, dépourvu de
floscelle. Périprocte grand, elliptique, situé à la face supérieure, dans un sillon aigu très-incliné, sub-caréné sur les
bords, qui s'ouvre au tiers environ de l'espace compris
entre le sommet et le bord postérieur, s'évase et s'atténue
en se rapprochant de l'ambitus. Ce sillon est relié au som-

met par une dépression plus ou moins prononcée, mais toujours apparente. Appareil apical plus long que large; les plaques génitales postérieures sont séparées entre elles par une plaque complémentaire qui se développe sous la plaque madréporiforme; les deux plaques ocellaires postérieures sont très-petites et séparées également par la plaque complémentaire et deux autres plaques très-allongées qui s'étendent dans la dépression anale.

Hauteur: 14 millim.; diamètre transversal, 22 millim.; diamètre antéro-postérieur, 24 millim. ;

Variété de grande taille et sub-conique : — hauteur, 22 millim.; diamètre transversal 30 millim.; diamètre antéro-postérieur, 32 millim.

Autre variété moins conique : — hauteur, 16 millim.; diamètre transversal, 26 millim. ; diamètre antéro-postérieur, 31 millim.

L'*E. clunicularis*, très-abondamment répandu dans certaines assises du terrain jurassique, présente plusieurs variétés qu'il importe de signaler. Le type qu'on rencontre le plus fréquemment est de taille médiocre, peu élevé, uniformément bombé en dessus, tronqué assez carrément en arrière, et correspond au moule S. 46 de M. Agassiz. Associés à ces échantillons, il s'en rencontre d'autres de taille quelquefois beaucoup plus forte, et remarquables par leur face supérieure conique, leur sommet plus excentrique en avant et leur face postérieure très-déclive. Le *Nucleolites pyramidalis*, M. Coy, et notre *Nucleolites conicus* appartiennent à cette variété. D'autres exemplaires affectent au contraire une forme relativement très-déprimée et plus allongée, et leur face postérieure est beaucoup moins déclive (*Nucleolites Edmundi*). Quelques échantillons (*Nucleolites Sarthacensis*, d'Orbigny), tout en ayant la face supé-

rieure légèrement conique, présentent une forme presque
carrée, et leur diamètre transversal dépasse même parfois
le diamètre antéro-postérieur. Le périprocte varie également un peu dans la position qu'il occupe à la face postérieure ; il s'ouvre le plus souvent au tiers de l'espace compris entre le sommet et l'ambitus ; cependant, dans certains
exemplaires, le périprocte est plus rapproché du sommet,
et l'espace qui l'en sépare est à peine du quart, mais cette
limite extrême ne paraît pas être jamais dépassée. Ces
variétés et d'autres encore moins importantes, malgré les
différences qui semblent, au premier aspect, les éloigner,
s'unissent entre elles par de nombreux intermédiaires, et
tous les auteurs sont d'accord pour les considérer comme
appartenant au même type.

Rapports et différences. — L'*E. clunicularis*, en y réunissant les *E. Sowerbyi, lobatus, latiporus, Thurmanni, pyramidalis, conicus, Edmundi, Sarthacensis, oblongus*, forme une
espèce particulière, voisine de l'*E. scutatus*, mais qui s'en
distinguera toujours facilement à ses bords moins renflés, à
sa face postérieure très-obliquement tronquée, à son sillon
anal aigu, largement évasé, et se reliant au sommet par une
dépression canaliforme plus ou moins apparente. L'*E. Terquemi*, que quelques auteurs réunissent à l'*E. clunicularis*,
nous a paru s'en distinguer par sa forme plus allongée, sa
face supérieure moins renflée et moins sensiblement tronquée
en arrière, par son sillon anal remontant jusqu'au sommet.

Histoire. — Cette espèce, très-anciennement connue et si
souvent mentionnnée par les auteurs, a été désignée par
Llhwyd, dès 1699, sous le nom de *clunicularis* que lui a
conservé d'Orbigny, en 1854, en la plaçant dans le genre
Echinobrissus.

Localité. — Luc, Langrune, Ranville, le Marasquet,

Bretteville, Carel près Saint-Pierre sur Dives (Calvados) ; Wast(route de Saint-Omer),Marquise(Pas-de-Calais);Sainte-Scolasse, environs d'Alençon (Orne); la Jaunelière (tuilerie), Domfront(four à chaux), Conlie, Monné, Saint-Christophe, route de Mamers à Marolette, le Chevain, Aubigné, ferme de Gesne-le-Gandelin, Pecheseul, Noyen, Saint-Pierre des Bois, route de Contilly à Laperrière (Sarthe); Chatel-Censoir, Asnières, Saint-Moré, Chatel-Gérard, (Yonne); la Malle,Clamecy (Nièvre); Vesaigne, Chassigny,Maatz (Haute-Marne); Sélongey, Sainte-Anne près Dijon, Châtillon-sur-Seine (Côte-d'Or); Villy, Saint-Étienne, Champlitte, Mongelly, Leffonds (Haute-Saône); Davayé (Saône-et-Loire); Maiche, environs de Quingey (Doubs); Pagnoz, Lemuy, Clucy, Lefied (Jura); Liffof-le-Grand (Vosges); Remilly (Meuse) ; les Clappes près Longwy, Briey (Moselle), Bendorf (Haut-Rhin); le Puget (Var), Abondant. Étage bathonien. Toutes les collections.

Localités autres que la France. — Rodborough, Birdlip, Shurdington, Hampen, Nauton, etc. Étage bajocien.—Sevenhampton, Eyeford, Pewsdown, Minchïnhampton, Salperton, Cirencester, Chippenham, Trovobridge, Wilts, Shilton, Woodstock, Rushden, Dorset, Scarborough (Angleterre). Kienberg, Egg, Castelen, Kornberg, Aarau, Reinhalde, Volfliswyl, Hornussen, Kreïsacker, Frick (canton d'Argovie, Suisse); Hanovre ; Balin (Russie d'Europe). Étage bathonien.

EXPLICATION DES FIGURES. — Pl. 66, fig. 4, *E. clunicularis,* variété conique et de grande taille (*E. conicus*), vu de côté. de la coll. de M Pellat; fig. 5, face sup.; fig. 6, face inf.; fig. 7, région anale; fig. 8, appareil apical et partie sup. de l'aire ambulacraire antérieur, grossis. — Pl. 67, fig. 1, autre individu, type de l'espèce, vu de côté, de ma

coll.; fig. 2, face sup.;fig. 3, face inf.; fig. 4, péristome et
partie inf. des aires ambulacraires, grossis; fig. 5, tubercules grossis; fig. 6, autre individu à l'état de moule intérieur, variété déprimée (*E. Edmundi*), vu de côté, de ma
coll.; fig. 7, face sup.; fig.8, face inf.; fig. 9, face sup.
grossie, laissant voir la suture des plaques; fig. 10, autre
individu, variété allongée (*E. oblongus*), vu de côté, de ma
collection; fig. 11, face sup.; fig. 12, face inf.

N° 54. **Echinobrissus crepidula** (Desor), d'Orbigny.

Pl. 68, fig. 1-3.

Nucleolites crepidula,	Agassiz et Desor, *Catal. rais. des Ech.*, p. 90, 1867.
— —	Cotteau, *Études sur les Échin. foss. du dép. de l'Yonne*, t. I, p. 68, pl. v, fig. 4-6, 1849.
— —	D'Orbigny, *Prod. de paléont. strat.*, t. I, p. 319, 11ᵉ ét., n° 403, 1850.
Echinobrissus crepidula,	D'Orbigny, *Note rect. sur divers genres d'Echin.*, Rev. et Mag. de Zool., t. VI, p. 24, 1854.
— —	D'Orbigny, *Paléont. franc., terrains crétacés*, t. VI, p. 391, 1857.
— —	Desor, *Synops. des Éch. foss.*, p. 263, 1857.
Nucleolites crepidula,	Pictet, *Traité de Paléont.*, 2ᵉ éd., t. IV, p. 216, 1857.
— —	Leymerie et Raulin, *Stat. géol. du dép. de l'Yonne*, p. 303 et 623, 1858.
Echinobrissus crepidula,	Wright, *Monog. of the Brit. Foss. Echin.*, p. 356, 1859.
— —	Cotteau, *Aperçu sur la géol. et la paléont. du dép. de l'Yonne*, Congrès sc. de France, session d'Auxerre, t. I, p. 314, 1859.

Espèce de petite taille, allongée, étroite et arrondie en

avant, dilatée, sub-rostrée et très-amincie en arrière; face supérieure renflée dans la partie antérieure, déclive sur les côtés, oblique dans la région postérieure; face inférieure concave, déprimée en avant et en arrière, légèrement renflée sur les côtés. Sommet excentrique en avant. Aires ambulacraires étroites, inégales, les postérieures sub-flexueuses et beaucoup plus longues que les autres. Péristome sub-pentagonal, excentrique en avant. Périprocte allongé, aigu, s'ouvrant près du sommet, à la partie supérieure d'un sillon très-profond, largement évasé, et s'étendant jusqu'à l'extrémité postérieure qui est très-mince. Appareil apical sub-circulaire, à en juger par les empreintes qu'il a laissées.

Nous ne connaissons cette espèce qu'à l'état de moule intérieur siliceux; elle se rencontre, aux environs de Châtel-Censoir, associée à l'*E. clunicularis*. La fossilisation a produit sur ces Échinides un effet digne de remarque : lorsque la silice les a pénétrés, le test a été détruit, et dans la roche calcaréo-siliceuse qui leur sert de gangue, ils sont presque libres, entourés d'un petit espace vide et adhérents seulement par le périprocte et le péristome. Ils occupent dans la roche les positions les plus variées, et sont placés tantôt obliquement, tantôt horizontalement, tantôt sur un côté, tantôt sur un autre. L'état de la silice était tel, lorsqu'elle les a pénétrés, qu'elle a rempli d'abord les parties inférieures où elle s'est tassée probablement en raison de sa pesanteur ; aussi, dans ces *Echinobrissus*, n'y a-t-il jamais de bien conservé que le côté qui se trouvait le plus inférieur. Cette observation que nous avions déjà constatée dans nos *Echinides de l'Yonne* (t. I, p. 60), nous a paru assez intéressante pour la rappeler ici.

Hauteur, 5 millim. 1/2; diamètre transversal, 11 millim.; diamètre antéro-postérieur, 14 millim.

RAPPORTS ET DIFFÉRENCES. — Cette espèce très-constante
dans ses caractères ne saurait être confondue avec aucun
autre de ses congenères; elle sera toujours parfaitement
reconnaissable à sa petite taille, à sa forme allongée, amincie et sub-rostrée en arrière, et surtout à l'étendue considérable de son sillon anal qui occupe près des deux tiers de
la face supérieure.

LOCALITÉS. — Chatel-Censoir, Asnières (Yonne). Assez
abondant. Étage bathonien.

Musée de Paris, École des mines, ma collection.

EXPLICATION DES FIGURES. — Pl. 68, fig, 1, *E. crepidula*,
vu de côté, de ma collection; fig. 2, face sup.; fig. 3,
face inf.; fig. 4, région anale; fig. 5, face sup. grossie,
laissant voir la structure des plaques ambul. et interambul.

N° 55. **Echinobrissus amplus** (Agassiz), d'Orbigny, 1855.

Pl. 68, fig. 6-11, et pl. 69, fig. 1-8.

Nucleolites amplus,	Agassiz et Desor, *Catal. rais. des Échin.*, p. 96, 1847.
Echinobrissus amplus,	D'Orbigny, *Paléont. franç.*, terrains crétacés, t. VI, p. 393, 1855.
Nucleolites amplus,	Pictet, *Traité de Paléont.*, 2ᵉ éd., p. 217, 1857.
Echinobrissus amplus,	Desor, *Synops. des Éch. foss.*, p. 266, 1857.
— —	Wright, *Monog. of the Brit. foss. Echinod.*, p. 357, 1859.
— —	Moesch, *Geol. Beschreibung der Um-gebungen von Brugg*, p. 36, 1867.
— —	Moesch, *Aargauer Jura, und die Nordl. geb. des kantons Zurich*, p. 97, 1867.

Echinobrissus amplus,   Greppin, *Essai géol. sur le Jura
                          Suisse,* p. 55, 1867.
—   —   Greppin, *Desc. géol. du Jura Suisse,*
                          p. 51, 1870.
—   —   Desor et de Loriol, *Echinol. helvit.,*
                          p. 310, pl. xlix, fig. 3-5, 1871.

R. 3.

Espèce de grande taille, allongée, arrondie en avant, légèrement dilatée et sub-tronquée en arrière; face supérieure renflée, épaisse sur les bords, fortement déclive
dans la région postérieure. Face inférieure pulvinée, déprimée au milieu, sub-émarginée en arrière. Sommet
presque central, un peu rejeté en avant, surtout dans les
individus les plus développés. Aires ambulacraires fortement pétaloïdes, presque égales, les deux postérieures
sub-flexueuses et plus longues que les autres. Zones porifères larges à la face supérieure, effilées et conservant cependant leur forme pétaloïde jusque vers l'ambitus, composées d'une rangée externe de pores étroits, allongés, transverses, et d'une rangée interne de pores arrondis et plus ouverts. Un peu au-dessus de l'ambitus et dans la région infra-marginale, les pores deviennent très-petits et forment
des paires, d'abord assez serrées, puis qui s'espacent et
sont moins régulièrement disposées à a face inférieure. Près
du péristome les pores se multiplient un peu, et offrent
une tendance à se grouper par triples paires. Tubercules à
peu près égaux partout, plus serrés cependant, plus profondément scrobiculés et par conséquent plus apparents
au-dessus de l'ambitus, plus gros et plus espacés aux approches du péristome. Granules intermédiaires abondants,
inégaux, groupés le plus souvent en cercles distincts autour
du péristome et formant des rangées régulières sur les
bandes de test qui séparent les pores pétaloïdes de la face

supérieure. Péristome pentagonal, étoilé, excentrique en avant, muni d'un très-léger floscelle, s'ouvrant au point le plus déprimé de la face inférieure. Périprocte allongé, elliptique, placé tout près du sommet, à la partie supérieure d'un sillon aigu, très-profond, coupé à angle droit sur les bords, s'évasant un peu et s'atténuant au fur à mesure qu'il se rapproche de l'ambitus. Appareil apical presque aussi large que long, granuleux; la plaque madréporiforme est saillante et se prolonge au milieu de l'appareil; les trois plaques ocellaires antérieures sont très-petites et intercalées à l'angle des plaques génitales; les deux plaques génitales postérieures sont séparées par quatre ou cinq plaques complémentaires inégales, irrégulières, qui séparent également les deux petites plaques ocellaires postérieures. Cette disposition des plaques de l'appareil apical paraît constante, et sauf de très-légères modifications, nous l'avons observé sur tous les échantillons que nous avons sous les yeux; elle se retrouve également chez un exemplaire que nous a communiqué M. de Loriol, et qui provient de Frick (Argovie) où l'espèce est abondante.

Hauteur, 18 millim.; diamètre transversal, 40 millim.; diamètre antéro-postérieur, 41 millim. 1/2.

Individu jeune : hauteur, 9 millim. ; diamètre transversal et antéro-postérieur, 20 millim.

Cette espèce varie un peu dans sa forme, le type R. 3. offre un aspect à peu près carré, convexe, et son diamètre transversal est à peu près égal au diamètre antéro-postérieur. Dans la plupart de nos échantillons et notamment chez ceux qui sont les plus développés, la forme générale est plus allongée, les individus jeunes conservent presque toujours un aspect presque circulaire.

Rapports et différences. — L'*E. amplus* constitue un

type que caractérisent très-nettement sa forme presque aussi large que longue, son sommet central, ses aires ambulacraires conservant leur aspect pétaloïde presque jusqu'au bord, son périprocte s'ouvrant près de l'appareil apical dans un sillon profond et assez évasé, son appareil apical présentant toujours, au-dessous de la plaque madréporiforme, des plaques complémentaires plus ou moins nombreuses. L'*E. amplus* se rapproche un peu par sa forme sub-circulaire de l'*E. orbicularis ;* il s'en distingue d'une manière positive par sa forme ordinairement plus carrée, par ses aires ambulacraires relativement pétaloïdes, par son péristome plus développé, par son périprocte plus rapproché du sommet. Les individus jeunes offrent également quelque ressemblance avec l'*E. Greisbachii*, Wright, de la grande oolite d'angleterre ; ils en diffèrent cependant par leurs zones porifères beaucoup plus larges et conservant leur forme pétaloïde sur presque toute la face supérieure.

LOCALITÉS. — Environs de Metz (Moselle) ; Avosne (Côte-d'Or). Assez rare. Etage bathonien.

Musée de Dijon, coll. Schlumberger, Marion, ma collection.

LOCALITÉS AUTRES QUE LA FRANCE. — Hornussen, Kornberg, Kreisacker, Dinsbüren, (Argovie) ; Schauenbourg, Ring (Jura bernois). Assez commun. Etage bathonnie.

EXPLICATION DES FIGURES. — Pl. 68, fig. 6, *E. amplus*, vu de côté, de la coll. de M. Schlumberger ; fig. 7, face sup. ; fig. 8. face inf. ; fig. 9, appareil apical et partie sup. de l'aire ambulacraire antérieure, grossis ; fig. 10, péristome et partie inférieure de l'aire ambulacraire antérieure, grossis. — Pl. 69, fig. 1, autre individu, var. sub-circulaire, vu de côté, de ma collection ; fig. 2, face sup. ; fig. 3, face inf. ; fig. 4, individu jeune, vu de côté, de la coll. de M. Schlumberger ; fig. 5, face sup. ; fig. 6, face inf. ;

fig. 7, autre individu vu sur la face sup., de la coll. de
M. Marion ; fig. 8, appareil apical et partie sup. de l'aire
ambulacraire antérieure, grossis.

N° 56, **Echinobrissus Burgundiæ,** Cotteau, 1871.

Pl. 69, fig. 9 et 11, et pl. 70.

Espèce de taille assez forte, sub-circulaire, un peu plus
longue que large, arrondie en avant, sub-rostrée en arrière ;
face supérieure uniformément bombée, quelquefois sub-
conique, obliquement déclive dans la région postérieure ;
face inférieure à peine pulvinée, presque plane, légèrement
concave aux approches du péristome. Sommet ambulacraire sub-central, un peu rejeté en avant. Aires ambulacraires pétaloïdes, inégales, les deux aires postérieures plus
longues et plus flexueuses que les autres. Zones porifères
assez larges et cependant moins développées que l'intervalle qui les sépare, composées, à la face supérieure, d'une
rangée externe de pores allongés, étroits, tranverses, et
d'une rangée interne de pores arrondis. A une assez
grande distance de l'ambitus les aires ambulacraires s'effilent et se retrécissent, les pores deviennent beaucoup plus
petits, et forment des paires obliques rangées régulièrement. A la face inférieure ces paires de pores s'espacent et
dévient un peu de la ligne droite ; autour du péristome
elles se resserrent et se multiplient et tendent à former
quatre rangées distinctes. Tubercules fins, espacés, superficiels à la face supérieure, plus serrés et entourés d'un
scrobicule plus apparent dans la région infra-marginale,
plus gros et moins nombreux en se rapprochant de la
bouche. Granules intermédiaires inégaux, espacés, visibles

surtout à la face supérieure, remplissant l'espace qui sépare les tubercules et formant autour d'eux des cercles plus ou moins réguliers. Péristome pentagonal, étoilé, excentrique en avant, dépourvu de floscelle, s'ouvrant au point le plus déprimé de la face inférieure. Périprocte ovale, obstusément anguleux au sommet, placé à peu près au tiers de l'espace compris entre l'appareil apical et l'ambitus, dans un sillon anal profond mais peu étendu qui s'évase, s'atténue et disparaît en arrivant vers le bord postérieur. Le sillon anal n'est relié à l'appareil apical par aucune trace de canal ou de dépression. Appareil apical un peu allongé, granuleux ; la plaque madréporiforme, remarquable par son développement, se prolonge au milieu de l'appareil et empêche les plaques génitales postérieures de se toucher par le milieu ; les plaques ocellaires postérieures sont petites et intimement liées aux deux plaques complémentaires qui les séparent. Dans certains exemplaires il existe, au-dessous de la plaque madréporiforme, une ou deux autres petites plaques complémentaires qui le plus souvent paraissent faire défaut.

Hauteur, 18 millim. ; diamètre transversal, 36 millim. ; diamètre antéro-postérieur, 39 millim.

Var. conique : hauteur, 19 millim. ; diamètre transversal, 30 millim. ; diamètre antéro-postérieur, 33 millimètres.

Cette espèce dont nous possédons plusieurs exemplaires varie dans sa forme qui est plus ou moins déprimée et quelquefois sub-conique. La face inférieure, ordinairement presque plane, est, dans quelques échantillons, sub-pulvinée, et présente alors, autour du péristome, une dépression assez sensible. Le périprocte lui-même varie un peu dans la position qu'il occupe, et semble, dans les individus les plus jeunes, se rapprocher davantage de l'appareil apical.

RAPPORTS ET DIFFÉRENCES. — Cette espèce que caractérise sa forme ovale et sensiblement rostrée en arrière, se rapproche par la structure et la position de son périprocte de l'*E. micraulus*, il s'en distingue par sa taille plus forte, son aspect plus circulaire et sensiblement plus rostré en arrière, par sa face inférieure plus plane, par son périprocte plus anguleux au sommet et remontant plus près de l'appareil apical.

LOCALITÉS. — Sélongey, Essarois près Chatillon-sur-Seine. Gevrey, Chanceaux (Côte-d'Or). Assez abondant. Etage bathonien.

Coll. Martin, Beaudouin, Marion, de Loriol, ma collection.

EXPLICATION DES FIGURES. — Pl. 69, fig. 9, *E. Burgundiæ*, vu de côté, de ma collection; fig. 10, face sup.; fig. 11, face inf. — Pl. 70, fig. 1. Individu de grande taille, vu de côté, de ma collection; fig. 2, face sup. ; fig. 3, face inf.; fig. 4, appareil apical et partie sup. de l'aire ambul. antérieure, grossis; fig. 5, péristome et partie inf. de l'aire ambul. antérieure, grossis; fig. 6, tubercules de la face sup. grossis; fig. 7, tubercules de la face inf. grossis; fig. 8, autre individu, variété conique, vu de côté, de ma collection, fig. 9, face sup. ; fig. 10, face inf. ; fig. 11, région anale.

N° 57. **Echinobrissus triangularis**, Cotteau, 1861.

Pl. 71.

Echinobrissus triangularis,   Cotteau, *Echin. nouv. ou peu connus*, 1, p. 57, pl. VIII, fig. 21-23, 1861,

Espèce de taille moyenne, plus longue que large, étroite et arrondie en avant, tronquée et fortement émarginée en arrière ; face supérieure renflée, épaisse sur les bords, ayant sa plus grande hauteur dans la région postérieure, assez régulièrement convexe en avant, brusquement déclive en arrière ; face inférieure sub-pulvinée, concave aux approches du péristome. Sommet sub-central. Aires ambulacraires pétaloïdes, inégales, l'aire antérieure plus droite que les autres, les deux aires postérieures plus longues, plus flexueuses et placées sur la carène anguleuse qui borde le sillon anal. Zones porifères beaucoup moins larges que l'intervalle qui les sépare, composées à la face supérieure d'une rangée externe de pores allongés, transverses et d'une rangée interne de pores plus petits et arrondis. Un peu au-dessus de l'ambitus, les zones porifères cessent d'être pétaloïdes, et les pores sont rangés par simples paires obliques ; près du péristome ils se multiplient et se groupent, dans des phyllodes à peine apparentes, par triples paires distinctes. Tubercules scrobiculés, très-petits en dessus, un peu plus gros à la face inférieure, partout abondants et serrés. Granules fins, homogènes, disposés en cercles autour des scrobicules. Péristome pentagonal, enfoncé, dépourvu de bourrelets, très-excentrique en avant. Périprocte allongé, s'ouvrant près de l'appareil apical, au sommet d'un sillon longitudinal qui lui-même est placé dans une dépression profonde, triangulaire, largement évasée, anguleuse et sub-carénée sur les bords, et qui échancre d'une manière très-sensible l'ambitus. Appareil apical allongé, granuleux, sub-compacte ; la plaque madréporiforme est médiocrement développée ; les deux plaques génitales postérieures sont en contact par le milieu ; la plaque impaire paraît remplacée par deux petites plaques complémentaires se confondant avec les deux plaques ocellaires postérieures.

Hauteur, 15 millimètres ; diamètre transversal, 28 millimètres ; diamètre antéro-postérieur, 30 millimètres.

RAPPORTS ET DIFFÉRENCES. — Par sa forme allongée, cette espèce offre quelques rapports avec l'*E. elongatus ;* ainsi que nous l'avons dit plus haut, elle s'en distingue nettement par sa forme plus épaisse et plus renflée, par son sommet ambulacraire plus central, par son sillon anal plus large, plus évasé, plus anguleux sur les bords et échancrant plus profondément l'ambitus, par ses tubercules relativement beaucoup plus petits. L'*E. triangularis* se rapproche d'avantage de l'*E. quadratus*, Wright, que nous ne connaissons que par la figure et la description données dans la *Monographie des Echinides jurassiques d'Angleterre :* les deux espèces sont assurément très-voisines, cependant chez l'*E. quadratus*, d'Angleterre, la face postérieure est plus dilatée et tronquée moins carrément, le sillon anal semble aussi moins largement évasé et moins anguleux sur les bords. Malgré ces petites différences, il se pourrait que les deux espèces appartinssent au même type, et dussent être réunies ; dans ce cas le nom de *triangularis*, bien que moins ancien, devrait être conservé, car lorsque M. Wright a établi, en 1859, son *E. quadratus*, M. Michelin avait déjà donné, depuis plusieurs années, ce même nom de *quadratus*, à une espèce très-différente et que nous avons décrite plus haut.

LOCALITÉS. — Champlitte (tranchée du chemin de fer) (Haute-Saône) ; Piepape (Haute-Marne) : Chatillon, Sélongey, Sainte-Anne près Dijon (Côte-d'Or). Rare. Etage bathonien.

Musée de Dijon, coll. Perron, Babeau, Martin, Beaudouin.

EXPLICATION DES FIGURES. — Pl. 71. fig. 1, *E. triangularis*, vu de côté, du musée de Dijon ; fig. 2, face sup. ; fig. 3,

face inf.; fig. 4, région anale; fig. 5, appareil apical et
partie sup. de l'aire ambulacraire antérieure, grossie;
fig. 6, plaque interambulacraire prise sur la face sup.,
grossie; fig. 7, péristome et partie inférieure des aires
ambulacraires, grossis; fig. 8, autre individu, de la collection de M. Babeau, vu de côté; fig. 9, face sup.; fig. 10,
face inf.; fig. 11, région anale.

N° 58. **Echinobrissus elongatus** (Agassiz),
d'Orbigny, 1854.

Pl. 72.

Nucleolites elongatus,	Agassiz, *Catal. syst. Eclyp. Mus. Neoc.*, p. 4, 1840.
— —	Agassiz et Desor, *Catal. rais. des Ech.*, p. 95, 1847.
— —	Bronn, *Index Paleont.*, p. 818, 1848.
— —	D'Orbigny, *Prodr. de Paléont. strat.*, t. I, p. 345, n° 260, 1850.
Echinobrissus elongatus,	D'Orbigny, *Note rect. sur divers genres d'Echin.*, Revue et Mag. de Zool., t. VI, p. 24, 1854.
— —	Desor, *Synops. de Echin. foss.*, p. 365, 1857.
— —	D'orbigny, *Paléont. franç., terr. crétacé*, p. 391, 1857.
— —	Pictet, *Traité de Paléont.*, 2ᵉ éd., t. IV, p. 217, 1857.
— —	Cotteau et Triger, *Echin. du dép. de la Sarthe*, p. 55, pl. x, fig. 8-11, 1857.
— —	Wright, *Monog. of the Brit. Foss. Echinod.*, p. 356, 1859.
Nucleolites elongatus,	Bonjour, *Géol. strat. du Jura*, p. 19, 1863.
— —	Bonjour, *Catal. des foss. du Jura*, p. 28, 1864.
— —	Ogérien (frère), *Hist. nat. du Jura et*

des dép. voisins, t. III, géologie, p. 675,
1865.

Echinobrissus elongatus,   Greppin, *Essai géol. sur le Jura Suisse,*
p. 55, 1867.

—   —   Cotteau et Triger, *Echin. du dép. de*
la Sarthe, Desc. des genres et fam.,
p. 419, 1869.

P. 58 ; P. 48 ; P. 54 ; — Individu jeune, 61.

Espèce de taille moyenne, plus longue que large, arrondie en avant, tronquée et légèrement dilatée en arrière ; face supérieure peu renflée, déclive sur les côtés, oblique et amincie dans la région postérieure ; concave au milieu, déprimée en avant, presque plane en arrière et latéralement sub-pulvinée. Sommet un peu excentrique en arrière ; aires ambulacraires sub-pétaloïdes, inégales, l'aire antérieure plus droite que les autres, les deux aires postérieures plus longues et plus flexueuses. Zones porifères étroites, composées à la face supérieure d'une rangée externe de petits pores ovales, sub-virgulaires, à peine transverses, et d'une rangée interne de pores plus arrondis. A une assez grande distance de l'ambitus les zones porifères se rétrécissent et cessent d'être pétaloïdes ; les pores deviennent plus petits, plus espacés, surtout dans la région infra-marginale ; ils sont plus nombreux et plus serrés près du péristome et paraissent former quatre rangées distinctes. Tubercules abondants, serrés, partout homogènes et assez largement scrobiculés, un peu plus gros cependant, et plus espacés aux approches du péristome, plus petits et moins nombreux au fond du sillon anal. Granules intermédiaires serrés, souvent confluents et formant alors de petits bourrelets autour des scrobicules. Péristome subpentagonal, excentrique en avant, muni d'un très-léger floscelle. Périprocte allongé, aigu à sa partie supérieure.

s'ouvrant au sommet d'un sillon profond, très-évasé, obliquement tronqué sur les bords, se prolongeant jusqu'à l'ambitus qu'il échancre à peine. Appareil apical allongé, granuleux; la plaque madréporiforme plus développée que les autres se prolonge au centre de l'appareil; les plaques génitales postérieures se touchent par le milieu; les deux plaques ocellaires postérieures sont très-petites et séparées par deux plaques complémentaires qui recouvrent le périprocte.

Hauteur, 10 millimètres et demi; diamètre transversal, 18 millimètres; diamètre antéro-postérieur, 44 millimètres.

Var. de grande taille : hauteur, 18 millimètres, diamètre transversal, 37 millimètres ; diamètre antéro-postérieur 43 millimètres...

Nous rapportons à l'*E. elongatus* un exemplaire de très-grande taille recueilli à Ranville, et que nous devons à l'obligeance de M. le professeur Morrière : sa forme générale est relativement moins allongée, plus étroite en avant, tronquée moins obliquement en arrière; ses aires ambulacraires ont un aspect plus pétaloïde, son sillon anal paraît moins largement évasé; malgré ces différences, cet échantillon se rapproche tellement de l'*E. elongatus* qu'il ne nous a pas paru devoir en être séparé.

RAPPORTS ET DIFFÉRENCES. — L'*E. elongatus* se distingue de ses congénères par sa forme très-allongée, presque aussi large en avant qu'en arrière, sensiblement tronquée dans la région postérieure, par son sommet excentrique en arrière, son sillon anal très-largement évasé, ses tubercules serrés et partout fortement scrobiculés. L'espèce qui s'en rapproche le plus est l'*E. triangularis*, Cotteau, remarquable également par sa forme allongée ; elle nous a paru cependant s'en distinguer par sa forme plus épaisse, plus renflée, moins amincie en arrière, moins déclive sur les côtés, par son sillon anal plus large, plus évasé, plus anguleux sur les bords et entamant plus profondément l'ambitus, par sa face inférieure plus pulvinée, par ses tubercules plus petits aux approches du sommet et entourés d'un scrobicule moins apparent. M. Desor, dans le *Synopsis des Echinides*, paraît disposé à ne considérer l'*E. elongatus* que comme une variété de l'*E. clunicularis*. Ainsi que nous l'avons déjà fait remarquer dans nos *Echinides de la Sarthe*, ce sont deux types bien différents et qui ne sauraient être confondus.

Localités. — Langrune, Ranville, le Marrasquet (Calvados); Asnières (Yonne); Sancerre (Cher); environ de Mamers (Orne). Assez rare. Etage bathonien.

Coll. de l'Ecole de Mines, Musée de Caen. Coll. Deslongchamps, Pellat, Guillier, ma collection.

Explication des figures. — Pl. 72, fig. 1, *E. elongatus*, de la collection de l'Ecole des Mines, vu de côté; fig. 2, face sup.; fig. 3, face inf. ; fig. 4, appareil apical, et partie sup. des aires ambulacraires, grossis, pris sur un individu de la coll. de M. Pellat; fig. 5, péristome et partie inf. de l'aire ambulacraire antérieure, pris sur le même individu; fig. 6, individu jeune, de la coll. de M. Guillier, vu de côté; fig. 7, face sup. ; fig. 8, face inf.; fig. 9, région anale; fig. 10, individu de grande taille, de ma collection, vu de côté; fig. 11, face supérieure.

N. 59. — **Echinobrissus orbicularis** (Phillips), Desor, 1857.

Pl. 73.

Clypeus orbicularis,	Philips, *Geology of the Yorkshire,* pl. VII, fig. 3, 1829.

Clypeus orbicularis,   Agassiz, *Prod. d'une Monog. des radiaires,* Mém. Soc. des sc. nat. de Neuchâtel, t. I, p. 186, 1836.

—   —   Agassiz, *id.,* Ann. des Sc. nat., t. VII, Zoologie, p. 279, 1837.

—   —   Dujardin, in Lamarck, *animaux sans vertèbres,* 2ᵉ édit., p. 348, 1840.

—   —   Morris, *Catal. of Brit. Foss.,* p. 50, 1843.

—   —   Murchison, *Outline of the Geol., on the Nighbourhood of Cheltenoam,* p. 73, 1845.

—   —   Bronn, *Index paléontologique,* p. 314, 1848.

Nucleolites orbicularis,   Forbes, *Memoirs of the geol. Survey,* Echinodermata, expl. de la pl. ix, p. 7, 1849.

—   —   Wright, *Cassidulidæ of the Oolites,* p. 39, 1851.

Nucleolites scutatus (non Lam.),   Quenstedt, *Handbuche der Petrefaktenkunde,* p. 585, pl. xlix fig. 50, 1852.

Nucleolites orbicularis,   Forbes in Morris, *Catal. of Br. Foss.,* 2ᵉ éd., p. 84, 1854.

—   —   Davoust, *Note sur les fossiles spéciaux à la Sarthe,* p. 25, 1856.

Echinobrissus orbicularis,   Desor, *Synops. des Echinides fossiles,* p. 265, 1857.

—   —   Cotteau et Triger, *Ech. du dép. de la Sarthe,* p. 57, pl. ix, fig. 5-8, 1857.

—   —   Wright, *A Monog. of the Brit. foss.,* Echinodermata, p. 341, pl. xxv, fig. 2, 1859.

—   —   Cotteau, *Echin. nouv. ou peu connus,* I, p. 66, pl. ix, fig. 6, 1862.

—   —   Huxley et Etheridge, *Cat. of the Coll. of Foss. in the Museum of the Pract. geol.,* p. 229, 1865.

Echinobrissus orbicularis,	Guillier, *Notice géol. et agricole à l'appui des profils géol. des routes imp. de la Sarthe,* p. 25, 1868.
— —	Cotteau et Triger, *Echin. du dép. de la Sarthe, Descript. des fam. et des genres,* p. 419, 1869.
— --	Desor et de Loriol, *Echin. helvét.,* p. 308, pl. XLIX, fig. 1-2, 1871.

V. 90.

Espèce de taille moyenne, sub-circulaire, aussi longue que large, arrondie en avant, sub-tronquée et légèrement rostrée en arrière ; face supérieure renflée, assez uniformément bombée ; face inférieure sub-pulvinée, concave au milieu. Sommet ambulacraire sub-central. Aires ambulacraires pétaloïdes ; zones porifères relativement assez larges à la face supérieure, formées d'une rangée externe de pores allongés, transverses, et d'une rangée interne de pores arrondis et plus ouverts. Au-dessus de l'ambitus les zones porifères se rétrécissent assez brusquement ; les pores deviennent simples, égaux, beaucoup plus petits ; ils sont disposés par paires obliques et forment des rangées très-régulières, vers l'ambitus et dans la région infra-marginale, mais à la face inférieure ces rangées dévient la ligne droite, et les paires de pores offrent une tendance assez prononcée à se grouper par triples paires ; autour du péristome les pores se resserrent, se multiplient et forment quatre rangées bien distinctes. Tubercules de petite taille, épars, homogènes abondants surtout vers l'ambitus, plus gros, plus espacés et plus sensiblement scrobiculés à la face inférieure. Granules intermédiaires inégaux, épars, groupés autour des plus gros tubercules en cercles réguliers. Péristome grand, sub-pentagonal, excentrique en avant, dépourvu de floscelle, offrant seulement de légères dépressions qui correspondent aux aires ambulacraires. Périprocte elliptique, s'ouvrant à peu de distance du sommet, dans un sillon large, profond, anguleux sur les bords, légèrement resserré près de l'ambitus. Appareil apical plus long que large ; la plaque génitale antérieure de droite plus développée que les autres forme un bouton saillant qui se prolonge au milieu de l'appareil ; les plaques génitales postérieures, ainsi que les deux plaques ocellaires postérieures, sont séparées par une, deux ou même un plus grand nombre de plaques complémentaires ; les pores génitaux sont largement ouverts et les antérieurs plus rapprochés que les autres.

Hauteur, 12 millimètres et demi ; diamètre transversal et antéro-postérieur, 29 millimètres.

Variété de grande taille : hauteur, 16 millimètres ; diamètre transversal et antéro-postérieur, 36 millimètres.

L'*E. orbicularis*, ainsi que l'indique le nom qui lui a été anciennement donné, affecte le plus souvent une forme subcirculaire ; quelquefois cependant son ambitus est subrostré en arrière et légèrement émarginé dans l'endroit où aboutit le sillon anal. Le périprocte varie également un peu dans sa position, et s'ouvre à une distance plus ou moins rapprochée du sommet, sans cependant s'en éloigner jamais beaucoup. L'appareil apical éprouve aussi dans sa structure quelques modifications qu'il importe de noter et sur lesquelles, dans nos *Echinides de la Sarthe*, nous avons déjà appelé l'attention : le nombre des plaques complémentaires intercalées entre les plaques génitales et ocellaires postérieures n'est pas toujours le même ; chez certains exemplaires, il n'existe qu'une seule plaque complémentaire ; chez d'autres on en remarque deux ou trois ;

M. Wright a décrit et figuré un échantillon qui en présente
sept. Cette différence dans le nombre des plaques complémentaires n'a, au point de vue organique, qu'une importance secondaire, et ce qui le démontre c'est que dans ces
divers appareils les plaques génitales et ocellaires, c'est-à-
dire les plaques essentielles conservent la même disposition.

M. Guéranger possède un exemplaire de l'*E. orbicularis*,
muni seulement de quatre aires ambulacraires. L'appareil
apical s'est allongé d'une manière notable ; non-seulement
le nombre des plaques ocellaires est réduit à quatre, mais
on ne compte plus que trois plaques génitales. Dans l'origine, j'avais cru, à tort, que l'aire ambulacraire impaire
faisait défaut, et que la plaque madréporiforme occupait la
partie antérieure de l'animal. Un examen plus attentif m'a
conduit à penser que l'aire ambulacraire absente était une
des aires postérieures, et que pour orienter cet exemplaire
il fallait le placer, comme tous les autres échinides, ayant
en avant une aire ambulacraire impaire, et à droite, également en avant, la plaque madréporiforme. Quant au périprocte, il dévierait de sa ligne habituelle, et serait rejeté
sensiblement sur la gauche. Cette monstruosité, tout en
privant l'animal d'un organe important, ne l'a pas empêché
d'atteindre la taille d'un adulte.

RAPPORTS ET DIFFÉRENCES. — L'*E. orbicularis*, remarquable
par sa forme sub-circulaire, sa face supérieure uniformément bombée, son sommet ambulacraire central, son périprocte s'ouvrant près du sommet, sa face inférieure sub-
pulvinée, se distingue assez nettement de ses congénères.
Sa forme générale le rapproche de certaines variétés arrondies du *Clypeus Hugii*, mais il s'en éloigne d'une manière
positive par son périprocte s'ouvrant beaucoup plus près
du sommet, et placé dans un sillon plus profond, plus

évasé et bien plus étendu. L'espèce avec laquelle l'*E. orbicularis* offre certainement le plus de ressemblance est l'*E. Woodwardi*, Wright, de la grande oolite d'Angleterre, mais cette espèce qui n'a pas encore été signalée en France, sera toujours facilement reconnaissable à sa forme plus épaisse, plus carrée, et relativement plus haute dans la région postérieure, et à son sillon anal plus étroit.

HISTOIRE. — Figurée pour la première fois par Phillips, sous le nom de *Clypeus orbicularis*, cette espèce a été placée par Forbes, en 1849, dans le genre *Nucleolites*, et plus tard par M. Desor et par nous, dans le genre *Échinobrissus* où les auteurs l'ont conservée depuis.

LOCALITÉS. — Solutré (Haute-Marne); Leffonds (Haute-Saône); Bec-d'Allier (Nièvre); Chamsol (Doubs); Davayé (Saône-et-Loire); Pecheslul, Noyen, route de Mamers à Mortagne (Sarthe); environs de Mamay (Vienne). Assez rare. Étage bathonien.

Coll. Perron, Tombeck, Guillier, Guéranger, Davoust (abbé), Ecoles des mines, musée de Strasbourg, ma collection.

LOCALITÉS AUTRES QUE LA FRANCE. —Rodborougk. Oolite inférieure. — Minchinhampton, Salperton tunnel. Grande oolite. — Scarborougk, Cornsbrash.

EXPLICATION DES FIGURES. — Pl. 73, fig. 1, *E. orbicularis*, de ma coll., vu de côté; fig. 2, face sup.; fig. 3, face inf.; fig. 4, région anale; fig. 5, appareil apical et partie sup. des aires ambul. antérieures, grossi; fig. 6, péristome et partie inf. de l'aire ambul. antérieure, grossis; fig. 7, tubercules grossis pris sur la face supérieure; fig. 8, autre individu, de ma collection, vu de côté; fig. 9, face sup.; fig. 10, face inférieure.

N° 60. **Echinobrissus pulvinatus**, Cotteau, 1856.

Pl. 74.

Echinobrissus pulvinatus,	Cotteau, *Note sur les Échin. de la Sarthe,* Bull. Soc. géol. de France, 2ᵉ sér., t. XIII, p. 650, 1856.
— —	Desor, *Synops. des Échin. foss.,* p. 268, 1857.
— —	Cotteau et Triger, *Échin. du dép. de la Sarthe,* p. 87, pl. xix, fig. 3-4, 1857.
— —	Wright, *Monog. of Brit. Foss. Echinod.,* p. 358, 1859.
— —	Cotteau et Triger, *Échin. du dép. de la Sarthe, Desc. des fam. et des genres,* p. 420, 1869.

Espèce de taille moyenne, oblongue, arrondie en avant, sub-tronquée en arrière; face supérieure sub-déprimée, épaisse et renflée sur les bords, aussi haute en avant qu'en arrière ; face inférieure pulvinée, légèrement concave autour du péristome. Sommet ambulacraire sub-central, un peu rejeté en avant. Aires ambulacraires pétaloïdes, quelquefois sub-costulées, inégales, l'aire antérieure plus droite et un peu plus étroite que les autres, les deux postérieures plus longues et plus flexueuses. Zones porifères larges, moins développées cependant que l'intervalle qui les sépare, composées, à la face supérieure, d'une rangée de pores allongés, étroits, obliques, et d'une rangée interne de pores arrondis et plus ouverts. Vers l'ambitus, qui est très-épais, les aires ambulacraires s'effilent et se rétrécissent ; les pores deviennent beaucoup plus petits et forment des paires obliques, espacées, rangées assez régulièrement à la face inférieure, sur le bord des dépressions ambulacraires qui sont relativement très-étroites. Comme toujours, les paires de pores aux approches du péristome se resserrent et se multiplient. Les tubercules et les granules qui les accompagnent, probablement très-fins, ne sont apparents sur aucun des exemplaires que nous avons sous les yeux. Péristome très-petit, pentagonal, excentrique en avant, muni d'un floscelle à peine apparent. Périprocte oval, très-éloigné de l'appareil apical, s'ouvrant à la face postérieure, au sommet d'un sillon court, peu profond, évasé et qui échancre légèrement le bord postérieur. Appareil apical anguleux, étoilé ; pores génitaux allongés, largement ouverts, les deux antérieurs beaucoup plus rapprochés que les deux autres ; plaque madréporiforme se prolongeant au milieu de l'appareil et empêchant les deux plaques génitales postérieures de se toucher par le milieu ; plaques ocellaires postérieures très-petites, paraissant séparées par une ou deux plaques complémentaires.

Hauteur, 17 millim.; diamètre transversal, 27 millim.; diamètre antéro-postérieur, 30 millim.

Individu jeune : hauteur, 11 millim.; diamètre transversal, 16 millim. 1/2 ; diamètre antéro-postérieur, 18 millim. 1/2.

Cette espèce est rare et nous n'en connaissons qu'un petit nombre d'échantillons, qui tous présentent une grande uniformité dans l'ensemble de leurs caractères. Chez les individus jeunes cependant, la forme générale est relativement un peu plus allongée, la face postérieure moins épaisse, et le périprocte par cela même paraît un peu moins éloigné du sommet. Dans un de nos exemplaires (pl. 74, fig. 11), le péristome, au lieu d'être régulièrement pentagonal, est sensiblement oblique, et le bord antérieur de gauche est plus étroit que celui de droite, ainsi que cela a lieu chez

certains *Nucleolites* (*Trematopygus*, d'Orbigny) du terrain
crétacé. Cette forme du péristome nous paraît anormale,
accidentelle et ne saurait constituer une variété.

RAPPORTS ET DIFFÉRENCES. — L'*E. pulvinatus* forme, au
milieu des *E. Desori, micraulus, scutatus* et *Icaunensis*, un
type qui sera toujours parfaitement reconnaissable à sa
face supérieure déprimée au milieu, épaisse et renflée sur
les bords, à son périprocte très-rapproché de l'ambitus
postérieur, à son péristome peu développé, à ses aires ambulacraires étroites et déprimées à la face inférieure. La
position de son périprocte tend à le rapprocher de l'*E. micraulus*, mais il s'en distingue par son périprocte encore plus
éloigné du sommet, par sa forme plus allongée, plus déprimée en dessus et en même temps plus épaisse, par sa
face inférieure plus pulvinée et son péristome plus petit.

LOCALITÉS. — Environs de Mamers (Orne). Rare. Étage
callovien.

Collection de l'École des mines, Musée de Mamers,
coll. Hébert, Guillier, ma collection.

EXPLICATION DES FIGURES. — Pl. 74, fig. 1, *E. pulvinatus*,
de la coll. de l'École des mines, vu de côté; fig. 2, face
sup.; fig. 3, face inf.; fig. 4, région postérieure; fig. 5, appareil apical et partie supérieure de l'aire ambulac. antérieure grossis; fig. 6, péristome et partie inf. de l'aire ambul. antérieure grossis; fig. 7, individu jeune, de ma collection, vu de côté; fig. 8, face sup.; fig. 9, face inf.; fig. 10,
région postérieure; fig. 11, péristome oblique et partie sup.
de l'aire ambul. antérieure grossis, pris sur un autre individu de ma collection.

N° 61. **Echinobrissus micraulus** (Agassiz), d'Orbigny, 1854.

Pl. 75.

Nucleolites micraulus,	Agassiz, *Échin. foss. de la Suisse,* 1, p. 43, pl. vii, fig. 16-18, 1839.
— —	Agassiz, *Catal. syst. Ectyp. foss. Mus. Neoc.,* p. 4, 1840.
— —	Agassiz et Desor, *Catal. raisonné des Échin.,* p. 96, 1867.
— —	Bronn, *Index Palœont.,* p. 818, 1848.
— —	Marcou, *Recherches sur le Jura Salinois,* Mém. Soc. géol. de France, 2e sér., t. III, p. 94, 1848.
— —	D'Orbigny, *Prod. de pal. strat.,* t. I, p. 345, 12e ét., n° 459, 1850.
— —	Buvignier, *Stat. géol. de la Meuse,* p. 238, 1852.
Nucleolites dimidiatus (non Phillips),	Quenstedt, *Handbuch der Petrefakt.,* p. 585, pl. i., fig. 5, 1852.
Echinobrissus micraulus,	D'Orbigny, *Note rectif. sur divers genres d'Échin.,* Rev. et Mag. de Zoologie, t. VI, p. 25, 1854.
Echinobrissus Goldfussi (non des Moulins),	Desor, *Synops. des Échin. foss.,* p. 267, 1857.
Echinobrissus micraulus,	D'Orbigny, *Paléont. franç.,* Terrain crétacé, t. VI, p. 392, 1857.
Echinobrissus Goldfussi (non des Moulins),	Cotteau et Triger, *Échin. du dép. de la Sarthe,* p. 86, pl. xix, fig. 1-2, 1857.
— —	Wright, *Monog. of Brit. Foss. Echinodermata,* p. 358, 1859.
— —	Etallon, *Paléontost. du Jura, Jura Graylois,* p. 18, 1860.
— —	Etallon, *id., Jura Bernois,* p. 11, 1860.
— —	Etallon, *Lethea Bruntrutana,* p. 300, pl. xliv, fig. 4, 1860.
— —	Guillier, *Notice géol. et agric. à l'appui*

	des profils géol. des routes imp. de la Sarthe, p. 26, 1808.
Echinobrissus Goldfussi (non des Moulins),	Cotteau et Triger, *Échin. du dép. de la Sarthe, Descr. des fam. et des genres*, p. 419, 1869.
Echinobrissus micraulus,	Desor et de Loriol, *Échinol. helvétique*, p. 313, pl. L, fig. 1-2, 1871.

S. 3.

Espèce de taille moyenne, un peu plus longue que large, arrondie en avant, sub-tronquée en arrière ; face supérieure plus ou moins renflée, épaisse sur les bords, quelquefois sub-conique, ayant sa plus grande hauteur vers le point qui correspond au sommet ambulacraire ; face inférieure sub-pulvinée, concave aux approches du péristome. Sommet ambulacraire sub-central, un peu rejeté en avant. Aires ambulacraires pétaloïdes, assez larges, inégales, l'aire ambulacraire antérieure droite et souvent un peu plus étroite que les autres, les deux aires ambulacraires postérieures plus longues et plus flexueuses. Zones porifères moins développées que l'intervalle qui les sépare, composées, à la face supérieure, d'une rangée de pores allongés, sub-virgulaires, transverses, et d'une rangée interne de pores arrondis. A une assez grande distance de l'ambitus les aires ambulacraires s'effilent et se rétrécissent ; les pores deviennent beaucoup plus petits et forment des paires obliques rangées régulièrement. A la face inférieure ces paires de pores s'espacent et dévient un peu de la ligne droite. Autour du péristome elles se resserrent, se multiplient et forment quatre rangées distinctes. Tubercules partout abondants, épars, fins, superficiels près du sommet, plus serrés et entourés d'un scrobicule plus apparent vers l'ambitus et dans la région infra-marginale, plus gros et moins nombreux aux approches de la bouche. Granules intermédiaires inégaux, remplissant l'espace qui sépare les tubercules et groupés autour d'eux en cercles plus ou moins réguliers. Péristome pentagonal, étoilé, excentrique en avant, dépourvu de floscelle, s'ouvrant au point le plus déprimé de la face inférieure. Périprocte elliptique, obtusément anguleux au sommet, placé à peu près aux deux tiers de l'espace compris entre l'appareil apical et l'ambitus, dans un sillon anal profond, évasé, atténué vers l'ambitus qu'il échancre légèrement. Appareil apical allongé, granuleux ; pores génitaux largement ouverts, les deux antérieurs sensiblement plus rapprochés que les deux autres ; les deux plaques génitales postérieures paraissent séparées par les deux plaques ocellaires postérieures plus développées que d'habitude, et qui se touchent par le milieu.

Hauteur, 12 millim.; diamètre transversal, 21 millim. ; diamètre antéro-postérieur, 23 millim. 1/2.

Var. plus grande et sub-conique : hauteur, 17 millim. ; diamètre transversal, 26 millim. ; diamètre antéro-postérieur, 29 millim.

Le type de l'espèce (moule en plâtre S. 3) est oblong, médiocrement renflé, presque aussi large en avant qu'en arrière, mais cette forme n'est pas constante ; chez certains exemplaires, la face supérieure est plus bombée et prend un aspect sub-conique ; la région postérieure est alors plus obliquement déclive, plus dilatée et un peu plus émarginée à l'endroit où aboutit le sillon anal.

RAPPORTS ET DIFFÉRENCES. — Cette espèce est voisine de l'*E. scutatus* qu'on rencontre ordinairement à un horizon plus élevé ; elle s'en éloigne par sa forme plus allongée et sub-rostrée en arrière, par sa face supérieure moins déprimée et moins épaisse sur les bords, par sa face inférieure moins pulvinée, par les aires ambulacraires à zones porifères plus larges, par son périprocte plus rapproché du bord postérieur. Ce dernier caractère place l'*E. micraulus* non loin des *E. Desori, Burgundiæ* et *pulvinatus*. En décrivant ces trois espèces j'ai indiqué les différences qui m'ont engagé à les séparer.

HISTOIRE. — Cette espèce a été décrite et figurée pour la première fois par Agassiz, en 1839, sous le nom de *Nucleolites micraulus*, et elle a conservé cette dénomination jusqu'en 1854, époque à laquelle elle fut placée par d'Orbigny dans le genre *Echinobrissus*. En 1856, dans mes *Études sur les Échinides de l'Yonne*, j'ai cru devoir réunir le *Nucleolites micraulus* d'Agassiz au *Nucleolites Goldfussi* de des Moulins, en laissant à l'espèce le nom plus ancien de *Goldfussi* (1). Presque tous les auteurs, et notamment M. Desor, dans le *Synopsis des Échinides fossiles*, se sont rangés depuis à cette opinion. Tout récemment M. de Loriol, dans l'*Échinologie helvétique*, a reconnu que le *Nucleolites scutatus* figuré par Goldfuss, et qui a servi de type au *Nucleolites Goldfussi*, des Moulins, était un véritable *E. scutatus*, et il a rendu avec raison à l'espèce le nom de *micraulus*. Le *N. Goldfussi*, des Moulins, ne doit donc plus être considéré que comme un synonyme de l'*E. scutatus*, dont il n'est qu'une simple variété.

LOCALITÉS. — Montbizot (Sarthe) ; Launois, Viel Saint-Remy (Ardennes) ; Chamesol (Doubs) ; Oberlarg (Haut-Rhin). Assez rare. Étages callovien et oxfordien.

Ecole des mines, coll. Guéranger, Triger, Guillier, ma collection.

LOCALITÉS AUTRES QUE LA FRANCE. — Suisse.

EXPLICATION DES FIGURES. — Pl. 75, fig. 1, *E. micraulus*,

(1) *Études sur les Échin. foss. de l'Yonne*, t. I, p. 327.

de l'étage callovien de Montbizot, de ma collection, vu de côté ; fig. 2, face sup. ; fig. 3, face inf.; fig. 4, région anale ; fig. 5, tubercules de l'ambitus grossis ; fig. 6, autre exemplaire sub-conique de l'oxfordien de Viel Saint-Remy, de ma collection, vu de côté ; fig. 7, face supérieure ; fig. 8, face inférieure ; fig. 9, région anale ; fig. 10, autre exemplaire de Chamesol, appareil apical grossi ; fig. 11, péristome grossi.

N° 62. — **Echinobrissus scutatus** (Lamarck), d'Orbigny, 1854.

Pl. 76 et pl. 77, fig. 1-5.

Echinites cordatus,	Lang, *Hist. lap. figur. Helvetiæ,* p. 320, pl. xxxv, fig. 1-2, 1708.
Echinobrissus elatior,	Breyn, *Schediasma de Echinis,* p. 63, pl. vi, fig. 3, 1732.
Spatangus depressus,	Leske, *Kleinii Nat. dispos. Echinodermatum,* p. 238, pl. li, fig. 1-2, 1778.
— —	Bruguière, *Tableau encycl. et méth. des trois régnes de la nat., Vers,* atlas, pl. cliv, fig. 5-6, 1791.
Nucleolites scutatus,	Lamarck, *Animaux sans vertèbres,* t. III, p. 36, 1816.
Clypeus,	Smith, *Strata identif. by organ. Foss.,* pl. Coral pisol., fig. 6, 1816.
—	Smith, *Strata syst. of organ. Foss.,* p. 54, 1817.
Echinites depressus,	Schlotheim, *Petrefakt.,* I, p. 313, 1820.
Nucleolites scutatus,	Parkinson, *Introd. to Study Foss., Org. Remains,* p. 126, 1822.
— —	Deslongchamps, *Encyclop. méth., Zoophytes,* t. II, p. 570, 1824.
— —	Defrance, *Dict. des sc. nat.,* t. XXV, p. 213, 1825.

Nucleolites scutatus,	Goldfuss, *Petref. Mus. univ. Borus. Rhen. Bonn*, t. I, p. 160, pl. XLIII, fig. 6, 1826.
Clypeus dimidiatus,	Phillips , *Geology of Yorkshire* , p. 127, pl. III, fig. 16, 1829.
Nucleolites écusson,	Blainville, *Zoophytes*, *Dict. des sc. nat.*, t. LX, p. 188, 1830.
Nucleolites depressa,	Blainville, *Manuel d'actinologie* , p. 206, atlas, pl. XVI, fig. 1, 1834.
Nucleolites scutata,	Agassiz, *Prod. d'une Monog. des Radiaires* , Mém. Soc. des sc. nat. de Neuchâtel, t. I, p. 186, 1836.
Nucleolites dimidiatus,	Agassiz, *id.*, 1836.
— —	Des Moulins , *Etudes sur les Ech. foss.*, p. 367, n° 25, 1837.
Nucleolites Goldfussi,	Des Moulins, *id.*, p. 369, n° 49 , 1837.
Nucleolites scutatus,	Agassiz, *Prod. d'une Monog. des Radiaires*, Ann. des sc. nat., Zoologie, t. VII, p. 279, 1837.
Nucleolites dimidiatus,	Agassiz, *id.*, 1837.
Nucleolites scutatus,	Agassiz , *Description des Échinod. foss. de la Suisse*, I, p. 45, pl. XII, fig. 19-21, 1839.
— —	Agassiz , *Catal. syst. Ectyp. foss. Mus. Neoc.*, p. 4, 1840.
Nucleolites Goldfussi,	Agassiz, *id.*, 1840.
Nucleolites paraplesius,	Agassiz, *id.*, 1840.
Nucleolites scutatus,	Dujardin in Lamarck, *Animaux sans vert.*, 2e édit., t. III, p. 343, 1840.
Nucleolites dimidiatus,	Dujardin in Lamarck, *id.*, 1840.
Nucleolites Goldfussi,	Dujardin in Lamarck, *id.*, p. 346, 1840.
Nucleolites dimidiatus,	Morris, *Catal. of Brit. Foss.*, p. 55, 1843.
Nucleolites scutatus,	Morris, *id.*
— —	Agassiz et Desor, *Catal. rais. des Échin.*, p. 95, 1847.
Nucleolites dimidiatus,	Agassiz et Desor, *id.*
— —	Bronn, *Index palæontologicus*, p. 818, 1848.
Nucleolites Goldfussi,	Bronn, *id.*

Nucleolites paraplesius,   Bronn, *Index palæontologicus,* p. 818, 1848.

Nucleolites scutatus,   Bronn, *id,* p. 819, 1848.

Nucleolites clunicularis (pars), Forbes, *Mem. of the Geolog. Survey, Echinodermata,* Desc. de la pl. IX, 1849.

Nucleolites dimidiatus,   Forbes, *id.,* p. 7, 1849.

Nucleolites scutatus,   D'Orbigny, *Prodrome de paléont. strat.,* t. 1, p. 379, 13e Ét., n° 505, 1850.

Nucleolites dimidiatus,   D'Orbigny, *id.,* n° 507.

Nucleolites scutatus,   Bronn, *Lethea geognostica,* t. II, p. 171, pl. XVII, fig. 13, a, b, c, 1851.

Nucleolites dimidiatus,   Wright, *On the Cassidulidæ of the Oolites,* p. 38, Annals and Magaz. of Nat. Hist., 1851.

Nucleolites scutatus,   Wright, *On new Spec. of Echinod. from the Lias and Ool.,* p. 25, Ann. and Magaz. of Nat. Hist., 1852.

   —   —   Giebel, *Deutschlands Petrefacten,* p. 322, 1852.

Echinobrissus scutatus,   D'Orbigny, *Note rectif. sur divers genres d'Échin.,* Rev. et Magas. de Zoologie, t. VI, p. 24, 1853.

Nucleolites scutatus,   Forbes in Morris, *Catal. of Brit. Foss.,* 2e édit., p. 84, 1854.

Echinobrissus scutatus,   Desor, *Synops. des Éch. foss.,* p. 267, 1857.

Nucleolites scutatus,   Pictet, *Traité de Paléont.,* 2e édit., t. IV, p. 217, 1857.

Nucleolites dimidiatus,   Pictet, *id.*

Echinobrissus elatior,   D'Orbigny, *Paléont. franc., Terr. crétacés,* t. VI, p. 392, 1857.

Echinobrissus scutatus,   D'Orbigny, *id.*

   —   —   Oppel, *Die Juraform. Englands, Frankreichs und des südwestlichen Deutschlands,* p. 609, 1858.

Echinobrissus dimidiatus,   Oppel, *id.*

Echinobrissus scutatus,   Cotteau et Triger, *Échin. du dép. de la Sarthe,* p. 129, pl. XXII, fig. 3-7, 1859.

   —   —   Wright, *A Monog. of Brit. Foss.,*

	Echinodermata, p. 346, pl. XXXVI, fig. 2, 1859.
Echinobrissus dimidiatus,	Wright, *id.*, p. 350, pl. XXVI, fig. 3.
Echinobrissus scutatus,	Etallon, *Paléontost. du Jura, Faune de l'Ét. corallien,* p. 18, 1860.
Echinobrissus Goldfussi,	Thurmann et Etallon, *Lethea Bruntrut.*, p. 300, pl. XXIV, fig. 4, 1862.
— —	H. Credner, *Gliederung der Oberjuraform. in N. — w. — Deutschl.,* p. 6, 12, 33, 1863.
Nucleolites scutatus,	Bonjour, *Catal. des foss. du Jura,* p. 28, 1864.
Echinobrissus Goldfussi,	Etallon, *Paléont. du Jura Graylois,* Mém. Soc. émul. du Doubs, 3ᵉ sér., t. VIII, p. 331, 1864.
Echinobrissus scutatus,	Seebach, *Der Hannoversche Jura,* p. 52 et 74, 1864.
— —	Schauroth, *Verzeichniss der Versteinerungen in Herz. nat. zu Coburg,* p. 142, 1865.
Echinobrissus scutatus,	Huxley et Etheridge, *Catal. of the Cell. of Foss. in the Museum of the Pract. Geol.*, p. 243, 1865.
Echinobrissus Goldfussi,	Greppin, *Etudes géol. sur le Jura suisse,* p. 71, 1867.
Nucleolites scutatus,	E. d'Eichwald, *Lethea Rossica,* p. 252, 1867.
Echinobrissus scutatus,	Guillier, *Notice géol. et agric. à l'appui des profils géol. des routes imp. de la Sarthe,* p. 29, 1868.
— —	Cotteau et Triger, *Échin. du dép. de la Sarthe, Desc. des fam. et des genres,* p. 420, 1869.
— —	Greppin, *Descript. géol. du Jur. Bernois,* p. 83, Matériaux pour la carte géol. de la Suisse, 8ᵉ livr., 1870.
— —	Desor et de Loriol, *Echinol. helvét.,* p. 315, pl. XLIX, fig. 8-10, 1871.

Type de l'espèce : P. 8.; P. 11. — Var. allongée, P. S.

Espèce de taille moyenne, quelquefois un peu allongée, le plus souvent aussi large que longue et presque carrée, arrondie en avant, sub-tronquée et émarginée en arrière; face supérieure plus ou moins bombée, toujours épaisse sur les bords; face inférieure pulvinée, concave au milieu. Sommet sub-central, rejeté un peu en avant. Aires ambulacraires pétaloïdes; aire ambulacraire antérieure droite et moins large que les autres, les postérieures plus longues et sub-flexueuses. Zones porifères composées, à la face supérieure, d'une rangée de pores allongés, transverses, sub-virgulaires, et d'une rangée interne de pores plus petits et arrondis. Au-dessus de l'ambitus les zones porifères se rétrécissent insensiblement; les pores deviennent plus petits, surtout dans la région infra-marginale; ils sont séparés par un renflement granuliforme et disposés par paires obliques et espacées. Aux approches du péristome, les paires de pores sont plus nombreuses, plus serrées, et offrent une tendance à se grouper par triples paires. Tubercules relativement assez développés, scrobiculés, très-abondants notamment vers l'ambitus et sur les bords de la face inférieure, moins nombreux autour du sommet et du péristome, avec cette différence qu'ils sont plus petits près du sommet et plus gros en se rapprochant de la bouche. Péristome assez grand, pentagonal, quelquefois sub-transverse, granuleux sur les bords, muni d'un floscelle à peine apparent, excentrique en avant, s'ouvrant dans une dépression sensible du test. Périprocte grand, elliptique, situé à la face supérieure, dans un sillon large, profond, qui s'ouvre aux deux tiers environ de l'espace compris entre le bord postérieur et le sommet, se rétrécit un peu, puis s'évase, et, tout en s'atténuant, échancre fortement l'ambitus. Ce sillon légèrement obtus à sa partie

supérieure est relié au sommet par une dépression qui,
dans certains exemplaires, disparaît complétement. Appareil apical un peu plus long que large ; les plaques génitales postérieures tantôt se touchent par le milieu, et tantôt paraissent séparées par une plaque complémentaire qui se développe sous la plaque madréporiforme.

Hauteur, 18 millimètres ; diamètre transversal et antéro-postérieur, 33 millimètres.

Variété allongée : hauteur, 17 millimètres ; diamètre transversal, 30 millimètres ; diamètre antéro-postérieur, 31 millimètres 1/2.

L'*E. scutatus* présente quelques variétés que je vais signaler : le type de l'espèce est remarquable par sa forme presque carrée, son diamètre transversal égal au diamètre antéro-postérieur, son périprocte obtus à la partie supérieure et relié au sommet par une dépression très-atténuée, souvent presque nulle. Associée au type se rencontre très-fréquemment une variété allongée, et dont le périprocte moins large et plus aigu à sa partie supérieure est relié au sommet par une dépression plus prononcée. Quelques auteurs, notamment MM. Forbes et Wright, ont fait de cette variété allongée le type de l'*E. dimidiatus* (*Clypeus dimidiatus*, Phillips). Je ne puis adopter cette opinion : j'ai sous les yeux un grand nombre d'exemplaires de l'*E. scutatus* provenant soit d'Angleterre, soit des localités de France où cette espèce est très-abondante ; la variété allongée et à périprocte plus étroit et plus aigu se rencontre fréquemment, mais les caractères qui la distinguent ne me paraissent pas suffisants pour en faire une espèce particulière ; nous trouvons des exemplaires intermédiaires qui établissent un lien entre les deux types, et nous engagent à les réunir, comme l'a fait M. Desor dans le *Synopsis des Échi-*

nides fossiles. Je ne m'explique pas du tout comment M. Forbes et plus tard M. Wright, en admettant que la variété allongée constituât une espèce distincte, ont pris le *Clypeus dimidiatus* de Phillips comme type de cette espèce, car l'échantillon que Phillips a figuré, par sa forme générale, par son sillon anal obtus et par l'absence complète de dépression unissant le périprocte au sommet, se rapproche bien plus de la variété quadrangulaire que de la variété allongée.

RAPPORTS ET DIFFÉRENCES. — L'*E. scutatus* est voisin par sa taille et sa forme générale de l'*E. clunicularis;* il s'en distingue par sa face supérieure moins élevée, moins déclive en arrière, beaucoup plus épaisse sur les bords, par son périprocte situé dans un sillon plus large, plus obtus, échancrant plus fortement le bord postérieur, et relié au sommet par une dépression bien moins prononcée, par sa face inférieure plus pulvinée, par son péristome transverse et plus développé, par ses tubercules plus gros et entourés d'un scrobicule plus apparent. Ce sont deux espèces bien distinctes qu'il n'est pas possible de confondre lorsqu'on les examine avec soin, et qui occupent du reste deux niveaux stratigraphiques bien différents. L'*E. scutatus* se rapproche également de l'*E. micraulus.* Cette dernière espèce cependant sera toujours reconnaissable, ainsi que nous l'avons dit plus haut, à sa forme plus allongée, moins épaisse sur les bords, moins pulvinée en dessous, à son péristome plus petit, et surtout à son périprocte s'ouvrant plus près du bord postérieur.

HISTOIRE. — Cette espèce, très-abondamment répandue en France et en Angleterre, paraît avoir été figurée, en 1708, par Lang sous le nom d'*Echinites cordatus*, en 1732, par Breyn sous le nom d'*Echinobrissus elatior*, et en 1778

par Leske sous celui d'*Echinites depressus*, ce qui n'a pas
empêché plus tard Lamarck de lui donner le nom de *scutatus* que la plupart des auteurs ont adopté. Comme les figures de Lang, de Breyn et de Leske peuvent laisser quelque incertitude, nous avons préféré conserver le nom
beaucoup plus répandu de *scutatus*. En 1829, Phillips
figure une variété de cette même espèce sous le nom de
Clypeus dimidiatus. Nous avons indiqué plus haut les motifs qui nous engagent à réunir le *Clypeus dimidiatus* à
l'*E. scutatus*. Le *Nucleolites Goldfussi*, établi en 1837 par
M. Des Moulins, confondu longtemps, à tort, avec l'*E.
microulus*, n'est également qu'une variété de l'*E. scutatus*;
il en est de même du *Nucleolites paraplesius*. En 1854,
d'Orbigny a replacé l'espèce qui nous occupe dans le
genre *Echinobrissus*, en lui donnant le nom d'*E. scutatus*,
qu'elle a conservé depuis.

LOCALITÉS. — Trouville , Villers-sur-Mer , Houlgate
(Calvados); Vesaignes (Haute-Marne); Hauteville (Côte-
d'Or); Launois (Ardennes); Ecommoy (Sarthe). Abondant.
Étage corallien infér.

Toutes les collections.

LOCALITÉS AUTRES QUE LA FRANCE. — Bullington, Filey-
Brig, Gristhorpe-Bay, Scarboroughcastle-Hill, Marcham,
Faringdon. Étage oxfordien supérieur (Lower calcareous
grit). — Calne, Malton. Étage corallien inférieur (coralline oolite). Abondant. Dévélier (Jura Bernois). Terrain à
chailles.

EXPLICATION DES FIGURES. — Pl. 76, fig. 1, *E. scutatus*, de
Trouville, de ma collection, vu de côté; fig. 2, face sup.;
fig. 3, face inf.; fig. 4, région anale; fig. 5, péristome
grossi ; fig. 6, tubercules de l'ambitus grossis; fig. 7, autre
exemplaire de petite taille, de ma collection, vu de côté;

fig. 8, face sup. ; fig. 9, région anale ; fig. 10, variété déprimée et à périprocte très-rapproché du sommet, de ma
collection, vue de côté ; fig. 11, face sup. ; fig. 12, région
anale. — Pl. 77, fig. 1, var. un peu allongée, de ma collection, de Trouville, vue sur la face sup. ; fig. 2, région anale ;
fig. 3, variété très-allongée (*E. dimidiatus*), de Trouville, de
ma collection, vue de côté ; fig. 4, face sup. ; fig. 5, appareil apical grossi.

N° 63. **Echinborissus Dumortieri**, Cotteau, 1871.

Pl. 77, fig. 6-9.

Espèce de très-petite taille, déprimée, allongée, arrondie
en avant, sub-rostrée en arrière ; face supérieure presque
plane, amincie dans la région postérieure ; face inférieure
concave au milieu. Sommet ambulacraire sensiblement
excentrique en avant. Aires ambulacraires pétaloïdes, à peu
près égales entre elles, les postérieures plus longues que
les autres. Zones porifères étroites, formées d'une rangée
externe de pores sub-virgulaires, et d'une rangée interne
de pores arrondis ; près du sommet, les deux rangées sont
composées de pores égaux et arrondis, et c'est seulement à
quelque distance du sommet que les pores de la rangée
externe prennent un aspect sub-virgulaire. L'étoile ambulacraire est relativement peu développée ; les pores cessent
d'être pétaloïdes assez loin de l'ambitus et se réduisent à
de petits pores microscopiques disposés par paires obliques et espacées. Tubercules très-apparents, abondants,
épars, fortement scrobiculés. Péristome presque central,
s'ouvrant dans une profonde dépression du test. Périprocte
placé à la face supérieure, aux trois cinquièmes environ

de l'espace situé entre le bord postérieur et le sommet,
dans un sillon large, profond, qui s'atténue rapidement au-
dessous du périprocte et n'entame point l'ambitus; le
sillon anal n'est relié au sommet par aucune trace de dépression. Appareil apical sub-quadrangulaire; pores génitaux très-apparents, les antérieurs plus rapprochés que
les deux autres.

Hauteur, 3 millimètres; diamètre transversal, 10 millimètres; diamètre antéro-postérieur, 12 millimètres.

Rapports et différences. — L'*E. Dumortieri* rappelle au
premier aspect, par sa physionomie générale, certaines espèces de *Nucleolites* du terrain crétacé inférieur, mais il
s'en distingue d'une manière positive par ses aires ambulacraires pétaloïdes, caractère qui le place parmi les
Echinobrissus, et non parmi les *Nucleolites*. L'espèce jurassique dont l'*E. Dumortieri* se rapproche le plus est l'*E.
Brodiei* de l'étage portlandien, mais cette dernière espèce
sera toujours reconnaissable à sa taille beaucoup plus forte,
à son sommet un peu moins excentrique en avant, à son
sillon anal se prolongeant jusqu'à l'ambitus qu'il entame
légèrement, à son étoile ambulacraire relativement plus
développée, à ses tubercu les plus gros, et munis d'un
scrobicule plus apparent.

Localité. — Montanges (Ain). Très-rare. Étage oxfordien supérieur. Dans un calcaire jaune inférieur à l'étage
corallien.

Coll. Dumortier.

Explication des figures. — Pl. 77, fig. 6, *E. Dumortieri*,
de la collection de M. Dumortier, vu de côté; fig. 7, face
supérieure; fig. 8, face inférieure; fig. 9, appareil apical
et portion de la face supérieure grossis.

N° 64. **Echinobrissus Letteroni**, Cotteau, 1870.

Pl. 77, fig. 10-14, et pl. 78, fig. 1-6.

Espèce de taille assez grande, allongée, arrondie en avant, sub-tronquée en arrière ; face supérieure plus ou moins renflée, ayant sa plus grande hauteur au point qui correspond au sommet apical, obliquement déclive dans la région postérieure ; face inférieure presque plane, sub-pulvinée, concave au milieu. Sommet ambulacraire sub-central, un peu rejeté en avant. Aires ambulacraires iné-gales, les postérieures sub-flexueuses et plus longues que les autres. Zones porifères étroites, formées d'une rangée externe de pores sub-virgulaires et d'une rangée interne de pores arrondis ; près du sommet les deux rangées sont composées de pores à peu près égaux, et la différence de structure ne devient sensible qu'à quelque distance ; les pores cessent d'être pétaloïdes, bien au-dessus de l'ambi-tus ; ils deviennent plus petits, égaux et sont disposés par paires espacées, obliques, souvent même presque droites ; autour du péristome les paires de pores se rap-prochent, se multiplient, et offrent une tendance assez prononcée à se grouper par triples paires. Tubercules abondants, serrés, épars, scrobiculés, surtout vers l'am-bitus et dans la région infra-marginale, plus rares et plus développés aux approches de la bouche. Péristome ex-centrique en avant, pentagonal, étoilé, muni d'un floscelle - apparent. Périprocte ovale, allongé, s'ouvrant à la face supérieure, aux deux tiers environ de l'espace compris entre le bord postérieur et le sommet, dans un sillon large, obtus, profond, qui se rétrécit un peu vers le milieu de son étendue, puis s'élargit, s'évase, s'atténue et échancre d'une

manière sensible l'ambitus. Aucune trace de dépression
ne relie l'appareil apical à la partie supérieure du sillon
anal. Appareil apical un peu allongé; pores génitaux arrondis, largement ouverts, les antérieurs plus rapprochés
que les deux autres; les plaques génitales postérieures se
touchent par le milieu; les plaques ocellaires postérieures sont anguleuses, déprimées et paraissent se joindre
par le milieu.

Hauteur, 13 millimètres; diamètre transversal, 34 millimètres; diamètre antéro-postérieur, 34 millimètres.

Variété plus petite et plus conique : hauteur, 15 millimètres; diamètre transversal, 21 millimètres; diamètre
antéro-postérieur, 24 millimètres.

Cette espèce est rare et varie cependant dans sa forme
qui est plus ou moins renflée en dessus. Dans un exemplaire
de petite taille que j'ai fait figurer, la face supérieure est sub-
conique comme dans certaines variétés de l'*E. clunicularis*.

RAPPORTS ET DIFFÉRENCES.—L'*E. Letteroni* offre beaucoup
de ressemblance avec les *E. scutatus, Icaunensis, Haimei*
et *Perroni;* cependant il ne nous a pas paru possible de le
réunir à aucune de ces espèces. Si la position de son périprocte, placé aux deux tiers de l'espace compris entre le
bord postérieur et le sommet, rapproche cette espèce de
l'*E. scutatus*, elle s'en distingue par l'absence complète
de dépression unissant le sillon anal à l'appareil apical,
par son étoile ambulacraire moins développée, sa face
supérieure moins épaisse sur les bords, sa face inférieure
beaucoup moins pulvinée. La position du périprocte
beaucoup plus rapproché du bord chez l'*E. Icaunensis*,
beaucoup plus rapproché du sommet chez l'*E. Haimei*,
sert à distinguer l'*E. Letteroni* de ces deux espèces qui
occupent du reste un niveau plus élevé. L'espèce la

plus voisine de l'*E. Letteroni* est l'*E. Perroni*, très-fréquent dans l'étage portlandien des environs de Gray; cette dernière espèce cependant sera reconnaissable à sa forme constamment plus déprimée, à son étoile ambulacraire plus grande et plus pétaloïde, à son sillon anal plus étroit et plus aigu.

J'ai dédié cette espèce à la mémoire de M. Letteron, modeste géologue de Tonnerre qui m'a procuré les échantillons que je viens de décrire, et que la mort a enlevé prématurément à ses utiles recherches.

LOCALITÉS. — Tonnerre (Yonne). Rare. Étage corallien sup. Coll. Rathier, ma collection.

EXPLICATION DES FIGURES. — Pl. 77, fig. 10, *E. Letteroni*, de ma collection, vu de côté; fig. 11, face sup.; fig. 12, face inf.; fig. 13, région anale; fig. 14, péristome grossi. — Pl. 78, fig. 1, variété de grande taille, de ma collection, vue de côté; fig. 2, face sup.; fig. 3, face inf.; fig. 4, région anale; fig. 5, appareil apical grossi; fig. 6, autre individu de grande taille, de ma collection.

N° 65. **Echinobrissus avellana**, Desor, 1867.

Pl. 78, fig. 7-12.

Echinobrissus avellana,	Desor in Mœsch, *Aargauer Jura*, p. 189 et 199, 1867.
— —	Greppin, *Descr. géol. du Jura Bernois*, p. 113, Mat. pour la carte géol. de la Suisse, 8ᵉ livr., 1870.
— —	Desor et de Loriol, *Echinol. helvét.*, p. 324, pl. L, fig. 8, 1871.

Espèce de petite taille, plus longue que large, arrondie et étroite en avant, sub-rostrée et un peu émarginée en

arrière ; face supérieure plus ou moins renflée, sub-tronquée et rapidement déclive dans la région postérieure ;
face inférieure sub-pulvinée sur les bords, plane en arrière,
un peu évidée en avant du péristome. Sommet ambulacraire excentrique en avant. Aires ambulacraires sub-pétaloïdes, inégales, les deux postérieures sub-flexueuses et
plus longues que les autres. Zones porifères étroites et cependant composées de pores sensiblement inégaux, les
externes transverses, allongés, les internes petits et arrondis. A une assez grande distance de l'ambitus, les
zones porifères perdent leur aspect pétaloïde ; les pores
se rapprochent, deviennent presque microscopiques et
forment des paires obliques qui s'espacent à la face inférieure et se multiplient autour de la bouche. Tubercules
petits, épars, sub-scrobiculés, serrés et abondants surtout
dans la région marginale, plus gros et plus espacés à la
face inférieure. Péristome excentrique en avant, sub-pentagonal, s'ouvrant dans une dépression assez prononcée de la
face inférieure. Périprocte sensiblement plus rapproché du
bord postérieur que du sommet, situé dans un sillon très-
court, profond, sub-triangulaire, qui s'évase, s'atténue et
échancre légèrement l'ambitus. Aucune trace de sillon
ou de canal ne relie à l'appareil apical la partie supérieure
du périprocte.

Hauteur, 10 millimètres ; diamètre transversal, 17 millimètres ; diamètre antéro-postérieur, 20 millimètres.

Rapports et différences. — Cette jolie espèce sera toujours facilement reconnaissable à sa petite taille, à sa
forme allongée, à son sommet ambulacraire excentrique
en avant, à sa face inférieure plane en arrière, légèrement
évidée en avant, à son périprocte sub-triangulaire et rapproché du bord, à ses zones porifères étroites et qu'on

prendrait, au premier aspect, pour celles d'un véritable *Nucleolites*, et qui cependant sont composées de pores inégaux et conjugués par un sillon.

LOCALITÉ. — Les Grandes carrières près Dôle (Jura); assez rare. Etage oxfordien.

Coll. Jourdy (Ecole des mines).

LOCALITÉS AUTRES QUE LA FRANCE. — Aarburg, Born, Wangen, Hägendorf, Egerkingen et Oberbuchsilen (Suisse). Etages ptérocérien et séquanien (Mœsch).

EXPLICATION DES FIGURES. — Pl. 78, fig. 7, *E. avellana*, de la coll. de M. Jourdy, vu de côté; fig. 8, face sup.; fig. 9, face inf.; fig. 10, région anale; fig. 11, appareil apical et aires ambulacraires grossis; fig. 12, péristome grossi.

N° 66. **Echinobrissus Bourgueti**, Desor, 1858.

Pl. 79, fig. 1-6.

Echinobrissus Bourgueti,	Desor, *Synops. des Ech. fossiles*, p. 264, 1858.
Echinobrissus gracilis, (Desc. non icon.)	Etallon, *Lethea Bruntrutana*, p. 299, 1862.
— —	Etallon, *Paléont. du Jura Graylois*, p. 444, 1864.
— —	Greppin, *Essai géol. sur le Jura Suisse*, p. 87, 1867.
— —	Jaccard, *Desc. géol. du Jura Vaudoi, et Neuchâtelois*, p. 200, Mat. pour la carte géol. de la Suisse, 6ᵉ livr., 1868.
— —	Greppin, *Desc. géol. du Jura Suisse*, p. 105, Mat. pour la carte géol. de la Suisse, 8ᵉ livr., 1870.
Echinobrissus Bourgueti,	Desor et de Loriol, *Echinol. helvét.*, p. 320, pl. L, fig. 7, 1871.

Espèce de taille moyenne, un peu plus longue que large, arrondie en avant, tronquée et légèrement émarginée au bord postérieur; face supérieure renflée en avant, obliquement déclive en arrière, épaisse sur les bords; face inférieure presque plane, sub-concave au milieu, sub-pulvinée sur les bords. Sommet ambulacraire excentrique en avant. Aires ambulacraires pétaloïdes, inégales; aire ambulacraire antérieure plus droite et un peu moins large que les autres, les deux aires postérieures plus longues, plus flexueuses et sensiblement recourbées à leur partie supérieure. Zones porifères assez larges et cessant d'être pétaloïdes à une assez grande distance de l'ambitus, composées d'une rangée externe de pores allongés, étroits, transverses, et d'une rangée interne de pores arrondis. Au-dessus de l'ambitus les pores deviennent beaucoup plus petits et sont rangés en lignes régulières, par paires obliques assez serrées, et qui se multiplient près du péristome. Tubercules épars, inégaux, espacés et à peine scrobiculés à la face supérieure, plus serrés, plus abondants et munis d'un scrobicule plus apparent vers l'ambitus et dans la région infra-marginale, plus rares et plus développés en se rapprochant de la bouche. Péristome excentrique en avant, assez large, pentagonal, dépourvu de floscelle, granuleux sur les bords, s'ouvrant dans une dépression profonde de la face inférieure. Périprocte ovale, allongé, placé très-près du sommet, dans un sillon profond, étroit, qui s'évase, s'atténue et échancre un peu l'ambitus; l'espace qui sépare le sillon anal du sommet ambulacraire est déprimé et de quelques millimètres à peine. Appareil apical un peu allongé, sub-pentagonal; pores génitaux arrondis, largement ouverts, les deux antérieurs beaucoup plus rapprochés que les deux autres. Les deux plaques génitales postérieures ne se touchent point par le milieu et paraissent séparées par une plaque complémentaire qui s'étend au-dessous de la plaque madréporiforme. Cette même plaque complémentaire, en se prolongeant, paraît également ment séparer les deux petites plaques postérieures.

Hauteur, 10 millimètres; diamètre transversal, 17 millimètres; diamètre antéro-postérieur, 19 millimètres.

RAPPORTS ET DIFFÉRENCES. — Cette espèce est facilement reconnaissable à sa forme allongée, arrondie en avant, tronquée en arrière, à sa face supérieure renflée et obliquement déclive dans la région postérieure, à son sillon anal étroit, profond et remontant près du sommet. Par sa physionomie générale cette espèce se rapproche beaucoup de certaines variétés de l'*E. clunicularis* de l'étage bathonien, mais elle en diffère par ses bords plus renflés, son sillon anal plus obtus et remontant beaucoup plus près du sommet.

HISTOIRE. — Cette espèce a été mentionnée, pour la première fois, en 1858, par Desor, dans le *Synopsis des Echinides fossiles.* Elle a été depuis décrite et figurée avec détail par MM. Desor et de Loriol dans l'*Echinologie helvétique.* Nous partageons l'avis de M. de Loriol qui rapporte à l'*E. Bourgueti* l'espèce décrite par M. Étallon, dans le *Lethea Bruntrutana,* sous le nom d'*E. gracilis.*

LOCALITÉS. — Alpreck (Pas-de-Calais). Rare. Etage portlandien? Rœdersdorf (Haut-Rhin). Rare. Etage séquanien?

Coll. Pellat.

LOCALITÉS AUTRES QUE LA FRANCE. — La Baume près le Locle (Neuchâtel), Blauen, Porrentruy, Montchaibeux (Jura Bernois). Rare. Etage séquanien.

EXPLICATION DES FIGURES. — Pl. 79, fig. 1, *E. Bourgueti,*

de la coll. de M. Pellat, vu de côté ; fig. 2, face sup. ;
fig. 3, face inf. ; fig. 4, région anale ; fig. 5, péristome
grossi ; fig. 6, individu type, provenant de la Baume près
le Locle (Neuchâtel), déjà figuré dans l'*Echinologie helvétique*.

N° 67. **Echinobrissus Kimmeridgensis**, Cotteau, 1872.

Pl. 79, fig. 7-12.

Echinobrissus gracilis (pars),   Etallon, *Lethea Bruntrutana*, p. 299,
      (Icon. non desc.)   pl. LXIV, fig. 5, 1864.

Espèce de taille moyenne, plus longue que large, arrondie et un peu étroite en avant, légèrement dilatée et sub-
rostrée en arrière ; face supérieure médiocrement renflée,
déclive et amincie dans la région postérieure ; face inférieure presque plane, sub-concave aux approches de la
bouche. Sommet ambulacraire presque central. Aires ambulacraires sub-pétaloïdes, inégales, les deux postérieures
plus allongées que les autres. Zones porifères étroites, composées de pores presque égaux ; cependant ceux de la rangée externe sont un peu plus allongés, plus ovales et paraissent plus ouverts ; aussi les zones porifères ont-elles,
malgré leur étroitesse, un aspect pétaloïde. A une assez
grande distance au-dessus de l'ambitus, les pores se rapprochent, deviennent beaucoup plus petits et forment des
paires obliques qui s'espacent à la face inférieure et se
multiplient autour du péristome. Tubercules petits, épars,
sub-scrobiculés, plus gros et plus espacés autour de la
bouche. Péristome très-excentrique en avant, pentagonal,

placé dans une dépression de la face inférieure, entouré d'un rudiment de floscelle. Périprocte allongé, s'ouvrant dans une dépression profonde qui commence à peu de distance du sommet, puis s'évase et s'atténue en se rapprochant du bord ; un petit canal unit le sillon anal au périprocte. Appareil apical un peu allongé ; plaque madréporiforme légèrement saillante ; pores génitaux allongés, les deux antérieurs beaucoup plus rapprochés que les deux autres.

Hauteur, 15 millimètres ; diamètre transversal, 27 millimètres ; diamètre antéro-postérieur, 31 millimètres.

RAPPORTS ET DIFFÉRENCES. — Cette espèce, par sa forme allongée, étroite et arrondie en avant, sub-rostrée et amincie en arrière, rappelle certaines variétés de l'*E. Terquemi ;* elle s'en distingue cependant d'une manière positive par sa forme générale plus sensiblement rostrée dans la région postérieure, par son sommet ambulacraire plus central, par son péristome plus excentrique en avant, et surtout par ses aires ambulacraires moins pétaloïdes, par ses zones porifères plus étroites et formées à la face supérieure de pores presque égaux. Cette espèce est également voisine de l'*E. Bourgueti ;* elle en diffère par sa forme plus aplatie et plus sensiblement rostrée en arrière, son sommet moins excentrique en avant, son sillon anal plus large et moins caréné sur les bords, sa face inférieure plus plane et moins pulvinée. L'espèce dont l'*E. Kimmeridgensis* paraît se rapprocher le plus est l'*E. gracilis* dont M. de Loriol a tout récemment très-bien fixé les caractères dans l'*Echinologie helvétique ;* mais cette espèce est parfaitement reconnaissable à sa forme allongée, à l'excentricité très-prononcée de son sommet ambulacraire et de son péristome, à ses aires ambulacraires très-grêles et à peine

pétaloïdes, à ses zones porifères composées de pores presque égaux dans les deux rangées. Etallon, dans le *Lethea
Bruntrutana*, a figuré, sous le nom d'*E. gracilis*, un
exemplaire qui, en raison de la longueur de ses aires ambulacraires, ne saurait être rapporté à cette dernière espèce, et qui pourrait bien appartenir à notre *E. Kimmeridgensis*. L'exemplaire que nous figurons fait partie du
musée de Strasbourg.

LOCALITÉ. — Rœdersdorf (Haut-Rhin). Très-rare. Terrain
jurass. sup. (Kimméridgien).

Musée de Strasbourg, coll. Perron.

EXPLICATION DES FIGURES. — Pl. 79, fig. 7, *E. Kimmeridgensis*, du musée de Strasbourg, vu de côté; fig. 8, face
sup.; fig. 9, face inf.; fig. 10, région anale; fig. 11,
appareil apical grossi; fig. 12, autre exemplaire, de la coll.
de M. Perron, vu sur la face supérieure.

N° 68. — **Echinobrissus Icaunensis** (Cotteau), Desor, 1857.

Pl. 80, fig. 1-6.

Nucleolites Icaunensis,	Cotteau, *Echin. de l'Yonne*, t. I, p. 326, pl. XLV, fig. 6-8, 1856.
Echinobrissus Icaunensis,	Desor, *Synops. des Echin. foss.*, p. 268, 1857.
— —	Wright, *Monog. of Brit. Foss.*, *Echinod. Oolith.*, p. 359, Mem. pal. Soc. of London, 1859.
— —	Waagen, *Die Juraformat. in Frankenr.*, p. 203, 1864.
— —	Etallon, *Paléont. du Jura Graylois*, p. 1864.

Echinobrissus Icaunensis,   Desor et de Loriol, *Echinol. helvét.*
p. 318, pl. L, fig. 3, 1871.

Espèce de taille moyenne, oblongue, allongée, arrondie
et rétrécie en avant, un peu dilatée et sub-tronquée en
arrière ; face supérieure légèrement renflée, sub-déclive
dans la région antérieure ; face inférieure presque plane,
sub-concave autour du péristome, épaisse sur les bords.
Sommet ambulacraire sub-central, un peu excentrique en
avant. Aires ambulacraires relativement assez larges, inégales, les deux postérieures plus longues et plus flexueuses
que les autres. Zones porifères très-étroites et formées de
pores presque égaux. Péristome pentagonal, rapproché du
bord antérieur, s'ouvrant dans une dépression assez sensible du test. Périprocte large, placé à la naissance d'un
sillon court, arrondi à sa partie supérieure, commençant
à moitié environ de l'espace compris entre le sommet et
le bord postérieur et échancrant à peine l'ambitus. Aucune
dépression ne relie le sillon anal à l'appareil apical.

Hauteur, 13 millimètres ; diamètre transversal, 21 millimètres ; diamètre antéro-postérieur, 25 millimètres.

Individu de petite taille : hauteur, 9 millimètres ; diamètre transversal, 16 millimètres ; diamètre antéro-postérieur, 18 millimètres.

RAPPORTS ET DIFFÉRENCES. — Cette espèce est voisine des
E. scutatus et *micraulus;* elle se distingue du premier
par sa forme plus oblongue, moins épaisse et moins carrée, par sa face inférieure moins pulvinée, moins déprimée autour de la bouche, et surtout par son sillon anal
plus éloigné du sommet et entamant moins profondément
le bord postérieur. Sa forme générale rétrécie en avant,
un peu dilatée en arrière, rapproche peut-être davantage
l'*E. Icaunensis* de l'*E. micraulus,* mais il s'en distingue

certainement par sa forme plus allongée, ses aires ambulacraires plus larges et moins pétaloïdes, et surtout par son
sillon anal plus étendu, s'ouvrant moins près du bord postérieur. Voisin également des *E. Letteroni* de l'étage corallien et *E. Perroni* de l'étage portlandien, l'*E. Icaunensis*
diffère du premier par sa face supérieure moins élevée, ses
aires ambulacraires moins pétaloïdes, son périprocte plus
rapproché du bord. Quant à l'*E. Perroni*, il sera toujours
facilement reconnaissable à sa forme constamment plus déprimée, à son étoile ambulacraire plus grande et plus pétaloïde, et surtout à son sillon anal plus étroit et plus aigu.

LOCALITÉS. — Tonnerre (Yonne). Rare. Etage Kimméridgien.

Coll. Rathier, de Loriol.

LOCALITÉS AUTRES QUE LA FRANCE. — Aarau (Suisse). Très-
rare. Couches à *Hemicidaris crenularis*. Terrain à chailles.

EXPLICATION DES FIGURES. — Pl. 80, fig. 1, *E. Icaunensis*,
de la coll. de M. Rathier, vu de côté; fig. 2, face sup. ;
fig. 3, face inf. (ces trois figures copiées dans les *Echin.
de l'Yonne*, pl. XLV, fig. 5-7) ; fig. 4, autre individu plus jeune,
de la coll. de M. de Loriol, vu de côté; fig. 5, face sup.;
fig. 6, face inf.

N° 69. — **Echinobrissus major** (Agassiz), d'Or-
bigny, 1854.

Pl. 80, fig. 7-12.

Nucleolites major,	Agassiz, *Echinod. suisses*, I, p. 46, pl. VII, fig. 23-24, 1839.
— —	Agassiz, *Cat. Ectyp. Mus. Neoc.*, p. 3, 1840.
— —	Agassiz et Desor, *Catal. rais. des Ech.*, p. 96, 1847.

Nucleolites major,   Bronn, *Index palœont.*, p. 818, 1848.
— —   D'Orbigny, *Prod. de paléont. strat*,
                                  t. II, p. 54, ét. 15, n° 186, 1850.
Echinobrissus major,   D'Orbigny, *Note rectif. sur divers
                                  genres d'Echin.*, Revue et Magas.
                                  de zoologie, 2° sér., t. VI, p. 24,
                                  1854.
— —   D'Orbigny, *Paléont. franç., Terrains
                                  crétacés*, t. VI, n° 393, 1855.
— —   Desor, *Synops. des Echin. foss.*,
                                  p. 264, 1857.
— —   Oppel, *Die Juraform. Englands*, etc.,
                                  p. 716, 1858.
— —   Wright, *Monog. of Brit. Foss., Echi-
                                  nod. Ool.*, p. 357, 1859.
Nucleolites major,   Etallon, *Rayonnés de Montbéliard*,
                                  p. 10 et 13, 1860.
Echinobrissus major,   Etallon, *Lethea Bruntrutana*, p. 299,
                                  pl. LIV, fig. 3, 1862.
Nucleolites major,   Bonjour, *Géol. strat. du Jura*, p. 12,
                                  1863.
— —   Bonjour, *Catal. des foss. du Jura*,
                                  p. 15, 1864.
Echinobrissus major,   Credner, *Die Pteroceras-Schichten um
                                  Hannover*, Zeitschr. der deutschen
                                  geol. Gesellschaft, t. XVI, p. 241,
                                  1864.
— —   Waagen, *Die Juraformation in Fran-
                                  kenr.*, etc., p. 223, 1864.
— —   Ogérien (frère), *Hist. nat. du Jura*,
                                  t. I, Géologie, p. 620, 1867.
— —   Greppin, *Essai géol. sur le Jura
                                  Suisse*, p. 87, 1867.
— —   Greppin, *Descr. géol. du Jura Ber-
                                  nois*, p. 103, Matér. pour la carte
                                  géol. de la Suisse, 8° livr., 1870.
— —   Desor et de Loriol, *Echinol. helvét.*,
                                  p. 319, pl. L, fig. 4-6, 1871.

Espèce de taille moyenne, plus longue que large, étroite
et arrondie en avant, un peu dilatée et sub-tronquée en

arrière ; face supérieure renflée, épaisse sur les bords, assez
régulièrement convexe ; face inférieure sub-pulvinée, concave autour de la région buccale, fortement émarginée en
arrière. Sommet ambulacraire presque central. Aires ambulacraires larges, à peine pétaloïdes, inégales, les postérieures
un peu plus longues que les autres. Zones porifères étroites,
composées d'une rangée externe de pores un peu allongés et
sub-transverses et d'une rangée interne de pores plus petits
et arrondis, sans que cependant la différence entre les
deux rangées soit très-apparente. A une assez grande distance
de l'ambitus, les zones porifères cessent d'être pétaloïdes
et les pores deviennent très-petits, simples et disposés par
paires obliques. Autour du péristome, ils se multiplient,
se groupent par triples paires, comme dans les *Clypeus,* et
forment un floscelle très-nettement accusé. Tubercules
scrobiculés, partout serrés et abondants, un peu plus développés à la face inférieure. Péristome pentagonal, très-enfoncé, plus excentrique en avant que le sommet ambulacraire. Périprocte étroit, allongé, aigu, s'ouvrant près du
sommet, dans un sillon profond, largement évasé, arrondi
sur les bords, échancrant fortement l'ambitus et donnant à
la face postérieure un aspect bilobé très-remarquable. Appareil apical granuleux, allongé ; la plaque madréporiforme
n'est pas très-développée ; les deux plaques génitales postérieures et les deux petites plaques ocellaires, en contact
par le milieu, ne paraissent séparées par aucune plaque
complémentaire.

Hauteur, 16 millimètres ; diamètre transversal, 29 millimètres ; diamètre antéro-postérieur ; 32 millimètres 1/2.

RAPPORTS ET DIFFÉRENCES. — L'*E. major* présente, au premier aspect, beaucoup de ressemblance avec l'*E. triangularis* de l'étage bathonien ; il s'en distingue par ses aires

ambulacraires moins pétaloïdes, son péristome entouré d'un floscelle beaucoup plus apparent, son sillon anal moins triangulaire, arrondi et non caréné sur les bords. L'*E. major* rappelle également certaines variétés de grande taille de l'*E. clunicularis*, mais il en diffère d'une manière positive par son périprocte plus rapproché du sommet, son ambitus plus épais, son péristome plus enfoncé et muni d'un floscelle plus apparent, et par l'aspect bilobé de la face postérieure.

LOCALITÉ. — Porrentruy. Très-rare. Etage Kimméridgien. — Cette espèce n'a pas encore été rencontrée en France, mais la localité d'où elle provient est si rapprochée que nous n'avons pas hésité à la comprendre dans notre travail.

Musée de Strasbourg.

LOCALITÉS AUTRES QUE LA FRANCE. — Suisse : Laufen (Jura Bernois); Oberbuchsitten (Soleure); Dettighofen (Argovie). Rare. Etage séquanien.

EXPLICATION DES FIGURES. — Pl. 80, fig. 7, *E. major*, du musée de Strasbourg, vu de côté; fig. 8, face sup.; fig. 9, face inf.; fig. 10, région anale; fig. 11, appareil apical et partie supérieure de l'aire ambulacraire antérieure grossis; fig. 12, péristome grossi.

N° 70. **Echinobrissus Brodiei**, Wright, 1850.

Pl. 81.

Echinobrissus Brodiei,	Wright, *Monog. of the Brit. Foss.*, *Echinod. Ool.*, p. 352, pl. XXXV, fig. 1, et pl. XLIII, fig. 3, 1850.
— —	De Loriol, *Monog. de l'étage portlandien de Boulogne-sur-Mer*, p. 118, pl. 11, fig. 18, 1866.

Echinobrissus Brodiei,   De Loriol, in de Loriol Royer et
Tombeck, *Monog. des étages sup. de
la form. jurassique du dép. de la
Haute-Marne*, p. 451, 1872.

Espèce de taille moyenne, sub-circulaire, un peu plus
longue que large, étroite et arrondie en avant, dilatée
et sub-rostrée en arrière ; face supérieure irrégulièrement
convexe, ordinairement déprimée, quelquefois renflée
et sub-conique, déclive en arrière, ayant sa plus grande
hauteur au point qui correspond au sommet ambulacraire ;
face inférieure sub-concave, ondulée et un peu pulvinée,
amincie sur les bords ; sommet ambulacraire légèrement
excentrique en avant. Aires ambulacraires pétaloïdes,
inégales ; aire ambulacraire antérieure plus droite et un
peu moins large que les autres, les deux aires postérieures
plus longues et un peu plus flexueuses. Zones porifères
relativement assez larges, composées d'une rangée de
pores sub-virgulaires, transverses, et d'une rangée interne
de pores plus petits et arrondis ; un peu au-dessus de
l'ambitus et à la face inférieure, ces pores deviennent
beaucoup plus petits, et sont disposés par paires obliques
et espacées qui paraissent se multiplier près du péristome.
Tubercules épars, de petite taille, inégaux à la face
supérieure, plus serrés, plus développés et munis d'un
scrobicule plus apparent vers l'ambitus et dans la région
infra-marginale. Péristome excentrique en avant, sub-
pentagonal, placé dans une dépression profonde de la face
inférieure. Périprocte ovale, allongé, s'ouvrant aux deux
tiers environ de l'espace compris entre le bord postérieur
et l'appareil apical, à la partie supérieure d'un sillon large,
profond, aigu au sommet, qui s'évase, s'atténue et échan-

cre d'une manière assez sensible l'ambitus. Aucune trace de dépression ne relie le sillon anal au sommet ambulacraire. Appareil apical sub-circulaire ; pores génitaux arrondis et très-ouverts, les deux antérieurs plus rapprochés que les deux autres. Plaque madréporiforme très-grande, s'étendant au milieu de l'appareil et séparant complétement les deux plaques génitales postérieures ; les deux plaques ocellaires postérieures sont relativement assez développées et paraissent se toucher par le milieu.

Hauteur, 9 millimètres ; diamètre transversal, 21 millimètres ; diamètre antéro-postérieur, 22 millimètres.

Variété sub-conique : hauteur, 12 millimètres ; diamètre transversal, 20 millimètres ; diamètre antéro-postérieur, 22 millimètres.

Variété de grande taille : hauteur, 13 millimètres ; diamètre transversal, 27 millimètres ; diamètre antéro-postérieur, 29 millimètres.

Cette espèce, bien que constante dans sa forme générale, éprouve quelques variations qu'il me paraît utile d'indiquer : la face supérieure ordinairement déprimée affecte, dans certains exemplaires, un aspect sub-conique et renflé ; le sillon anal est le plus souvent large et obtus à sa partie supérieure. Dans quelques individus cependant, il est plus aigu et s'évase alors d'une manière plus sensible. La face inférieure est aussi plus ou moins concave. La taille varie également beaucoup, et nous sommes d'accord avec M. de Loriol pour rapporter à cette même espèce un exemplaire que M. Tombeck a recueilli dans la Haute-Marne, et dont le diamètre antéro-postérieur est de plus de 30 millimètres.

RAPPORTS ET DIFFÉRENCES. — Cette espèce sera toujours

reconnaissable à sa forme allongée, arrondie et étroite en avant, dilatée et sub-rostrée en arrière, à sa face supérieure peu élevée et amincie sur les bords, à la grandeur de son péristome, à son sillon anal large, obtus et atténué vers le bord, à son appareil apical muni d'une plaque madréporiforme sub-circulaire et très-développée. L'*E. Brodiei* présente, au premier aspect, quelques rapports avec l'*E. Perroni*, Etallon, qu'on rencontre également dans l'étage portlandien ; il s'en distingue par sa forme moins carrée et sub-rostrée en arrière, par sa face supérieure moins déprimée au milieu et moins renflée sur les bords, par son sillon anal plus large et plus obtus. Ainsi que le fait remarquer M. de Loriol, nos échantillons de France diffèrent un peu de la figure que M. Wright a donnée de cette espèce, par leur forme plus dilatée en arrière, et aussi par leur sillon anal plus éloigné du bord. Ces différences cependant ne nous paraissent pas suffisantes pour faire de nos exemplaires une espèce distincte.

Localités. — Falaise de la Tour de Croi près Boulogne (Pas-de-Calais) ; Hodeng, Mesnil-Mauger, St Saire (Seine-Inférieure) ; Nully (Haute-Marne) ; Flacé (Côte-d'Or) ; Auxerre (Yonne). Assez rare. Etage portlandien.

Coll. de la Sorbonne, Pellat, Morel, Michelot, Tombeck, Marion, ma collection.

Localités autres que la France. — Brill, Buckinghamshire (Angleterre). Rare. Oolite de Portland.

Explication des figures. — Pl. 81, fig. 1, *E. Brodiei*, de la Haute-Marne, de la coll. Tombeck, variété de grande taille, vue sur la face sup. ; fig. 2, autre exempl. de ma coll., vu de côté ; fig. 3, face sup. ; fig. 4, appareil apical et portion de la face supérieure grossis ; fig. 5, exempl. de la Haute-Marne, de la coll. de M. Perron, var. sub-conique, vu de côté ; fig. 6, face sup. ; fig. 7, face inf. ; fig. 8, région anale ; fig. 9, exempl. de Boulogne, de la coll. de M. Pellat, vu de côté ; fig. 10, face sup. ; fig. 11, face inf. ; fig. 12, région anale ; fig. 13, péristome grossi.

N° 71. **Echinobrissus Perroni**, Etallon, 1860.

Pl. 82.

Echinobrissus Perroni,	Etallon, in *coll.*, 1860.
— —	Cotteau, *Note sur les Ech. portlandiens de la Haute-Saône,* Bull. Soc. géol. de France, 2ᵉ sér., t. XVII, p. 866, 1860.
— —	Etallon, *Paléont. du Jura Graylois,* Mém. Soc. d'émul. du Doubs, 3ᵉ sér., t. VIII, p. 480, 1864.
— —	De Loriol, in de Loriol, Royer et Tombeck, *Monog. des étages sup. de la form. jurassique du dép. de la Haute-Marne,* p. 454, pl. xxvi, fig. 28, 1872.

Espèce de taille moyenne, allongée, à peu près d'égale largeur sur toute sa longueur, arrondie en avant, sub-tronquée en arrière ; face supérieure relativement très-déprimée, épaisse sur les bords, ayant ordinairement sa plus grande hauteur un peu en arrière du sommet ; face inférieure concave autour du péristome, plane et amincie en arrière, légèrement déprimée en avant. Sommet ambulacraire excentrique en avant. Aires ambulacraires pétaloïdes. Aire ambulacraire antérieure plus droite et un peu moins large que les autres, les deux aires postérieures plus longues et un peu recourbées à leur partie supérieure. Zones porifères relativement assez larges et cessant d'être pétaloïdes à

quelque distance du bord, composées d'une rangée externe de pores allongés, étroits, transverses, et d'une rangée
interne de pores arrondis. Vers l'ambitus et à la face
inférieure, ces pores deviennent beaucoup plus petits et
paraissent disposés par paires obliques et espacées qui se
resserrent et se multiplient un peu près du péristome. Tubercules épars, inégaux, toujours sub-scrobiculés, abondants surtout vers l'ambitus et dans la région infra-marginale, plus rares et plus développés en se rapprochant
de la bouche. Péristome excentrique en avant, assez large,
sub-pentagonal, dépourvu de floscelle, s'ouvrant dans une
dépression profonde de la face inférieure. Périprocte
o ale, allongé, placé aux deux tiers environ de l'espace
compris entre le bord postérieur et le sommet apical,
à la partie supérieure d'un sillon large, profond, obtus,
qui s'évase, s'atténue et échancre à peine l'ambitus. Aucune trace de dépression ne relie le sillon anal au sommet
ambulacraire. Appareil apical sub-circulaire. Pores génitaux ovales, très-ouverts, les deux antérieurs plus rapprochés que les deux autres. Plaque madréporiforme assez
grande, saillante, se prolongeant au milieu de l'appareil
et séparant complétement les deux plaques génitales postérieures. Les deux plaques ocellaires postérieures, relativement assez développées, paraissent se toucher par le
milieu.

Hauteur, 13 millimètres; diamètre transversal, 27 millimètres ; diamètre antéro-postérieur, 30 millimètres.

Individu jeune : hauteur, 8 millimètres ; diamètre transversal, 15 millimètres ; diamètre antéro-postérieur, 16 millimètres 1/2.

Rapports et différences. — Cette espèce, par la position
de son périprocte s'ouvrant aux deux tiers de l'espace com-

pris entre le bord postérieur et l'appareil apical, se rapproche des *E. Letteroni, Brodiei* et *Haimei ;* elle s'en distingue cependant d'une manière assez nette par sa face supérieure très-déprimée en dessus et épaisse sur les bords, par sa forme aussi large en avant qu'en arrière, par sa face inférieure amincie et très-plane surtout dans la région postérieure.

Localités. — Gray-la-Ville, Botterans (Haute-Saône). Assez abondant. Etage portlandien.

Collection Perron, ma collection.

Explication des figures. — Pl. 82, fig. 1, *E. Perroni*, de ma collection, vu de côté ; fig. 2, face sup. ; fig. 3, face inf. ; fig. 4, région anale ; fig. 5, péristome grossi ; fig. 6, individu jeune, de la collection de M. Perron, vu de côté ; fig. 7, face sup. ; fig. 8, face inf. ; fig. 9, individu de grande taille, de ma collection, vu de côté ; fig. 10, face sup. ; fig. 11, face inf. ; fig. 12, région anale ; fig. 13, appareil apical et portion de la face supérieure grossis.

N° 72. — **Echinobrissus Haimei**, Wright, 1855.

Pl. 83, fig. 1-6.

Echinobrissus Haimei,	Wright, *Monog. of the Brit. Foss., Echinod. Ool.*, p. 98, 1855.
— —	Rigaux, *Note strat. sur le Bas-Boulonnais*, p. 25, 1865.
— —	De Loriol, in de Loriol et Pellat, *Monog. paléont. du portlandien des environs de Boulogne-sur-mer*, p. 119, 1866.
— —	De Loriol, in de Loriol et Cotteau, *Monog. paléont et géol. de l'étage*

<table>
<tr><td></td><td>portlandien du dép. de l'Yonne ,
p. 219, pl. xiv, fig. 10, 1868.</td></tr>
<tr><td>Echinobrissus Haimei,</td><td>De Loriol, in de Loriol, Royer et
Tombeck, Monog. des étages sup.
de la form. jurassique du dép. de la
Haute-Marne, p. 455, 1872.</td></tr>
</table>

Espèce de petite taille, sub-circulaire, un peu plus longue que large, arrondie en avant, légèrement tronquée en
arrière; face supérieure médiocrement renflée, sub-con-
vexe, assez brusquement déclive dans la région postérieure; face inférieure plane, sub-pulvinée, concave autour
du péristome. Sommet ambulacraire un peu excentrique
en avant. Aires ambulacraires à peine pétaloïdes, inégales,
les postérieures plus longues et plus flexueuses que les
autres. Zones porifères étroites, formées de pores à peine
distincts dans tous les exemplaires que nous avons sous
les yeux. Péristome pentagonal, très-excentrique en avant,
s'ouvrant au milieu d'une dépression de la face inférieure.
Périprocte allongé, aigu à sa partie supérieure, placé à
la naissance d'un sillon étroit, profond, qui se resserre un
peu au-dessus du périprocte, puis s'évase, s'atténue et
échancre très-légèrement l'ambitus; le sillon anal n'est relié
à l'appareil apical par aucune trace de dépression, et occupe environ les deux tiers de l'espace compris entre le
sommet et le bord postérieur.

Hauteur, 9 millimètres; diamètre transversal, 19 millimètres 1/2; diamètre antéro-postérieur, 21 millimètres.

Rapports et différences. — Cette petite espèce se place
dans le voisinage des E. scutatus, Icaunensis et Brodiei;
elle sera toujours assez facilement reconnaissable à sa forme
ovale et médiocrement renflée, à ses aires ambulacraires

à peine pétaloïdes, à son péristome très-excentrique en avant, et surtout à son sillon anal étroit, profond, aigu à sa partie supérieure, et qui se resserre un peu avant de s'évaser et de disparaître vers l'ambitus. L'espèce dont il se rapproche le plus est l'*E. Brodiei* qu'on rencontre à peu près au même niveau; il en diffère par sa face postérieure moins déprimée, son sillon anal plus étroit, plus profond, beaucoup moins évasé et se resserrant un peu au-dessous du périprocte. Ce dernier caractère se reproduit avec une constance remarquable dans tous les exemplaires que nous connaissons, et suffirait seul pour les distinguer de l'*E. Brodiei*.

HISTOIRE. — En 1855, M. Wright a mentionné pour la première fois cette espèce sous le nom d'*E. Haimei*, il la désigne simplement par ces mots: « *E. Haimei*, Wright, « n. sp., espèce petite et allongée, trouvée à Ningle et à « Alpreck, avec l'*Hemicidaris Davidsoni*, dans les couches « du Portland. » M. de Loriol, en 1866, dans la *Monographie paléontologique et géologique de l'étage portlandien des environs de Boulogne*, a décrit comme appartenant à cette espèce un petit *Echinobrissus* trouvé à Ningle avec l'*Hem. Davidsoni* et qui n'est autre assurément que l'*E. Haimei*, mentionné par M. Wright. Les échantillons que nous avons décrits et fait figurer sont ceux-là mêmes que M. de Loriol avait sous les yeux, et ne peuvent laisser de doute sur l'identité de l'espèce. En 1868, dans la *Monographie paléontologique et géologique de l'étage portlandien de l'Yonne*, M. de Loriol a rapporté à l'*E. Haimei* un petit *Echinobrissus* recueilli par M. Lambert aux environs d'Auxerre. Ce rapprochement nous paraît douteux: dans l'exemplaire du portlandien de l'Yonne, le sillon anal est plus large et plus évasé et ne paraît pas se rétrécir comme dans le type de

Boulogne, et je serais porté à y voir plutôt un échantillon de petite taille de l'*E. Bourgueti.*

LOCALITÉS. — Ningle, Alpreck (Pas-de-Calais). Rare. Etage portlandien inf.

Coll. Pellat, de Loriol, ma collection.

EXPLICATION DES FIGURES. — Pl. 83, fig. 1, *E. Haimei,* de Ningle, de la coll. de M. de Loriol, vu de côté; fig. 2, face sup.; fig. 3, face inf.; fig. 4, région anale; fig. 5, autre exempl. de la coll. de M. de Loriol, vu sur la face sup.; fig. 6, appareil apical grossi.

Nº 73. — **Echinobrissus Desori**, Etallon, 1859.

Echinobrissus Desori,	Etallon, *Etudes paléont. sur les terrains jurassiques du Haut-Jura, Rayonnés,* p. 17, 1859.
— —	Etallon, *Paléontostatique du Jura, Faune de l'étage corallien,* p. 18, Actes de la Soc. jurassienne d'émulation, Porrentruy, 1860.
— —	Etallon, *Etudes paléont. sur les terrains jurassiques du Haut-Jura, additions et rectifications,* p. 20, 1861.
— —	Bonjour, *Catal. des foss. du Jura,* p. 49, 1864.

Dans ses *Etudes paléontologiques sur les terrains jurassiques du Haut-Jura,* Etallon a décrit sous le nom d'*E. Desori,* un *Echinobrissus* provenant de Valfin (Jura) qu'il nous a été impossible de nous procurer. Nous nous bornons à reproduire la description donnée par Etallon :

« Espèce sub-circulaire, légèrement pentagonale, tronquée en avant, sub-rostrée en arrière, un peu renflée postérieurement où la surface est fortement déclive, pulviné inférieurement. Les aires interambulacraires sub-planes en haut, les antérieures un peu renflées en bas ; l'impaire munie de deux crêtes bordant l'anus, et portant un rostre au pourtour qui s'abaisse un peu. Ambulacres étroits, à peine pétaloïdes ; les pores conjugués occupent les deux tiers supérieurs ; les autres deviennent plus rares à la périphérie, se continuent parallèles et prennent quelques pores supplémentaires en arrivant à la bouche. Test recouvert de petits tubercules perforés, uniformes, irrégulièrement distribués ; il y a trois lignes sur les ambulacres, les externes suivant celles-ci. Périprocte grand, ovale, presque vertical, logé dans une dépression profonde qui se prolonge en sillon jusqu'au bord ; le sillon est profond, porte supérieurement quelques légers tubercules cristiformes et ne commence qu'à 3 millimètres de l'appareil apical ; celui-ci inconnu. Bouche grande, pentagonale et excentrique en avant. »

« Hauteur, 13 millimètres ; diamètre, 24 sur 24. Dicératien. Valfin. Très-rare. »

« Le renflement de sa région postérieure, l'ondulation du bord du sillon et son rostre apparent distinguent nettement cette espèce. »

Résumé géologique sur les Echinobrissus.

Le terrain jurassique de France nous a offert vingt-quatre espèces d'*Echinobrissus* ainsi distribuées dans les divers étages.

Deux espèces, *E. Lorioli* et *Terquemi*, ont été rencontrées dans l'étage bajocien ; l'une d'elles, *E. Terquemi*, remonte dans l'étage bathonien qui renferme en outre huit autres espèces, *E. quadratus, clunicularis, crepidula, amplus, Burgundiæ, triangularis, elongatus* et *orbicularis*. Ces neuf espèces disparaissent avec les dernières assises de l'étage bathonien.

Deux espèces proviennent de l'étage callovien, *E. pulvinatus* et *micraulus;* l'une d'elles, *E. micraulus*, se rencontre également dans l'étage oxfordien qui contient de plus deux espèces, *E. scutatus* et *Dumortieri*. L'une de ces espèces, *E. scutatus*, remonte dans l'étage corallien qui présente dans les couches supérieures trois autres espèces, *E. Letteroni, avellana* et *Desori*.

Quatre espèces appartiennent à l'étage kimméridgien, *E. Bourgueti, Kimmeridgensis, Icaunensis* et *major*.

Trois espèces sont propres à l'étage portlandien, *E. Brodiei, Perroni* et *Haimei*.

M. Desor énumère, dans le *Synopsis des Echinides fossiles*, dix-neuf espèces d'*Echinobrissus*, seize dans le corps de l'ouvrage, en décrivant le genre *Echinobrissus*, et trois dans le supplément. Sur ce nombre, douze ont été décrites par nous : ce sont les *E. Terquemi* (indiqué par M. Desor sous le nom d'*Orbignyanus*), *quadratus, crepidula, amplus, elongatus, orbicularis, pulvinatus, micraulus* (indiqué par M. Desor sous le nom de *Goldfussi*), *scutatus, Bourgueti, major* et *Icaunensis*. Une espèce, *E. planulatus*, nous a paru une simple variété de l'*E. scutatus*, une autre espèce, *E. Deshayesi*, a été rangée par nous dans le genre *Clypeus*. Cinq espèces mentionnées dans le *Synopsis* sont étrangères à la France, *E. Woodwardi, Renggeri, gracilis, truncatus* et *Suevicus*. Si à ces cinq espèces nous ajoutons l'*E. Griesbachii* et l'*E. quadratus*, Wright (non *quadratus*, Michelin), spéciaux à l'Angleterre et décrits par M. Wright dans la Monographie des Echinodermes oolitiques d'Angleterre, nous aurons sept espèces à réunir aux vingt-quatre que nous avons décrites, ce qui élève à trente et un le nombre des *Echinobrissus* jurassiques.

Voici la diagnose des sept espèces étrangères à la France.

E. Woodwardi (Wright), Desor, 1858. Espèce sub-circulaire, ayant la face inférieure presque plane et légèrement pulvinée. Sommet sub-central. Sillon anal étroit, profond, remontant très-près de l'appareil apical. Voisine par sa forme générale de l'*E. orbicularis*, cette espèce s'en distingue par sa face supérieure plus déprimée, sa face inférieure plus pulvinée et moins concave, son sillon anal plus étroit et remontant plus près du sommet. — Grande oolite de Minchinhampton, de Cirencester, du Tunnel de Salperton et des environs de Pewsdown (Glocestershire). Rare. Coll. Wright, Ecole des mines de Paris.

E. Renggeri, Desor, 1857.—*E. Renggeri*, Desor, *Synops. des Ech. foss.*, p. 266, 1857.—*Id.* Desor et de Loriol, *Echinol. helvétique*, p. 312, pl. XLIX, fig. 6, 1872. Espèce ovale, oblongue, arrondie en avant, légèrement élargie et à peine tronquée en arrière ; face supérieure déprimée, un peu conique au sommet ; face inférieure concave, pulvinée, accidentée par le renflement des aires interambulacraires, renflée au pourtour. Sommet ambulacraire presque central. Péristome pentagone, très-enfoncé, très-excentrique en avant. Périprocte situé au commencement d'un sillon caréné sur les bords, remontant jusqu'à l'appareil apical. L'*E. Renggeri* est voisin de certaines formes de l'*E. clunicularis*, mais il s'en distingue par son sillon anal moins étroit à sa naissance et s'approfondissant aussitôt, par son ensemble plus déprimé, par ses aires ambulacraires moins pétaloïdes et par la position de son appareil apical plutôt excentrique en arrière qu'en avant ; il se distingue de l'*E.*

amplus par sa forme moins carrée, plus aplatie et son sillon anal moins développé, et de l'*E. orbicularis* par son sillon anal plus étroit au sommet, sa forme moins orbiculaire et son bord postérieur tronqué et sinueux. — Etage bathonien moyen de Hornussen et Lörrach (Argovie) et de Langenbruck (Soleure). Musée de Zurich, coll. de Loriol (de Loriol, *loc. cit.*).

E. gracilis (Agassiz), d'Orbigny, 1851. — *Nucleolites gracilis*, Agassiz, *Echinod. de la Suisse*, 1ª, p. 44, pl. VII, fig. 10-12. — *Echin. gracilis*, d'Orbigny, *Note rectif. sur divers genres d'Ech.*, Rev. et Mag. de zool., 2ᵉ série, t. VI, p. 22, 1854. — *Id.*, Desor, *Synops. des Ech. foss.*, p. 265, 1857. — *Id.* Desor et de Loriol, *Echinol. helvétique*, p. 322, pl. XLIX, fig. 7, 1872. Espèce ovale, allongée, arrondie et rétrécie en avant, un peu dilatée en arrière ; le bord postérieur forme un rostre bien accusé ; face supérieure déprimée, un peu relevée au sommet, déclive en arrière ; face inférieure presque plane, bord peu renflé. Ambulacres très-grêles, à peine pétaloïdes ; les postérieurs sont légèrement infléchis en dehors et plus longs que les autres, l'ambulacre antérieur impair est un peu plus étroit. Zones porifères très-étroites ; pores très-petits, ceux des rangées externes sont à peine un peu plus allongés que ceux des rangées internes. A la face inférieure, l'ambulacre antérieur impair est logé dans une dépression sensible. Sommet ambulacraire très-excentrique en avant. Péristome sub-pentagonal, un peu enfoncé, plus excentrique en avant que le sommet ambulacraire. Périprocte placé à l'origine d'un sillon profond, arrivant jusqu'à l'appareil apical, très-étroit au sommet, graduellement élargi jusqu'au bord postérieur, où il est relativement peu évasé ; ses parois sont rectilignes et coupées verticalement, il n'échancre point le bord. La

forme de son sillon anal rapproche cette espèce de l'*E.
Terquemi* (*E. Orbignyanus*, Desor) ; il s'en distingue toutefois par son ensemble plus allongé, plus rétréci en avant,
ses ambulacres plus grêles, ses pores externes moins
allongés. — Exemplaire unique appartenant au Musée de
Soleure. Localité inconnue, probablement de l'étage séquanien (de Loriol, *loc. cit.*).

  E. truncatus, Desor, 1857.—*E. truncatus*, Desor, *Synops.
des Ech.'foss.*, p. 268, 1857.—*Id.*, Desor et de Loriol, *Echinol.
helvétique*, pl. L, fig. 9-10, 1872. Espèce allongée, ovale,
arrondie en avant, à peine un peu élargie en arrière, tronquée et échancrée au bord postérieur ; face supérieure renflée, presque uniformément convexe, mais brusquement
déclive en arrière ; face inférieure un peu concave et sub-
pulvinée ; pourtour renflé. Ambulacres pétaloïdes, larges,
inégaux, les postérieurs sont plus longs que les autres, mais
peu divergents. Zones porifères étroites ; pores des rangées
externes très-allongés. Sommet ambulacraire excentrique
en avant. Péristome enfoncé, un peu plus excentrique
en avant que le sommet. Périprocte pyriforme, acuminé
au sommet, situé au fond d'un sillon très-profond qui
commence plus près du sommet que le point médian
de la distance qui sépare le sommet du bord postérieur ; il se creuse aussitôt profondément et va échancrer
fortement le bord, sans s'élargir sensiblement. L'*E. truncatus* se distingue de l'*E. Icaunensis* par son ensemble
plus renflé, plus étroit, moins dilaté en arrière, son sommet plus excentrique, son sillon anal plus profond, moins
évasé et échancrant plus sensiblement le bord postérieur.
— Etage virgulien de Alle près Porrentruy (Jura Bernois).
Musée de Bâle (de Loriol, *loc. cit.*).

  E. Suevicus (Quenstedt), Desor, 1858. — *Nucleolites scu-*

tatus Suevicus, Quenstedt, *Jura*, p. 740, pl. xc, fig. 26, 1858.
— *Echinobrissus Suevicus*, Desor, *Synops. des Ech. foss.*,
p. 441, 1858. Espèce oblongue, allongée, arrondie en avant,
tronquée en arrière. Sommet ambulacraire très-excentrique
en avant. Aires ambulacraires très-inégales, les postérieures
beaucoup plus longues que les autres. Périprocte s'ouvrant
à peu près à moitié de l'espace compris entre le sommet
et le bord postérieur. Suivant M. Desor, cette espèce est
très-voisine de l'*E. micraulus* (*E. Goldfussi*); elle nous
paraît s'en distinguer un peu par sa forme plus allongée et
son périprocte un peu plus éloigné du bord postérieur.
— Corallien de Schnaitheim (Wurtemberg). Musée de Tubingen.

E. Griesbachii, Wright, 1859. — *Echinobrissus Griesbachii*,
Wright, *Monog. of Brit. Foss.*, *Echinod.*, p. 340, pl. xv,
fig. 1, 1859. Espèce de petite taille, sub-quadrangulaire,
arrondie en avant, sub-tronquée en arrière ; face supérieure
élevée. Sommet ambulacraire un peu excentrique en arrière. Aires ambulacraires relativement assez larges, circonscrites par des zones porifères étroites. Périprocte
s'ouvrant tout près de l'appareil apical, au sommet d'un
sillon profond qui se prolonge, en s'évasant un peu, jusqu'au bord postérieur. Cette espèce nous paraît avoir beaucoup de rapports avec les exemplaires jeunes de l'*E. amplus*,
Desor; elle en diffère seulement par son sommet un
peu excentrique en arrière et son sillon anal plus large
près de l'appareil apical ; la structure des aires ambulacraires et celle de l'appareil apical offrent les plus
grands rapports. — Etage bathonien de Wimmington,
Higham Ferrers, Blisworth et du Glocestershire. Coll.
Griesbach.

E. quadratus, Wright, 1859. — *E. quadratus*, Wright,

Monog. of the Brit. Foss. Echinodermata, p, 344, pl. xxvi,
fig. 1, 1859. Espèce de taille assez forte, sub-quadrangulaire, allongée ; face supérieure médiocrement renflée, assez fortement déclive en arrière ; face inférieure très-déprimée, pulvinée, épaisse sur les bords. Sommet ambulacraire
sub-central. Aires ambulacraires sensiblement pétaloïdes.
Péristome sub-pentagonal, excentrique en avant. Périprocte
s'ouvrant près de l'appareil apical, au sommet d'un sillon
large, évasé et qui échancre profondément le bord postérieur. L'*E*. *quadratus* offre, au premier aspect, beaucoup
de ressemblance avec certains exemplaires de l'*E*. *triangularis ;* il s'en distingue par sa face supérieure beaucoup
moins élevée, par sa face postérieure plus dilatée et tronquée moins carrément, par son sillon anal paraissant
moins largement évasé, moins anguleux sur les bords.
Malgré ces différences, il se pourrait, comme nous l'avons
déjà fait observer en décrivant plus haut l'*E*. *triangularis*,
que ces deux espèces appartinssent au même type. Dans
ce cas, ce dernier nom, bien que moins ancien, devrait
être conservé, car lorsque M. Wright a établi, en 1859,
son *E*. *quadratus*, M. Michelin avait déjà donné, depuis
plusieurs années, ce même nom de *quadratus* à une espèce
toute différente. — Très-rare. Etage bathonien de Sutton-
Benger et de Wilts.

4ᵉ Genre. — PHYLLOBRISSUS, Cotteau, 1860.

Test de petite et moyenne taille, oblong, sub-circulaire,
légèrement arrondi en avant, sub-tronqué en arrière, plus
ou moins renflé en dessus, presque plan en dessous. Sommet ambulacraire sub-central, un peu excentrique en avant

Aires ambulacraires pétaloïdes ; aire ambulacraire antérieure plus droite, mais à peu près de même largeur que les
autres. Zones porifères plus ou moins développées à la face
supérieure, toujours formées de pores inégaux ; la rangée
externe, tant que l'aire ambulacraire conserve son aspect
pétaloïde, est composée de pores étroits, allongés, transverses, tandis que la rangée interne comprend des pores
simples, plus courts, plus ouverts. Vers le pourtour du
test, les deux rangées, comme dans les *Echinobrissus,* se rapprochent et se réduisent à de petits pores simples, arrondis, assez irrégulièrement disposés, se multipliant et se
resserrant aux approches du péristome, autour duquel ils
forment un floscelle bien prononcé. Tubercules de petite
taille, épars, à peine scrobiculés, crénelés, probablement
perforés. Péristome pentagonal, un peu excentrique en
avant. Périprocte ovale, situé à la face postérieure, au sommet
d'un sillon perpendiculaire, toujours vague et atténué, qui
disparaît vers l'ambitus. Appareil apical compacte, composé
de quatre plaques génitales perforées, et de cinq plaques
ocellaires également perforées ; la plaque madréporiforme
est saillante, largement développée et se prolonge au milieu de l'appareil ; la plaque complémentaire manque et les
deux plaques ocellaires postérieures se touchent par le
milieu.

RAPPORTS ET DIFFÉRENCES. — Le genre *Phyllobrissus* offre
de nombreux rapports avec les *Echinobrissus,* les *Clypeopygus* et les *Catopygus.* A notre avis cependant, il ne saurait
être confondu avec aucun de ces trois genres. Il se distingue des *Echinobrissus* par son périprocte postérieur,
placé dans un sillon sub-vertical et atténué, par sa face
inférieure plane. Ces deux caractères l'éloignent également des *Clypeopygus,* dont il se distingue en outre par sa

forme allongée et renflée, par son sommet plus central, par
ses aires ambulacraires postérieures moins flexueuses. Au
premier aspect, les *Phyllobrissus* se rapprochent peut-être
davantage des *Catopygus* que caractérisent leur périprocte
postérieur, leur floscelle très-apparent et leur face inférieure toujours plane ; néammoins les *Catopygus*, qui jusqu'ici peuvent être considérés comme spéciaux à la craie
moyenne et supérieure, se distingueront toujours facilement de nos *Phyllobrissus* par leur forme plus renflée, plus
cylindrique, plus étroite en avant, par leur floscelle plus
fortement prononcé, par leur péristome allongé dans le sens
du diamètre antéro-postérieur, par leur périprocte plus
vertical, dépourvu de sillon et s'ouvrant sous une légère
saillie du test. Les *Phyllobrissus*, comme on le voit par
l'étude comparée de leurs caractères, constituent un type
suffisamment tranché et se placent dans la méthode à la
suite des *Echinobrissus*, entre ces derniers et les *Clypeopygus*.

HISTOIRE. — Les espèces pour lesquelles nous avons établi, en 1860, le genre *Phyllobrissus* ont été longtemps placées par les auteurs parmi les *Nucleolites* (*Echinobrissus*).
Lorsque d'Orbigny, en 1856, créa son genre *Clypeopygus*,
en prenant pour type le *Clypeus Paultrei*, Cotteau, de l'é-
tage néocomien de l'Yonne, il y réunit nos *Phyllobrissus*,
sans se préoccuper de l'ensemble de leur physionomie, et
par cela seul qu'ils présentaient autour du péristome un
floscelle apparent. Dans le *Synopsis des Echinides fossiles*,
M. Desor discute la valeur du genre *Clypeopygus*, et tout en
le maintenant dans la méthode, il le restreint avec raison aux
espèces larges et carrées voisines des *Clypeus*, et en re-
tranche les petites espèces allongées et renflées pour les
reporter parmi les *Echinobrissus*. Ce sont ces espèces, re-

marquables par leur forme sub-cylindrique et surtout par leur périprocte postérieur et sub-vertical, qui ont servi de type à notre genre *Phyllobrissus*.

Le genre *Phyllobrissus*, que nous avons considéré dans l'origine comme spécial au terrain néocomien, a commencé à se montrer à l'époque jurassique et est représenté par une espèce fort rare.

N° 74. — **Phyllobrissus Thevenini** (Etallon), Cotteau, 1873.

Pl. 83, fig. 7-12.

Echinobrissus Thevenini, Thurmann et Etallon, *Lethea Bruntrutana*, p. 301, pl. 44 fig. 6, 1859.

Espèce de grande taille, allongée, sub-quadrangulaire, arrondie en avant, tronquée en arrière ; face supérieure déprimée, épaisse sur les bords ; face inférieure presque plane, sub-pulvinée, concave au milieu. Sommet ambulacraire un peu excentrique en avant. Aires ambulacraires pétaloïdes, inégales, l'aire ambulacraire antérieure plus droite et un peu moins large que les autres, les postérieures plus longues et sub-flexueuses. Zones porifères larges, composées d'une rangée externe de pores allongés, étroits, transverses, et d'une rangée interne de pores arrondis et plus petits, conservant leur aspect pétaloïde jusque vers l'ambitus ; à la face inférieure les pores sont très-petits, disposés par paires espacées et obliques, tendant à se multiplier un peu près du péristome. Tubercules relativement petits et à peine scrobiculés. Péristome excentrique en avant, sub-pentagonal, paraissant muni d'un léger floscelle. Périprocte situé à la face postérieure, au sommet d'un sillon étroit, peu profond, à peine visible d'en haut, qui descend verticalement et entame très-faiblement le bord postérieur. Aucune trace de dépression ne relie l'espace considérable qui sépare le périprocte du sommet apical. Appareil apical étroit, fortement stellé.

Hauteur, 18 millimètres; diamètre transversal, 30 millimètres; diamètre antéro-postérieur, 37 millimètres.

RAPPORTS ET DIFFÉRENCES. — Le *P. Thevenini* sera toujours facilement reconnaissable à sa grande taille, à sa forme allongée, presque aussi large en avant qu'en arrière, à sa face supérieure déprimée et épaisse sur les bords, à ses aires ambulacraires fortement pétaloïdes et un peu costulées, à son périprocte très-éloigné du sommet, et s'ouvrant verticalement sur la face postérieure. La position de son périprocte le rapproche un peu de l'*E. pulvinatus* de l'étage callovien; mais il s'en distingue par sa taille plus forte, sa forme moins épaisse et plus déprimée, son péristome plus petit, son périprocte encore plus éloigné du sommet. Nous ne connaissons de cette espèce que l'exemplaire unique et très-complet décrit et figuré par Etallon.

LOCALITÉ. — Syam (Jura). Très-rare. Etage kimméridien. Collection Perron.

EXPLICATION DES FIGURES. — Pl. 83, fig. 7, *P. Thevinini*, de la coll. de M. Perron, vu de côté; fig. 8, face sup.; fig. 9, face inf. ; fig. 10, région antérieure; fig. 11, région anale; fig. 12, portion des aires ambulacraires de la face supérieure grossie.

5e Genre. PSEUDODESORELLA, Etallon, 1859.

Desorella (pars),   Cotteau, 1855 ; Desor, 1858.

Test de taille assez forte, sub-circulaire, ayant le diamètre
transversal plus étendu que le diamètre antéro-postérieur,
renflé en dessus, sub-pulviné en dessous. Sommet ambulacraire sub-central. Aires ambulacraires sub-pétaloïdes à
la face supérieure, logées à la face inférieure dans des dépressions apparentes qui aboutissent au péristome. Zones
porifères médiocrement développées. Tubercules abondants, serrés, épars, crénelés et perforés, fortement scrobiculés. Granulation intermédiaire fine et homogène. Péristome un peu excentrique en avant, sub-pentagonal, sans
bourrelets. Périprocte allongé, aigu, sub-pyriforme, logé
dans une dépression très-profonde. Appareil apical compacte, sub-circulaire, composé de quatre plaques génitales
et de cinq plaques ocellaires, remarquable par l'énorme
développement de la plaque madréporiforme.

RAPPORTS ET DIFFÉRENCES. — Le genre *Pseudodesorella*
ne saurait être confondu avec aucun autre type. Si sa taille,
son périprocte aigu et situé dans un sillon profond, son
appareil apical compacte et muni d'une plaque madréporiforme très-étendue rappellent le genre *Clypeus*, il s'en éloigne d'un autre côté, d'une manière très-positive, par sa
forme générale plus large que longue, par ses zones porifères faiblement pétaloïdes, par sa face inférieure très-pulvinée, par son périprocte complétement dépourvu de floscelle. Tel qu'il est caractérisé, le genre *Pseudodesorella* se
place naturellement à la fin de la famille des Cassidulidées.

HISTOIRE. — Le genre *Pseudodesorella* a été établi par
M. Etallon, en 1859, pour recevoir une espèce que j'avais

placée dans mon genre *Desorella*, sous le nom de *D. Orbignyana*, ne connaissant alors que le moule intérieur qui ne laissait point voir, à la face supérieure, la structure sub-pétaloïde de ses pores ambulacraires. M. Etallon ayant eu à sa disposition un exemplaire parfaitement conservé du coralrag de Valfin, constata ce caractère important, et retrancha avec raison l'espèce du genre *Desorella*. Le genre *Pseudodesorella*, Etallon, a été adopté depuis par tous les auteurs; il ne renferme qu'une seule espèce très-rare provenant de l'étage corallien.

N° 75. — **Pseudodesorella Orbignyana** (Cotteau), Etallon, 1859.

Pl. 84 et 85.

Desoria Orbignyana,	Cotteau, *Etudes sur les Ech. foss. de l'Yonne*, t. I, p. 227, pl. 33, fig. 9-11, 1855.
Desorella Orbignyana,	Cotteau, *Note sur le genre Desorella*, Bull. soc. géol. de France, 2e série, t. XII, p. 712, 1856.
— —	Cotteau, *Note sur l'âge des couches inf. et moy. de l'étage corallien du dép. de l'Yonne*, Bull. soc. géol. de France, 2e série, t. XII, p. 702, 1856.
— —	Etallon, *Esquisse d'une desc. géol. du Haut-Jura*, p. 55, 1857.
— —	Desor, *Synops. des Ech. foss.*, p. 194, 1858.
— —	Leymerie et Raulin, *Stat. géol., min. et pal. de l'Yonne*, p. 622, 1858.
Pseudodesorella Orbignyana,	Etallon, *Etudes paléont. sur les terrains jurassiques du Haut-Jura*, 2e partie, p. 16, 1859.
— —	Etallon, *Paléontostatique du Jura, faune de l'étage corallien*, p. 18, 1860.

Pseudodesorella Orbignyana,   Cotteau. *Echinides nouveaux ou peu connus*, p. 69, Revue et mag. de zoologie, 1862.

Desorella Orbignyana,   Dujardin et Hupé, *Hist. nat. des zooph. Echinod*, p. 547, 1862.

Pseudodesorella Orbignyana,   Bonjour, *Catal. des foss. du Jura*, p. 48, 1864.

— —   Desor et de Loriol, *Echinol. helvétique*, p. 29, pl. 48, fig. 1, 1871.

Espèce de grande taille, sensiblement plus large que longue, presque droite et à peine arrondie en avant, quelquefois même légèrement échancrée, sub-anguleuse en arrière ; face supérieure renflée, très-épaisse sur les bords, obliquement déclive dans la région antérieure, ayant sa plus grande hauteur au point qui correspond à l'appareil apical ; face inférieure fortement pulvinée, marquée de dépressions qui reçoivent les aires ambulacraires et convergent directement vers le péristome. Sommet presque central, paraissant un peu rejeté en arrière. Aires ambulacraires sub-pétaloïdes, inégales, les trois antérieures plus étroites et moins flexueuses que les deux autres. Zones porifères composées, à la face supérieure, d'une rangée externe de pores étroits, allongés, transverses, et d'une rangée interne de pores arrondis et plus ouverts, unis aux premiers par un sillon. Dans les trois aires ambulacraires antérieures les zones porifères conservent plus longtemps leur forme pétaloïde que dans les deux aires ambulacraires postérieures ; chez ces dernières, au tiers environ de l'espace compris entre le bord postérieur et le sommet, les pores deviennent plus petits et forment des paires obliques et espacées, à peine visibles au milieu des tubercules. A la face inférieure, ces petits pores sont placés dans des dépressions très-prononcées ; ils se resserrent et se dédoublent autour du péristome. Tubercules épars, très-abondants, homogènes, s'espaçant peut-être un peu aux approches du sommet, entourés d'un scrobicule circulaire et profond. Granules intermédiaires très-fins, souvent inégaux, entourés eux-mêmes de petits scrobicules superficiels. Péristome pentagonal, un peu excentrique en avant, s'ouvrant au milieu des renflements de la face inférieure, dépourvu de floscelle, présentant cependant, dans les plus gros exemplaires, quelques rudiments de bourrelets. Périprocte allongé, aigu, pyriforme, très-rapproché du sommet, placé dans un sillon profond, lequel s'évase, s'atténue et disparaît complétement avant d'arriver à l'ambitus qui n'en présente aucune trace. Appareil apical très-compacte, sub-circulaire. Pores génitaux arrondis, largement ouverts, à l'exception de celui de la plaque antérieure de droite qui paraît un peu allongé, les deux pores antérieurs plus rapprochés que les deux autres; plaque madréporiforme très-grande, occupant le milieu de l'appareil, intimement soudée à la plaque génitale antérieure de droite, et se prolongeant en arrière entre les deux plaques ocellaires postérieures. Les trois autres plaques génitales sont petites et anguleuses, et la plaque génitale impaire fait défaut. Plaques ocellaires très-petites, déprimées, intercalées entre les plaques génitales; les deux plaques ocellaires postérieures sont un peu plus développées que les autres et séparées seulement par le prolongement de la plaque madréporiforme.

Individu de grande taille : hauteur, 37 millimètres ; diamètre antéro-postérieur, 60 millimètres ; diamètre transversal, 75 millimètres.

Individu plus jeune : hauteur, 21 millimètres ; diamètre antéro-postérieur, 35 millimètres ; diamètre transversal, 43 millimètres.

Nous possédons cette espèce à différents âges et de différents niveaux : nos exemplaires se font remarquer tous par la constance et l'uniformité de leurs caractères ; on peut noter seulement que, dans l'individu le plus développé, la face postérieure est relativement plus anguleuse. Chez un échantillon de taille moyenne dont le test est parfaitement conservé à la face supérieure, les plaques coronales de la région postérieure, notamment celles qui entourent le périprocte sont renflées, et la suture qui les sépare très-accusée, mais c'est là un caractère spécial à cet exemplaire, et en tous cas insuffisant, quant à présent, pour établir une variété.

Rapports et différences. — Le *P. Orbignyana* constitue un type très-curieux, et qui sera toujours facilement reconnaissable à sa forme plus large que longue, à sa face supérieure renflée, épaisse sur les bords, rapidement déclive en arrière, à sa face inférieure fortement pulvinée, à ses aires ambulacraires sub-pétaloïdes, à son péristome pentagonal et excentrique en avant, à son périprocte très-rapproché du sommet et s'ouvrant dans une dépression profonde.

Localités. — Andryes, Mery-sur-Yonne (Yonne) : Valfin (Jur.). Très-rare. Coral-rag inférieur. — Saint-Martin sur Armançon (Yonne). Couches inférieures du coral-rag supérieur.

Coll. Guirand, ma collection.

Expl. des figures. — Pl. 84. fig. *P. Orbignyana*, de ma collection, de l'étage corallien des environs de Tonnerre, vu de côté ; fig. 2, portion de la face supérieure grossie, montrant l'appareil apical et la structure des aires ambulacraires ; fig. 3, tubercules fortement grossis ; fig. 4, exemplaire de petite taille, de la collection de M. Guirand

vu sur la face sup.; fig. 5, autre exemplaire très-jeune, de
la coll. de M. Guirand, vu sur la face supérieure. — Pl. 85,
fig. 1, individu de grande taille, de ma collection, vu sur
la face supérieure; fig. 2, face inférieure; fig. 3, péristome
grossi ; fig. 4, autre exemplaire du coral-rag inf. de Chatel-
censoir, de ma collection, vu sur la face inférieure.

3ᶜ Famille. Echinonéidées, Wright, 1856.

Cassidulides (pars),	Agassiz et Desor, 1846.
Galeridées (pars),	Albin Gras, 1846.
Echinoconidées (pars),	d'Orbigny, 1853.
Echinonéidées,	Wright, 1856-1863; Cotteau, 1859, 1862, 1867.

Pores ambulacraires simples ou légèrement sub-pétaloïdes, convergeant en ligne presque toujours directe du
sommet au péristome. Aires ambulacraires non disjointes.
Aire ambulacraire impaire semblable aux autres par la
structure de ses pores, quelquefois un peu différente par
sa forme. Tubercules petits, inégaux, sub-scrobiculés, ordinairement crénelés et perforés. Péristome situé à la
face inférieure, plus ou moins central, tantôt oblique, tantôt sub-pentagonal, tantôt sub-circulaire, sans floscelle,
toujours dépourvu de mâchoires. Périprocte très-variable
dans sa forme et dans sa position. Appareil apical compacte, sub-compacte ou allongé.

Rapports et différences. — La famille des *Echinonéidées*
a pour type le genre vivant *Echinoneus* que tant de caractères rapprochent des véritables *Echinoconidées*, mais qui
s'en distingue d'une manière positive par l'absence d'un
appareil masticatoire. A côté des *Echinoneus*, M. Wright
avait placé le genre *Pyrina*, identique par sa forme géné-

rale et surtout par la structure de son péristome. J'ai cru
devoir y joindre encore certains genres à pores simples ou
presque simples qui, suivant toute apparence, sont également édentés, *Desorella, Pachyclypeus, Hyboclypeus, Galeropygus*. L'absence ou l'existence de mâchoires constitue un
caractère de premier ordre et qui établit ainsi une ligne de
démarcation très-nette entre la famille qui nous occupe et
celle des *Echinoconidées*. Les *Echinonéidées* se distinguent
en général des *Echinobrissidées* par leurs pores non pétaloïdes et disposés par simples paires du sommet au péristome ; il est cependant un genre d'*Echinonéidées* qui semble
faire exception à cette règle, c'est le genre *Galeropygus*.
Dans certaines espèces, les pores ambulacraires sont un
peu inégaux à la face supérieure, et offrent une certaine tendance à devenir sub-pétaloïdes ; ils se multiplient autour
du péristome, et forment même quelquefois un rudiment
de floscelle. D'un autre côté cependant la forme générale
du test, la disposition linéaire des aires ambulacraires, la
structure habituelle du péristome et du périprocte relient
ce genre aux *Hyboclypeus* dont il a longtemps fait partie ;
du reste ce caractère sub-pétaloïde des aires ambulacraires
n'existe que dans un très-petit nombre d'espèces.

Tous les auteurs sont d'accord pour faire des *Echinoneus*,
en raison de leurs pores ambulacraires simples et de leur
péristome édenté, le type d'une division particulière.
M. Desor, dans le *Synopsis des Echinides fossiles*, réduit cette
division au seul genre *Echinoneus*, et range les *Pyrina*, les
Desorella, les *Pachyclypeus*, les *Hypoclypeus* et les *Galeropygus* dans son groupe des Galéridées ; chez ces genres le
péristome est pentagonal ou oblique, et très-probablement
dépourvu d'appareil masticatoire, aussi me semble-t-il plus
naturel de les réunir aux *Echinoneus*.

Quelle est la place que la famille des *Echinonéidées* doit occuper dans la série? M. Wright, tout en y réunissant les *Pyrina*, la range entre les *Collyritidées* et les *Echinobrissidées*. Cette classification a l'inconvénient d'éloigner les *Echinoneus* et les *Pyrina* des véritables *Echinoconidées* qui sont, il est vrai, munis de mâchoires, mais qui, à part cette différence, ont avec ces deux derniers genres tant de points de ressemblance. M. Wright et M. Desor s'accordent pour rapprocher les *Echinonéidées* de la famille des *Collyritidées;* je ne vois pas la nécessité d'un pareil rapprochement. Les *Collyrites* et les autres genres qui s'y rattachent, avec leur aspect ordinairement cordiforme et allongé, leur périprocte toujours marginal, leur appareil apical disjoint, forment un groupe particulier dont la place naturelle est dans le voisinage des *Echinochorydées* et des *Spatangidées*, et qui n'a que des rapports éloignés avec les *Echinonéidées*.

M. Pomel va plus loin encore; dans un ouvrage important qu'il vient de publier sous ce titre, *Revue des Echinodermes et de leur classification,* l'auteur divise nos *Echinonéidées* en deux groupes : l'un se compose des *Echinoneus,* des *Pyrina,* des *Desorella,* et le second comprend les *Hypoclypeus,* que M. Pomel réunit à sa tribu des *Dysastéridées.*

C'est méconnaître, suivant nous, les véritables affinités des *Hypoclypeus* et détruire sans motif l'homogénéité de la petite famille des *Collyritidées*. Au point de vue organique, la différence est très-grande entre l'appareil disjoint des *Collyrites* et autres genres voisins, et l'appareil simplement allongé des *Hyboclypeus.* En rapprochant ainsi les *Echinonéidées* des *Collyritidées,* M. Pomel est conduit à éloigner

<hr>

(1) *Revue des Echinodermes et de leur classification pour servir d'introduction à l'étude des fossiles.* Paris 1870.

considérablement les *Echinoneus* et les *Pyrina* des *Echino-conus*, et là encore, la loi naturelle de l'enchaînement des types ne me paraît pas observée. En résumé, je ne vois aucune raison de reporter la famille des *Echinonéidées* dans le voisinage des *Collyritidées*, et je préfère la laisser, comme je l'ai fait précédemment, à la suite des *Echinobrissidées*, formant ainsi la dernière famille à péristome dépourvu de mâchoires.

La famille des *Echinonéidées* comprend sept genres dont voici les caractères opposables :

A. Aires ambulacraires à pores quelque-
    fois inégaux. Appareil apical compacte.
      a. Périprocte placé dans un sillon re-
        montant au sommet.   GALEROPYGUS.
                                   Cotteau, 1856.

TYPE. — *Galeropygus agariciformis*, Cotteau.

      a. a. Périprocte placé dans un sillon
        éloigné du sommet.   GALEROCLYPEUS.
      Galeroclypeus Peroni, Cotteau.   Cotteau, 1873.

B. Aires ambulacraires à pores égaux.
    a. Appareil apical allongé.
      b. Périprocte situé dans un sillon re-
        montant au sommet.   HYBOCLYPEUS.
                                 Agassiz, 1839.
        Hyboclypeus gibberulus, Agassiz.

      b. b. Périprocte sans sillon, supra-
        marginal.   DESORELLA,
          Desorella elata, Cotteau.   Cotteau, 1855.

    a. a. Appareil apical sub-compacte.
      b. Périprocte supérieur ou marginal,
        grand, pyriforme.   PACHYCLYPEUS,
                                 Desor, 1855.

Pachyclypeus semiglobus, Agassiz.

b. b. Périprocte supérieur ou mar-
quant, petit, ovale.   Pyrina,
                                   Desmoulins,
Pyrina ovulum, Agassiz.   1835.

b. b. b. Périprocte inférieur,

                                 Echinoneus,
                                 Van Phels,
Echinoneus cyclostomus, Leske.   1774.

La famille des *Echinonéidées* existe aux époques jurassique, crétacée et tertiaire et à l'époque actuelle. Quatre
de ses genres, *Galeropygus, Hyboclypeus, Pachyclypeus* et
Desorella, sont spéciaux au terrain jurassique, et leurs espèces se montrent de préférence dans les étages inférieurs.
Le genre *Pyrina* commence à se développer dans les
couches inférieures du terrain crétacé et parcourt presque
toute la série des étages. A l'époque tertiaire, il n'est plus
représenté que par une espèce fort rare, propre aux
couches inférieures. Le genre *Echinoneus* est spécial à
l'époque actuelle et abonde surtout dans les mers chaudes.

1er Genre. GALEROPYGUS, Cotteau, 1856.

Hyboclypeus (pars),   Forbes, 1851 ; Wright, 1857.
Galeropygus,   Cotteau, 1856 ; Desor, 1857.
Centropygus,   Ebray, 1857.

Test de taille variable, sub-circulaire, quelquefois allongé, plus ou moins déprimé en dessus, presque plan en
dessous, si ce n'est dans la région buccale, qui est toujours
sub-concave. Sommet ambulacraire sub-central. Aires

ambulacraires composées de pores simples, quelquefois
inégaux à la face supérieure ; les externes sont alors sub-
virgulaires et les internes arrondis ; ils se multiplient autour
du péristome. Tubercules petits, crénelés, perforés, épars.
Péristome étroit, plus ou moins circulaire, vaguement
pentagonal, marqué d'échancrure aux angles des aires
ambulacraires, s'ouvrant dans une dépression plus ou
moins profonde de la face inférieure ; quelquefois aux approches de la bouche, les aires ambulacraires se resserrent,
se dépriment, et l'extrémité des aires interambulacraires
paraît légèrement saillante. Périprocte situé à la face supérieure, dans un sillon très-creux, qui prend naissance au
sommet et se prolonge, en s'évasant et s'atténuant, jusqu'au
bord postérieur. Appareil apical sub-compacte, circulaire,
dentelé sur les bords.

Rapports et différences. — Le genre *Galeropygus*, longtemps confondu avec les *Hyboclypeus*, s'en distingue par la
structure de son appareil apical sub-compacte et circulaire au lieu d'être allongé, ses pores quelquefois inégaux,
sub-virgulaires à la face supérieure, et son péristome plus
sensiblement décagonal. La structure de l'appareil, si
différente dans les deux genres, suffit pour caractériser
d'une manière très-nette le genre *Galeropygus*. Quand j'ai
établi ce genre, je ne connaissais cet appareil que par son
empreinte circulaire et dentelée sur les bords.

Les figures que M. Ebray (1) et M. Wright (2) ont données
sont venues confirmer complétement nos prévisions. Chez
les *Galeropygus*, les plaques ocellaires latérales antérieures
sont rejetées à l'angle des plaques génitales, tandis que

(1) *Bull. soc. géol.*, 2e sér., t. XV, p. 484.
(2) *Monog. Brit. Foss Echinod.*, p. 297, pl. 22, fig. 2b.

dans les véritables *Hyboclypeus*, au contraire, ces mêmes plaques sont placées longitudinalement sur la même ligne que les plaques génitales; l'appareil est sub-compacte dans le premier genre, et allongé dans le second. Assurément il .ne faut pas attacher à la disposition des plaques génitales et ocellaires une importance exagérée. N'oublions pas cependant que l'appareil apical joue un rôle important dans l'organisation des Echinides, que la disposition compacte, sub-compacte ou allongée de ses plaques se reproduit dans toutes les espèces d'un même type avec une constance remarquable, et que l'appareil apical est appelé par cela même à fournir, pour la classification des Echinides, un excellent caractère générique.

HISTOIRE. — J'ai établi le genre *Galeropygus*, en 1856, dans une *Note sur les Echinides de la Sarthe* (1). M. Desor, l'année suivante, adopta le genre *Galeropygus* dans le *Synopsis des Echinides fossiles*. M. Wright, dans sa Monographie des Echinides jurassiques d'Angleterre, suivit une opinion différente; il ne tint pas compte du genre *Galeropygus* et persista à laisser, parmi les *Hyboclypeus*, les espèces à appareil sub-compacte et notamment le *G. agariciformis* qui servait de type à notre nouveau genre. Nous nous en étonnons d'autant plus que le savant professeur a figuré un appareil apical de *Galeropygus* (*G. caudatus*) (2), et qu'il suffit de comparer cet appareil avec celui des *Hyboclypeus gibberulus* et *ovalis*, également figurés par le même auteur (3), pour se convaincre des profondes différences qui les séparent. Nous réunissons aux *Galeropygus* le genre *Centro-*

(1) *Bull. soc. géol. de France,* 2ᵉ sér., t. XIII, p. 648.
(2) *Monog. Brit. foss. Echinod.,* p. 297, pl. XXII, fig. 2 ᵇ.
(3) *Id.,* pl. 21, fig. 2ᵉ et pl. 22, fig. 1ᶜ.

pygus de M. Ebray (1) qui ne paraît en différer que par son péristome plus inégalement décagonal, dépourvu d'entailles et muni de bourrelets rudimentaires.

Le genre *Galeropygus* paraît jusqu'ici spécial aux étages inférieurs de terrain jurassique.

N° 76. **Galeropygus priscus**, Cotteau, 1873.

Pl. 85, fig. 1-2.

Espèce de taille à peu près aussi longue que large, sub-pentagonale, arrondie en avant, subtronquée en arrière; face supérieure légèrement renflée, sub-déclive dans la région postérieure; face inférieure presque plane, à peine pulvinée sur les bords, sub-concave au milieu. Sommet ambulacraire sub-central, un peu rejeté en avant. Aires ambulacraires relativement assez larges, sub-costulées, les postérieures plus longues et sub-flexueuses. Zones porifiées composées de pores simples, très-petits, arrondis, égaux entre eux. Le péristome n'est pas visible dans le seul exemplaire que nous connaissons. Périprocte allongé, situé à la partie supérieure d'un sillon droit, assez profond, se prolongeant jusqu'au bord, sans cependant échancrer l'ambitus d'une manière très-apparente. Appareil apical largement développé, sub-circulaire, dentelé sur les bords à en juger par l'empreinte qu'il a laissée.

Hauteur, 8 millimè res; diamètre transversal, 19 mill.; diamètre antéro-postérieur, 19 millim. 1/2.

Rapports et différences. — Cette petite espèce la plus

(1) *Bull. Soc. géol. de France*, 2e sér., t. XV, p. 182 et 525. — *Études paléont. sur le dép. de la Nièvre*, p. 46.

récemment connue du genre *Galeropygus* est facilement reconnaissable à sa petite taille, à sa forme sub-pentagonale, à ses aires ambulacraires légèrement costulées et s'élargissant d'une manière sensible au fur et à mesure qu'elles se rapprochent de l'ambitus, à ses zones porifères formées de pores égaux, arrondis, petits et serrés.

LOCALITÉ. — Solliès-Pont (Var). Très-rare. Étage toarcien.

Ma collection.

EXPLICATION DES FIGURES. — Pl. 80, fig. 1, *G. priscus* vu de côté, de ma collection; fig. 2, face supérieure.

N° 77. **Galeropygus agariciformis** (Forbes),

Cotteau, 1856.

Pl. 86, fig. 3-7.

Pygaster sublœvis ?	M'Coy, *Annals and mag. of nat. hist.*, 2ᵉ série, vol. II, p. 413, 1848.
Hyboclypeus agariciformis,	Forbes in Wright, *On the Cassid. of the Ool.*, Annals and Mag. of nat. Hist., 2ᵉ série, vol. IX, p. 97, 1851.
— —	Forbes, *Mem. of the Geol. Surv.*, dec. V, *Echinod.*, Pl. 4, 1852.
Nucleolites decollatus,	Quenstedt, *Handbuch der Petref.*, Pl. 50, fig. 6, p. 585, 1852.
Hyboclypeus agariciformis,	Forbes in Morris, *Catal. of Brit. Foss.*, 2ᵉ edit., p. 82, 1854.
Pygaster sublœvis ?	M'Coy, *Contr. to Brit. Paleont.*, p. 61, 1854.
Galeropygus agariciformis,	Cotteau, *Note sur les Echin. foss. de Sarthe*, Bull. soc. géol. de France, t. XIII, p. 649, 1856.
— —	Desor, *Synops. des Ech. foss.*, p. 167, 1857.

Hyboclypeus agariciformis,	Pictet, *Traité de paléont.*, 2ᵉ édit., t. IV, p. 224, 1857.
— —	Wright, *Monog. Brit. Foss. Echinod.*, p. 292, Pl. 31, fig. 1, 1857.
Nucleolites decollatus,	Quenstedt, *Der Jura*, p. 456, pl. 77, fig. 20, 1858.
aleropygus agariciformis,	Cotteau, *Note sur le genre Galeropygus*, Bull. soc. géol. de France, 2ᵉ série, t. XVI, p. 289, 1859.
boclypeus agariciformis,	Wright, *On the Subd. of the infer. Oolit. in the south of Angl*, Quaterly Jour of the Geol. Soc., 1860.
Galeropygus agariciformis,	Dujardin et Hupé. *Hist. nat. des Zooph. Echinod.*, p. 546, 1862.
— —	Huxley et Etheridge, *Catalog. of the Coll. of Fossil on the Museum of the practical Geol.*, p. 222, 1865.

Espèce de grande taille, sub-circulaire, légèrement pentagonale, presque aussi longue que large, arrondie en avant, sub-tronquée en arrière; face supérieure médiocrement renflée, un peu amincie dans la région postérieure; face inférieure presque plane. Sommet ambulacraire sub-central, un peu rejeté en arrière. Aires ambulacraires étroites, les postérieures moins longues, plus larges et sensiblement plus flexueuses que les autres. Zones porifères composées de pores simples en apparence, mais en réalité inégaux, la rangée externe étant formée de pores horizontaux, sub-virgulaires et plus ouverts que les autres qui sont petits et arrondis. Ce caractère, visible seulement sur les exemplaires parfaitement conservés et adultes, paraît avoir échappé jusqu'ici à l'observation, et n'est pas indiqué dans les belles figures que Forbes et M. Wright ont données de cette espèce. Vers l'ambitus, les zones porifères déjà très-étroites se rétrécissent encore, les pores deviennent plus petits et se rangent par paires obliques. A la face inférieure, ces paires de pores s'espacent et dévient de la ligne droite; aux approches du péristome elles se resserrent, se multiplient et se groupent par triples paires distinctes. Tubercules très-petits et épars à la face supérieure; plus gros, beaucoup plus abondants et sensiblement scrobiculés dans la région infra-marginale, ils s'espacent de nouveau sur la face inférieure. Granules intermédiaires fins, homogènes, groupés en cercles autour des plus gros tubercules. Le péristome n'est conservé dans aucun de nos exemplaires de France; d'après les figures données par M. Wright, il est sub-circulaire et muni de petites entailles. Périprocte ovale, allongé, très-rapproché du sommet, s'ouvrant à la partie supérieure d'un sillon profond, coupé à angle presque droit, qui s'élargit, s'évase, s'atténue et disparaît en se rapprochant du bord. Appareil apical sub-compacte, circulaire, dentelé sur les bords, connu seulement par l'empreinte qu'il a laissée.

Hauteur, 17 millimètres; diamètre transversal, 55 millimètres; diamètre antéro-postérieur, 54 millim. 1/2.

RAPPORTS ET DIFFÉRENCES. — Cette belle espèce a servi de type à notre genre *Galeropygus ;* elle sera toujours facilement reconnaissable à sa grande taille, à sa forme sub-circulaire aussi large que longue, à sa face supérieure médiocrement renflée, uniformément bombée, à peine amincie dans la région postérieure, à sa face inférieure presque plane, à son sommet sub-central, à ses pores ambulacraires le plus souvent inégaux à la face supérieure. Les exemplaires recueillis en France atteignent ordinairement une taille moins forte que ceux d'Angleterre.

HISTOIRE. — M' Coy paraît avoir décrit cette espèce, dès 1848, sous le nom de *Pygaster sub-lœvis*. M. Wright men-

tionne cette synonymie, avec un point de doute. Aucune
figure n'accompagnant la description très-succincte de
M' Coy, nous partageons la même incertitude que
M. Wright, et nous laissons à l'espèce le nom d'*Agaricifor-*
mis que Forbes lui a donné en 1851, et que tous les auteurs
ont adopté depuis. Le *Nucleolites decollatus* de Quenstedt,
malgré sa taille plus petite et plus sensiblement pentagonale et ses aires ambulacraires moins flexueuses, nous a
paru appartenir à cette même espèce. Le *G. Marcou*, auquel M. Desor, dans le *Synopsis des Echinides fossiles*, réunit le *Nucleolites decollatus*, à la face postérieure beaucoup
plus amincie. En 1856, j'ai établi le genre *Galeropygus* pour
le *G. Agariciformis* et autres espèces qui s'en rapprochent
par la structure de leur appareil apical.

LOCALITÉ. — Pisseloup (Haute-Saône). Assez rare.
Étage toarcien.

Coll. Perron, Michelot, ma collection.

LOCALITÉS AUTRES QUE LA FRANCE. — Leckhampton, Crickley, Cooper's Cleeve, Sudely Hills, Camlong Down près
d'Uley Bury (Gloucestershire); Wayford et Scaboroug (Dorsetshire). Étage bajocien. — Minchinhampton (Gloucestershire). Rare. Étage bathonien. Angleterre. — Jura brun
de Lauffen près Ballingen.

EXPLICATION DES FIGURES. — Pl. 87, fig. 3, *G. agariciformis*
vu de côté, de la collection de M. Perron; fig. 4, face supérieure; fig. 5, aire ambulacraire grossie, montrant la disposition sub-pétaloïde des pores; fig. 6, tubercules de la
face supérieure grossis; fig. 7, échantillon d'Angleterre vu
sur la face inférieure, de ma collection.

N° 78. — **Galeropygus Marcou**, Desor, 1858.

Pl. 87 et pl, 88, fig. 1-3.

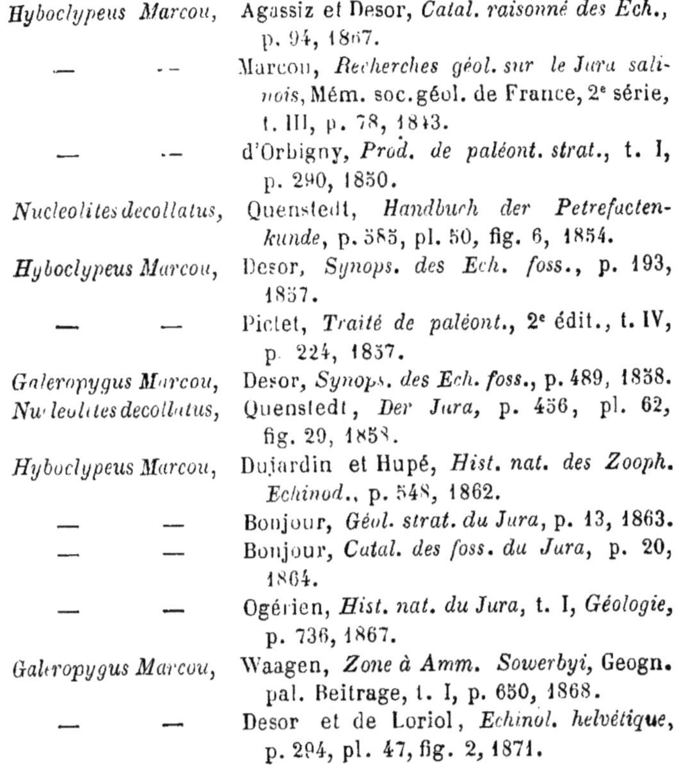

Hyboclypeus Marcou,	Agassiz et Desor, *Catal. raisonné des Ech.,* p. 94, 1867.
— —	Marcou, *Recherches géol. sur le Jura salinois,* Mém. soc. géol. de France, 2ᵉ série, t. III, p. 78, 1843.
— —	d'Orbigny, *Prod. de paléont. strat.,* t. I, p. 290, 1850.
Nucleolites decollatus,	Quenstedt, *Handbuch der Petrefactenkunde,* p. 585, pl. 50, fig. 6, 1854.
Hyboclypeus Marcou,	Desor, *Synops. des Ech. foss.,* p. 193, 1857.
— —	Pictet, *Traité de paléont.,* 2ᵉ édit., t. IV, p. 224, 1857.
Galeropygus Marcou,	Desor, *Synops. des Ech. foss.,* p. 489, 1858.
Nucleolites decollatus,	Quenstedt, *Der Jura,* p. 456, pl. 62, fig. 29, 1858.
Hyboclypeus Marcou,	Dujardin et Hupé, *Hist. nat. des Zooph. Echinod.,* p. 548, 1862.
— —	Bonjour, *Géol. strat. du Jura,* p. 13, 1863.
— —	Bonjour, *Catal. des foss. du Jura,* p. 20, 1864.
— —	Ogérien, *Hist. nat. du Jura,* t. I, *Géologie,* p. 736, 1867.
Galeropygus Marcou,	Waagen, *Zone à Amm. Sowerbyi,* Geogn. pal. Beitrage, t. I, p. 650, 1868.
— —	Desor et de Loriol, *Echinol. helvétique,* p. 294, pl. 47, fig. 2, 1871.

T. 77.

Espèce de taille moyenne, ordinairement aussi longue que large, sub-circulaire, arrondie en avant, légèrement sub-rostrée en arrière; face supérieure médiocrement renflée, très-amincie dans la région postérieure ; face inférieure presque plane, sub-concave au milieu. Sommet ambulacraire sub-central, un peu rejeté en avant. Aires ambulacraires très-étroites, les postérieures un peu plus longues et plus larges que les autres, sensiblement flexueuses. Zones porifères composées de pores arrondis, égaux entre eux à la face supérieure; dans l'exemplaire admirablement conservé que j'ai sous les yeux, à quelque distance de l'ambitus, les zones porifères se rétrécissent, les pores deviennent plus petits et se rangent par paires obliques. A la face inférieure, ces paires de pores s'espacent et dévient de la ligne droite; autour du péristome elles se rapprochent, se multiplient et se groupent par triples paires distinctes. Tubercules très-petits, épars et espacés à la face supérieure, plus gros, très-serrés et scrobiculés dans la région infrà-marginale, moins abondants à la face inférieure. Granules intermédiaires fins, homogènes. Péristome sub-circulaire, enfoncé, marqué de petites entailles correspondant à l'angle externe des aires ambulacraires, entouré d'un rudiment de floscelle, excentrique en avant. Périprocte ovale, allongé, très-rapproché du sommet, placé à la partie supérieure d'un sillon profond, large, coupé à angle presque droit qui s'évase, s'atténue et disparaît près du bord. Appareil apical sub-compacte, circulaire, dentelé sur les bords. Quelques plaques seulement sont conservées dans l'exemplaire que nous décrivons; la plaque madréporiforme est relativement peu développée, bombée, et ne pénètre pas au centre de l'appareil que devaient occuper, comme dans l'appareil du *G. caudatus* figuré par M. Wright, de petites plaques complémentaires (1). Une plaque ocellaire sub-triangulaire et de la même dimen-

(1) *Brit. Foss. Echinod. of the Ool. Formations*, pl. 21, fig. 2b.

sion se montre au sommet de l'appareil, à l'angle des deux plaques génitales supérieures. La plaque ocellaire de gauche, plus développée que ne le sont ordinairement les plaques ocellaires, s'intercale entre deux plaques génitales et pénètre jusqu'au milieu de l'appareil ; la plaque ocellaire postérieure est également très-développée, mais de forme plus irrégulière, et s'étend sur le bord du périprocte ; les autres plaques font défaut.

Hauteur, 14 millimètres ; diamètre transversal, 44 millmètres ; diamètre antéro-postérieur, 43 millimètres.

RAPPORTS ET DIFFÉRENCES. — Le *G. Marcou*, par sa forme sub-circulaire, sa face supérieure médiocrement bombée, la profondeur et l'étendue de son sillon anal, se rapproche du *G. agariciformis ;* il s'en distingue par sa taille moins forte, sa face supérieure plus amincie et sub-rostrée dans la région postérieure, son sommet plus excentrique en avant, ses aires ambulacraires plus étroites et formées de pores plus égaux, son sillon anal plus large vers le sommet, sa face inférieure un peu plus déprimée. Le moule en plâtre (T. 77), que MM. Agassiz et Desor rapportent à cette espèce, s'éloigne un peu du type que nous venons de décrire par sa forme plus allongée, sa face postérieure moins amincie, son sillon moins large ; aucune incertitude ne peut exister sur notre exemplaire qui nous a été remis par M. Marcou et provient de la Roche pourrie près Salins. Nous rapportons également à cette espèce un échantillon provenant des environs de Metz, qui nous a été communiqué par M. Terquem : sa face supérieure est plus renflée, surtout dans la région postérieure et son sommet un peu excentrique en arrière. Malgré ces différences très-légères du reste, cet exemplaire ne nous paraît qu'une variété un peu plus renflée du *G. Marcou.*

HISTOIRE. — Le *G. Marcou*, signalé pour la première fois par MM. Agassiz et Desor, en 1867, dans le *Catalogue raisonné des Echinides*, sous le nom *Hyboclypeus Marcou*, a été placé par nous, en 1858, dans le genre *Galeropygus*. Ainsi que l'on fait avant nous MM. Desor et de Loriol, nous lui réunissons le *Nucleolites decollatus* de Quenstedt qui n'en diffère par aucun caractère appréciable.

LOCALITÉS. — La Roche pourrie près Salins (Jura); mont Saint-Quentin dans les environs de Metz (Moselle). Environs de Mende (Lozère). Rare. Etage bajocien.

Muséum d'hist. nat. de Paris (coll. d'Orbigny); coll. Terquem, Paparel, ma collection.

LOCALITÉS AUTRES QUE LA FRANCE. — Cluse d'Ensingen par Ballsthal (canton de Soleure, Suisse). Jura brun de Lauffen près Ballingen (Wurtemberg). Etage bajocien,

EXPLICATION DES FIGURES. — Pl. 87, fig. 1, *G. Marcou*, vu de côté, de ma collection ; fig. 2, face sup. ; fig. 3, face inf. ; fig. 4, région anale ; fig. 5, face supérieure et portion de l'appareil apical grossis; fig. 6, péristome et aire ambulacraire grossis ; fig. 7, tubercules grossis. — Pl. 88, fig. 1, variété jeune et plus gibbeuse, vue de côté, de la coll. de M. Terquem ; fig. 2, face sup.; fig. 3, sommet apical et portion de la face supérieure grossis.

N° 79. — **Galeropygus caudatus** (Wright), Cotteau, 1859.

Pl. 88, fig. 4-12.

Hyboclypeus caudatus,   Wright, *On the Cassidulidæ of the Oolith.*, p. 20, Pl. 3, fig. 2, 1851.

   —   —   Forbes in Morris, *Catal. of British. Foss.*, 2ᵉ edit., p. 82, 1854.

   —   —   Wright, *On the Paleont. and Stratig. Re-*

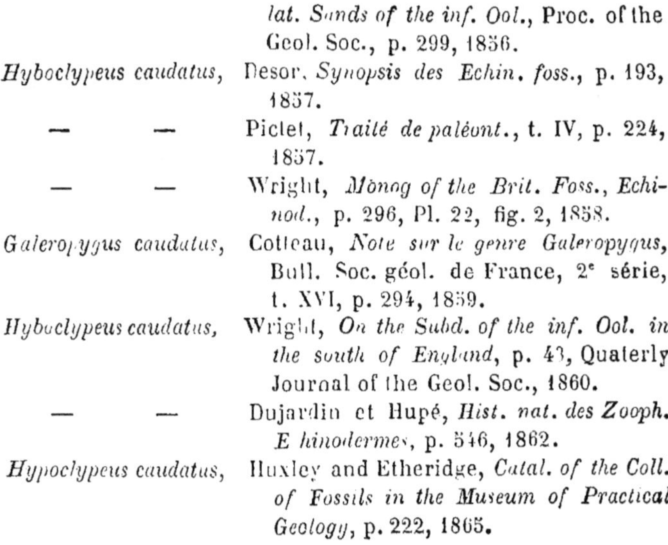

	lat. Sands of the inf. Ool., Proc. of the Geol. Soc., p. 299, 1856.
Hyboclypeus caudatus,	Desor, *Synopsis des Echin. foss.*, p. 193, 1857.
— —	Pictet, *Traité de paléont.*, t. IV, p. 224, 1857.
— —	Wright, *Monog of the Brit. Foss.*, Echinod., p. 296, Pl. 22, fig. 2, 1858.
Galeropygus caudatus,	Cotteau, *Note sur le genre Galeropygus,* Bull. Soc. géol. de France, 2ᵉ série, t. XVI, p. 294, 1859.
Hyboclypeus caudatus,	Wright, *On the Subd. of the inf. Ool. in the south of England,* p. 43, Quaterly Journal of the Geol. Soc., 1860.
— —	Dujardin et Hupé, *Hist. nat. des Zooph. Echinodermes,* p. 546, 1862.
Hypoclypeus caudatus,	Huxley and Etheridge, *Catal. of the Coll. of Fossils in the Museum of Practical Geology*, p. 222, 1865.

Espèce de petite taille, un peu allongée, arrondie en avant, étroite et sub-rostrée en arrière ; face supérieure renflée en avant, obliquement déclive et déprimée dans la région postérieure ; face inférieure presque plane, à peine pulvinée sur les bords. Sommet ambulacraire très-excentrique en avant. Aires ambulacraires étroites, inégales ; les postérieures plus longues et plus flexueuses que les autres, disparaissent à leur partie supérieure dans le sillon anal. Tubercules très-petits, sub-scrobiculés, presque superficiels à la face supérieure, plus serrés, plus abondants et un peu plus développés dans la région infra-marginale. Péristome très-excentrique en avant, ovale, un peu oblique, s'ouvrant presqu'à fleur du test. Périprocte allongé, très-rapproché du sommet, placé à la partie supérieure d'un sillon profond, caréné sur les bords, qui s'évase un peu, s'atténue et disparaît avant d'arriver au bord postérieur, par conséquent sans l'échancrer. Appareil apical sub-circulaire et dentelé sur les bords, comme celui de tous les *Galeropygus*.

Hauteur, 8 millimètres ; diamètre transversal, 19 millimètres ; diamètre antéro-postérieur, 20 millimètres et demi.

RAPPORTS ET DIFFÉRENCES. — Le *G. caudatus* se distingue de ses congénères par sa taille médiocrement développée, sa forme allongée, son sommet ambulacraire très-excentrique en avant, ses aires ambulacraires postérieures disparaissant complétement à leur partie supérieure dans le sillon anal, sa face inférieure presque plane et à peine pulvinée sur les bords. — Nous ne connaissons de cette espèce que deux échantillons ; ils diffèrent un peu de l'espèce anglaise par leur taille plus forte et leur sillon anal relativement plus large ; cependant, ils s'en rapprochent tellement par tous les autres caractères, que nous n'avons pas hésité à les y réunir, tout en les reportant, avec le type anglais, dans le genre *Galeropygus* auquel ils appartiennent, en raison de la structure de leur appareil apical.

LOCALITÉS. — Environs de Poitiers (Vienne); mont Saint-Quentin (Moselle). Très-rare. Etage bajocien. — Côté gauche de la route avant d'arriver à Dirlingsdorf (Haut-Rhin). Très-rare. Etage bathonien.

Coll. Constantin, Kœchlin Schlumberger, Terquem .

LOCALITÉS AUTRES QUE LA FRANCE. — Leckhampton, Birdlip, Shurdington, Ravesgate Hills, Hampen (Angleterre). Etage bajocien.

EXPLICATION DES FIGURES. — Pl. 88, fig. 4, *G. caudatus*, vu de côté, de la collection de M. Kœchlin Schlumberger ; fig. 5, face sup. ; fig. 6, région anale ; fig. 7, autre exemplaire vu de côté, de la collection de M. Constantin ; fig. 8, face sup.; fig. 9, échantillon de l'étage bajocien du mont Saint-Quentin, vu de côté, de la collection de M. Terquem; fig. 10, face sup.; fig. 11, face inf.; fig. 12, péristome grossi ; la face supérieure (fig. 10) a été restaurée d'après un échantillon de l'étage bajocien d'Angleterre parfaitement conservé et tout à fait identique.

N° 80. — **Galeropygus sulcatus**, Cotteau, 1861.

PI. 89, fig. 1-7.

Galeropygus sulcatus,   Cotteau in Ferry, *Mém. sur le groupe ool. inf. des environs de Macon*, p. 15, 1861.

Espèce de taille moyenne, sub-circulaire, arrondie en avant, sub-tronquée en arrière ; face supérieure uniformément bombée, assez rapidement déclive et amincie dans la région postérieure ; face inférieure sub-pulvinée, concave au milieu. Sommet ambulacraire sub-central, un peu rejeté en avant. Aires ambulacraires étroites, non costulées, les postérieures plus longues et plus flexueuses que les autres. Zones porifères composées de pores simples, arrondis, égaux entre eux. Un peu au-dessus de l'ambitus et à la face inférieure, les pores sont plus petits, moins apparents, plus espacés et disposés par paires plus obliques; ils se resserrent et se multiplient dans les dépressions assez vagues qui aboutissent au péristome. Tubercules crénelés, perforés et scrobiculés, petits, épars et presque superficiels à la face supérieure, plus gros et entourés d'un scrobicule plus large et plus profond à la face inférieure, serrés et abondants dans la région infra-marginale, moins nombreux au fur et à mesure qu'ils se rapprochent du péristome. Péristome sub-circulaire, enfoncé, s'ouvrant au milieu de la face inférieure. Périprocte allongé, situé dans un sillon très-large et très-profond qui s'évase d'une manière considérable. Dans certains exemplaires, il occupe, en s'atténuant jusqu'à l'ambitus, une grande partie de la région postérieure. Appareil apical très-développé, subcirculaire, dentelé sur les bords d'après l'empreinte qu'il a laissée.

Hauteur, 10 millimètres 1/2 ; diamètre transversal, 27 millimètres ; diamètre antéro-postérieur, 27 millimètres 1/4.

RAPPORTS ET DIFFÉRENCES. — Le *G. sulcatus* se distingue de ses congénères par sa forme sub-circulaire, sa face supérieure bombée, ses aires ambulacraires étroites et à fleur du test, son sillon anal large, profond et fortement évasé. Cette espèce se rapproche de certaines variétés subcirculaires du *G. Nodoti*, elle s'en distingue cependant par sa taille plus forte et son sillon anal beaucoup plus long.

LOCALITÉS. — La Grisière (Saône-et-Loire). Très-rare. Etage bajocien (calcaire à Entroques).

Muséum d'hist. nat. de Paris (collection de Ferry), coll. Bertaut, ma collection.

EXPLICATTION DES FIGURES. — Pl. 89, fig. 1, *G. sulcatus*, vu de côté, de ma collection ; fig. 2, face sup. ; fig. 3, face inf. ; fig. 4, région anale ; fig. 5, péristome grossi ; fig. 6, tubercules grossis ; fig. 7, individu de grande taille, type du *G. sulcatus*.

N° 81. — **Galeropygus Baugieri** (d'Orbigny), Cotteau, 1873.

Pl. 89, fig. 8-15.

Hyboclypeus Baugieri, d'Orbigny in collectione.

Espèce de petite taille, sub-circulaire, aussi large que longue, arrondie en avant, sub-rostrée en arrière ; face supérieure uniformément bombée, déclive dans la région postérieure ; face inférieure fortement pulvinée, largement concave au milieu, remarquable par le renflement de l'aire interambulacraire postérieure. Sommet ambulacraire subcentral, très-légèrement rejeté en avant. Aires ambulacraires étroites, inégales, les postérieures plus longues et plus flexueuses que les autres, disparaissant à leur partie supérieure dans le sillon anal. Tubercules très-petits, épars, à peine scrobiculés, peu abondants à la face supérieure et ne paraissant pas beaucoup plus nombreux vers l'ambitus et dans la région infrà-marginale. Granules intermédiaires inégaux, disséminés au hasard. Péristome relativement très-grand, un peu oblique, ovale dans le sens du diamètre antéro-postérieur, presque central, situé dans une dépression profonde de la face inférieure. Périprocte elliptique, très-allongé, placé dans un sillon qui s'étend depuis le sommet jusqu'à l'ambitus postérieur légèrement échancré. Appareil apical étroit et sub-circulaire d'après l'empreinte qu'il a laissée.

Hauteur, 9 millimètres ; diamètre transversal, 22 millimètres ; diamètre antéro-postérieur, 21 millimètres.

RAPPORTS ET DIFFÉRENCES. — Cette petite espèce sera toujours facilement reconnaissable à sa face supérieure uniformément bombée, à son aire ambulacraire postérieure qui s'abaisse en un rostre anguleux et renflé, à sa face inférieure fortement pulvinée, à son péristome presque central et relativement très-grand, à son périprocte allongé, pyriforme, occupant la plus grande partie du sillon anal. L'appareil apical ne nous est connu que par une empreinte vague et oblitérée, nous avons cru devoir cependant, en raison de sa forme générale et de la disposition de ses aires ambulacraires, placer cette espèce dans notre genre *Galeropygus*.

Localités. — Sauvigné, Niort (Deux-Sèvres). Rare. Etage bajocien. — Le Puteau près Poitiers (Vienne). Très-rare. Etage bathonien.

Musée de Niort (coll. Baugier), coll. Constantin, ma collection.

Explication des figures. — Pl. 89, fig. 8, *G. Baugieri*, vu de côté, de ma collection ; fig. 9. face sup.; fig. 10, face inf.; fig. 11, tubercules grossis ; fig. 12, autre exemplaire à l'état de moule siliceux, vu de côté, de ma collection ; fig. 13, face sup.; fig. 14, face inf. ; fig. 15, région anale.

N° 82. **Galeropygus Nodoti**, Cotteau, 1859.

Pl. 90.

Galeropygus Nodoti,	Cotteau, *Note sur le genre Galeropygus,* Bull. Soc. géol de France, 2e série, t. XVI, p. 289, 1859).
— —	Cotteau et Triger, *Echin. de la Sarthe,* p. 347, Pl. 58, fig. 1 à 3, 1864.
— —	Dujardin et Hupé, *Hist. nat. des Zooph. Echinod.,* p. 546, 1864.
— —	Cotteau et Triger, *Ech. du département de la Sarthe, Desc. des familles et des genres,* p. 420, 1869.
— —	Desor et de Loriol, *Echinologie helvétique,* p. 297, Pl. 47, fig. 4, 1871.

Espèce de taille moyenne, sub-circulaire, quelquefois un peu plus longue que large, arrondie en avant, sub-tronquée en arrière ; face supérieure assez uniformément bombée, sub-déclive dans la région postérieure ; face inférieure presque plane, sub-concave au milieu. Sommet ambulacraire sub-central, un peu rejeté en avant. Aires ambulacraires étroites, inégales, les postérieures plus longues et plus flexueuses que les autres. Zones porifères

formées de pores arrondis, égaux entre eux et disposés par
paires serrées et un peu obliques. Au-dessus de l'ambitus
et à la face inférieure, les pores deviennent plus petits,
plus espacés et rangés par paires plus obliques ; ils paraissent, aux approches du péristome, se resserrer et se multiplier un peu. Tubercules crénelés, perforés et visiblement scrobiculés, partout serrés et abondants, un peu plus
espacés autour de la bouche. Péristome ovale, sub-décagonal, un peu excentrique en avant, s'ouvrant dans une
dépression très-prononcée de la face inférieure. Périprocte
allongé, placé dans un sillon large et profond qui se resserre, puis s'évase et s'atténue en se rapprochant de
l'ambitus. Appareil apical sub-circulaire, dentelé sur les
bords d'après l'empreinte qu'il a laissée.

Hauteur, 14 millimètres ; diamètre transversal, 21 millim. 1/2 ; diamètre antéro-postérieur, 22 millim. 1/2.

Cette espèce varie dans sa forme plus ou moins sub-
circulaire. Dans certains exemplaires, la face postérieure
présente un rostre assez prononcé, mais le plus souvent,
et notamment dans l'échantillon qui a servi de type à
l'espèce, elle est légèrement tronquée en arrière.

RAPPORTS ET DIFFÉRENCES. — Le *G. Nodoti* sera toujours
facilement reconnaissable à sa forme sub-circulaire, à sa
face supérieure épaisse sur les bords, à sa face inférieure
sub-pulvinée et concave au milieu, à son appareil apical
excentrique en avant, à son sillon anal large, profond, qui
s'évase et se prolonge jusqu'à l'ambitus, sans cependant
l'échancrer. Voisin du *G. sulcatus*, il en diffère par son sillon
anal moins large et qui se resserre un peu avant de s'évaser.
Le *G. Nodoti* offre également quelque ressemblance avec le
G. disculus, mais il s'en éloigne par sa face inférieure pulvinée, ses bords épais et renflés, son sillon anal plus

large au sommet et moins évasé vers le bord postérieur.

LOCALITÉS. — Sélongey (Côte-d'Or); Sarthe. Rare. Étage
bathonien.

Coll. de Loriol, ma collection.

LOCALITÉS AUTRES QUE LA FRANCE. —Hornussën (Argovie).
Suisse. Rare. Étage bathonien.

EXPLICATION DES FIGURES. — Pl. 90, fig. 1, *G. Nodoti*, type
de l'espèce, vu de côté, de ma collection; fig. 2, face
supérieure; fig. 3, face inférieure; fig. 4, région anale;
fig. 5, tubercules grossis; fig. 6, autre exemplaire, vu de
côté, du musée de Dijon; fig. 7, face supérieure; fig. 8,
face inférieure; fig. 9, sommet apical grossi; fig. 10, autre
exemplaire, vu de côté, de la coll. de M. Dumortier;
fig. 11, face supérieure; fig. 12, face inférieure; fig. 13,
exempl. de grande taille, vu sur la face supérieure, de ma
collection.

Nº 83. — **Galeropygus disculus**, Cotteau, 1857.

Pl. 91, fig. 1-4.

Hyboclypeus disculus,	Cotteau in Desor, *Synops. des Ech. foss.* p. 193, 1857.
Galeropygus disculus,	Cotteau et Triger, *Ech. du département de la Sarthe*, p. 36, et 348, pl. VII, fig. 5 à 8, et pl. LVIII, fig. 4, 1857 et 1862.
— —	Cotteau, *Note sur le genre Galeropygus*, Bullet. Soc. géol. de France, 2ᵉ série, t. XVI, p. 294, 1859.
— —	Dujardin et Hupé, *Hist. nat. des Zooph. Échinod.*, p. 546, 1862.

Espèce sub-circulaire, aussi large que longue, arrondie
en avant, à peine rostrée en arrière; face supérieure uniformément bombée, déclive dans la région postérieure;
face inférieure concave, sub-pulvinée. Sommet ambula-

craire excentrique en avant. Aires ambulacraires légèrement renflées, inégales, les postérieures plus longues et plus flexueuses que les autres, disparaissant à leur partie supérieure dans le sillon anal. Zones porifères composées de pores petits, arrondis, égaux entre eux, s'espaçant à la face inférieure. Tubercules très-petits, épars, abondants à la face supérieure, plus gros et plus serrés au-dessous de l'ambitus. Péristome excentrique en avant, ovale, très enfoncé et marqué de dix petites entailles aux angles des aires ambulacraires. Périprocte allongé, situé dans un sillon profond, caréné sur les bords, qui part du sommet et se prolonge en s'évasant et en s'atténuant jusqu'à l'ambitus postérieur qui est aminci et non échancré. Appareil apical sub-circulaire et dentelé sur les bords d'après l'empreinte qu'il a laissée.

Hauteur, 9 millimètres; diamètre transversal, 22 millimètres; diamètre antéro-postérieur, 22 millim. 1/2.

RAPPORTS ET DIFFÉRENCES. — Le *G. disculus* est très-voisin des individus jeunes du *G. Marcou,* et peut-être devrait-il y être réuni; il nous a paru cependant s'en distinguer par ses aires ambulacraires légèrement renflées, sa face inférieure plus concave, son péristome un peu moins excentrique en avant; il se rapproche également beaucoup des individus jeunes du *G. agariciformis* si voisin du *G. Marcou,* il en diffère par ses aires ambulacraires renflées, son sommet plus excentrique en avant, sa face supérieure moins obliquement déprimée et garnie de tubercules moins nombreux.

LOCALITÉ. — Pecheseul (Sarthe). Très-rare. Etage bathonien.

Collection de M. l'abbé Davoust.

EXPLICATION DES FIGURES. — Pl. 91, fig. 1, *G. disculus,* vu

de côté, de la coll. de M. l'abbé Davoust; fig. 4, face sup. ;
fig. 3, face inf.; fig. 4, sommet apical grossi.

N° 84. **Galeropygus crassus**, Cotteau, 1873.

Pl. 91, fig. 5-11.

Espèce de taille petite et moyenne, un peu plus longue
que large, arrondie en avant, sub-tronquée en arrière;
face supérieure sub-déprimée au milieu, très-épaisse et
renflée sur les bords, rapidement déclive dans la région
postérieure; face inférieure pulvinée, concave au milieu.
Sommet ambulacraire sensiblement excentrique en avant.
Aires ambulacraires étroites, inégales, les postérieures
plus longues et sub-flexueuses. Zones porifères composées
de pores simples, égaux entre eux et disposés par paires
obliques, surtout à la face inférieure; aux approches du
péristome, les pores dévient de la ligne droite et paraissent
se multiplier. Tubercules petits, épars, perforés, crénelés,
sub·scrobiculés, abondants principalement dans la région
inframarginale. Péristome ovale, sub-décagonal, très-enfoncé. Périprocte allongé, placé dans un sillon profond et
étroit qui se prolonge en s'atténuant jusqu'à l'ambitus sans
l'échancrer. Appareil apical sub-circulaire, étroit et dentelé
sur les bords.

Hauteur, 12 millimètres; diamètre transversal, 24 millim.;
diamètre antéro-postérieur, 27 millimètres.

RAPPORTS ET DIFFÉRENCES. — J'avais pensé d'abord à réunir cette espèce au *G. Nodoti*, mais elle s'en distingue
par sa forme plus ovale, sa face supérieure déprimée et
très-épaisse sur les bords, sa face inférieure concave et
pulvinée.

Localité. — Argeville (Haute-Marne). Rare. Etage bathonien.

Coll. Babeau.

Explication des figures. — Pl. 91, fig. 5, *G. crassus*, vu de côté; fig. 6, face sup.; fig. 7, face inf.; fig. 8, région anale; fig. 9, péristome grossi; fig. 10, autre exemplaire plus petit, vu de côté, de la coll. de M. Babeau; fig. 11, face sup.; fig. 12, face inf.; fig. 13, région anale.

N° 85. **Galeropygus Marioni**, Cotteau, 1873.

Pl. 116.

Espèce de grande taille, sub-circulaire, un peu plus large que longue, arrondie en avant, légèrement tronquée en arrière; face supérieure médiocrement renflée, subdéprimée au sommet, très-épaisse sur les bords; face inférieure presque plane, à peine pulvinée, sub-concave au milieu. Sommet ambulacraire un peu excentrique en arrière. Aires ambulacraires inégales, les deux postérieures moins longues que les autres et légèrement recourbées à leur partie supérieure. Zones porifères très-étroites, formées de pores petits, égaux, arrondis, très-obliquement disposés même à la face supérieure. Vers l'ambitus et à la face inférieure, les pores deviennent encore plus petits, sont rangés en paires plus espacées et dévient un peu de la ligne droite. Tubercules très-peu développés, perforés, finement mamelonnés, scrobiculés, de petite taille, espacés, peu abondants même dans la région inframarginale, partout disséminés à peu près au hasard. Dans chacune des aires ambulacraires deux rangées plus régulières que les autres, sont placées sur le bord externe, très-près des zones porifères. Granules intermédiaires inégaux, épars, peu abondants, tendant à se grouper en cercle autour des tubercules. Péristome sub-central, très-petit, circulaire, placé dans une dépression assez profonde de la face inférieure. Périprocte allongé, un peu ovale, large, situé à la base même de l'appareil apical, dans un sillon qui se prolonge un peu au delà du périprocte, mais disparaît complétement avant d'arriver à l'ambitus. Appareil apical sub-circulaire, dentelé sur les bords, à en juger par l'empreinte qu'il a laissée.

Hauteur, 25 millimètres; diamètre transversal, 61 millimètres; diamètre antéro-postérieur, 59 millimètres 1/2.

RAPPORTS ET DIFFÉRENCES. — Cette espèce ne saurait être confondue avec aucun de ses congénères. Voisine par sa taille du *G. agariciformis*, elle s'en distingue d'une manière très-positive par sa forme plus anguleuse, sa face supérieure plus déprimée et beaucoup plus épaisse sur les bords, ses aires ambulacraires plus larges, ses zones porifères composées de pores plus égaux et rangés, à la face supérieure, par paires plus obliques et plus espacées, par ses tubercules moins abondants, surtout dans la région infra-marginale, par son périprocte plus large, plus allongé et surtout par son sillon anal plus atténué, moins profond, moins évasé et d'un aspect tout différent.

LOCALITÉ. — Rians (Var). Très-rare. Étage oxfordien (zone à *Ammonites plicatilis* et *Collyrites conica*). — Nous sommes heureux de dédier cette espèce à M. Marion, préparateur à la Faculté de Marseille, et qui a bien voulu enrichir notre collection de l'échantillon unique qu'il possédait.

EXPLICATION DES FIGURES. — Pl. 116, fig. 1, *G. Marioni*, de ma collection, vu de côté; fig. 2, face sup.; fig. 3, face inf.; fig. 4, partie supérieure de l'aire ambulacraire grossie, prise au-dessus de l'ambitus ; fig. 6, tubercules grossis.

Résumé géologique sur les Galeropygus.

Le terrain jurassique de France nous a présenté dix espèces de *Galeropygus* qui toutes appartiennent aux étages inférieurs.

Deux espèces proviennent de l'étage toarcien, *G. priscus* et *agariciformis*, et le caractérisent, en France du moins, car en Angleterre le *G. agariciformis* se rencontre dans l'oolite inférieure et remonte jusque dans l'étage bathonien.

Quatre espèces se montrent dans l'étage bajocien, *G. Marcou, caudatus, sulcatus* et *Baugieri ;* deux seulement lui sont propres, *G. Marcou* et *sulcatus ;* les deux autres espèces, *G. caudatus* et *Baugieri,* se retrouvent dans l'étage bathonien qui renferme en outre trois espèces qui lui sont particulières, *G. Nodoti, disculus* et *crassus.* ne seule espèce, *G. Marioni,* appartient à l'étage oxfordien. Le genre *Galeropygus* n'a pas encore été signalé en France au-dessus de l'étage oxfordien.

Dans le *Synopsis des Échinides fossiles,* M. Desor mentionne une seule espèce de *Galeropygus, G. agariciformis.*

MM. Desor et de Loriol, dans l'*Echinologie helvétique,* décrivent quatre espèces appartenant à ce genre : *G. Marcou, Cartieri, Nodoti* et *gibbosus.* Deux d'entre elles, *G. Cartieri* et *gibbosus,* n'ont pas encore été trouvées en France, et élèvent à douze le nombre des *Galeropygus* aujourd'hui connus.

Voici la description de ces deux espèces :

G. Cartieri, de Loriol, 1871. — Espèce orbiculaire, sub-

tronquée en arrière; face supérieure renflée et gibbeuse
vers le sommet; face inférieure sub-déprimée. Sommet
ambulacraire central. Aires ambulacraires très-étroites,
légèrement renflées, les postérieures un peu flexueuses.
Zones porifères formées de pores petits, très-rapprochés,
disposés par simples paires régulièrement superposées.
Péristome petit, sub-pentagonal, s'ouvrant dans une dépression profonde. Périprocte ovale, très-étroit, situé immédiatement au-dessous de l'appareil apical, à l'origine d'un
sillon étroit, peu profond, qui disparaît très-promptement
et ne se fait pas moins sentir sur la déclivité de la région
postérieure. Le *G. Cartieri* se distingue de ses congénères
par sa face supérieure plus renflée et gibbeuse en avant,
par ses aires ambulacraires très-étroites et renflées, et par
son sillon anal très-peu accentué et disparaissant à une
grande distance du bord postérieur. — Loc. Cluse d'Ensingen près Ballsthal (canton de Soleure, Suisse). Très-rare.
Etage bajocien. Coll. Cartier, (Desor et de Loriol, *Echinol.
helvétique*, p. 296, pl. XLVII, fig. 5).

G. *gibbosus* (Merian), de Loriol, 1871. — Espèce sub-
orbiculaire, un peu plus longue que large, légèrement
rétrécie en avant, pourvue en arrière d'un rostre prononcé
et un peu réfléchi en dessous ; face supérieure renflée,
déclive en arrière ; face inférieure peu concave, mais très-
accidentée par le renflement des aires interambulacraires ;
pourtour renflé et onduleux. Sommet ambulacraire très-
excentrique en avant. Aires ambulacraires non pétaloïdes,
très-inégales ; les postérieures sont très-longues et un peu
arquées vers le sommet. Zones porifères très-étroites ;
pores petits, disposés par paires rapprochées, ceux des rangées externes sont un peu virguliformes, ceux des rangées
internes tout à fait arrondis. Péristome très-excentrique

en avant. Périprocte logé dans un sillon profond qui commence à l'appareil apical ; assez large dès le début, il se prolonge sans s'évaser beaucoup jusqu'à l'extrémité du rostre. Le *G. gibbosus* ne peut être confondu avec aucune autre espèce et se distingue par son ensemble renflé, son rostre postérieur, ses aires ambulacraires très-inégales, son sillon anal étroit, profond et peu élargi vers le bord. — Loc. Develier-dessus (Jura Bernois). Terrain à chailles supérieur. Coll. Greppin, Mathey. (Desor et de Loriol, *Echinol. helvét.*, p. 298, pl. XLVIII, fig. 4.)

11ᵉ Genre. — GALEROCLYPEUS, Cotteau, 1873.

Test de taille variable, sub-circulaire, plus ou moins renflé en dessus, sub-rostré en arrière, fortement pulviné en dessous. Sommet ambulacraire sub-central. Aires ambulacraires composées de pores inégaux à la face supérieure, les externes sub-virgulaires et les internes arrondis, ne paraissant pas se multiplier autour du péristome. Tubercules petits, crénelés, perforés, sub-scrobiculés, épars. Péristome sub-pentagonal, quelquefois oblique, un peu excentrique en avant, s'ouvrant dans une dépression profonde de la face inférieure. Aux approches du péristome, les aires ambulacraires se resserrent, se dépriment et l'extrémité des aires interambulacraires paraît légèrement saillante. Périprocte situé à la face supérieure dans un sillon assez prononcé qui commence toujours à une grande distance du sommet ambulacraire. Appareil apical compacte, un peu allongé, composé de plaques génitales et de plaques ocellaires groupées autour de la plaque madréporiforme qui est très-grande et se prolonge irrégulièrement au centre de l'appareil.

RAPPORTS ET DIFFÉRENCES. — Ce genre nouveau se place dans le voisinage des *Galeropygus*, des *Hyboclypeus* et des *Desorella*, mais il en diffère par des caractères toujours faciles à reconnaître. Il s'éloigne des *Hyboclypeus* par ses aires ambulacraires rapprochées autour du sommet, par son appareil apical compacte au lieu d'être allongé, et par son sillon anal commençant à une grande distance du sommet; il en diffère également par ses zones porifères composées de pores inégaux. Sa forme générale et la structure de son appareil apical le rapprochent davantage des *Galeropygus* et notamment des espèces à pores inégaux, mais ce dernier genre sera toujours reconnaissable à son sillon profond, allongé, qui commence au sommet et se prolonge plus ou moins sur la face postérieure. Le genre *Galeroclypeus* ne saurait pas davantage être réuni au genre *Desorella* avec lequel nous l'avons d'abord confondu; il s'en distingue d'une manière positive par ses pores ambulacraires inégaux, par son périprocte situé au sommet d'un sillon et par son appareil apical compacte au lieu d'être allongé.

Ce genre n'est représenté jusqu'ici que par une seule espèce provenant de l'étage bathonien.

N° 86. **Galeroclypeus Peroni**, Cotteau, 1873.

Pl. 97.

Espèce de grande taille, sub-circulaire, un peu allongée dans le sens du diamètre antéro-postérieur, arrondie en avant, très-légèrement rétrécie en arrière ; face supérieure sub-conique, amincie vers les bords, plus épaisse dans la région postérieure qui est un peu échancrée ; face infé- rieure sub-pulvinée, fortement concave au milieu. Sommet ambulacraire sub-central, plutôt excentrique en arrière

qu'en avant. Aires ambulacraires étroites surtout à la partie supérieure, convergeant en ligne droite du sommet au
péristome, légèrement inégales, les postérieures un peu
moins longues que les autres. Zones porifères formées, à
la partie supérieure, de pores inégaux, allongés et sub-
virgulaires dans la rangée externe, plus arrondis et moins
étroits dans la rangée interne. A quelque distance de l'ambitus, les pores deviennent plus petits, plus égaux ; ils
sont disposés obliquement et par paires plus espacées.
Cette même disposition s'observe sur la face inférieure et
les pores ne paraissent pas se multiplier autour du péristome. Tubercules petits, épars, sub-scrobiculés, un peu
plus développés dans la région infra-marginale et à la face
inférieure qu'en dessus. Granules intermédiaires très-petits, homogènes, formant, vers l'ambitus, des cercles réguliers autour des tubercules. Péristome un peu excentrique
en avant, sub-décagonal, profondément enfoncé, entouré
d'un floscelle rudimentaire dû à la dépression des aires
ambulacraires. Périprocte elliptique, placé à la face supérieure, aux deux tiers environ de l'espace situé entre
le sommet et le bord postérieur, à la partie supérieure d'un
sillon peu profond qui échancre l'ambitus et correspond
en dessous à un petit renflement de l'aire interambulacraire postérieure. Appareil apical allongé, granuleux, parfaitement conservé dans l'exemplaire que nous avons sous
les yeux : les quatre plaques génitales sont allongées, anguleuses, perforées à leur extrémité, et les pores génitaux
antérieurs plus rapprochés que les deux autres ; la plaque
madréporiforme très-développée se prolonge irrégulièrement au milieu de l'appareil. Les cinq plaques ocellaires
sont petites, sub-pentagonales, visiblement perforées sur le
bord et intercalées à l'angle des plaques génitales. La pla-

que génitale postérieure impaire est remplacée par cinq
ou six petites plaques complémentaires inégales, irrégulières, qui se groupent à la base de la plaque madréporiforme et empêchent les plaques ocellaires postérieures de
se toucher.

Hauteur, 22 millim.; diamètre transversal, 56 millim. ;
diamètre antéro-postérieur, 57 millim.

RAPPORTS ET DIFFÉRENCES. — Cette belle espèce, que nous
sommes heureux de dédier à notre collègue et ami M. Peron, est parfaitement caractérisée par sa forme sub-circulaire et sa face supérieure sub-conique, par la structure
de ses aires ambulacraires, la position du périprocte et du
sillon qui l'accompagne, son péristome sub-excentrique
en avant entouré d'un rudiment de floscelle et très-profon-
ment enfoncé. Sa taille rapproche cette espèce du *Desorella
elata* de l'étage corallien, dont nous ne connaissons que le
moule intérieur, mais elle s'en distingue nettement par
sa face supérieure plus conique, son périprocte plus rapproché du sommet et s'ouvrant dans un sillon beaucoup
plus prononcé, son péristome plus déprimé et surtout la
structure de son appareil apical qui la place dans un genre
différent.

LOCALITÉ. — Le Puget de Cuers (Var). Très-rare. Etage
bathonien.

Coll. Peron.

EXPLICATION DES FIGURES. — Pl. 97, fig. 1, *G. Peroni* de
la coll. de M. Peron, vu de côté ; fig. 2, face sup. ; fig. 3,
face inf. ; fig. 4, zones porifères grossies, prises près du
péristome ; fig. 5, zones porifères grossies, prises à la face
sup.; fig. 6, tubercules grossis.

3me Genre. — HYBOCLYPEUS, Agassiz, 1839.

Hyboclypeus,   Agassiz, 1839 ; Forbes, 1851 ; Wright et Desor,
1857 ; Desor et de Loriol, 1870.

Test de taille moyenne, sub-circulaire, quelquefois allongé, plus ou moins renflé en dessus, sub-concave en dessous. Sommet ambulacraire sub-central. Aires ambulacraires inégales, les deux postérieures éloignées des autres et sub-flexueuses. Zones porifères composées de pores simples, espacés vers l'ambitus, se multipliant autour du péristome. Tubercules petits, crénelés, perforés, épars. Péristome excentrique en avant, allongé, irrégulièrement pentagonal. Périprocte situé à la face supérieure dans un sillon profond, allongé, qui prend naissance au sommet et se prolonge, en s'évasant et s'atténuant, jusqu'au bord postérieur. Appareil apical très-allongé, granuleux; les plaques génitales et les plaques ocellaires paires, disposées deux à deux, se touchent par la base et par le milieu.

RAPPORTS ET DIFFÉRENCES. — Le genre *Hyboclypeus*, tel qu'il est aujourd'hui caractérisé, forme un type parfaitement reconnaissable à ses aires ambulacraires formées de pores simples, à son péristome ovale et irrégulièrement pentagonal, à son périprocte situé dans un sillon profond et remontant toujours jusqu'au sommet ambulacraire, à son appareil apical allongé, donnant aux aires ambulacraires postérieures un aspect disjoint souvent très-prononcé, mais plus apparent que réel. Les *Hyboclypeus* diffèrent des *Desorella* par leur périprocte moins éloigné du sommet, leurs aires ambulacraires plus disjointes et leur face inférieure moins sensiblement pulvinée. Ils s'éloignent des *Galeropygus* par leur appareil apical allongé au lieu d'être sub-circulaire, et par leurs aires ambulacraires postérieures plus disjointes.

HISTOIRE. — Le genre *Hyboclypeus* a été établi, en 1839, par M. Agassiz, et adopté par presque tous les auteurs. Nous avons séparé des *Hyboclypeus*, en 1855, les *Desorella*, et en 1856, les *Galeropygus*. Ces deux genres ont été admis par M. Desor, dans le *Synopsis des Echinides fossiles*, et tout récemment par M. Desor et de Loriol dans l'*Echinologie helvétique*.

Le genre *Hyboclypeus* paraît propre jusqu'ici aux étages inférieur et moyen du terrain jurassique.

N° 87. **Hybocylpeus gibberulus**, Agassiz, 1829.

Pl. 92 et 93.

Hyboclypeus gibberulus,	Agassiz, *Desc. des Ech. foss. de la Suisse*, I, p. 75, pl. XII, fig. 10 à 12, 1839.
— —	Agassiz, *Catal. syst. Ectyp. foss. Mus. Neoc.*, p. 6, 1840.
— —	Desor, *Monog. des Galérites*, p. 84, pl. XIII, fig. 12 à 14, 1842.
— —	Agassiz et Desor, *Catal. rais. des Ech.*, p. 94, 1847.
— —	A. Gras, *Oursins de l'Isère*, p. 46, 1848.
— —	Bronn, *Index paleont.*, p. 598, 1848.
— —	d'Orbigny, *Prod. de la paléont. strat.*, t. 1, p. 290, 1850.
— —	Wright, *On Cassidul. of the Oolith*, Ann. and Magaz., 2ᵉ série, t. IX, p. 102, 1851.
Nucleolites excisus,	Bronn, *Lethea geognost.*, 2ᵉ série, t. II, p. 150, pl. XVII, fig. 11, 1851.
— —	Quenstedt, *Handbuch der petrefactenkunde*, p. 585, pl. L, fig. 2, 1852.

Hyboclypeus gibberulus, A. Gras, *Catal. des corps organ. foss.
de l'Isère,* p. 19, 1852.

—   —   Guéranger, *Essai d'un Rép. paléont. de
la Sarthe,* p. 25, 1853.

—   —   Forbes in Morris, *Catal. of. Brit. Foss.,*
2ᵉ ed. p. 82, 1854.

—   —   Desor, *Synops. des Ech. foss.,* p. 192,
pl. xxvi, fig. 12 à 13, 1856. ·

Hyboclypeus sandalinus, Mérian in Desor, *id,* p. 193, 1856.

—   —   Cotteau, *Note sur quelques Echin. du
département de la Sarthe,* Bullet. Soc.
géol. de France, 2ᵉ série, t. XIII, p.
649, 1856.

Hyboclypeus gibberulus, Wright, *Monog. of Brit. Foss. Echinod.
Oolith,* p. 298, pl. xxi, fig. 2, 1856.

—   —   Pictet, *Traité de paléont.,* 2ᵉ éd., t. IV,
p. 221, pl. xcv, fig. 6, 1857.

—   —   Cotteau et Triger, *Echin. du département de la Sarthe,* p. 42, pl. viii, fig.
1 à 4, et p. 348, pl. lviii, fig. 5,
1857.

—   —   Ebray, *Note sur l'existence d'une plaque
compl. chez le Collyrites ovalis,* Bull.
Soc. géol. de France, 2ᵉ série, t. XV,
p. 303, 1858.

—   —   Dujardin et Hupé, *Hist. nat. des Zooph.
Echinod.,* p. 548, 1862.

—·   —   Waagen, *Die Juraformation in Franken,*
p. 93, 1864.

—   —   Winkler, *Musée Teyler, Catal. syst. de
la coll. paléont.,* p. 199, 1864.

—   —   Huxley and Etheridge , *Catal. of the
Coll. of Foss. in the Museum of Prac-
tical Geolog.,* p. 222, 1865.

—   —   Mœsch, *Der Argauer Jura,* p. 97,
1867.

—   Laube, *die Echinodermen des Bravnen
von Balin,* p. 4, 1867.

—   —   Greppin, *Essai géol. sur le Jura
Suisse,* p. 55, 1868.

—   —   Wright, *on the Correlation of the Ju-*

                        rassic Rock of Côte d'Or and Cottes-
                        wold Hills, p. 46, 49, etc., 1869.

Hyboclypeus gibberulus, Cotteau, *Echin. du département de la Sarthe, Suppl., Desc. des familles et des genres,* p. 406, 1869.

—   —   Guiller, *Not. géol. et agric. à l'appui des profils géol. des routes imp. de la Sarthe,* p. 25, 1868.

—   —   Greppin, *Desc. géol. du Jura Bernois,* p. 51 et 56, Mat. pour la carte géol. de la Suisse, 1870.

—   —   Desor et de Loriol, *Echinol. helvéti-que,* p. 290, pl. XLVI, fig. 7, 1871.

Espèce sub-circulaire, quelquefois un peu allongée, légèrement sinueuse sur les bords, rétrécie et échancrée en avant, dilatée, et sub-rostrée en arrière ; face supérieure très-obliquement déclive dans la région postérieure, renflée en avant et marquée d'une carène saillante qui correspond à l'aire ambulacraire impaire et se termine vers le bord par une échancrure fortement prononcée ; face inférieure concave, sub-pulvinée. Sommet ambulacraire assez variable dans sa position, quelquefois central, tantôt rejeté un peu en arrière, et tantôt un peu en avant. Aires ambulacraires inégales, sensiblement disjointes, les postérieures un peu plus longues et plus flexueuses que les autres. Zones porifères formées de pores arrondis, disposés deux à deux, plus petits, plus espacés et plus obliquement rangés à la face inférieure, se multiplient autour du péristome où ils sont groupés par triples paires obliques. Tubercules très-petits, serrés, homogènes, plus développés et moins nombreux à la face inférieure, aux approches du péristome et sur le bord des dépressions ambulacraires. Péristome excentrique en avant, ovale dans le sens du diamètre antéro-postérieur, irrégulièrement pentagonal. Périprocte

elliptique, situé à la face supérieure, à la base même de
l'appareil apical, dans un sillon très-profond, aigu, sub-
caréné sur les bords, qui occupe tout l'espace compris
entre le sommet et le bord postérieur, mais qui s'évase et
s'atténue en se rapprochant de l'ambitus. Appareil apical
allongé, granuleux, composé d'une plaque ocellaire très-
petite et sub-triangulaire, de deux plaques génitales en
contact par le milieu, plus longues que larges, de deux
plaques ocellaires en contact également par le milieu, sur
la même ligne que les plaques génitales et presque autant
développées, de deux autres plaques génitales à peu près
de même grandeur et dans la même position que les premières, et enfin de deux plaques ocellaires, irrégulières et
plus petites, formant la base de l'appareil, et comme les premières, en contact par le milieu. La plaque génitale antérieure de droite est spongieuse et un peu plus grande que
les autres. Si dans la plupart des exemplaires, les plaques
génitales et ocellaires postérieures se touchent par le milieu, il n'en est pas toujours ainsi, et nous connaissons un
certain nombre d'échantillons, chez lesquels il existe une
ou plusieurs plaques complémentaires inégales, irrégulières, qui s'intercalent dans l'appareil, et remontent jusqu'au
milieu des plaques ocellaires latérales antérieures, au-
dessous de la plaque madréporiforme.

Hauteur, 15 millimètres; diamètre transversal, 45 millimètres ; diamètre antéro-postérieur, 43 millimètres.

Var. plus longue que large (type de l'*H. sandalinus*
Mérian) : hauteur, 15 millimètres; diamètre transversal,
42 millimètres; diamètre antéro-postérieur, 45 millimètres.

Cette espèce est très-variable dans sa forme : le type est
sub-circulaire, et le diamètre transversal un peu plus large

que le diamètre antéro-postérieur ; le sommet est alors presque central, et la saillie qui correspond, sur la face supérieure, a l'aire ambulacraire antérieure, toujours très-prononcée. Dans certains exemplaires, au contraire, la forme générale est beaucoup plus allongée, et le diamètre antéro-postérieur l'emporte sensiblement sur le diamètre transversal ; le sommet dans ce cas est un peu plus excentrique en avant, et la face supérieure ordinairement moins gibbeuse. Ces différences ont engagé quelques auteurs à séparer de l'*H. gibberulus* les exemplaires allongés auxquels on a donné le nom de *H. sandalinus*. Dans ces derniers temps je n'étais pas éloigné d'admettre les deux espèces ; j'y ai renoncé cependant après un nouvel examen : j'ai sous les yeux un très-grand nombre d'échantillons, provenant des localités les plus diverses, et appartenant à l'une et à l'autre de ces variétés, et leur étude comparée tend à démontrer que ces deux formes passent insensiblement de l'une à l'autre, et ne sont, malgré la différence de gisement (1), que des modifications d'un même type.

RAPPORTS ET DIFFÉRENCES. — L'*H. gibberulus*, en y réunissant, comme nous l'avons fait, l'*H. sandalinus*, Merian, forme un type remarquable, et se distinguant facilement de ses congénères par sa taille assez forte, sa face supérieure renflée et gibbeuse en avant, obliquement déclive en arrière, par le sillon profond et largement évasé dans lequel s'ouvre le périprocte, par ses aires ambulacraires postérieures flexueuses au sommet, par son

____

(1) Suivant M. Guéranger, l'*Hyboclypeus sandalinus*, qu'il considère comme une espèce distincte, ne se rencontre jamais associé aux nombreuses variétés de l'*H. gibberulus*, et occupe dans la grande oolite, un niveau toujours inférieur que caractérisent les *Terebatula bullata* et *Phillipsii*, tandis que la place de l'*H. gibberulus* est avec la *Terebratula Sœmanni* (*Éch. du dép. de la Sarthe*, p. 126).

péristome excentrique en avant, ovale et sub-pentagonal.

HISTOIRE. — Cette curieuse espèce a été signalée pour la première fois, en 1839, par M. Agassiz qui en a fait le type du genre *Hyboclypeus* que tous les auteurs ont adopté. — Ainsi que l'ont fait récemment MM. Desor et de Loriol, dans l'*Échinologie helvétique*, nous croyons devoir réunir à l'*H. gibberulus* les *H. excisus*, Bronn, et *sandalinus*, Merian in Desor.

LOCALITÉS. — Davayé, Pouilly (Saône-et-Loire). Étage bajocien. — Oncien, St-Rambert (Ain) ; Liffol (Vosges) ; Pecheseul, Noyen, St-Pierre des bois, Chemiré-le-Gaudin, Vallon, St-Christophe en Champagné (Sarthe); environs de Caen (Calvados). Assez abondant. Étage bathonien.

Coll. de l'école des mines et de la Sorbonne, musée de Caen, coll. Dumortier, Kœchlin-Schlumberger, Guéranger, Guillier, Davoust, ma collection.

LOCALITÉS AUTRES QUE LA FRANCE. — Burton, Bradstock, Walditch Hill, près Bridport, Dorsetshire; Charlcomb near Bath, Angleterre. Étage bajocien. — Völfliswyl, Egg près Aarau, Kreisacker, Hornussen, Kornberg (Argovie) ; Kienberg (Soleure); Moutiers, Schauenbourg (Jura Bernois), Suisse. Étage bathonien.

EXPLICATION DES FIGURES. — Pl. 92, fig. 1, *H. gibberulus*, exemplaire de grande taille, à forme sub-circulaire, vu sur la face supérieure, de la coll. de M. Dumortier ; fig. 2, appareil apical et sommet ambulacraire grossis; fig. 3, tubercules grossis pris à la face inférieure; fig. 4, autre exemplaire de taille plus petite, vu de côté, de la coll. de M. Dumortier; fig. 5, face sup. ; fig. 6, autre exemplaire, vu sur la face sup., de la coll. de M. Kœchlin-Schlumberger; fig 7, région anale ; fig. 8, tubercules grossis pris sur la face sup. Pl. 93, fig. 1, *H. gibberulus*, individu de grande taille (*H. san-*

dalinus, Merian), de l'étage bathonien des environs de Caen, vu de côté, de ma collection; fig. 2, face sup.; fig. 3, autre individu, de l'étage bathonien de Pecheseul (*H. sandalinus*, Merian), vu sur la face sup., de ma collection; fig. 4, autre variété vue sur la face inf., de ma collection; fig. 5, région anale; fig. 6, péristome et aires ambulacraires grossis; fig. 7, appareil apical grossi; fig. 8, autre variété, de l'étage bathonien de St-Pierre des Bois (Sarthe), vue sur la face sup.; fig. 9, appareil apical, montrant l'intercalation de quelques plaques complémentaires.

N° 87. — **Hyboclypeus ovalis**, Wright, 1856.

Pl. 94.

Hyboclypeus ovalis,		Wright, *Monog. of the Brit. Echin. oolithe*, p. 301, pl. xxii, fig. 1 (in Mem. paleont. soc. London), 1856.
—	—	Desor, *Synops. des Ech. foss.*, p. 431, 1858.
—	—	Dujardin et Hupé, *Hist. nat. des Zooph. Echinod.*, p. 548, 1862.
—	—	Dewalque, *Prodrome d'une descript. géol. de la Belgique*, p. 354, 1868.
—	—	Desor et de Loriol, *Echinol. helvétique*, p. 292, pl. xlvii, fig. 7, 1871.

Epèce ovale, un peu plus longue que large, arrondie et légèrement rétrécie en avant, dilatée, sub-rostrée, et un peu onduleuse en arrière; face supérieure médiocrement renflée, très-faiblement gibbeuse en arrière, sub-déclive dans la région postérieure; face inférieure concave, pulvinée par suite du renflement des aires ambulacraires, peu épaisse sur les bords. Sommet ambulacraire excentrique en avant. Aires ambulacraires sensiblement disjointes, étroites, inégales, les postérieures plus longues et plus flexueuses que les autres. Zones porifères très-étroites, à fleur du test, composées de pores arrondis, égaux, rapprochés les uns des autres, disposés par simples paires serrées près du sommet, mais qui s'écartent un peu aux approches de l'ambitus, notamment dans les aires ambulacraires postérieures. Dans la région infrà-marginale et à la face inférieure, les paires de pores s'amoindrissent et s'espacent encore davantage, et ce n'est qu'autour du péristome qu'elles se resserrent, se multiplient et tendent à former des triples rangées. Tubercules petits, serrés, homogènes, partout sub-scrobiculés, abondants et serrés dans la région infrà-marginale, plus développés et beaucoup moins nombreux aux approches du péristome et sur le bord des dépressions ambulacraires. Péristome excentrique en avant, ovale dans le sens du diamètre antéro-postérieur, très-irrégulièrement pentagonal, marqué de faibles entailles. Périprocte ovale, large, situé à la face supérieure, à la base même de l'appareil apical, dans un sillon plus ou moins profond, sub-caréné sur les bords, qui s'évase et disparaît en arrivant vers l'ambitus. Appareil apical allongé, granuleux, composé, comme dans l'*H. gibberulus*, d'une petite plaque ocellaire subtriangulaire placée au sommet de l'appareil, et de plaques génitales et ocellaires directement superposées, se touchant par le milieu et à peu près d'égale grandeur, à l'exception de la plaque madréporiforme qui est un peu plus développée que les autres. Chez certains exemplaires se montrent, comme dans l'espèce précédente, une ou plusieurs plaques complémentaires, inégales, irrégulières, qui s'étendent au milieu de l'appareil et remontent jusqu'à la plaque madréporiforme.

Hauteur, 11 millimètres; diamètre transversal, 28 millim.; diamètre antéro-postérieur, 30 millim.

RAPPORTS ET DIFFÉRENCES. — L'*H. ovalis* décrit pour la première fois par M. Wright et tout récemment par M. de Loriol, dans l'*Échinologie helvétique*, est assurément très-voisin de certaines variétés allongées de l'*H. gibberulus* (*H. sandalinus*, Merian); il s'en distingue par sa forme moins dilatée, sa face supérieure beaucoup moins gibbeuse en avant, son sommet ambulacraire plus excentrique en avant, son périprocte plus large, plus ovale, remontant plus haut et situé dans un sillon relativement plus large et moins sensiblement caréné sur les bords, enfin par ses zones porifères composées de pores plus petits, et disposés par paires plus écartées aux approches de l'ambitus, surtout dans les aires ambulacraires postérieures. Ce dernier caractère sur lequel insiste M. de Loriol n'a peut-être pas l'importance que paraît y attacher notre savant ami, car nous le retrouvons sur les exemplaires allongés de l'*H. gibberulus*.

LOCALITÉS. — Vergisson (Saône-et-Loire). Rare. Étage bajocien?... Selongey (Côte-d'Or); Pecheseul (Sarthe). Rare. Étage bathonien.

Coll. Babeau, Berthaud, ma collection.

LOCALITÉS AUTRES QUE LA FRANCE. — Hampen, Gloucestershire; Cold Comfort, Angleterre. Étage bajocien. Schauenbourg (Jura bernois), Suisse. Étage bathonien.

EXPLICATION DES FIGURES. — Pl. 94, fig. 1, *H. ovalis*, de l'étage bajocien de Vergisson, de la collection de M. Berthaud, vu sur la face sup.; fig. 2, région anale; fig. 3, autre individu de l'étage bathonien?.. de Selongey, vu de côté, de ma collection; fig. 4, face sup.; fig. 5, face inf.; fig. 6, région anale; fig. 7, péristome grossi; fig. 8, appareil api-

cal et aire ambulacraire grossis ; fig. 9, tubercules grossis ;
fig. 10, autre individu de l'étage bathonien de la Sarthe,
vu de côté, de ma collection ; fig. 11, face sup.

N° 88. — **Hyboclypeus Theobaldi**, de Loriol, 1871.

PL. 95, fig. 1-9.

Hyboclypeus Theobaldi,   de Loriol in Desor et de Loriol, *Echi-*
                           nol. hélvétique, p. 289, pl. XLVII,
                           fig. 3, 1871.

Espèce de taille moyenne, aussi longue que large, arrondie en avant, brusquement rétrécie et sub-rostrée en
arrière ; face supérieure renflée, presque régulièrement
convexe, ayant sa plus grande hauteur dans la région antérieure, sub-déclive en arrière ; face inférieure presque
plane, très-légèrement pulvinée, un peu déprimée autour
et en avant du péristome, et présentant un renflement
plus ou moins apparent dans l'aire inter-ambulacraire
postérieure, surtout vers le bord. Sommet ambulacraire
excentrique en avant. Aires ambulacraires très-étroites,
fortement disjointes, à peu près égales ; cependant les
deux aires postérieures sont un peu plus courtes et plus
flexueuses que les autres, et disparaissent à leur partie
supérieure dans le sillon anal. Zones porifères formées de
pores très-petits, égaux, disposés par paires obliques et
serrées qui s'espacent un peu aux approches de l'ambitus.
A la face inférieure, les pores deviennent plus petits,
moins apparents ; les paires de pores sont plus obliques
et beaucoup plus écartées ; autour du péristome elles se
resserrent, se multiplient et tendent à se grouper par
triples paires. Les dépressions ambulacraires qui les renferment sont d'autant plus sensibles qu'elles se rappro-

chent davantage du péristome. Tubercules petits, homogènes, à peine scrobiculés, abondants surtout dans la région infrà-marginale où ils forment çà et là des séries
concentriques assez régulières , moins nombreux et un
peu plus développés près de la bouche et sur le bord des
dépressions ambulacraires. Granules intermédiaires très-
fins, disposés en cercles autour des tubercules. Péristome ovale, très-excentrique en avant, marqué de faibles
entailles. Périprocte elliptique, situé à la face supérieure,
à la base même de l'appareil apical, dans un sillon large,
assez profond, qui se rétrécit au-dessous du périprocte,
puis s'évase, s'atténue et disparaît sans échancrer le bord
postérieur. Appareil apical allongé, granuleux, formé
d'une plaque ocellaire antérieure placée au sommet de
l'appareil, de quatre plaques génitales et de quatre plaques ocellaires directement superposées et à peu près
d'égale grandeur, et présentant en outre, à la base de
l'appareil, une série de petites plaques inégales, irrégulières, qui remontent jusqu'à la plaque madréporiforme,
comme toujours spongieuse et un peu plus développée
que les autres.

Individu de grande taille : hauteur, 12 millim. 1/2;
diamètre transversal, 30 millim. ; diamètre antéro-postérieur, 29 millim. 1/2.

Individu plus jeune : hauteur, 7 millim. 1/2; diamètre
transversal, 15 millim.; diamètre antéro-postérieur,
15 millim. 1/2.

Rapports et différences. — Cette espèce rappelle au
premier aspect le *Galeropygus caudatus*, elle en diffère par
sa taille beaucoup plus forte, sa forme moins allongée
plus dilatée , et la structure de son appareil apical.
L'*H. Theobaldi*, ainsi que le fait observer M. de Loriol, se

rapproche peut-être davantage de l'*H. canaliculatus ;* cette dernière espèce cependant nous paraît s'en distinguer, d'une manière positive, par sa taille plus petite, sa forme plus allongée, moins sensiblement rostrée en arrière. Le type de l'*H. Theobaldi,* décrit et figuré par M. de Loriol, s'éloigne un peu de nos échantillons de grande taille par sa forme plus allongée, moins rostrée, et son périprocte plus rapproché du bord postérieur; nous avons cru devoir cependant les réunir au même type, car associés aux individus de grande taille, sub-circulaires, fortement rostrés et à périprocte presque central, s'en rencontrent d'autres plus petits et qui ne sauraient être distingués de l'exemplaire figuré par M. de Loriol.

LOCALITÉS. — Le Guétin (carrière de la Grenouille) (Nièvre) ; la Caraillière, commune de Marnay (Vienne). Assez rare. Étage bajocien.

Coll. Constantin, ma collection.

LOCALITÉS AUTRES QUE LA FRANCE. — Neuhäuslein près Beinwyl (canton de Soleure). Suisse. Étage bajocien.

Coll. Gressly.

EXPLICATION DES FIGURES. — Pl. 95, fig. 1, *G. Theobaldi,* individu de grande taille, vu de côté, de ma collection; fig. 2, face sup., fig. 3, face inf.; fig. 4, région anale; fig. 5, péristome grossi ; fig. 6, sommet apical grossi; fig. 7, autre individu de taille moins forte, vu sur la face supérieure, de ma collection ; fig. 8, individu très-jeune, vu de côté; fig. 9, face sup.

N° 89. — **Hyboclypeus canaliculatus** (Goldfuss), Desor, 1842.

Pl. 96, fig. 10-12.

Nucleolites canaliculatus, Munst.,	Goldfuss, *Petrefact. Germaniæ*, I, p. 140, pl. xlix, fig. 8, 1846.
Dysaster canaliculatus,	Agassiz, *Prod. d'une Monog. des Radiaires*, Mém. Soc. des sc. nat. de Neuchâtel, t. I, p. 185, 1836.
Collyrites canaliculata,	Des Moulins, *Études sur les Echin. fossiles*, p. 366, n° 6, 1837.
Dysaster canaliculatus,	Agassiz, *Prod. d'une Monog. des Radiaires*, Ann. des sc. nat., Zool., t. VII, p. 278, 1837.
Hyboclypeus canaliculatus,	Desor, *Monog. des Galerites*, p. 85, pl. iv, fig. 8 et 9, 1840.
— —	Agassiz et Desor, *Catal. rais. des Échin.*, p. 94, 1847.
— —	Marcou, *Recherches sur le Jura Salinois*, Mém. Soc. géol. de France, 2e série, t. III, p. 79, 1848.
Dysaster canaliculatus,	Bronn, *Index paleont.*, p. 428, 1848.
Nucleolites canaliculatus,	Bronn, *id.*
Hyboclypeus canaliculatus,	D'Orbigny, *Prod. de paléont. strat.*, t. I, p. 290, n° 503, 1850.
— —	Davoust, *Note sur les fossiles spéciaux à la Sarthe*, p. 24, 1856.
— —	Pictet, *Traité de paléontologie*, t. IV, p. 224, 1857.
— —	Desor, *Synops. des Echin. foss.*, p. 193, 1857.

Hyboclypeus canaliculatus,   Cotteau et Triger, *Echin. de la Sarthe,* p. 44, pl. xxi, fig. 1-3, 1859, et p. 417, 1869.

—   —   Dujardin et Hupé, *Hist. nat. des Zooph. Echinodermes,* p. 543, 1862.

—   —   Bonjour, *Catal. des foss. du Jura,* p. 20, 1864.

—   —   Ogérien, *Hist. nat. du Jura,* t. I, p. 736, 1865.

Espèce de petite taille, sub-circulaire, un peu allongée, arrondie et légèrement échancrée en avant, sub-rostrée en arrière; face supérieure assez uniformément bombée, présentant, dans la région antérieure, un renflement à peine apparent; face inférieure sub-pulvinée, un peu déprimée autour et en avant du péristome. Sommet ambulacraire presque central. Aires ambulacraires sensiblement disjointes, étroites, inégales. Zones porifères composées de pores rangés deux à deux et obliquement espacés à la face inférieure, un peu plus nombreux près du péristome. Les aires ambulacraires postérieures, plus flexueuses que les autres, se contournent et disparaissent dans le sillon anal avant d'arriver à l'appareil apical. Péristome sub-pentagonal, un peu allongé dans le sens du diamètre antéro-postérieur, excentrique en avant. Périprocte allongé, très-rapproché du sommet, situé dans un sillon profond qui s'étend, en s'évasant et s'atténuant, jusqu'au bord postérieur. Appareil apical non distinct dans les exemplaires que nous avons sous les yeux, paraissant allongé.

Hauteur, 9 millim.; diamètre transversal, 17 millim. 1/2; diamètre antéro-postérieur, 18 millim.

RAPPORTS ET DIFFÉRENCES. — Cette petite espèce, dont l'aspect rappelle celui des *Echinobrissus*, se distingue de ses congénères par sa petite taille et sa face supérieure dépourvue de carène et assez uniformément bombée; elle se rapproche un peu de l'*H. caudatus*, Wright, tout en s'en éloignant cependant par sa forme moins allongée, son sommet moins excentrique en avant, et sa face supérieure moins étroite et moins sensiblement déprimée en arrière, et son appareil apical paraissant moins allongé. Nous avons indiqué plus haut les caractères qui, suivant nous, éloignent cette espèce de l'*H. Theobaldi*. En comparant ces deux types, M. de Loriol prétend que les figures que nous avons données de cette espèce, dans nos *Echinides de la Sarthe*, s'éloignent notablement des figures qui représentent cette espèce dans la *Monographie des Galerites;* c'est là une erreur, nos figures paraissent bien identiques à celles publiées par M. Desor, et ne sauraient en être distinguées, mais les unes et les autres semblent s'éloigner un peu du type de l'espèce, tel qu'il a été décrit et figuré par Goldfuss, et qui pourrait bien être un véritable *Collyrites*, comme l'avait pensé M. Agassiz. S'il en était ainsi, l'espèce de Goldfuss devrait conserver le nom de *canaliculatus*, et il faudrait désigner sous un autre nom l'*Hyboclypeus* figuré pour la première fois dans la *Monographie des Galerites*.

LOCALITÉS. — Fontenay, Monné (carrière de Bernay) (Sarthe). Assez rare. Étage bathonien.

Coll. Davoust, du petit séminaire de Précigné.

LOCALITÉS AUTRES QUE LA FRANCE. — Staffelberge près Bamberg. Étage bajocien.

EXPLICATION DES FIGURES. — Pl. 96, fig. 10, *H. canaliculatus*, vu de côté, de la collect. de M. l'abbé Davoust;

fig. 11, face sup.; fig. 12, face inf. (ces trois figures sont copiées dans les *Échinides de la Sarthe*).

N° 90. — **Hyboclypeus Wrighti**, Étallon, 1860.

Pl. 96, fig. 1-3.

Hyboclypeus Wrighti,   Étallon, *Paléontostatique du Jura, Faune de l'étage corallien*, p. 18, Actes de la Soc. jurassienne d'émulation, 1860.

Espèce de grande taille, allongée, assez régulièrement ovale, un peu plus étroite cependant en avant qu'en arrière; face supérieure médiocrement renflée, amincie sur les bords; face inférieure sub-pulvinée, concave autour de la bouche et dans la région antérieure qui est sensiblement évidée. Sommet ambulacraire, sub-excentrique en avant?... Péristome sub-pentagonal, très-excentrique en avant. Périprocte allongé, situé à la base de l'appareil apical, au sommet d'un sillon sub-caréné sur les bords, largement évasé, qui s'atténue et disparaît en se rapprochant du bord postérieur.

Hauteur?... diamètre transversal, 47 millimètres; diamètre antéro-postérieur, 52 millimètres.

Rapports et différences. — Nous ne connaissons de cette espèce qu'un échantillon très-mal conservé, celui-là même qui a été décrit par Étallon. Malgré sa mauvaise conservation, il présente beaucoup d'intérêt soit en raison de son gisement, soit en raison de ses caractères, et forme un type qui sera toujours facilement reconnaissable à sa grande taille, à sa forme allongée et régulièrement ovale, à sa face inférieure fortement déprimée dans la région antérieure, à son péristome très-excentrique en avant. Malheureusement la face supérieure n'est pas conservée dans l'exemplaire unique que nous avons sous les yeux, et ne nous a permis de donner de cette espèce qu'une description très-incomplète.

LOCALITÉS. — Neuville (Haute-Saône). Très-rare. Étage corallien inf.

Coll. Perron de Gray.

EXPLICATION DES FIGURES. — Pl. 96, fig. 1, *H. Wrighti*, de la coll. de M. Perron, vu de côté ; fig. 2, face sup. ; fig. 3, face inf.

N° 91. — **Hyboclypeus Drogiacus**, Cotteau, 1873.

Pl. 96, fig. 4-9.

Desoria Drogiaca,	Cotteau, *Études sur les Échin. de l'Yonne,* t. I, p. 251, pl. xxxiv, fig. 4-7, 1855.
Desorella Drogiaca,	Cotteau, *Note sur un nouveau genre d'Échin. foss., genre Desorella,* Bull. soc. géol. de France, 2ᵉ sér., t. XII, p. 714, 1855.
— —	Desor, *Synops. des Echin. foss.,* p. 195, 1857.
— —	Pictet, *Traité de paléont.,* t. IV, p. 225, 1857.
— —	Dujardin et Hupé, *Hist. nat. des Zooph. Echinod.,* p. 547, 1862.

Espèce de petite taille, sub-circulaire, aussi longue que large, arrondie en avant, sub-tronquée en arrière ; face supérieure renflée, sub-conique, rapidement déclive dans la région postérieure ; face inférieure pulvinée, concave au milieu, remarquable par le renflement des aires interambulacraires. Ce renflement est apparent surtout dans l'aire interambulacraire postérieure qui s'abaisse légèrement en forme de rostre. Sommet ambulacraire sub-central. Aires ambulacraires très-étroites, surtout aux approches de l'appareil apical et visiblement disjointes ; trois d'entre

elles convergent au sommet, et les deux aires postérieures
sont un peu rejetées en arrière ; en-dessous les aires ambulacraires occupent, entre le renflement des aires interambulacraires, des dépressions à peine sensibles et qui se prolongent jusqu'au péristome. Les pores ambulacraires sont
disposés par simples paires et se présentent le plus souvent, sur le moule intérieur, sous l'apparence de petits
creux quadrangulaires ; ils ne se multiplient pas autour de
la bouche. Péristome un peu excentrique en avant, allongé,
irrégulièrement décagonal, un peu oblique. Périprocte
très-grand, pyriforme, logé dans une dépression légère du
test ; il s'étend à la face supérieure, au milieu de l'aire
interambulacraire impaire, et occupe à peu près tout l'espace compris entre le sommet et le bord postérieur. Appareil apical allongé, à en juger par son empreinte elliptique et allongée.

Hauteur, 11 millim. ; diamètre transversal, 22 millim. ;
diamètre antéro-postérieur, 21 millim.

RAPPORTS ET DIFFÉRENCES. — Cette espèce que nous avons
placée, en 1855, quand nous l'avons fait connaître pour
la première fois, dans le genre *Desoria* (*Desorella*), se rapproche beaucoup des individus jeunes du *Desorella elata ;*
elle nous a paru cependant s'en distinguer, d'une manière
positive, par sa forme moins circulaire, arrondie en avant
et sub-tronquée en arrière, et surtout par la grandeur de
son ouverture anale qui s'étend depuis le sommet jusqu'au bord. Cette forme et cette disposition du périprocte
nous ont engagé à reporter cette espèce parmi les *Hyboclypeus* qui sont caractérisés précisément par l'étendue du
périprocte, tandis que chez les véritables *Desorella*, tels que
nous les circonscrivons plus loin, le périprocte s'ouvre toujours à une grande distance du sommet.

Localités.—Chatel-Censoir, Druyes (Yonne). Très-rare, toujours à l'état de moule intérieur. Étage corallien inf. (calcaire à chailles).

Ma collection.

Explication des figures. — Pl. 96, fig. 4, *H. Drogiacus*, vu de côté, de ma collection; fig. 5, face sup.; fig. 6, face inf.; fig. 7, région anale; fig. 8, autre exemplaire, vu sur la face inf., de ma collection; fig. 9, individu de petite taille, vu sur la face inf., de ma collection, tous ces individus à l'état de moules intérieurs siliceux.

Résumé géologique sur les Hyboclypeus.

Nous connaissons dans le terrain jurassique de France cinq espèces d'*Hyboclypeus* ainsi réparties dans les divers étages :

Trois espèces se rencontrent dans l'étage bajocien: *H. gibberulus*, *ovalis* et *Theobaldi ;* une seule de ces espèces, *H. Theobaldi*, lui est propre; les deux autres se retrouvent dans l'étage bathonien qui renferme en outre une troisième espèce, *H. canaliculatus*. Ces trois espèces disparaissent avec l'étage bathonien.

Une seule espèce qui est fort rare, *H. Wrighti*, se rencontre dans les couches inférieures de l'étage corallien.

M. Desor, dans le *Synopsis des Echinides fossiles*, énumère neuf espèces d'*Hyboclypeus : H. gibberulus, sandalinus, canaliculatus, Marcou, caudatus, disculus, stellatus* et *ovalis*. Les *H. gibberulus*, auquel nous réunissons l'*H. sandalinus* qui n'en est qu'une variété, *canaliculatus* et *ovalis* se rencontrent en France et sont décrits dans notre ouvrage. Les *H. marcou, caudatus* et *disculus* sont des *Galeropygus*. Reste l'*H. stellatus* provenant des couches coralliennes du Wiltshire, la seule espèce qui n'ait pas été trouvée en France, et qui élève à six le nombre des *Hyboclypeus* connus.

Voici la courte diagnose que M. Desor, dans le *Synopsis*, donne de cette espèce.

H. stellatus, Desor, *Catal. rais. des Échin.*, p. 94, 1847, — espèce intermédiaire par la forme entre les *H. canaliculatus* et *Marcou*, mais différente de l'une et de l'autre par ses ambulacres postérieurs qui sont rectilignes au lieu d'être arqués. (T. 76., type de l'espèce.)

Localité. — Corallien du Wiltshire. Rare. Coll. d'Archiac.

M. Wright n'ayant point reconnu cette espèce dans les collections d'Angleterre, se borne à la mentionner, en reproduisant les quelques lignes du *Synopsis* (Wright, *Monog of the Brit. Foss. Echinodermata From the Ool Formation*, p. 303).

IVe Genre. — DESORELLA, Cotteau, 1855.

Desorella (pars),   Cotteau, 1855.
Desorella,   Desor et de Loriol, 1871.

Test de taille variable, circulaire, plus ou moins renflé en dessus, sub-rostré en arrière, fortement pulviné en dessous. Sommet ambulacraire sub-central. Aires ambulacraires étroites. Zones porifères formées de pores simples, ne se multipliant pas autour de la bouche. Péristome sub-pentagonal, un peu oblique, sub-excentrique en avant, s'ouvrant dans une dépression profonde de la face inférieure. Périprocte situé à la face supérieure, près du bord, sub-marginal, sans trace de sillon et commençant toujours à une grande distance du sommet ambulacraire. Appareil

apical allongé, étroit à en juger par l'empreinte qu'il a
laissée.

RAPPORTS ET DIFFÉRENCES. — Le genre *Desorella*, lorsque
nous l'avons établi en 1855, comprenait un certain nombre
d'espèces que nous ne croyons pas devoir y laisser aujour-
d'hui. Déjà Etallon, dès 1859, en avait retranché, sous le
nom de *Pseudo-Desorella*, le *D. Orbignyana* remarquable
par sa forme transversalement allongée et ses pores ambulacraires franchement pétaloïdes. Ainsi réduit le genre
Desorella se composait encore de deux groupes assez nettement tranchés : le premier, ayant pour type le *D. Icaunensis*,
comprenait des espèces de petite taille, ovoïdes, sub-cylin-
driques, que l'ensemble de leurs caractères rapprochait des
Pyrina. Le second groupe contenait les espèces sub-circulaires, très-fortement pulvinées en dessous, qui se plaçaient
dans le voisinage du *Hyboclypeus* et des *Galeropygus*. Jusqu'ici nous avons maintenu les deux groupes dans le genre
Desorella, tout en reconnaissant les différences d'aspect
qui, à première vue, les séparent. MM. Desor et de Loriol,
dans l'*Échinologie helvétique*, discutant la valeur du genre
Desorella ont cru devoir réunir au genre *Pyrina* les espèces
composant mon premier groupe, et restreindre par cela
même le genre *Desorella* au *D. elata* et espèces voisines.
Nous n'hésitons pas aujourd'hui a nous ranger à cette opinion : ainsi réduit le genre *Desorella* nous paraît constituer
dans la méthode un type naturel, caractérisé par sa forme
sub-circulaire, sa face inférieure très-fortement pulvinée,
ses aires ambulacraires formées de pores simples ne se
multipliant pas aux approches de la bouche, son péristome
sub-décagonal, quelquefois oblique, s'ouvrant toujours
dans une dépression profonde de la face inférieure, son périprocte allongé, pyriforme, placé à une grande distance du

sommet, son appareil apical allongé et remarquable par le développement de le plaque madréporiforme. Intermédiaire pour ainsi dire entre les *Galeropygus* et les *Hyboclypeus*, le genre *Desorella*, tel que nous le circonscrivons aujourd'hui, se distingue des uns et des autres par la structure de son appareil apical plus compacte que dans les *Galeropygus*, moins allongé que dans les *Hyboclypeus*, et par la position de son périprocte toujours éloigné du sommet.

Les deux seules espèces de *Desorella* que nous connaissons appartiennent au terrain jurassique de France, et proviennent, la première, de l'étage corallien inférieur, et la seconde de l'étage corallien supérieur.

N° 92. — **Desorella elata** (Desor), Cotteau, 1855.

Pl. 98 et 99, fig. 1-2.

Hyboclypeus elatus,   Desor in Agassiz et Desor, *Catal. raisonné des Échinides*, p. 94, 1847.

Desorella elata,   Cotteau, *Études sur les Échin. du dép. de l'Yonne*, t. I, p. 248, pl. xxxiv, fig. 1-3, 1855.

—   —   Cotteau, *Note sur un nouveau genre d'Échin. foss.*, genre *Desorella*, Bull. soc. géol. de France, 2ᵉ série, t. XII, p. 713, 1855.

—   —   Desor, *Synops. des Échin. foss.*, p. 194, 1857.

—   —   Pictet, *Traité de paléont.*, t. IV, p. 225, 1857.

—   —   Dujardin, et Hupé, *Hist. nat. des Zooph. Échinod.*, p. 547, 1862.

V. 7. (Type de l'espèce.)

Le moule intérieur de cette espèce nous est seul connu, et bien que nous ayons sous les yeux un assez grand

nombre d'échantillons, la description que nous donnons
sera nécessairement très-incomplète.

Espèce de grande taille, sub-circulaire, arrondie en
avant, un peu plus étroite et sub-rostrée en arrière ; face
supérieure médiocrement renflée ; face inférieure pulvinée, remarquable par le renflement de l'aire interambulacraire impaire, sub-déprimée au milieu. Sommet ambulacraire un peu excentrique en arrière. Aires ambulacraires étroites et aiguës à la partie supérieure, inégales,
les postérieures un peu moins longues que les autres et
convergeant à une petite distance des trois aires antérieures. Zones porifères paraissant composées de pores
simples, directement superposés, plus petits et plus
espacés à la face inférieure, mais ne se multipliant pas
autour du péristome. Le test de cette espèce était très-
mince à en juger par les déformations qu'ont éprouvées la
plupart des exemplaires. Péristome un peu excentrique
en avant, irrégulièrement pentagonal, allongé dans le
sens du diamètre antéro-postérieur. Périprocte de grande
taille, pyriforme, s'ouvrant dans la région suprà-margi-
nale de l'aire interambulacraire impaire, à une grande
distance du sommet auquel il n'est relié par aucune trace
de sillon. Appareil apical étroit et allongé, d'après l'empreinte qu'il a laissée.

Hauteur, 20 millim. ; diamètre transversal, 56 millim. ;
diamètre antéro-postérieur, 57 millim.

Rapports et différences. — Le *D. elata* sera toujours
reconnaissable à sa forme sub-circulaire, à sa face supérieure plus élevée, à sa face inférieure fortement pulvinée,
à son péristome allongé et inégalement pentagonal, à
son périprocte pyriforme, suprà-marginal, et que ne relie
au sommet aucune trace de sillon. Nous avons indiqué

plus haut les caractères qui le distinguent du *Galero-clypeus Peroni* de l'étage bathonien.

Histoire. — Mentionnée pour la première fois, en 1847, dans le Catalogue raisonné des Échinides, avec une indication de gisement erronée, sous le nom d'*Hyboclypeus elatus*, cette espèce a été placée par nous, en 1855, dans le genre *Desorella* où elle est restée depuis.

Localité. — Druyes (Yonne). Assez abondant. Étage corallien inf. (Calcaire à chailles).

Ecole des mines (coll. Michelin); ma collection.

Explication des figures. — Pl. 99, fig. 1, *D. elata*, moule interne siliceux, de ma collection, vu sur la région anale; fig. 2, face sup.; fig. 3, face inf.; fig. 4, autre individu plus jeune et plus renflé, de ma collection, vu sur la région anale; fig. 5, face sup.; fig. 6, face inf.; fig. 7, empreinte grossie de l'appareil apical. — Pl. 99, fig. 1, autre individu, variété renflée, de ma collection, vue de côté; fig. 2, face supérieure.

N° 93. — **Desorella Grasi**, Cotteau, 1873.

Pl. 99, fig. 3-7.

Espèce de petite taille, un peu allongée, arrondie en avant, légèrement rétrécie en arrière; face supérieure renflée, sub-hémisphérique; face inférieure fortement pulvinée, épaisse sur les bords. Sommet ambulacraire sub-central. Aires ambulacraires un peu disjointes, très-étroites à leur partie supérieure. Zones porifères formées de pores simples, ne paraissant pas se multiplier aux approches de la bouche. Péristome un peu allongé, pro-bablement oblique, s'ouvrant dans une dépression profonde de la face inférieure. Périprocte grand, pyriforme, suprà-marginal, à fleur du test, sans trace de sillon.

Hauteur, 14 millim.; diamètre transversal, 20 millim.; diamètre antéro-postérieur, 21 millim.

RAPPORTS ET DIFFÉRENCES. — Cette espèce dont nous ne connaissons qu'un seul exemplaire à l'état de moule intérieur, nous a paru, malgré sa petite taille, rentrer dans le genre *Desorella*, en raison de la structure de son appareil apical, de la forme et de la position de son périprocte. Voisine des exemplaires jeunes du *D. elata*, elle en diffère par sa forme allongée, son sommet un peu excentrique en arrière, ses aires ambulacraires très-étroites à leur partie supérieure, son périprocte ne présentant à la base aucune trace de sillon.

LOCALITÉ. — Échaillon (Isère). Très-rare. Étage corallien sup.

Musée de Grenoble (coll. Albin Gras).

EXPLICATION DES FIGURES. — Pl. 99, fig. 3, *D. Grasi*, du musée de Grenoble, vu de côté ; fig. 4, face sup.; fig. 5, face inf. ; fig. 6, côté anal ; fig. 7, empreinte de l'appareil apical grossi.

Vᵉ Genre. — PACHYCLYPEUS, Desor, 1856.

Nucleolites (pars),	Munster in Goldf., 1849.
Catopygus (pars),	Agassiz, 1836.
Collyrites (pars),	Des Moulins, 1837.
Dysaster (pars),	Desor, 1842.
Pachyclypeus,	Desor, 1857; Desor et de Loriol, 1871.

Test de grande taille, ovoïde, renflé en dessus, arrondi en avant, un peu plus étroit en arrière, presque plane en dessous. Aires ambulacraires étroites surtout à leur partie supérieure, non pétaloïdes, un peu écartées au sommet. Zones porifères égales, droites, convergeant régulièrement du sommet au péristome, formées de pores petits, arrondis, disposés par simples paires. Tubercules petits, épars. Péristome à peu près central, sub-décagonal. Périprocte sub-elliptique, s'ouvrant au bord postérieur. Appareil apical inconnu, probablement un peu allongé.

RAPPORTS ET DIFFÉRENCES. — Ce genre se rapproche, au premier aspect, des *Collyrites* avec lesquels il a été long-temps confondu; il s'en distingue très-nettement par la position de son périprocte qui est central, et surtout par ses faires ambulacraires un peu écartées, mais non dis-jointes et ne formant pas deux sommets distincts. Ce ca-ractère important ne permet pas de laisser ce genre dans la famille des *Collyritidées*, et le place dans le voisinage des *Hyboclypeus* et des *Desorella* dont il s'éloigne d'un autre côté par son périprocte marginal.

HISTOIRE. — Le genre *Pachyclypeus* a été établi par M. Desor, en 1857, dans le *Synopsis des Échinides fossiles*. L'espèce qui lui sert de type, décrite et figurée pour la première fois par Goldfuss, en 1846, a été placée succes-sivement dans les genres *Nucleolites*, *Catopygus*, *Dysaster*, *Collyrites*, et c'est avec beaucoup de raison que M. Desor a créé pour elle le genre *Pachyclypeus* que tous les auteurs ont adopté. Le genre *Pachyclypeus* ne renferme qu'une espèce fort rare appartenant à l'étage oxfordien.

N° 94. — **Pachyclypeus semiglobus** (Munster in Goldfuss), Desor, 1857.

Pl. 101.

Nucleolites semiglobus,   Munster in Goldfuss, *Petref. Musei univ. Borus, Rhen. Bonn,* t. I, p. 139, pl. xlix, fig. 6, 1829.

Catopygus semiglobus,	Agassiz, *Prod. d'une Monog. des Radiaires,* Mém. Soc. des sc. de Neuchâtel, t. I, p. 185, 1836.
— —	Agassiz, *Prod. d'une Monog. des Radiaires ou Échinod.,* Ann. des sc. nat., t. VII, Zool., p. 278, 1837.
Collyrites semiglobus,	Des Moulins, *Etudes sur les Echin. foss.,* p. 368, 1837.
Dysaster semiglobus,	Desor, *Monog. des Dysaster,* p. 18, pl. iv, fig. 10-12, 1842.
— —	Agassiz et Desor, *Catal. rais. des Echin.,* p. 138, 1847.
— —	Bronn, *Index paleont.,* p. 429, 1848.
— —	D'Orbigny, *Prod. de paléont. strat.,* t. I, p. 379, 1850.
Collyrites semiglobus,	D'Orbigny, *Paléont. franç.,* terrain crétacé, t. VI, p. 50, 1854.
— —	D'Orbigny, *Note rectif. sur divers yenres d'Échin.,* Rev. et mag. de Zool., 2e série, t. VI, p. 27, 1854.
Dysaster semiglobus,	Pictet, *Traité de paléont.,* 2e édition, t. IV, p. 190, 1857.
Pachyclypeus semiglobus,	Desor, *Synopsis des Échin. foss.,* p. 195, pl. xxxvii, fig. 3 et 4, 1857.
— —	Dujardin et Hupé, *Hist. nat. des Zooph. Échinod.,* p. 547, 1862.
— —	Mœsch, *Der aargauer Jura,* p. 199, 1867.
— —	Desor et de Loriol, *Echinologie helvétique, terrain Jurassique,* p. 300, pl. xlvi, fig. 6, 1871.

Espèce de taille assez grande, sub-circulaire, un peu ovale, légèrement rétrécie en arrière ; face supérieure renflée, uniformément bombée, arrondie au pourtour ; face inférieure presque plane, sub-concave au milieu. Sommet ambulacraire presque central, un peu excentrique en arrière. Aires ambulacraires étroites à leur partie supérieure, surtout les deux aires ambulacraires posté-

rieures qui, sans être pour cela disjointes, sont un peu
écartées des aires ambulacraires antérieures, et par conséquent un peu moins longues. Zones porifères formées,
à la face supérieure, de pores simples, petits, arrondis,
obliquement disposés. Périprocte elliptique, à fleur du
test, suprà-marginal. — Dans l'échantillon unique que
nous avons sous les yeux, le péristome et l'appareil
apical ne sont pas conservés.

D'après l'exemplaire type du *P. semiglobus* figuré par
Goldfuss et plus tard par M. Desor, le péristome est sub-
central, un peu excentrique en avant, indistinctement décagonal et placé dans une dépression profonde du test.
Quant à l'appareil apical il est encore inconnu, mais à
en juger par la disposition et l'écartement des aires ambulacraires, il est un peu allongé, et sa structure est probablement sub-compacte comme chez les *Galeropygus*.

Hauteur, 30 millim.; diamètre transversal et antéro-
postérieur, 48 millim.

RAPPORTS ET DIFFÉRENCES.— Le *P. semiglobus* sera toujours
reconnaissable à sa forme sub-circulaire, régulièrement
bombée en dessous, à son appareil apical sub-central, à
ses aires ambulacraires un peu écartées au sommet, à
son périprocte suprà-marginal, s'ouvrant au-dessus du
bord, sans trace de sillon. L'exemplaire de France que
nous venons de décrire s'éloigne un peu du type par sa
taille plus petite, sa face supérieure plus renflée, sa forme
générale plus circulaire ; malgré ces petites différences,
il ne nous a pas paru devoir en être séparé.

LOCALITÉ. — Crussol près Valence (Drôme). Très-rare.
Étage oxfordien.

Musée de Grenoble.

LOCALITÉS AUTRES QUE LA FRANCE. — Thalmassing (Ba-

vière). Oxfordien (zone à *Ammonites tenuilobatus*). Lagern,
Randen (canton d'Argovie, Suisse). Étage ptérocien. Musée
de Zurich.

EXPLICATION DES FIGURES. — Pl. 101, fig. 1, *P. semiglobus*,
de la coll. de M. Lory, vu de côté; fig. 2, face sup. ; fig. 3,
côté anal ; fig. 4, échantillon de Thalmassing (Bavière),
montrant la face inférieure.

VIe Genre. — PYRINA, Des Moulins, 1835.

Pyrina,	Des Moulins, 1835; Agassiz, 1840 ; Desor, 1842; Agassiz et Desor, 1847; d'Orbigny, 1856 ; Desor, 1857.
Globator,	Agassiz, 1840 ; Desor, 1857.
Desorella (pars),	Cotteau, 1855.

Test de taille moyenne ou petite, ovoïde, allongé, quelquefois sub-cylindrique, souvent renflé en dessus et en
dessous. Aires ambulacraires droites, convergeant régulièrement du sommet au péristome. Zones porifères étroites,
linéaires, composées de pores simples, égaux, directement
superposés, déviant un peu de la ligne droite aux approches du péristome. Tubercules petits, crénelés, perforés, épars, scrobiculés, un peu plus gros en dessous.
Péristome sub-décagonal, oblique, irrégulier, incliné de
droite à gauche, s'ouvrant vers le milieu de la face inférieure. Périprocte ovale, sub-pyriforme, placé dans la région
postérieure, plus ou moins suprà-marginal, quelquefois à
la face supérieure. Appareil apical sub-compacte, composé
de quatre plaques génitales perforées et de cinq petites
plaques ocellaires également perforées. La plaque antérieure de droite, d'un aspect madréporiforme, est beaucoup plus grande que les autres.

RAPPORTS ET DIFFÉRENCES. — Le genre *Pyrina* comprend

un ensemble d'espèces qui se distinguent assez facilement à leur taille médiocrement développée, à leur forme épaisse, renflée, presque toujours un peu allongée, à leur péristome sub-décagonal et oblique, à leur périprocte postérieur ou suprà-marginal. Certaines espèces d'*Echinoconus* tendent à se rapprocher des *Pyrina* par leur forme générale et leur périprocte suprà-marginal ; elles en diffèrent essentiellement par leur péristome sub-pentagonal et muni d'auricules destinés à soutenir un appareil masticatoire, ce qui les place dans une autre famille.

HISTOIRE. — Le genre *Pyrina* a été établi, en 1835, par M. Des Moulins, et adopté depuis par tous les auteurs. En 1856, d'Orbigny, dans la *Paléontologie française*, crut devoir réunir le genre *Globator* au genre *Pyrina* dont il ne différait que par sa forme moins allongée. Ce rapprochement que M. Desor avait contesté d'abord, dans le *Synopsis des Échinides fossiles*, a été admis tout récemment par MM. Desor et de Loriol dans l'*Echinologie helvétique*. Ces mêmes auteurs réunissent également au genre *Pyrina* certaines espèces que j'avais placées dans le genre *Desorella*, mais qui s'éloignaient du type par leur forme allongée, ovoïde et renflée. J'ai indiqué plus haut, en décrivant le genre *Desorella*, les motifs qui m'engagent à me ranger à l'opinion de mes deux savants amis.

Ainsi circonscrit, le genre *Pyrina* commence à se montrer dans le terrain jurassique où il n'est représenté jusqu'ici que par deux espèces fort rares, l'une provenant de l'étage bathonien, et la seconde de l'étage corallien. Ce genre atteint son maximum de développement à l'époque crétacée et disparaît avec les couches inférieures du terrain tertiaire.

N° 95. — **Pyrina Guerangeri**, Cotteau, 1873.

Pl. 99, fig. 8-11.

Desorella Guerangeri,   Cotteau, *Échinides nouveaux ou peu connus,* p. 67, pl. IX, fig. 7-10, Rev. et Mag. de Zool., 1862.
— — Cotteau et Triger, *Éch. du dép. de la Sarthe, Desc. des familles et des genres,* p. 415, pl. LVI, fig. 2-5, 1869.

Espèce de petite taille, un peu plus longue que large, arrondie en avant, sub-tronquée en arrière; face supérieure médiocrement renflée, épaisse sur les bords ; face inférieure sub-pulvinée, concave au milieu. Sommet subcentral. Aires ambulacraires simples, convergeant directement du sommet au péristome. Zones porifères composées de pores serrés, arrondis, disposés par paires obliques, plus espacés et déviant un peu de la ligne droite aux approches du péristome. Tubercules abondants, scrobiculés, probablement crénelés et perforés, très-petits à la face supérieure et vers l'ambitus, mais un peu plus gros à la face inférieure. Granules fins, nombreux, homogènes, remplissant tout l'espace intermédiaire. Péristome subcentral, oblique, allongé, vaguement pentagonal, marqué, à l'angle des aires ambulacraires, d'entailles très-atténuées, s'ouvrant dans une dépression profonde de la face inférieure. Périprocte à fleur du test, très-rapproché du sommet, pyriforme, distinctement acuminé à sa partie supérieure. Appareil apical sub-compacte, allongé, granuleux. Les trois plaques ocellaires antérieures sont intercalées à l'angle des plaques génitales ; les deux autres sont directement placées à la base des deux plaques génitales postérieures ; trois petites plaques complémentaires séparent les deux dernières plaques ocellaires et pénètrent au milieu de l'appareil apical jusqu'à la plaque madréporiforme.

Hauteur, 8 millim. ; diamètre transversal, 13 millim. ; diamètre antéro-postérieur, 16 millim.

RAPPORTS ET DIFFÉRENCES. — Le *P. Guerangeri* se rapproche beaucoup du *P. Icaunensis* de l'étage corallien ; il s'en distingue par sa forme relativement un peu plus allongée, sa face supérieure plus épaisse et plus renflée, sa face inférieure plus pulvinée, son péristome plus concave et l'existence de quelques plaques complémentaires à la base de l'appareil apical.

LOCALITÉ. — Hyérè près Asnières (Sarthe). Très-rare. Étage bathonien.

Malgré les précautions que j'avais prises, l'exemplaire unique et très-fragile qui a servi à cette description a été brisé lorsque je l'ai renvoyé à M. Guéranger qui avait bien voulu me le communiquer.

EXPLICATION DES FIGURES. — Pl. 99, fig. 8, *P. Guerangeri* vu de coté ; fig. 9, face sup. ; fig. 10, face inf. ; fig. 11, sommet apical grossi (ces figures sont copiées dans nos *Échinides nouveaux ou peu connus*, pl. 19, fig. 7-10.)

N° 96.— **Pyrina Icaunensis** (Cotteau), de Loriol, 1871.

PL. 100.

Desoria Icaunensis,	Cotteau, *Échin. Foss. du dép. de l'Yonne,* t. I, p. 224, pl. XXXIII, fig. 1-8, 1855.
Desorella Icaunensis,	Cotteau, *Note sur le genre Desorella,* Bull. Soc. géol. de France, 2e série, t. XII, p. 710, 1855.
— —	Cotteau, *Notice sur l'âge des couches inf. et moy. de l'étage corallien du*

	dép. de l'Yonne, Bull. Soc. géol. de France, 2ᵉ série, t. XII, p. 702, 1855.
Nucleopygus Icaunensis,	Desor, *Synopsis des Échin. Foss.*, p. 189, pl. xxvi, fig. 4-7, 1857.
Desoria Icaunensis,	Pictet, *Traité de paléont.*, 2ᵉ édit., t. IV, p. 225, 1857.
Desorella Icaunensis,	Leymerie et Raulin, *Stat. géol. de l'Yonne*, p. 622, 1858.
Desorella Jurensis,	Étallon, *Études paléont. sur les terains jurassiques du haut Jura, Monog. de l'Étage corallien*, 2ᵉ partie, p. 18, 1858.
— —	Étallon, *Paléontostatique du Jura, Faune de l'Étage corallien*, p. 18, Actes de la Soc. jurassienne d'émulation, 1860.
Nucleopygus Icaunensis,	Honegger, *Geognostische Verhältnesse der Nordd. Carpathen*, p. 20, 1861.
Desorella Icaunensis,	Cotteau, *Échinides nouveaux ou peu connus*, p. 67, Rev. et Magas. de Zoologie, 1862.
Nucleopygus Icaunensis,	Dujardin et Hupé, *Hist. nat. des Zooph. Echinod.*, p. 551, 1862.
— —	Bonjour, *Géol. strat. du Jura*, p. 24, 1863.
— —	Bonjour, *Catal. des Foss. du Jura*, p. 68, 1864.
— —	Étallon, *Études paléont. sur le Jura Graylois*, Mém. Soc. d'Émul. du Doubs, 3ᵉ série, t. VIII, p. 374, 1864.
Desorella Icaunensis,	De Loriol, *Desc. des Foss. coralliens du mont Saleve* (in A. Favre, Recherches géol.), p. 42, pl. F, fig. 14, 1866.
— —	Ooster, *Le corallien de Wimmis*, p. 46, pl. xxiii, fig. 3, 1869.
— —	Ooster, *id.* supplément, p. 25, pl. vi, fig. 9, 1870.
Pyrina Icaunensis,	Desor et de Loriol, *Echinol. helvétique*, p. 487, pl. xlv, fig. 1, 1871.

Espèce de taille moyenne, oblongue, arrondie en avant, tronquée en arrière ; face supérieure peu élevée, régulièrement convexe, un peu déclive dans la région postérieure, épaisse et arrondie sur les bords ; face inférieure presque plane, sub-pulvinée, légèrement déprimée au milieu. Sommet ambulacraire un peu excentrique en avant. Aires ambulacraires étroites, convergeant en ligne droite du sommet au péristome, les deux postérieures plus longues que les autres et un peu éloignées, ce qui leur donne un aspect disjoint. Zones porifères linéaires, parfaitement droites, composées de pores très-petits, égaux, serrés et très-régulièrement superposés à la face supérieure. Vers le pourtour du test et à la face inférieure, ces pores s'espacent, affectent une position oblique et dévient de la ligne droite ; aux approches du péristome ils se multiplient et montrent une tendance bien prononcée à se grouper par triples paires. Tubercules crénelés, perforés et scrobiculés ; petits et épars à la face supérieure, ils deviennent abondants et serrés vers le pourtour du test, et augmentent un peu de volume dans la région infra-marginale et aux approches de bouche. Granules intermédiaires fins, serrés, homogènes, remplissant tout l'espace laissé libre entre les tubercules. Péristome un peu excentrique en avant, allongé, oblique, marqué de légères entailles qui lui donnent un aspect irrégulièrement décagonal. Périprocte allongé, acuminé à sa partie supérieure, sub-pyriforme, s'ouvrant très-près du sommet, dans une dépression du test à peine apparente. Appareil apical allongé, granuleux, composé de quatre plaques génitales et de cinq plaques ocellaires. Les plaques génitales sont inégales, pentagonales et très-distinctement perforées ; les deux plaques postérieures se touchent par le milieu ; la

plaque madréporiforme, un peu plus développée que les
autres, se prolonge au centre de l'appareil; la cinquième
plaque génitale fait entièrement défaut. Les trois plaques
ocellaires antérieures, petites et sub-pentagonales, s'arti-
culent à la base des plaques génitales ; les deux autres un
peu plus grandes sont placées directement au-dessous des
plaques génitales postérieures ; elles se touchent par le
milieu et ne laissent aucune place à des plaques supplémentaires ou à la plaque génitale postérieure impaire.

Hauteur, 11 millim. ; diamètre transversal, 18 millim. ;
diamètre antéro-postérieur, 21 millim.

Individu de grande taille : hauteur, 21 millim. ; diamètre transversal, 31 millim. ; diamètre antéro-postérieur,
35 millim.

Cette jolie espèce présente une variété qu'il importe de
signaler : le type est facilement reconnaissable à sa forme
peu renflée, arrondie en avant et à ses aires ambulacraires
postérieures convergeant en droite ligne du sommet à la
bouche. Associés à ce type se rencontrent quelques échantillons dont la forme est plus épaisse et relativement plus
allongée ; la partie antérieure est plus anguleuse en
avant, et les aires ambulacraires postérieures affectent, à
leur partie supérieure, une disposition sub-flexueuse plus
ou moins prononcée. — Malgré les différences qui, au
premier aspect, séparent du type cette variété à laquelle
Étallon paraît avoir donné le nom de *D. Jurensis*, nous
n'avons pas cru devoir la maintenir dans la méthode, car
nous avons rencontré dans la même couche, à Merry-sur-
Yonne notamment, des exemplaires qui servent de passage
entre ces deux formes et ne permettent pas de les
distinguer.

RAPPORTS ET DIFFÉRENCES. — Le *P. Icaunensis*, en y réunissant la variété que nous venons d'indiquer, sera toujours reconnaissable à sa forme allongée, ovoïde, plus ou moins renflée en dessus, à ses pores ambulacraires simples à la face supérieure, et offrant une tendance très-marquée à se grouper par triples paires aux approches de la bouche, à son péristome oblique, un peu excentrique en avant, irrégulièrement décagonal, à son périprocte grand, pyriforme, rapproché du sommet, à son appareil apical ne présentant à la base aucune trace de plaque génitale postérieure ou de plaques complémentaires, comme dans le *P. Guerangeri.*

LOCALITÉS. — Merry-sur-Yonne (Yonne) ; Champlitte (Haute-Saône) ; Valfin (Jura). Assez rare. Etage corallien.

Collection Perron, Guirand, ma collection.

LOCALITÉS AUTRES QUE LA FRANCE. — Wimmis (canton de Berne), Mont-Salève (Suisse). Oolite corallienne (zone à *Cardium corallinum*).

Nous avons sous les yeux deux échantillons provenant des calcaires de Stramberg, et qui ne paraissent différer par aucun caractère de nos exemplaires coralliens; ils se rapprochent un peu de notre variété renflée (*D. Jurensis,* Étallon), mais appartiennent certainement au même type.

EXPLICATION DES FIGURES. — Pl. 100, fig. 1, *P. Icaunensis,* de ma collection, vu de côté; fig. 2, face sup.; fig. 3, face inf. ; fig. 4, coté anal; fig. 5, autre individu (variété *Jurensis,* Étallon), de ma collection, vu de côté; fig. 6, face sup. ; fig. 7, appareil apical grossi ; fig. 8, individu de grande taille, de la collection de M. Perron, vu de côté ; fig. 9, face sup. ; fig, 10, individu jeune de ma collection, vu de côté; fig. 11, face sup.; fig. 12, péristome grossi.

IVe famille. — **Echinoconidées**, d'Orbigny, 1856.

Cassidulides (pars),	Agassiz et Desor, 1866.
Galeridées (pars),	Albin Gras, 1866 ; Desor, 1857.
Echinoconidées (pars),	D'Orbigny, 1853.
Echinoconidées,	Wright, 1856 et 1863 ; Cotteau, 1859, 1852, 1869 ; Desor et de Loriol, 1871.

Pores ambulacraires simples ou légèrement sub-pétaloïdes, quelquefois dédoublés, convergeant en ligne droite du sommet au péristome. Aires ambulacraires non disjointes ; aire ambulacraire impaire toujours égale aux autres par son étendue et la structure de ses pores. Tubercules de petite taille, scrobiculés, perforés, pourvus ou non de crénelures, tantôt épars, tantôt disposés en séries longitudinales assez régulières, ordinairement plus développés à la face inférieure qu'en dessus. Granules intermédiaires abondants, serrés, homogènes, variant le plus souvent dans leur nombre et leur disposition suivant les espèces. Péristome central, sub-circulaire, décagonal, plus ou moins profondément entaillé, toujours muni d'un appareil masticatoire. Périprocte tantôt ovale, tantôt pyriforme, quelquefois oblique, très-variable dans sa position. Appareil apical compacte, composé de cinq plaques génitales et de cinq plaques ocellaires. Dans certaines espèces, la plaque génitale postérieure manque tout à fait ou est remplacée par une plaque complémentaire imperforée ; les plaques ocellaires sont très-petites, sub-triangulaires et s'intercalent à la base des plaques génitales.

RAPPORTS ET DIFFÉRENCES. — Cette famille, par l'ensemble de ses caractères, ses aires ambulacraires droites, son péristome central et muni de fortes entailles, se distingue nettement et au premier aspect des *Cassidulidées* et des *Clypéastroïdées*. La forme de ses aires ambulacraires la rapproche d'avantage des *Echinonéidées*, cependant elle sera toujours facilement reconnaissable, non-seulement à son péristome muni d'auricules et de mâchoires, mais aussi à sa forme générale plus circulaire, à ses tubercules relativement plus développés et disposés ordinairement en séries longitudinales plus apparentes, à ses aires ambulacraires toujours égales entre elles, à son appareil apical compacte. Les pores ambulacraires des *Echinoconidées* sont ordinairement égaux entre eux et disposés par simples paires du sommet au péristome. Ce caractère cependant présente quelques modifications qu'il importe de signaler : chez certaines espèces d'*Echinoconus*, les pores rangés par simples paires sur toute la face supérieure se multiplient aux approches du péristome, et affectent une disposition trigéminée très-prononcée et qui se prolonge quelquefois jusque dans la région infra-marginale. Dans le genre *Pileus* qui ne renferme jusqu'ici qu'une seule espèce, les pores ambulacraires, au lieu de former une ligne droite, se dédoublent et sont rejetés à droite et à gauche comme dans les *Diplocidaris*. Chez certaines espèces de *Pygaster*, ainsi que l'a fait remarquer M. de Loriol, tout en étant disposés par simples paires directement superposées, les pores sont inégaux et ont une tendance marquée à s'allonger un peu dans les rangées externes.

La famille des *Echinoconidées*, en raison de sa forme circulaire, de ses tubercules disposés en séries plus ou moins régulières et surtout de son péristome central et muni d'un appareil masticatoire, se place très-naturellement à la fin des Échinides irréguliers.

La famille des *Échinoconidées* comprend six genres dont voici les caractères opposables.

A. Périprocte marginal; péristome sub-
décagonal.   ECHINOCONUS,
                                    Breyn.

Echinoconus conicus, Breyn.

B. Périprocte inférieur; péristome décagonal.
   a. Ambitus cloisonné.   DISCOIDEA,
                                    Klein.

Discoidea conica, Agassiz.

   b. Ambitus non cloisonné.   HOLECTYPUS,
                                    Desor.

Holectypus depressus, Desor.

C. Périprocte supérieur; péristome dé-
 . cagonal.
   a. Tubercules perforés et crénelés;
     périprocte oblique, éloigné du
     sommet.   ANORTHOPYGUS ,
                                    Cotteau.

Anorthopygus orbicularis, Cotteau.

   b. Tubercules perforés et non cré-
     nelés.
     1. Périprocte pyriforme, éloigné
       du sommet; pores simples,
       irrégulièrement superposés. PILEUS,
                                    Desor.

Pileus hemisphæricus, Desor.

     2. Périprocte pyriforme, rappro-
       ché du sommet; pores simples,
       régulièrement superposés.   PYGASTER,
                                    Agassiz.

Pygaster umbrella, AGASSIZ.

Les *Echinoconidées* appartiennent aux terrains jurassique
et crétacé, et n'ont pas encore été rencontrées dans le terrain tertiaire.

Ier Genre. — HOLECTYPUS, Desor, 1842.

Galerites (pars),	Lamarck, 1801.
Discoidea (pars),	Agassiz, 1836.
Holectypus,	Desor, 1842 ; Agassiz et Desor, 1857 ; Wright, 1856 ; Cotteau, 1861 ; Desor et de Loriol, 1871.

Test de taille moyenne, circulaire ou sub-pentagonal,
renflé et plus ou moins conique en dessus, presque plan
en dessous, sub-concave au milieu. Sommet ambulacraire
central. Aires ambulacraires étroites surtout à la partie
supérieure, convergeant en ligne droite du sommet au péristome. Zones porifères formées de pores disposés par
simples paires, un peu obliques, mais régulièrement superposées. Tubercules petits, nombreux, crénelés, perforés, sub-scrobiculés, formant des séries longitudinales
assez régulières et affectant en outre, vers l'ambitus et
dans la région infra-marginale, une disposition horizontale et concentrique assez prononcée, toujours beaucoup
plus gros à la face inférieure. Granules miliaires fins,
homogènes, plus ou moins serrés, tantôt disséminés au
hasard, tantôt formant des cordons sub-onduleux, et
quelquefois groupés en cercles autour des tubercules.
Péristome central, circulaire, sub-décagonal, muni d'entailles distinctes. Périprocte grand, ovale ou pyriforme,
ordinairement infra-marginal, plus rarement marginal.
Appareil apical petit, sub-pentagonal, granuleux, composé de cinq plaques ocellaires perforées et de cinq plaques génitales également perforées ; souvent la plaque

génitale postérieure manque, et est remplacée par une plaque complémentaire imperforée : la plaque antérieure de droite, toujours plus grande que les autres et d'un aspect madréporiforme, se prolonge au milieu de l'appareil. Ambitus dépourvu de carènes intérieures. Radioles petits, grêles, marqués de stries fines et longitudinales.

Le genre *Holectypus* offre, dans sa forme générale et dans la plupart de ses caractères, une très-grande uniformité, et certaines espèces sont souvent difficiles à distinguer. Les *Holectypus* constituent cependant deux groupes très-remarquables, basés sur la structure de l'appareil apical, qui tantôt se compose de cinq plaques génitales perforées, et tantôt de quatre seulement. Cette division est d'autant plus importante à signaler que jusqu'ici toutes les espèces crétacées, sans exception, appartiennent au premier de ces groupes, tandis que toutes les espèces jurassiques que nous connaissons font partie du second.

RAPPORTS ET DIFFÉRENCES. — Le genre *Holectypus* est voisin du genre *Discoidea* avec lequel il a été longtemps confondu ; il s'en distingue néanmoins par ses tubercules relativement plus développés à la face inférieure, par son péristome marqué d'entailles plus apparentes, par son périprocte plus grand et surtout par l'absence de carènes intérieures qui ont laissé sur le moule des *Discoidea* de si profondes empreintes. La disposition régulière des tubercules rapproche les *Holectypus* de certaines espèces de *Pygaster*, mais la place bien différente qu'occupe le périprocte ne permettra jamais de confondre les deux genres.

HISTOIRE. — Certaines espèces d'*Holectypus* et notamment l'*H. depressus* sont très-anciennement connus :

placée successivement par Lamarck dans le genre *Galerites* et par Agassiz dans le genre *Discoidea*, cette espèce a servi de type, en 1842, au genre *Holectypus*, Desor, que tous les auteurs ont adopté.

Le genre *Holectypus* commence à se montrer dans l'étage bajocien, et parcourt toute la série des étages jurassiques. Il existe également à l'époque crétacée, et disparaît avec les dernières assises de l'étage turonien.

N° 97. — **Holectypus hemisphœricus** (Agassiz), Desor, 1867.

Pl. 102 et pl. 103, fig. 1-4.

Discoidea hemisphœrica,	Agassiz, *Catal. syst. Ectyp. foss.,* p. 7, 1840.
— —	Desor, *Monog. des Galerites,* p. 71, pl. viii, fig. 4-7, 1842.
Holectypus hemisphœricus,	Agassiz et Desor, *Catal. rais. des Ech.,* p. 88, 1847.
Discoidea marginalis,	M'Coy, *Ann. and Mag. of nat. hist.,* 2° série, vol. II, p. 413, 1848.
Discoidea hemisphœrica,	Bronn, *Index paleontologicus,* p. 430, 1848.
Holectypus Devauxianus,	Cotteau, *Études sur les Échin. Foss. de l'Yonne,* t. I, p. 45, pl. ii, fig. 7-9, 1849.
— —	D'Orbigny, *Prod. de paléont. strat.,* t. I, p. 290, 1850.
Holectypus hemisphœricus,	D'Orbigny, *id.,* p. 319, 1850.
Holectypus sub-depressus,	D'Orbigny, *id.,* p. 290, 1850.
Galerites hemisphœricus,	Forbes, *Memoirs of the Geol. Survey, Echinodermata,* decad. iii, pl. vi, 1850.
Holectypus hemisphœricus,	Wright, *Cassiludœ of the Oolites,* Ann. and. Mag. of nat. hist., 2° série, vol. IX, p. 96, 1851.

Holectypus hemisphæricus,	Guéranger, *Répertoire paléont. de la Sarthe,* p. 25, 1853.
— —	Forbes in Morris, *Catal. of Brit. Foss.,* 2ᵉ édit., p. 82, 1854.
Holectypus sub-depressus,	Cotteau, *Études sur les Échin. Foss. du dép. de l'Yonne,* t. I, p. 218, 1854.
Discoidea marginalis,	M'Coy, *Contributions of Brit. Paleont.,* p. 60, 1854.
Holectypus hemisphæricus,	Desor, *Synops. des Échin. Foss.,* p. 172, 1856.
Holectypus Devauxianus,	Desor, *id.,* p. 173, 1856.
Holectypus sub-depressus,	Desor, *id.,* p. 173, 1856.
Holectypus hemisphæricus,	Wright, *Monog. of Brit. Foss. Echinod. Oolit.,* p. 264, pl. XVIII, fig. 2, 1856.
— —	Wright, *On the Paléont. and stratigraph. Relat. Sands of the inf. Ool.,* Quarterly Journal of the geol. Soc., p. 311, 1856.
— —	Cotteau, *Échin. du dép. de la Sarthe,* p. 14 et 41, pl. II, fig. 14 et 15, 1857.
Holectypus Devauxianus,	Pictet, *Traité de paléont.,* 2ᵉ édit., t. IV, p. 227, 1857.
Holectypus hemisphæricus,	Pictet, *id.,* 1857.
Holectypus sub-depressus,	Pictet, *id.,* 1857.
Galerites apertus,	Quenstedt, *Der Jura,* p. 512, pl. LXVIII, fig. 23, 1858.
Holectypus Devauxianus,	Leymerie et Raulin, *Stat. géol. du dép. de l'Yonne,* p. 622, 1858.
Holectypus hemisphæricus,	De Ferry, *Mémoire sur le groupe Oolithe inf., Étage bajocien,* p. 36, 1861.
— —	Ogerien, *Hist. nat. du Jura et des dép. voisins,* t. I, p. 736, 1865.
— —	Deslongchamps, *Études sur les Étages jurassiques inf. de la Normandie,* p. 108, 1865.
Holectypus sub-depressus,	Deslongchamps, *id.,* 1865.
Holectypus hemisphæricus,	Huxley et Etheridge, *Catalogue of*

	the Coll. of Foss. in the Museum of Pract. Geol., p. 222, 1865.
Holectypus hemisphœricus,	De Longuemar, *Recherches géol. et agron. dans le dép. de la Vienne*, p. 103, 1866.
Pygaster pappus,	Desor in Greppin, *Essai géol. sur le Jura suisse*, p. 42, 1867.
Holectypus hemisphœricus,	Laube, *Echinod. du Braunen Jura von Balin*, p. 6, pl. ii, fig. 1, 1867.
Holectypus Devauxianus,	Jaccard, *Desc. géol. du Jura Vaudois et Neuchat.*, p. 219 (Matériaux, pour la carte géol. de la Suisse, 6e liv.), 1868.
Holectypus hemisphœricus,	Dewalque, *Prod. d'une desc. géol. de la Belgique*, p. 354, 1868.
— —	Guillier, *Notice géol. et agric. à l'appui des profils géol. des routes imp. de la Sarthe*, p. 21, 1868.
— —	Wright, *The correlation of the jurassic Rocks, of Côte-d'Or and Cotteswold hills*, p. 36 et passim, 1869.
— —	Cotteau et Triger, *Échin. du dép. de la Sarthe, Desc. des familles et des genres*, p. 411, 1869.
— —	Desor et de Loriol, *Échinologie helvétique*, p. 261, pl. xlv, fig. 6, 1871.

73. (Type de l'espèce.)

Espèce de taille moyenne, circulaire, très-légèrement pentagonale ; face supérieure renflée, sub-conique, ordinairement un peu déclive dans la région postérieure, épaisse et arrondie sur les bords ; face inférieure presque plane en dessus, fortement concave au milieu. Sommet ambulacraire central. Aires ambulacraires étroites, aiguës au sommet, s'élargissant un peu au fur et à mesure qu'elles se rapprochent de l'ambitus. Zones porifères étroites, un peu enfoncées, formées de pores petits,

égaux, très-serrés, régulièrement superposés à la face
supérieure, plus obliques en dessous; autour du péristome
ils s'espacent un peu, sans jamais se multiplier. Tubercules petits, abondants, sub-scrobiculés, formant des rangées verticales assez distinctes, surtout vers l'ambitus, au
nombre de quatre ou six dans les aires ambulacraires et
de quatorze à seize dans les aires interambulacraires. Ces
tubercules affectent en outre, vers le pourtour et dans la
région infra-marginale, une disposition circulaire assez
prononcée; à la face inférieure et notamment aux approches du péristome, ils sont moins nombreux, plus espacés, beaucoup plus gros et plus fortement scrobiculés.
Granules intermédiaires abondants, serrés, épars, tendant
à se grouper en cercles autour des tubercules. Péristome
circulaire, décagonal, muni d'entailles très-apparentes,
s'ouvrant dans une dépression profonde de la face inférieure. Périprocte très-grand, marginal, acuminé à sa
partie supérieure, remontant souvent assez haut dans
l'aire interambulacraire impaire qu'il échancre fortement.
Appareil apical relativement petit, granuleux, sub-pentagonal, très-visible dans plusieurs de nos exemplaires,
composé de quatre plaques génitales largement perforées,
d'une plaque complémentaire postérieure imperforée et
de cinq petites plaques ocellaires qui s'intercalent à
l'angle des plaques génitales; les deux plaques ocellaires postérieures sont toujours un peu plus développées
que les trois autres; la plaque complémentaire imperforée
est assez grande et remonte jusqu'au milieu de l'appareil ; dans certains exemplaires elle paraît se diviser en
deux, mais peut-être cette brisure est-elle accidentelle.
La plaque madréporiforme, saillante et un peu plus grande
que les autres, se prolonge jusqu'au milieu de l'appareil.

Un moule intérieur siliceux que nous avons sous les yeux laisse parfaitement voir la trace des auricules qui supportaient l'appareil masticatoire.

Hauteur, 17 millim.; diamètre transversal, 29 millim.; diamètre antéro-postérieur, 29 millim. 1/2.

Individu de petite taille : hauteur, 12 millim.; diamètre transversal, 19 millim.; diamètre antéro-postérieur, 20 millim.

Cette espèce varie un peu dans sa forme régulièrement circulaire, quelquefois un peu pentagonale; sa face supérieure est aussi plus ou moins renflée et sub-conique; le périprocte, toujours marginal, varie également dans sa dimension. Chez certains exemplaires de petite taille, il s'élève relativement très-haut, et occupe plus des deux tiers de la face supérieure de l'aire interambulacraire impaire. C'est à cette variété que nous avions donné, dans nos *Échinides de l'Yonne*, le nom d'*H. Devauxianus ;* nous avons reconnu depuis qu'elle se reliait au type par des passages insensibles et ne pouvait en être distinguée. On sait du reste que dans les individus jeunes de plusieurs espèces d'*Holectypus*, le périprocte est relativement très-grand et tend à se rejeter vers le bord.

RAPPORTS ET DIFFÉRENCES. — L'*H. hemisphericus* se distingue nettement de ses congénères par son périprocte marginal et échancrant fortement l'aire interambulacraire postérieure; il est en outre caractérisé par sa forme subconique, ses bords épais et arrondis, son péristome profondément enfoncé, ses granules miliaires abondants, épars et tendant à se grouper en cercles autour des tubercules.

HISTOIRE. — L'*H. hemisphœricus* a été figuré pour la première fois par M. Desor, en 1842, dans la *Monographie des Galerites*, et adopté depuis par tous les auteurs. —

Nous lui réunissons le *Discoidea marginalis*, M'Coy, les *H. Devauxianus* et *sub-depressus*, les *Galerites apertus* et *Pygaster pappus* qui appartiennent certainement à la même espèce.

LOCALITÉS. — Bayeux (Calvados) ; la Tour du pré, près Avallon(Yonne) ; Pouilly (Saône-et-Loire) ; La Rougeolière, près Avoise (Sarthe) ; les Jablis près Poitiers, St-Maurice (Vienne) ; Souvigné (Deux-Sèvres). Assez rare. Étage bajocien. — Ranville, St-Honorine (Calvados) ; Tenay, Oncien, St-Rambert (Ain) ; Monné, la Jaunelière (Sarthe). Assez rare. Étage bathonien.

Ecole des mines, musée de Lyon, coll. Dumortier, Guillier, Constantin, etc. Ma collection.

LOCALITÉS AUTRES QUE LA FRANCE. — Fullinsdorf (Jura Bernois). Hazelbury, Crewkerne, Lyttelton Hill, Pilcombe, Bruton, Shipton Gorge, Burton, Mapperton, etc., etc. (Sommersetshire and Dorsetshire) ; Shurdington, Leckhampton, Hampen (Gloucestershire). Étage bajocien. — Le Furcil près Noiraigue (canton de Neuchâtel), Suisse. Longwy (Belgique). Balin (Russie d'Europe). Étage bathonien.

EXPLICATION DES FIGURES. — Pl. 102, fig. 1, *H. hemisphæricus*, de ma collection, vu de côté ; fig. 2, face supérieure ; fig. 3, face inférieure ; fig. 4, côté anal ; fig. 5, appareil apical grossi ; fig. 6, plaques ambulacraires et interambulacraires grossies, montrant la disposition des tubercules et des granules ; fig. 7, individu à périprocte moins élevé, de ma collection, vu de côté ; fig. 8, face supérieure ; fig. 9, appareil apical grossi ; fig. 10, autre individu à périprocte très-développé, type de l'*H. Devauxianus*, de la coll. de M. Constantin, vu de côté ; fig. 11, moule intérieur, de ma collection, vu de côté ; fig. 12, face supérieure ; fig. 13, face inférieure. — Pl. 103, fig. 1, autre individu de l'étage bathonien, type de l'*H. sub-depressus*, d'Orbigny, vu du côté anal; fig. 2, face supérieure; fig. 3, face inférieure; fig. 4, autre individu de grande taille, de ma collection.

N° 98. — **Holectypus concavus** (Agassiz), Desor, 1867.

Pl. 103, fig. 5-7.

Discoidea concava,	Agassiz, *Catal. syst. Ectyp. foss. Mus. neocom.*, p. 7, 1840.
— —	Desor, *Monog. des Galerites,* p. 70, pl. ix, fig. 1-6, 1842.
Holectypus concavus,	Desor in Agassiz et Desor, *Catal. raisonné des Échin.*, p. 88, 1847.
Discoidea concava,	Bronn, *index paleont.*, p. 429, 1848.
Holectypus concavus,	D'Orbigny, *Prod. de paléont. strat.*, t. I, p. 290, 1850.
— —	Desor, *Synops. des Échin. foss.*, p. 171, 1857.
— —	Pictet, *Traité de paléont.*, 2° édit., t. IV, p. 227, 1857.

Q. 70. (Type de l'espèce.)

L'échantillon unique qui a servi à établir cette espèce faisait partie de la collection de M. Deslongchamps père, M. Eugène Deslongchamps n'ayant pu nous le communiquer, nous nous bornons à reproduire la courte description donnée par M. Desor dans la *Monographie des Galerites*.

« C'est le plus élevé de tous les *Holectypus* ou discoïdées « jurassiques : sa forme est sub-conique et sa hauteur « égale les deux tiers de son diamètre transversal. L'ou- « verture buccale est située dans un creux profond, et « comme la face inférieure n'est pas très-large, il en « résulte que ses bords prennent une apparence très-

« pulvinée. L'anus est moins grand que l'ouverture buc-
« cale ; les tubercules principaux sont très-petits, mais
« ils n'en forment pas moins des séries très-distinctes ;
« j'en ai compté dix dans les aires interambulacraires et
« quatre dans les aires ambulacraires. Les tubercules
« miliaires, très-abondants, ne sont pas disposés en séries
« horizontales. »

D'après le moule en plâtre de l'échantillon type que
nous avons sous les yeux (Q. 70), et que nous avons fait
figurer, nous ajoutons que le périprocte est arrondi et
occupe une grande partie de l'espace compris entre le
péristome et le bord postérieur, sans cependant entamer
l'ambitus.

RAPPORTS ET DIFFÉRENCES. — Ainsi caractérisée, cette
petite espèce nous a paru se séparer nettement de ses congénères ; sa face inférieure pulvinée et la grandeur de son
périprocte la rapprochent de l'*H. orificiatus*, elle nous a
paru s'en distinguer par sa taille plus petite, sa forme
plus conique, son péristome plus étroit et plus enfoncé,
et son périprocte relativement un peu moins développé.

LOCALITÉ. — Bayeux (Calvados), Très-rare. Oolite ferrugineuse (Etage bajocien).

Coll. de M. Eugène Deslongchamps.

EXPLICATION DES FIGURES. — Pl. 103, fig. 5, *H. concavus*
(modèle en plâtre), vu de côté ; fig. 6, face sup. ; fig. 7,
face inf.

N° 99. — **Holectypus depressus** (Leske), Desor, 1847.

Pl. 103, fig. 8-14 ; pl. 104 et 105.

Bruckner, *Merkw. der Landschoft Ba-
sel*, pl. XXII, fig. G, H, 1762.

	Knorr, *Nat. gesch*, vol. II, pl. E, ɪɪ, fig. 6-7, 1768.
Echinites depressus,	Leske, *Additamenta ad Kleinii dispos. Echinod.*, p. 164, pl. xl, fig. 5-6, 1778.
— —	Linné (Gmelin), *Systema naturæ*, p. 3182. 1788.
	Encyclopédie méthodique, Atlas, pl. clɪɪ, fig. 7 et 8, et pl. clɪɪɪ, fig. 1 et 2, 1791.
Galerites depressus,	Lamarck, *Animaux sans vertèbres*, 1ʳᵉ édit., t. III, p. 21, 1816.
—. —	Parkinson, *Introd. to Study of foss. Org. Remains*, p. 127, 1822.
— —	Deslongchamps, *Encycl. méth., Zooph.*, t. II, p. 432, 1824.
Galerites depressus,	Bory de Saint-Vincent, *Encycl. méth., Expl. de la pl.* clɪɪ, ng. 7-8, p. 143, 1824.
Galerites radiatus,	Bory de Saint-Vincent, *id., Expl. de la pl.* clɪɪɪ, fig. 1-2, p. 143, 1824.
Galerites depressus,	Defrance, *Dict. des sc. nat.*, t. XVIII, p. 86, 1825.
— —	Goldfuss, *Petrefacta, Mus. univers. regiæ Borruss. Rhen. Bonnensis*, t. I, p. 129, pl. xlɪ, fig. 3, 1820.
— .—	De Blainville, *Zoophytes, Dict. des sc. nat.*, t. LX, p. 282, 1830.
Galerites depressus (pars),	Schlotheim, *Syst. Verzeichniss petrefact. — Sammlang*, p. 9, 1832.
— —	Thirria, *Stat. min. et géol. de la Haute-Saône*, p. 181, 1833.
— —	Blainville, *Manuel d'actin. et zoophyt.*, p. 223, 1834.
— —	Phillips, *Geol. of Yorkshire*, p. 150, pl. vɪɪ, fig. 4, 1835.
Discoidea depressa,	Agassiz, *Prodrome d'une Monog. des Radiaires*, Mém. soc. des sc. nat. de Neufchâtel, t. I, p. 186, 1826.
— —	Agassiz, *id.,* Annales des sc. nat., Zool., p. 279, 1837.

Galerites depressus,	Koch et Dunker, *Beitr. zur kennt. der nordl. Oolith.*, p. 40, pl. IV, fig. 2, 1837.
Galerites depressa (pars),	Des Moulins, *Études sur les Éch.*, p. 254, 1837.
Discoidea depressa,	Agassiz, *Echin. foss. de la Suisse,* t. I, p. 81, pl. vii, fig. 7-9, pl. xiii *bis*, fig. 7-13, 1839.
— —	Agassiz, *Catal. syst. Ectyp. foss. Mus. Neocomensis,* p. 7, 1840.
Galerites depressus,	Dujardin in Lamarck, *Animaux sans vertébres*, 2ᵉ éd., t. III, n. 9, p. 309, 1840.
Discoidea depressa,	Desor, *Monographie des Galerites*, p. 65, pl. x, fig. 4-12, 1842.
— —	Morris, *Catal. of Brit. Foss.*, 1ʳᵉ éd., p. 52, 1843.
Galerites depressus,	Murchison, *Outline of the Geol. of the Nieghbourhood of Cheltenham*, p. 73, 1845.
— —	Schmidt, *Petrefackten Buch*, p. 123, 1846.
Holectipus depressus,	Agassiz et Desor, *Catal. rais. des Echin.*, p. 87, 1847.
Holectypus antiquus,	Agassiz et Desor, *id.*, p. 87, 1847.
Holectypus depressus,	Marcou, *Recherches géol. sur le Jura salinois*, Mém. Soc. géol. de France, 2ᵉ sér., t. III, p. 79, 1847.
Discoidea depressa,	Bronn, *Index paleontologicus*, p. 430, 1848.
Holectypus depressus,	A. Gras, *Anim. foss. de l'Isère*, p. 41, 1848.
Holectypus Ormoisianus,	Cotteau, *Echinides fossiles de l'Yonne* t. I, p. 84, pl. viii, fig. 6-8, 1849.
Holectypus depressus,	D'Orbigny, *Prodr. de paléont. strat.*, t. I, p. 319, nº 408, 1850.
Holectypus striatus,	D'Orbigny, *id.*, p. 379, n. 508, 1850
Holectypus depressus,	Wright, *On the Cassidulidæ of the Oolite*, Ann. and Magaz. of nat. hist., 2ᵉ sér., t. IX, p. 94, 1851.

Galerites depressus,   Quenstedt, *Flötzgeb. Wurtemberg*, p. 3~3, 1851.

Holectypus depressus,   Beaudouin, *Oxford. du Châtillonnais*, Bull. Soc. géol. de France, 2ᵉ sér., t. VIII, p. 588 et 593, 1851.

—   —   Bronn, *Lethea geognostica*, 3ᵉ éd., t. II, p. 148, pl. xvii, fig. 5, 1851.

Galerites depressus,   Quenstedt, *Handbuch der Petrefact.*, p. 583, pl. xlix, fig. 46, 1854.

Holectypus depressus,   Buvignier, *Stat. géol. de la Meuse*, p. 238, 1852.

Discoidea depressa,   Giebel, *Deutschlands Petrefact.*, p. 324, 1852.

Holectypus depressus,   Guéranger, *Essai d'un répertoire paléont. de la Sarthe*, p. 25, 1853.

—   —   Forbes in Morris, *Catal. of Brit. foss.*, 2ᶜ éd., p. 82, 1854.

—   —   Cotteau, *Études sur les Échin. foss. de l'Yonne*, t. I, p. 415, pl. xxxii, fig. 9, 1854.

—   —   Terquem, *Paléont. du dép. de la Moselle*, p. 33, 1855.

—   —   Wright, *Monog. of Brit. foss. Echinod. ool.*, p. 260, pl. 18, fig. 1, Mem. paleont. Society London, 1856.

Discoidea depressa,   Baugier et Sauzé, *Études géol. des tranchées du chemin de fer de Poitiers à la Rochelle*, p. 49, 1856.

Holectypus depressus,   Oppel, *Die Juraformation*, p. 457 et 459, 1856.

Holectypus striatus,   Oppel, *id.*, p. 508, 1856.

Holectypus depressus,   D'Archiac, *Histoire des prog. de la géol.*, t. VI, *Formation jurassique*, p. 301 et passim, 1856.

Holectypus depressus,   Pictet, *Traité de paléont.* t. IV, p. 227, 1857.

—   —   Desor, *Synopsis des Echin. foss.*, p. 169, 1857.

Holectypus Ormoisianus   Desor, *id.*, p. 170, 1857.

Holectypus depressus,   Marcou, *Lettres sur les roches du Jura*, p. 32, 1857.

Holectypus depressus,	Etallon, *Esquisse d'une desc. géol. du haut Jura,* p. 27, Soc. imp. d'agric., d'histoire nat. et des arts utiles de Lyon, 1857.
Holectypus Ormoisianus;	Etallon, *id.,* p. 27, *id.,* 1857.
Holectypus depressus,	Cotteau et Triger, *Échin. du dép. de la Sarthe,* p. 38, 81 et 361, 1857.
Galerites depressus,	Quenstedt, *Der Jura,* p. 51, pl. LXVIII, fig. 21 (non pl. xc, fig. 24 et 25), 1858.
Holectypus depressus,	Leymerie et Raulin, *Stat. géol. du dép. de l'Yonne,* p. 622, 1858.
— —	Chapuis, *Nouvelles recherches sur les foss. des terr. second. de la Province du Luxembourg,* p. 100, pl. xix, fig. 4, 1858.
— —	Wright, *On the Subd. of the inf. Ool. comp. with the equival. beds of that Form. on the Yorkshire coast,* Quart. journ. of the geol. Soc. of London, p. 25, 1859.
— —	Lory, *Descript. géol. du Dauphiné,* p. 250, 1861.
— —	Coquand, *Paléont. de la Province de Constantine,* p. 277, 1862.
— —	Bonjour, *Géol. strat. du Jura,* p. 15, 1863.
— —	Bonjour, *Catal. des foss. du Jura,* p. 28, 1864.
— —	Etallon, *Paléont. grayloise,* Mém. Soc. d'Emul. du Doubs, 3e sér., t. III, p. 332, 1864.
— —	Zeuschner, *Glieder. d. Juraform. in Polen. Zeitschr. d. Deutsch. gcol. Ges.,* t. XVI, p. 581, 1864.
— —	Seebach, *Der Hannover'sche Jura,* Tableau, n. 27, 1864.
— —	Winkler, *Musée Teyler, Catal. syst. de la coll. paléont.,* p. 197, 1864.
— —	Huxley et Etheridge, *Catal. of the Coll. of foss. in the Museum of the pract. Geol.,* p. 222, 228, etc., 1865.

Holectypus depressus,	Deslongchamps, *Études sur les étages jurassiques de la Normandie*, p. 151, 1865.
— —	Ogérien (frère), *Hist. nat. du Jura et des dép. voisins*, t. I, p. 736, 1865.
— —	Ooster, *Synops. des Echinodermes des Alpes suisses*, p. 49, 1865.
— —	Heer, *Urwelt der Schweiz*, p. 132, pl. ix, fig. 5, 1865.
— —	Laube, *Echinoderme der Braunen Jura von Balin*, p. 5, 1867.
— —	Mœsch, *Der Aargauer Jura*, p. 86, 97, 1867.
Holectypus Ormoisianus,	Mœsch, *id.*, p. 104, 107, 1867.
Holectypus depressus,	Greppin, *Essai géol. sur le Jura suisse*, p. 55, 1867.
— —	Jaccard, *Desc. géol. du Jura vaudois et neuchâtelois*, p. 219, 1868.
— —	Dewalque, *Prod. d'une descript. géol. de la Belgique*, p. 354, 1868.
— —	Guillier, *Notice géol. et agric. à l'appui des profils géol. des routes imp. de la Sarthe*, p. 25 et 27, 1868.
— —	Wright, *On the Correlations of the Jurassic Rocks of Côte-d'Or and the Cotteswold hills*, p. 49, 1869.
— —	Cotteau et Triger, *Echin. du dép. de la Sarthe, Descript. des familles et des genres*, p. 411, 1869.
— —	Greppin, *Desc. géol. du Jura bernois*, p. 41, 51, 56, 1870.
— —	Desor et de Loriol, *Echinologie helvétique*, p. 258, pl. xliv, fig. 3-4, 1871.
— —	Cotteau, *Oursins jurassiques de la Suisse*, Bull. Soc. géol. de France, 3ᵉ sér., t. I, p. 81, 1871.

P. 38 ; R. 49, var. de grande taille (*Holect. striatus*, d'Orb.).

X. 59 ; Q. 69, var. de taille plus petite.

Espèce de taille variable, sub-circulaire, quelquefois légèrement pentagonale, à peu près aussi longue que

large ; face supérieure renflée, uniformément bombée, le
plus souvent sub-conique ; face inférieure déprimée, sub-
concave, médiocrement renflée vers l'ambitus. Sommet
ambulacraire central. Aires ambulacraires étroites, aiguës
au sommet, s'élargissant un peu au fur à mesure qu'elles se
rapprochent de l'ambitus. Zones porifères formées de pores
petits, égaux, très-serrés, régulièrement superposés à la face
supérieure, plus obliques et plus espacés en dessous, sans
jamais se multiplier autour du péristome. Tubercules petits, abondants, sub-scrobiculés, formant des rangées verticales assez distinctes, surtout vers l'ambitus, au nombre de
quatre à six dans les aires ambulacraires, et de douze à
vingt dans les aires interambulacraires ; ce nombre du
reste varie suivant la taille des individus. Ces rangées
disparaissent lorsqu'elles s'élèvent, et deux seulement,
toujours un peu plus apparentes que les autres, persistent
jusqu'au sommet sur chacune des aires ambulacraires et
interambulacraires. Les tubercules affectent en outre, vers
le péristome et dans la région infra-marginale, une disposition circulaire assez prononcée ; à la face inférieure et
notamment aux approches du péristome, ils sont beaucoup
plus gros, plus profondément scrobiculés, moins nombreux et plus espacés. Granules intermédiaires fins,
homogènes, abondants, visibles seulement à la loupe, et
formant, entre les tubercules, des séries plus ou moins
rapprochées, sub-onduleuses, presque horizontales et parallèles aux sutures des plaques. A la face inférieure les
granules paraissent plus gros, moins homogènes ; aux
approches du péristome, dans les aires interambulacraires,
ils sont quelquefois très-allongés et forment des cercles
rayonnant autour des plus gros tubercules. Péristome plus
ou moins enfoncé, quelquefois à fleur du test, circulaire,

muni d'entailles apparentes. Périprocte très-grand, pyriforme, aigu à son extrémité interne, occupant, sur la face inférieure, presque tout l'espace compris entre le péristome et le pourtour du test. Le plus souvent le périprocte ne dépasse pas l'ambitus; cependant, dans certains individus de petite dimension, il entaille un peu le bord et se trouve alors légèrement visible d'en haut. Appareil apical relativement petit, granuleux, sub-pentagonal, composé de quatre plaques génitales très-distinctement perforées, d'une plaque complémentaire postérieure imperforée, et de cinq petites plaques ocellaires à peu près égales entre elles. La plaque génitale antérieure de droite ou plaque madréporiforme· est irrégulière, largement développée et fait saillie au milieu de l'appareil; les plaques ocellaires s'intercalent entre les plaques génitales et aboutissent le plus souvent sur la plaque madréporiforme.

M. Desor signale un individu qui a conservé quelques radioles : ils sont extrêmement petits, grêles, aciculés, finement striés; leur bouton est bien développé.

Les moules intérieurs siliceux offrent autour du péristome la trace des auricules qui supportaient l'appareil masticatoire. Chez un de ces moules siliceux, les dents elles-mêmes, courtes et triangulaires, ont laissé leur empreinte.

Hauteur, 20 millimètres; diamètre transversal, 33 millimètres; diamètre antéro-postérieur, 33 mill. 1/2.

Cette espèce est très-variable dans sa forme : l'ambitus est le plus souvent circulaire; quelquefois cependant il affecte une forme légèrement pentagonale, et alors le diamètre antéro-postérieur dépasse un peu le diamètre transversal. La face supérieure, ordinairement renflée et sub-conique, est quelquefois très-peu élevée et uniformément bombée chez certains individus. C'est à cette dernière variété que nous avons donné, dans nos *Échinides de l'Yonne*, le nom de *Raulini*. La face inférieure elle-même est plus ou moins déprimée. La disposition des granules en séries horizontales et sub-onduleuses paraît assez constante, tout en variant un peu suivant les individus. Dans un de nos exemplaires, la plaque génitale postérieure imperforée présente, comme la plaque génitale antérieure de droite, un aspect madréporiforme, mais c'est là un caractère isolé, et qui ne peut être considéré que comme un accident pathologique.

RAPPORTS ET DIFFÉRENCES. — L'*H. depressus*, malgré sa forme variable, sera toujours parfaitement reconnaissable à son ambitus médiocrement renflé, à la grandeur de son péristome et à la disposition linéaire de ses granules. L'espèce dont il se rapproche le plus est l'*H. corallinus*, remarquable également par la grandeur de son péristome ; mais cette dernière espèce paraît en différer d'une manière positive par ses tubercules plus apparents à la face supérieure et ses granules inégaux et épars.

HISTOIRE. — L'*H. depressus* est un des oursins jurassiques les plus communs et les plus anciennement mentionnés par les auteurs ; cette espèce, placée successivement dans les genres *Galerites* et *Discoidea*, a servi, en 1847, de type au genre *Holectypus*, établi par M. Desor dans le *Catal. raisonné des Échinides*, et adopté par tous les auteurs. Nous sommes d'accord avec MM. Desor et de Loriol pour reconnaître que les *H. antiquus*, Desor, *striatus*, d'Orbigny, *Ormoisianus*, Cotteau, ne sont que des variétés de l'*H. depressus*: nous lui réunissons également l'*H. Raulini* de nos *Échinides fossiles de l'Yonne*.

LOCALITÉS. — L'*H. depressus* occupe plusieurs niveaux stratigraphiques, et a été rencontré, presque avec une égale abondance, dans les étages bajocien, bathonien, callovien, oxfordien et même corallien, sans qu'il soit possible de séparer, au point de vue zoologique, les échantillons provenant de ces divers étages. Tennie (Sarthe); Saint-Rambert, Oncien, Tenay (Ain); Essert (Haut-Rhin); Sampans (Jura). Assez abondant. Etage bajocien. — Saint-Aubin de Langrune, le Marresquet, Ranville (Calvados); Marquise (Pas-de-Calais); Alençon, Suré, Mamers (Orne); Monné, la Jaunelière, Noyen, Pecheseul, Saint-Pierre des Bois, Domfront, Fourneau de la Bergerie près Parcé, Beaumont (Sarthe); Chatel-Censoir (Yonne); Montarlot, Champlitte, Selongey (Côte-d'Or); Liffonds (Haute-Saône); Davayé, Tournus (Saône-et-Loire); Langres, Chassigny, Piépape, Maatz (Haute-Marne); Apremont (Ain); Poligny, Salins, Romange (Jura); environ de Metz (Ardennes); La Miotte, Bavilliers, Ferrette, route de Ligsdoff, Levoncourt, Bouxvillers, Chemin d'Oberlarg (Haut-Rhin). Abondant. Étage bathonien.

Boulogne-sur-Mer (Pas-de-Calais); Montbizot, Chauffour, Pizieux, Vivoin, Marolles, Rouessé-Fontaine (Sarthe); Mortagne, Courgeoust, Boecé (Orne); Nevers (Nièvre); Gigny, Etivey, Sennevoy (Yonne); Hauteville, Etrochey, Laignes, Montsaignon, Montigny-sur-Aube, Selongey, Messigny (Côte-d'Or); Marault, Bricon, Latrecey, Château-Villain (Haute-Marne); Satornay (Saône-et-Loire); Gy (Haute-Saône); Pierre-Levée près Lourdence (Vienne); Montreuil-Bellay (Deux-Sèvres); Mont-Sec (Meuse); Viel-St-Remy (Ardennes); Liffol-le-Grand (Vosges); Bavilliers, Etang de la Moëche (Haut-Rhin). Très-abondant. Etage callovien.

Levigny (Saône-et-Loire), rare. Etage argovien. — Ecommoy (Sarthe). Rare. Etage corallien.

Toutes les collections.

LOCALITÉS AUTRES QUE LA FRANCE. — Dundry, Wottonunder-Edge, Stinchcombe, Rodboroug, Coopers, Birdlip, Shurdington, Leckhampton et Winchcombe, Cheltenham, Fawler près Woodstok (Angleterre). Etage bajocien. — Egg près Aarau, Kornberg près Frick, Ueken, Erliesbach, Linnberg, Birmensdorf, Betznau, Hornussen, Wesen, Rickenbach, Kreisacker, Rothenberg, etc. (Argovie); Schauenbourg, Graitery, Vorbourg, Movelier, Wartemberg, etc. (Jura bernois); Muttenz près Bâle; Goldenthal, Kienberg, Oberbuchsitten, Ring, Egerkinden (Soleure); Ste-Croix (Vaud). Suisse.— Bomberg (Bavière). — Trowbridge, Stanton, Chippenham, Wincanton et Oldfort, Rushden (Angleterre). Étage bathonien.

EXPLICATION DES FIGURES. — Pl. CIII, fig. 8, *H. depressus*, de l'étage bajocien de Tennie, de ma collection, vu de côté; fig. 9, face supérieure; fig. 10, face inférieure; fig. 11, moule intérieur siliceux de l'étage bathonien de Châtel-Censoir, de ma collection, vu de côté; fig. 12, face supérieure; fig. 13, face inférieure laissant voir les empreintes des mâchoires; fig. 14, portion de mâchoire grossie. — Pl. CIV, fig. 1, *H. depressus*, de l'étage bathonien, de ma collection, vu de côté; fig. 2, face supérieure; fig. 3, autre individu (*H. Raulini*, Cott.), de l'étage bathonien, de ma collection, vu de côté; fig. 4, face inférieure; fig. 5, autre variété sub-conique, de l'étage bathonien de Selongey, de ma collection, vue de côté; fig. 6, individu plus jeune, de l'étage bathonien, vu de côté; fig. 7, face supérieure; fig. 8, face inférieure; fig. 9, appareil apical grossi; fig. 10, plaques ambulacraires et interambulacraires grossies. — Pl. CV, fig. 1, *H. depressus*, de l'étage callovien (*H. striatus*, d'Orbigny), de ma collection, vu de côté; fig. 2, face supérieure; fig. 3, face inférieure; fig. 4, appareil apical grossi; fig. 5, autre individu plus jeune, de

l'étage callovien, vu de côté ; fig. 6, face supérieure ; fig. 7,
péristome grossi ; fig. 8, individu très-jeune, de l'étage
callovien, vu de côté ; fig. 9, face supérieure ; fig. 10, face
inférieure ; fig. 11, portion de la face inférieure grossie,
montrant la forme et la disposition des granules; fig.12, autre
individu, de l'étage corallien inférieur, de ma collection, vu
de côté; fig. 13, face inférieure; fig. 14, plaques interambulacraires grossies, montrant la disposition des granules.

N° 100. — **Holectypus Sarthacensis**, Cotteau, 1856.

Pl. CVI.

Holectypus Sarthacensis,   Cotteau in Davoust, *Note sur les foss.*
                               spéciaux à la Sarthe, p. 7, 1856.
        —   —   Desor, *Synopsis des Echin. foss.*, p. 173,
                               1857.
        —   —   Cotteau et Triger, *Echin. du dép. de*
                               la Sarthe, p. 37, pl. IX, fig. 1-4,
                               1857.
        —   —   Cotteau et Triger, *id.*, *Desc. des fa-*
                               milles et des genres, p. 411, 1869.

V. 94.

Espèce de taille moyenne, circulaire, légèrement pentagonale, un peu plus longue que large ; face supérieure
renflée, peu élevée, uniformément bombée, épaisse et arrondie sur les bords ; face inférieure sub-pulvinée, concave.
Sommet ambulacraire central. Aires ambulacraires aiguës
à leur partie supérieure, s'élargissant un peu vers l'ambitus. Zones porifères composées de pores petits, serrés,
régulièrement superposés à la face supérieure, d'autant
plus petits qu'ils se rapprochent de l'ambitus, plus obliques
et un peu plus espacés à la face inférieure, ne se multipliant pas près du péristome. Tubercules très-petits à la
face supérieure, plus développés, aux approches de la

bouche et vers l'ambitus où ils forment des rangées concentriques assez régulières ; les plus gros de ces tubercules sont distinctement crénelés, perforés et entourés
d'une zone lisse, circulaire, très-légèrement déprimée.
Granules intermédiaires inégaux, espacés, disposés sans
ordre. Péristome de petite taille, décagonal, marqué d'entailles apparentes, s'ouvrant dans une dépression profonde
du test. Périprocte grand, ovale, arrondi du côté interne,
infra-marginal, très-éloigné du péristome, entamant un peu
le pourtour du test. Appareil apical de petite taille, sub-
pentagonal, granuleux ; quatre plaques génitales perforées,
la cinquième imperforée et assez grande ; plaque madréporiforme relativement peu développée, se prolongeant
cependant au centre de l'appareil.

Hauteur, 16 millim. ; diamètre transversal, 34 millim. ;
diamètre antéro-postérieur, 35 millim.

RAPPORTS ET DIFFÉRENCES. — Cette espèce se distingue
facilement de l'*H. depressus* avec lequel on la rencontre,
par sa forme un peu plus allongée, sa face inférieure plus
renflée sur les bords, ses tubercules plus petits, ses granules autrement disposés, son péristome beaucoup moins
développé et surtout par la position infra-marginale de son
périprocte très-éloigné du péristome ; elle se rapproche
peut-être davantage de l'*H. hemisphæricus ;* cependant elle
s'en éloigne par sa taille plus forte, plus déprimée, plus
sensiblement pentagonale, et par son périprocte moins
rapproché du bord.

LOCALITÉS. — Pecheseul, Noyen-sur-Sarthe, Saint-Pierre
des Bois, Téloché, Chemiré-le-Gaudin (Sarthe). Assez rare.
Étage bathonien. — Chauffour (Sarthe). Très-rare. Étage
callovien.

Collection Guéranger, Davoust, ma collection.

EXPLICATION DES FIGURES. — Pl. CVI, fig. 1, *H. Sarthacensis*, de l'étage bathonien, de ma coll., vu de côté ; fig. 2, face supérieure ; fig. 3, face inférieure ; fig. 4, côté anal. ; fig. 5, appareil apical grossi ; fig. 6, région buccale grossie ; fig. 7, plaques interambulacraires grossies ; fig. 8, individu de grande taille, de l'étage bathonien, vu sur la face supérieure.

N° 101. — **Holectypus punctulatus**, Desor, 1847.

Pl. CVII, fig. 1-9.

Discoidea punctulata,	Desor, *Monog. des Galerites,* p. 69, pl. IX, fig. 17-19, 1842.
Holectypus punctulatus,	Desor in Agassiz et Desor, *Catal. raisonné des Échin.,* p. 87, 1847.
Discoidea punctulata,	Bronn, *Index palæontol.,* p. 430, 1848.
Holectypus punctulatus,	D'Orbigny, *Prodrome de paléont. strat.,* t. I, p. 379, 1850.
Discoidea punctulata,	Giebel, *Deutschlands Petrefacten,* p. 324, 1852.
Holectypus punctulatus,	Wright, *Monog. of the Brit. Echin. Oolit.,* p. 270, 1856.
— —	Desor, *Synops. des Ech. foss.,* p. 171, 1857.
Holectypus Ormoisianus, pars (non Cotteau).	Desor, *id.,* 1857.
Holectypus punctulatus,	Pictet, *Traité de paléont.,* 2e édit., t. IV, p. 227, 1857.
Holectypus Ormoisianus (non Cotteau).	Jaccard, *Desc. géol. du Jura vaudois et neuchâtelois,* p. 213, 1868.
— —	Greppin, *Desc. géol. du Jura Bernois,* p. 56 et 59, 1870.
Holectypus punctulatus,	Desor et de Loriol, *Echinol. helvét.,* p. 263, pl. XLIV, fig. 5-7, 1871.
— —	Cotteau, *Oursins jurassiques de la Suisse,* Bull. Soc. géol. de France, 3e sér., t. I, p. 82, 1873.

Espèce de petite taille, circulaire ; face supérieure sub-hémisphérique, quelquefois légèrement conique ; face inférieure presque plane, sub-concave. Aires ambulacraires étroites à leur partie supérieure, s'élargissant un peu vers l'ambitus. Zones porifères à fleur du test, composées de pores très-petits, serrés, disposés par simples paires régulièrement superposées à la face supérieure, un peu obliques en dessous. Tubercules très-peu développés à la face supérieure, espacés, atténués, formant, vers l'ambitus, quatre rangées dans les aires ambulacraires, et huit à dix dans les aires interambulacraires, mais les rangées disparaissent au fur et à mesure qu'elles s'élèvent et se réduisent à deux dans chaque aire, près de l'appareil apical ; les deux rangées principales des aires interambulacraires paraissent, dans certains individus, supportées par de légères carènes. Les tubercules sont beaucoup plus gros et plus sensiblement scrobiculés à la face inférieure ; dans la région inframarginale, ils forment des séries concentriques assez régulières et s'espacent d'autant plus qu'ils se rapprochent du péristome. Granules intermédiaires peu abondants, délicats, espacés, formant entre les tubercules de petits lacets horizontaux, réguliers et très-espacés. Péristome central, enfoncé, relativement de petite taille et marqué d'entailles peu apparentes. Périprocte ovale, allongé, acuminé surtout à l'extrémité interne, commençant à quelque distance du péristome et n'atteignant pas le bord postérieur. Appareil apical sub-pentagonal, peu développé ; plaque madréporiforme saillante.

Hauteur, 10 millimètres ; diamètre transversal et antéro-postérieur, 16 millimètres.

Individu de grande taille : hauteur, 14 millimètres ; diamètre transversal et antéro-postérieur, 22 millimètres.

Rapports et différences. — Cette petite espèce se rapproche des individus jeunes de l'*H. depressus ;* elle s'en

distingue cependant d'une manière assez nette par sa face
inférieure plus plane, ses tubercules principaux plus petits
et beaucoup moins apparents à la face supérieure, ses granules moins abondants et disposés en lacets plus réguliers
et plus écartés, son péristome plus étroit et son périprocte
moins développé. Voisine également de l'*H. planus*, cette
espèce s'en éloigne par ses granules miliaires moins
nombreux et son périprocte un peu plus grand.

HISTOIRE. — Cette espèce a été décrite pour la première
fois par M. Desor, en 1842, dans sa *Monographie des Galérites*. Quelques auteurs ont rapporté à notre *H. Ormoisianus*
de petits exemplaires de Suisse qui n'étaient autres que
l'*H. punctulatus*. Tout récemment, dans l'*Échinologie helvétique*, MM. Desor et de Loriol ont établi d'une manière positive que ce rapprochement était erroné, et que l'*H. Ormoisianus*, qui n'était en réalité qu'une variété de petite taille
de l'*H. depressus*, devait être supprimé de la méthode.

LOCALITÉS. — Bricon (Haute-Marne); Largue (Haut-Rhin).
Rare. Étage oxfordien.

Ma collection, musée de Soleure (coll. Gressly).

LOCALITÉS AUTRES QUE LA FRANCE. — Pouillerel près la
Chaux-de-Fonds (Neufchâtel); Tramelan, Movelier (Jura
bernois), Suisse. Assez commun. Étage callovien.

EXPLICATION DES FIGURES. — Pl. CVII, fig. 1, *H. punctulatus*,
de grande taille, de ma collection, vu de côté; fig. 2, face
supérieure; fig. 3, face inférieure; fig. 4, plaques ambulacraires et interambulacraires grossies; fig. 5, individu
plus jeune, de ma collection, vu de côté; fig. 6, face supérieure; fig. 7, autre individu de Pouillerel près la Chaux-
de-Fonds (Suisse), type de l'espèce, vu de côté; fig. 8, face
supérieure; fig. 9, plaques ambulacraires grossies.

N° 102. — **Holectypus planus** (Agassiz), Desor, 1847.

Pl. cvii, fig. 10-15.

Discoidea plana,	Agassiz, *Catal. syst. Ectyp. foss. Mus. neoc.,* p. 7, 1840.
— —	Desor, *Monog. des Galerites,* p. 64, pl. ix, fig. 1-3, 1842.
Holectypus planus,	Desor in Agassiz et Desor, *Catal. raisonné des Échin.,* p. 87, 1847.
Discoidea plana,	Bronn, *Index palæont.,* p. 430, 1848.
Holectypus planus,	Wright, *Monog. of the Brit. Echin. Oolit.,* p. 269, 1856.
— —	Desor, *Synopsis des Echin. foss.,* p. 172, 1857.
— —	Pictet, *Traité de paléont.,* 2ᵉ édit., t. IV, p. 227, 1857.

Espèce de taille petite, circulaire, légèrement sub-pentagonale ; face supérieure très-médiocrement renflée ; face inférieure presque plane, un peu déprimée au milieu, subanguleuse sur les bords. Zones porifères à fleur du test. Tubercules très-peu développés à la face supérieure, formant, vers l'ambitus, deux rangées dans les aires ambulacraires, et six à huit dans les aires interambulacraires. Suivant M. Desor qui a eu à sa disposition des exemplaires mieux conservés que le nôtre, les granules miliaires sont excessivement nombreux et rangés en séries transversales distinctes. Les tubercules, comme dans tous les *Holectypus,* augmentent de volume à la face inférieure. Les aires interambulacraires présentent, sur le moule intérieur, deux légères carènes qui correspondent aux deux séries principales de tubercules. Péristome sub-circulaire, un peu enfoncé, marqué d'entailles à peine apparentes. Périprocte petit, arrondi, placé à peu près au milieu de l'aire interambulacraire et occupant environ la moitié de l'espace compris entre le péristome et l'ambitus postérieur.

Type de l'espèce : hauteur, 6 millimètres ; diamètre transversal et antéro-postérieur, 16 millimètres.

Individu de taille plus forte : hauteur, 9 millimètres ; diamètre transversal et antéro-postérieur, 26 millimètres.

Nous rapportons à l'*H. planus* un individu de plus grande dimension, provenant, comme les exemplaires types, des couches oxfordiennes des Vaches Noires ; il en diffère non-seulement par sa taille, mais par son ambitus plus sensiblement pentagonal et son périprocte peut-être un peu plus développé. Malgré ces différences, cet exemplaire nous a paru devoir être réuni à l'*H. planus* dont il se rapproche plus que d'aucune autre espèce.

RAPPORTS ET DIFFÉRENCES. — L'*H. planus* offre quelque ressemblance avec certaines variétés très-deprimées de l'*H. depressus*; il s'en éloigne par sa forme encore plus aplatie, et surtout par son périprocte plus petit.

LOCALITÉ. — Les Vaches Noires près Trouville (Calvados). Rare. Étage oxfordien.

Ecole des mines (coll. Michelin), Muséum de Paris (coll. d'Orbigny) ; coll. Wright.

EXPLICATION DES FIGURES. — Pl. CVII, fig. 10, *H. planus*, vu de côté ; fig. 11, face supérieure ; fig. 12, face inférieure (ces trois figures sont copiées de la *Monographie des Galerites*, pl. x, fig. 1, 2 et 3); fig. 13, autre individu de taille plus forte, de la collection d'Orbigny, vu de côté ; fig. 14, face supérieure ; fig. 15, face inférieure.

N° 103. — **Holectypus Drogiacus**, Cotteau, 1854.

Pl. CVIII et pl. CIX, fig. 1-2.

Holectypus Drogiacus,   Cotteau, *Études sur les Échin. foss. du dép. de l'Yonne*, t. I, p. 208, pl. XXXI, fig. 1-4, 1854.
—   —   Desor, *Synops. des Échin. foss.*, p. 172, 1856.
—   —   Pictet, *Traité de paléont.*, 2e éd., t. IV, p. 228, 1857.
—   —   Leymerie et Raulin, *Stat. géol. du dép. de l'Yonne*, p. 622, 1858.

Nous ne connaissons de cette espèce que le moule intérieur, et notre description sera nécessairement très-incomplète.

Espèce de grande taille, circulaire, très-légèrement pentagonale ; face supérieure renflée, quelquefois sub-conique ;
face inférieure presque plane, sub-concave au milieu.
Aires ambulacraires un peu bombées, très-étroites au sommet, s'élargissant sensiblement vers l'ambitus. Les aires interambulacraires occupent un espace triple des aires ambulacraires. Le moule intérieur a conservé les empreintes
des plaques coronales ; elles sont allongées, de médiocre
longueur, et très-sensiblement coudées aux deux tiers environ de leur étendue. Vers le pourtour du test elles deviennent plus étroites, tout en s'allongeant davantage ;
elles s'élargissent, à la face inférieure, au fur et à mesure
qu'elles se rapprochent de l'ouverture buccale. Péristome
relativement assez peu développé, occupant environ le cinquième de la face inférieure, sub-décagonal, assez fortement
entaillé et présentant, à la base des aires ambulacraires et de
chaque côté, des sillons allongés qui correspondent aux en-

tailles, et ne sont autres que les empreintes des auricules destinées à soutenir les mâchoires. Périprocte ovale, allongé,
pyriforme, de médiocre grandeur, s'ouvrant très-près du
bord externe et occupant la moitié de l'espace compris entre
l'ambitus et le péristome. L'appareil apical a laissé son
empreinte sur le moule intérieur; il est formé de quatre
plaques génitales perforées et d'une cinquième plaque
complémentaire plus petite qui ne présente aucune trace
de perforation. Entre ces plaques s'intercalent les plaques
ocellaires beaucoup plus petites, assez irrégulières, et dont
la base se prolonge quelquefois jusqu'au corps madréporiforme qui occupe le milieu de l'appareil oviducal; le corps
madréporiforme, ainsi que cela est reconnu depuis longtemps, n'est que le prolongement de la plaque génitale antérieure de droite; il n'en est séparé par aucune suture, mais
seulement par une dépression irrégulièrement anguleuse et
qui doit nécessairement correspondre à un renflement interne du test.

Hauteur, 17 millimètres; diamètre transversal et antéropostérieur, 70 millimètres.

Cette espèce varie dans l'aspect de la face supérieure le
plus souvent légèrement bombée, quelquefois élevée et subconique.

RAPPORTS ET DIFFÉRENCES. — L'*H. Drogiacus* sera toujours
facilement reconnaissable à sa taille et à la position de
son périprocte; il se rapproche de l'*H. giganteus*, espèce fort
rare du calcaire à chailles de Suisse; il s'en distingue par
sa taille moins forte, ses aires ambulacraires relativement
plus larges vers l'ambitus, son péristome plus développé,
et aussi par la forme des plaques qui composent les aires
interambulacraires, et qui, au lieu d'être presque droites,
sont sensiblement coudées aux deux tiers de leur étendue.

LOCALITÉ. — Druyes (Yonne). Assez rare. Étage corallien inférieur (calcaire à chailles).

Ma collection.

EXPLICATION DES FIGURES. — Pl. CVIII, fig. 1, *H. Drogiacus*, de ma collection, vu de côté ; fig. 2, face supérieure ; fig. 3, face inférieure ; fig. 4, empreinte de l'appareil apical grossi ; fig. 5, tubercules de la face inférieure grossis ; fig. 6, portion de la face inférieure montrant l'empreinte des auricules. — Pl. CIX, fig. 1, *H. Drogiacus*, de grande taille, vu de côté ; fig. 2, portion de la face inférieure montrant l'empreinte des auricules.

Nº 104. — **Holectypus orificiatus** (Schlotheim), de Loriol, 1871.

Pl. CIX, fig. 3-10.

Echinites orificiatus,	Schlotheim, *Nachträge zur Petrefaktenkunde*, p. 317, 1820.
Galerites depressus (pars),	Schlotheim, *System. Verzeichniss der Petrefakten-Sammlung*, p. 9, 1832.
Discoidea inflata,	Agassiz, *Echinod. suisses*, t. I, p. 87, pl. VI, fig. 4-6, 1839.
— —	Agassiz, *Catal. syst. Ectyp. foss. Mus. neoc.*, p. 7, 1840.
— —	Desor, *Monographie des Galérites*, p. 70, pl. IX, fig. 7-10, 1842.
Discoidea Mandelslohi,	Desor, *id.*, p. 68, pl. VIII, fig. 14-16, 1842.
Holectypus Mandelslohi,	Desor in Agassiz et Desor, *Catal. raisonné des Echin.*, p. 87, 1847.
Holectypus inflatus,	Desor in Agassiz et Desor, *id.*, p. 88, 1847.
Discoidea inflata,	Bronn, *Index palæont.*, p. 430, 1848.
Discoidea Mandelslohi,	Bronn, *id.*, 1848.
Holectypus Mandelslohi,	D'Orbigny, *Prod. de paléont. strat.*, t. II, p. 26, 1850.

Holectypus inflatus,	D'Orbigny, *id.*, t. II, p. 55, 1850.
Discoidea Mandelslohi,	Giebel, *Deutschlands Petrefacten,* p. 324, 1852.
Discoidea inflata,	Giebel, *id.*, 1852.
Holectypus Mandelslohi,	Wright, *Monog. of the Brit. Echin. Oolit.*, p. 269, 1856.
Holectypus inflatus,	Wright, *id.*, p. 272, 1856.
— —	Desor, *Synopsis des Echin. foss.*, p. 171, 1857.
Holectypus Mandelslohi,	Desor, *id.*, 1857.
— —	Oppel, *Die Juraformation*, p. 689, 1857.
— —	Pictet, *Traité de paléont.*, 2ᵉ édit., t. IV, p. 228, 1857.
Holectypus inflatus,	Pictet, *id.*, 1857.
— —	Etallon, *Rayonnés du Jura sup. de Montbéliard*, suppl., p. 33, 1860.
— —	Waagen, *Die Juraformation in Franken*, p. 223, 1864.
Holectypus Mandelslohi,	Waagen, *id.*, p. 125, 183 etc, 1864.
— —	Schauroth, *Verzeichniss der Versteinerungen*, p. 142, 1865.
— —	Mœsch, *Der Aargauer Jura*, p. 189, 1867.
Holectypus orificiatus,	De Loriol, in Desor et de Loriol, *Echinologie helvétique*, p. 467, pl. xlvi, fig. 12, 1871.

Q. 76. (Type de l'espèce.)

Espèce de petite taille, circulaire, quelquefois légèrement rétrécie en arrière; face supérieure renflée, subconique, épaisse sur les bords; face inférieure plane, concave au milieu, sub-pulvinée. Aires ambulacraires un peu bombées, étroites à leur partie supérieure, s'élargissant un peu vers l'ambitus. Zones porifères composées de pores très-petits, un peu obliques surtout à la face inférieure, ne se multipliant pas autour du péristome. Tubercules relativement peu développés à la face supérieure,

formant, vers l'ambitus, quatre à six rangées dans les aires
ambulacraires, et dix à douze dans les aires interambulacraires ; ces rangées se réduisent à deux aux approches de
l'appareil apical. A la face inférieure, les tubercules sont
plus apparents et forment, dans la région infra-marginale,
des rangées concentriques assez régulières ; ils augmentent
de volume et deviennent moins nombreux en se rapprochant de la bouche. Granules intermédiaires petits, serrés
et paraissant former, dans les exemplaires que nous avons
sous les yeux, des séries horizontales assez régulières, surtout au-dessus de l'ambitus. Péristome central, peu développé, enfoncé, muni de faibles entailles. Périprocte
très-grand, large, ovale, un peu acuminé à son extrémité
interne, occupant à peu près tout l'espace compris entre le
péristome et le pourtour. Suivant M. Desor, le périprocte
est proportionnellement plus développé dans les individus
jeunes que dans ceux qui sont de grande taille. Appareil
apical petit, sub-pentagonal ; plaque madréporiforme
beaucoup plus étendue que les autres, saillante, se prolongeant au centre de l'appareil.

Type de l'espèce : hauteur, 12 millimètres ; diamètre
transversal et antéro-postérieur, 21 millimètres.

Individu plus jeune : hauteur, 9 millimètres ; diamètre
transversal, 19 millimètres ; diamètre antéro-postérieur,
19 millimètres 1/2.

RAPPORTS ET DIFFÉRENCES. — L'*H. orificiatus* se rapproche
de l'*H. punctulatus ;* il s'en distingue par sa taille un peu
plus forte, sa face inférieure plus épaisse et plus renflée
sur les bords, son périprocte plus développé et ses granules miliaires disposés en séries moins régulières. Ces
mêmes caractères empêchent de confondre l'*H. orificiatus*
avec les individus jeunes de l'*H. depressus*.

HISTOIRE. — Cette espèce a été mentionnée, dès 1820, par Schlotheim, sous le nom d'*Echinites orificiatus*. Aucun auteur n'a tenu compte de cette dénomination, et cette même espèce a été décrite et figurée plus tard sous les noms d'*inflatus* et de *Mandelslohi*. C'est M. de Loriol qui a rendu à cette espèce son nom le plus ancien, en lui réunissant les *H. inflatus* et *Mandelslohi* qui ne sauraient en être distingués. Après un examen minutieux et comparé des types, nous avons adopté l'opinion de M. de Loriol.

LOCALITÉS. — La Bastille près Grenoble (Isère). Très-rare. Étage oxfordien sup. — Environs de Montbéliard (Doubs). Très-rare. Corallien sup.

Coll. Lory, musée de Montbéliard.

LOCALITÉS AUTRES QUE LA FRANCE. — Lägern, Randen, Baden, Endingen, Bargen, Braunegg, Aarbourg (Argovie); Löchli près Schönenwerh (Soleure); Bühl près Riederen (Grand-duché de Bade). Amberg (Bavière).

EXPLICATION DES FIGURES. — Pl. CIX, fig. 3, *H. orificiatus*, de la coll. de M. Lory, vu de côté; fig. 4, face supérieure; fig. 5, face inférieure; fig. 6, individu de Randen (*H. inflatus*), vu de côté; fig. 7, face supérieure; fig. 8, individu d'Amberg, de la coll. de M. d'Orbigny, vu de côté; fig. 9, face supérieure; fig. 10, face inférieure; fig. 11, appareil apical grossi.

N° 103. — **Holectypus corallinus**, d'Orbigny, 1850.

Pl. CX et CXI.

Galerites depressus (non Lam.).	Leymerie, *Stat. géol. et minéral. du dép. de l'Aube*, atlas, p. 8, 1846.
Holectypus corallinus,	D'Orbigny, *Prod. de paléont. strat.*, t. II, p. 26, 1850.

Holectypus corallinus,	A. Gras, *Catal. des corps organisés foss. de l'Isére,* p. 22, 1852.
— —	Cotteau, *Oursins kimméridyiens de l'Aube,* Bull. Soc. géol. de France, 2ᵉ série, t. XI, p. 356, 1854.
— —	Cotteau, *Etudes sur les Échin. foss· du dép. de l'Yonne,* t. I, p. 211 et 325, pl. xxxii, fig. 1-5 (excl. fig. 6-9), 1854.
— —	Wright, *Monog. of the Brit. Echin. Oolith.,* p. 270, 1856.
— —	Cotteau, *Echinides de la Haute-Marne,* Bull. Soc. géol. de France, 2ᵉ sér., t. XIII, p. 818, 1856.
— —	Desor, *Synops. des Echin, foss.,* p. 170, pl. xxiii, fig. 1-3, 1857.
Holectypus Meriani (pars),	Desor, *id.,* p. 170, 1857.
Holectypus corallinus,	Pictet, *Traité de paléont.,* 2ᵉ édit., t. IV, p. 228, 1857.
Holectypus Meriani,	Oppel, *Die Juraformation,* p. 721, 1855-1858.
Holectypus corallinus,	Leymerie et Raulin, *Stat. géol. de l'Yonne,* p. 622, 1858.
— —	Coquand, *Synops. des Foss. des Charentes,* p. 26, 1860.
Holectypus Meriani,	Etallon, *Rayonnés du Jura sup. de Montbéliard,* p. 33, 1860.
Holectypus corallinus,	Etallon, *Paléontostatique du Jura, Jura Graylois,* p. 31, 1860.
— —	Etallon, *id., faune de l'étage corallien,* p. 18, 1860.
Holectypus Meriani,	Etallon, *id., Jura Bernois,* p. 11, 1860.
— —	Cartier, *Der ob. Jura Oberbuchsitten,* p. 62, 1861.
— —	Thurmann et Etallon, *Lethœa Bruntrutana,* p. 302, pl. xlv, fig. 1, 1862.
Holectypus corallinus,	Dolfuss, *Faune kimméridgienne du cap la Hève,* p. 92 1863.

Holectypus corallinus,	Etallon, *Etudes paléont. sur le Jura Graylois,* Mém. Soc. d'Emul. du Doubs, 3ᵉ sér., t. VIII, p. 374, 1864.
Holectypus Meriani,	Etallon, *id.,* p. 454, 1864.
Holectypus corallinus,	Sadebeck, *Der ob. Jura in Pommern,* Zeitschr. d. Deutsch geol. Gesell., t. XVII, p. 662, 1865.
— —	Cotteau, *Catal. raisonné des Échin. foss. du dép. de l'Aube,* p. 12, 1865.
— —	Beltrémieux, *Faune foss. du dép. de la Charente-Inférieure,* p. 12, 1866.
Holectypus Meriani,	Mœsch, *Der Aargauer Jura,* p. 189-199, 1867.
— —	Greppin, *Essai géol. sur le Jura suisse,* p. 71 et 93, 1867.
— —	Greppin, *Desc. géol. du Jura bernois,* p. 83 et 113, 1870.
Holectypus corallinus,	Desor et de Loriol, *Echinol. helvétique,* p. 265, pl. xlv, fig. 4-5, 1871.
— —	Cotteau, *Oursins jurassiques de la Suisse,* Bull. Soc. géol. de France, 3ᵉ série, t. I, p. 85, 1873.

Espèce de taille moyenne, circulaire, légèrement pentagonale ; face supérieure plus ou moins renflée, quelquefois sub-conique ; face inférieure presque plane, sub-concave au milieu. Sommet ambulacraire central. Aires ambulacraires étroites au sommet, s'élargissant un peu au fur et à mesure qu'elles se rapprochent de l'ambitus. Zones porifères formées de pores petits, presque égaux, un peu obliques à la face supérieure, beaucoup plus obliques et plus espacés à la face inférieure, sans jamais se multiplier autour du péristome. Tubercules petits, écartés, régulièrement disposés à la face supérieure, formant, vers l'ambitus, quatre à six rangées dans les aires ambulacraires, et seize à vingt rangées dans les aires interambulacraires; ces rangées, toujours très-distinctes, disparaissent au fur et à mesure qu'elles s'élèvent, et les deux rangées principales, composées de tubercules plus développés et plus sensiblement scrobiculés, atteignent seules le sommet. Les tubercules présentent en outre, à la face supérieure, vers l'ambitus et en dessous, dans la région infra-marginale, une disposition concentrique très-apparente; ils augmentent fortement de volume à la face inférieure, s'entourent d'un scrobicule beaucoup plus large et s'espacent aux approches du péristome. Granules intermédiaires abondants, inégaux et épars. Ces granules méritent un examen tout particulier, car leur disposition est un des caractères distinctifs de cette espèce : à la face supérieure, ils se présentent sous deux aspects bien tranchés; les uns, beaucoup plus apparents que les autres et de taille inégale, se groupent autour des tubercules et se montrent le plus souvent dans la région supérieure des plaques; les autres, plus fins, plus serrés, plus nombreux, plus homogènes et visibles seulement à l'aide d'une forte loupe, remplissent l'espace intermédiaire et paraissent disséminés à peu près au hasard. Vers l'ambitus et à la face inférieure, dans la région infra-marginale, les granules forment, autour des scrobicules, de petits cordons sub-circulaires ou hexagonaux. Péristome arrondi, marqué d'entailles assez profondes, s'ouvrant dans une dépression de la face inférieure. Périprocte ovale, allongé, très-grand, occupant presque tout l'espace compris entre le péristome et le bord postérieur. Appareil apical étroit, sub-pentagonal, composé de quatre plaques génitales paires de forme irrégulière et très-

distinctement perforées, d'une cinquième plaque impaire
qui ne présente aucune trace de perforation, et de cinq
plaques occellaires petites, triangulaires et finement perforées; la plaque génitale antérieure de droite est remarquable par le développement du corps madréporiforme,
qui est spongieux, saillant et occupe le milieu de l'appareil.

Hauteur, 14 millimètres ; diamètre transversal, 30 millimètres ; diamètre antéro-postérieur, 31 millimètres.

Individu très-conique : hauteur, 27 millimètres ; diamètre
transversal et antéro-postérieur, 46 millimètres.

Cette espèce est assez constante dans sa forme générale
qui est médiocrement renflée et peu élevée, tout en ayant
cependant une tendance à devenir sub-conique. Dans mon
*Catalogue raisonné des Échinides fossiles du département de
l'Aube,* j'ai réuni à l'*H. corallinus* un exemplaire de très-
grande taille, dont la face supérieure est épaisse et renflée
sur les bords, élevée, conique, sub-acuminée au sommet.
Malgré sa forme anormale, cet échantillon, qui a été recueilli
dans l'étage kimméridgien des Riceys et appartient au
musée d'hist. nat. de Troyes, ne me paraît pas devoir être
séparé de l'espèce qui nous occupe. Je considère également
comme une très-curieuse variété de l'*H. corallinus* un
exemplaire recueilli par M. Deloisy dans les couches kimméridgiennes de Bar-sur-Aube (Aube); les aires ambulacraires sont sensiblement costulées, surtout à la face supérieure, au-dessus de l'ambitus, et lui donnent un aspect
pentagonal très-prononcé, mais la grandeur de son périprocte, la disposition de ses tubercules et des granules qui
les accompagnent ne permettent pas de le séparer de
l'*H. corallinus.* Ce renflement extraordinaire des aires
ambulacraires est sans doute le résultat d'une monstruosité

accidentelle. Ce n'est pas sans quelque doute que je persiste à rapporter à l'*H. corallinus*, comme je l'ai fait dans mes *Études sur les Échinides de l'Yonne*, les moules intérieurs siliceux qu'on rencontre très-abondants dans les calcaires à chailles de Druyes (Yonne); ils sont, il est vrai, plus renflés, plus circulaires, quelquefois plus volumineux; cependant les tubercules et les granules qui se laissent apercevoir sur quelques fragments de test, nous ayant paru, dans leurs formes et leur disposition, identiques à ceux de l'*H. corallinus*, nous croyons devoir maintenir ce rapprochement.

RAPPORTS ET DIFFÉRENCES. — L'*H. corallinus*, par sa taille, par sa forme générale, par la grandeur de son ouverture anale, ainsi que par la disposition de ses tubercules, se rapproche beaucoup de l'*H. depressus* dont il a été démembré par d'Orbigny; il s'en distingue cependant d'une manière constante par ses tubercules principaux plus abondants à la face supérieure et disposés en séries longitudinales et concentriques plus régulières, et surtout par l'arrangement de ses granules dont la taille est inégale, et qui tantôt sont groupés autour des tubercules et tantôt disséminés au hasard, tandis que, chez l'*H. depressus*, ils sont toujours uniformes, homogènes et disposés en séries linéaires assez régulièrement horizontales.

HISTOIRE. — Mentionnée, en 1850, dans le *Prodrome de paléontologie stratigraphique*, par d'Orbigny, cette espèce a été décrite et figurée pour la première fois dans nos *Études sur les Échinides fossiles de l'Yonne*. M. de Loriol s'est assuré, après un examen comparatif, que le type de l'*H. Meriani*, conservé dans le musée de Bâle, n'était en définitive qu'un exemplaire de l'*H. depressus* provenant de la grande oolite des environs de Bâle, et que les échan-

tillons des couches supérieures de la Suisse que quelques
auteurs, par une assimilation erronée, avaient désignés
sous le nom d'*H. Meriani*, devaient être réunis à l'*H. corallinus*, d'Orbigny, avec lequel ils présentaient une identité
parfaite. Déjà dans nos *Échinides de l'Yonne*, et plus tard
dans notre *Catalogue raisonné des Échinides de l'Aube*, nous
avions cru devoir considérer les *Holectypus* kimméridgiens
assez abondants de l'Yonne, de l'Aube et de la Haute-
Marne, comme appartenant à l'*H. corallinus*.

Localités. — Laignes (Côte-d'Or). Rare. Étage argovien.
—Druyes, Châtel-Censoir (Yonne). Assez abondant. Étage co-
rallien inférieur (calcaire à chailles.) — Champlitte (Haute-
Saône); La Rochelle, Pointe-du-Ché (Charente). Étage co-
rallien.—Le Havre (Seine-Inférieure); Gyé-sur-Seine (Haute-
Marne); Bar-sur-Aube, les Riceys (Aube); Lain, Chablis,
Tonnerre (Yonne). Assez rare. Étage kimméridgien. —
Gray-la-Ville (Haute-Saône). Rare. Étage portlandien.

Ecole des mines, Muséum d'hist. nat. de Paris (coll.
d'Orbigny), coll. de la Sorbonne, musée de La Rochelle,
coll. Perron de Gray, Babeau, Royer, ma collection.

Localités autres que la France.—Develier-dessus (Jura
bernois). Terrain à chailles supérieur. — Wangen près
Olten, Wöschnau, Oberbuchsitten (Soleure). Couches de
Baden, étage séquanien. — Egerkinden, Hägendorf, Gies-
berg (Soleure). Vorbourg (Jura bernois). Étage ptéroce-
rien.

Explication des figures. — Pl. cx, fig. 1, *H. corallinus*,
de l'étage oxfordien sup., de ma collection, vu de côté;
fig. 2, face supérieure; fig. 3, face inférieure; fig. 4, appareil apical grossi; fig. 5, plaques ambulacraires et interambulacraires grossies; fig. 6, *H. corallinus*, de l'étage corallien, de ma collection, vu de côté; fig. 7, face supé-

rieure; fig. 8, face inférieure. — Pl. cxi, fig. 1, autre
individu de taille plus forte, de la collection d'Orbigny,
vu de côté; fig. 2, face supérieure; fig. 3, plaques interambulacraires grossies; fig. 4, *H. corallinus*, de l'étage
kimméridgien, de ma collection, vu de côté; fig. 5, face
supérieure; fig. 6, variété costulée de l'étage kimméridgien de Bar-sur-Aube, de ma collection, vue de côté; fig. 7,
face supérieure; fig. 8, variété sub-pyramidale de l'étage
kimméridgien des Riceys (Aube), du musée de Troyes, vue
de côté; fig. 9, face supérieure; fig. 10, *H. corallinus*, de
l'étage portlandien de Gray (Haute-Saône), de ma collection, vu de côté; fig. 11, face supérieure.

Résumé géologique sur les Holectypus.

Le terrain jurassique de France renferme neuf espèces
d'*Holectypus* ainsi distribuées dans les divers étages :

L'*H. concavus* est propre à l'étage bajocien.

L'*H. hemisphæricus* se rencontre dans les étages bajocien
et bathonien.

L'*H. depressus* commence à se montrer avec l'étage bajocien; il traverse les étages bathonien, callovien et oxfordien
et disparaît dans l'étage corallien.

L'*H. Sarthacensis*, bien que très-rare, appartient aux
étages bathonien et callovien.

Les *H. punctulatus* et *planus* sont propres à l'étage oxfordien.

L'*H. orificiatus* se montre dans les étages oxfordien et
corallien.

L'*H. Drogiacus* est spécial au corallien inférieur ou calcaire à chailles.

L'*H. corallinus* caractérise à la fois les couches oxfordiennes, coralliennes, kimméridgiennes et portlandiennes.

M. Desor mentionne, dans le *Synopsis des Échinides fossiles*, vingt espèces d'*Holectypus*, dix-neuf dans le corps de l'ouvrage et une dans le supplément. Sur ce nombre neuf ont été décrites par nous : ce sont les *H. concavus, hemisphæricus, depressus, Sarthacensis, punctulatus, planus, orificiatus (inflatus), Drogiacus* et *corallinus*. — Six espèces considérées comme synonymes ont été supprimées de la méthode depuis la publication du *Synopsis : H. Raulini, Ormoisianus, Meriani, Mandelslohi, Devauxianus* et *sub-depressus*. Une espèce, *H. speciosus* (Goldf, non Ag.) appartient, suivant toute probabilité, au genre *Pygaster*. — Quatre espèces sont étrangères à la France, *H. arenatus, Zschokkei, giganteus* et *oblongus ;* le nombre des *Holectypus* jurassiques que nous connaissons se trouve ainsi élevé à treize.

Voici les caractères des quatre espèces non décrites dans la Paléontologie :

H. arenatus, Desor, *Monog. des Galérites*, pl. ix, fig. 11-13, 1842. — *Id.*, Desor, *Synops. des Éch. foss.*, p. 171, 1856. — *Id.*, Desor et de Loriol, *Échinologie helvétique*, p. 269, pl. xlvi, fig. 3-5, 1871. Espèce circulaire, un peu anguleuse, hémisphérique ou sub-conique en-dessus, plane et sub-concave en-dessous, peu renflée au pourtour. Zones porifères étroites, linéaires, à fleur du test. Pores disposés par paires écartées. Tubercules nombreux, petits, assez distincts en-dessous où ils forment des rangées concentriques serrées, plus petits et plus écartés à la face supérieure. Granules intermédiaires très-petits, très-serrés, disposés en séries horizontales assez régulières. Péristome petit, faiblement entaillé. Périprocte ovale, bien ouvert, occupant presque tout l'espace compris entre le péristome et

le pourtour. —Voisine de l'*H. orificiatus*, cette espèce s'en
distingue par sa forme moins renflée au pourtour, sa face
inférieure non pulvinée mais plutôt concave, ses tubercules plus nombreux, ses granules disposés en séries régulières. — Terrain à chailles d'Auenstein, Lauffohr, etc.
(Argovie), de Born, Oberbuchsitten (Soleure), de Liesberg
et Develier-dessus (Jura bernois), de l'étage séquanien
d'Elay (Jura bernois). — Musées de Zurich, de Lausanne,
de Soleure, etc. (Descr et de Loriol, *loc. cit.*).

H. Zschokkei, Desor, *Synopsis des Échin. foss.*, p. 171,
1856. — Petite espèce rappelant un peu l'*H. planus*, mais
le périprocte est plus grand, occupant à peu près tout l'espace entre le bord et le péristome; six rangées seulement
de tubercules interambulacraires à l'ambitus ; les ambulacres en comptent quatre rangées, mais les deux internes
sont peu régulières. — Oxfordien sup. d'Effingen (canton
d'Argovie). Rare. Coll. Mœsch (Desor, *loc. cit.*).—L'échantillon unique qui a servi de type à l'espèce a été perdu, et
MM. Desor et de Loriol, dans l'*Échinologie helvétique*, n'ont
pu que mentionner cet *Holectypus*.

H. giganteus, Desor, 1856. *Discoidea speciosa*, Agassiz (non
Goldf.), *Echin. foss. de la Suisse*, t. I, p. 93, pl. vi, fig. 16,
1839. — *Id.*, Desor, *Monog. des Galérites*, p. 72, pl. x, fig.
13-15, 1842.—*H. speciosus* (pars), Desor in Agassiz et Desor,
Catal. rais. des Échin., p. 88, 1867.—*H. giganteus*, Desor,
Synops. des Éch. foss., p. 172, 1856.—*Id.*, Desor et de Loriol, *Echin. helvétique*, p. 270, pl. xlv, fig. 9, 1870. Espèce
de grande taille, circulaire, très-déprimée, convexe en-
dessus, concave en-dessous, très-amincie au pourtour. Aires
ambulacraires très-étroites. Tubercules de la face inférieure
assez gros, perforés et très-légèrement crénelés, entourés
d'un scrobicule étroit et profond, rapprochés et irrégulière-

ment disposés ; entre ces tubercules se trouvent des granules de deux sortes, les uns très-petits et très-serrés, d'autres plus gros, mamelonnés et épars. Les tubercules de la face supérieure ne sont pas connus. Péristome enfoncé, décagonal. Périprocte allongé, pyriforme, acuminé en dedans ; relativement peu développé, il n'occupe pas la moitié de l'espace compris entre le péristome et le pourtour. L'*H. giganteus* se distingue facilement de l'*H. speciosus*, Goldfuss, par la disposition des tubercules de sa face inférieure qui sont épars au lieu d'être disposés en séries concentriques régulières, et par ses aires ambulacraires très-étroites ; il est fort probable du reste que l'*H. speciosus* n'est autre qu'un grand *Pygaster*. — Laufon (Jura bernois). Terrain à chailles. Musée de Soleure, *coll.* Gressly (Desor et de Loriol, *loc. cit.*).

H. oblongus, Wright, *Monog. of the Brit. foss. Echin. Ool.*, p. 465, pl. xviii, fig. 3, 1856. —*Id.*, Desor, *Synops. des Échin. foss.*, suppl., p. 441, 1858. Espèce oblongue, plus large en avant qu'en arrière, à bord très-renflé. Sommet ambulacraire un peu excentrique en avant. Aires ambulacraires étroites, à fleur du test. Tubercules petits surtout à la face supérieure. Péristome étroit, décagonal. Périprocte assez grand, ovale, s'ouvrant près du bord postérieur qu'il échancre d'une manière sensible.—Voisine de l'*H Sarthacensis*, cette espèce s'en distingue par sa forme plus oblongue, son sommet ambulacraire excentrique, son périprocte entamant plus fortement le bord postérieur. — Malton (Yorkshire). Rare. Étage corallien. Coll. Wright.

IIme Genre. — PILEUS, Desor, 1856.

Pygaster (pars),   Agassiz et Desor, 1847; Cotteau, 1854.
Pileus,   Desor, 1856; Wright, 1858.

Test de très-grande taille, sub-pentagonal, épais, renflé, conique, presque plane en dessous, sub-concave au milieu. Sommet ambulacraire presque central. Aires ambulacraires étroites surtout à leur partie supérieure, convergeant en ligne droite du sommet au péristome. Zones porifères composées de pores petits, égaux, arrondis, irrégulièrement superposés, offrant, sur toute la face supérieure, une tendance très-marquée à se dédoubler, plus simples à la face inférieure. Tubercules petits, nombreux, perforés, non crénelés, sub-scrobiculés, disséminés sur toute la surface du test, augmentant à peine de volume dans la région infra-marginale, où ils sont cependant un peu plus serrés et affectent une disposition sub-concentrique plus prononcée qu'à la face supérieure. Granules miliaires fins, serrés, inégaux, tendant à se grouper en cercles autour des tubercules. Péristome central, sub-circulaire, médiocrement developpé, marqué d'entailles qui ont laissé de très-profondes empreintes sur le moule intérieur. Périprocte proportionnellement moins grand que chez les vrais *Pygaster*, allongé, pyriforme, très-éloigné du sommet auquel il n'est relié par aucune trace de sillon. Appareil apical compacte, déprimé, granuleux, sub-circulaire, remarquable par le développement énorme de la plaque madréporiforme et la petitesse relative de toutes les autres plaques.

RAPPORTS ET DIFFÉRENCES. — Le genre *Pileus* a été démembré avec beaucoup de raison par M. Desor du genre *Py-*

gaster. S'il s'en rappoche un peu au premier aspect par sa physionomie générale, il s'en éloigne certainement par la disposition de ses pores rangés très-inégalement à la face supérieure, et offrant une tendance marquée à se dédoubler et même à se grouper par triples paires ; il en diffère également par la place du périprocte toujours éloigné du sommet auquel il n'est relié par aucune trace de sillon, et par son péristome muni de plus fortes auricules.

HISTOIRE. — Le genre *Pileus* a été établi par M. Desor, en 1856, dans le *Synopsis des Échinides fossiles*, et adopté depuis par tous les auteurs. Il est regrettable que M. Desor ait donné à ce genre le nom de *Pileus* que l'espèce qui a servi de type portait depuis 1847, et ait cru devoir, contrairement au principe d'antériorité, le remplacer par celui d'*hemisphœricus*. Si aujourd'hui nous conservons au genre le nom de *Pileus* et à l'espèce celui d'*hemisphœricus*, c'est afin de ne pas compliquer de nouveau la synonymie.

Le genre *Pileus* ne renferme jusqu'ici qu'une seule espèce fort rare, appartenant à l'étage corallien inférieur.

N° 106. — **Pileus hemisphæricus** (Agassiz), Desor, 1856.

Pl. CXII, CXIII, CXIV et CXV.

Pygaster pileus,	Agassiz et Desor, *Catal. raisonné des Echin.*, p. 89, 1847.
— —	D'Orbigny, *Prod. de paléont. strat.*, t. II, p. 26, 14ᵉ étage, n° 413, 1850.
— —	Cotteau, *Etudes sur les Echin. foss. de l'Yonne*, t. I, p. 205, pl. xxix, fig. 1-2, et pl. xxx, fig. 1-3, 1854.

Pygaster pileus.	Cotteau, *Notice sur l'âge des couches inf. et moyennes de l'étage corallien du dép. de l'Yonne*, Bull. Soc. géol. de France, 2ᵉ série, t. XII, p. 702, 1855.
Pileus hemisphæricus,	Desor, *Synops. des Echin. foss.*, p. 167, pl. XXII, fig. 6, 1856.
Pygaster pileus,	Pictet, *Traité de paléont.*, 2ᵉ édit., t. IV, p. 229, 1857.
— —	Wright, *Monog. of the Brit. Foss. Echin.*, p. 289, 1858.
—· —	Leymerie et Raulin, *Stat. géol. du dép. de l'Yonne*, p. 622, 1858.
Pileus hemisphæricus,	Dujardin et Hupé, *Desc. des Zooph. Echin.*, p. 550, 1862.

T. 74. (Individu de grande taille) ; V. 55. (Individu plus jeune.)

Espèce de très-grande taille, sub-pentagonale, un peu plus large que longue ; face supérieure haute, renflée, hémisphérique ; face inférieure presque plane, sub-concave au milieu. Sommet ambulacraire central. Aires ambulacraires droites, aiguës au sommet, relativement assez larges, légèrement renflées. Zones porifères très-développées, composées de pores égaux, arrondis, disposés par paires de pores nombreuses, serrées, irrégulières, tendant à se dédoubler et même à se grouper par triples paires à la face supérieure. Au-dessous de l'ambitus et jusque vers le péristome les paires de pores deviennent un peu obliques et sont rangées beaucoup plus régulièrement ; elles ne paraissent pas se multiplier près de la bouche. Tubercules petits, perforés, non crénelés, sub-scrobiculés, abondants, serrés et augmentant à peine de volume dans la région infra-marginale, disséminés sur toute la surface du test, formant cependant, dans chacune des aires ambulacraires, sur le bord des zones porifères, une rangée qui s'élève

régulièrement du péristome au sommet. Au-dessous de
l'ambitus, ces tubercules sont rangés en séries concentriques assez régulières. A la face supérieure, le milieu
des aires interambulacraires est déprimé, presque dépourvu de tubercules et marqué d'un léger sillon qui
correspond à la suture des plaques et se prolonge jusqu'à l'appareil apical; l'espace intermédiaire est occupé
par des granules nombreux, inégaux, disposés au hasard.
Péristome relativement petit, sub-circulaire, marqué d'entailles apparentes, situé au milieu de la face inférieure,
dans une dépression profonde. Périprocte allongé, pyriforme, aigu à sa partie supérieure, arrondi à sa base,
s'ouvrant à fleur du test, aux deux tiers environ de l'espace compris entre le sommet et le bord postérieur.
Appareil apical compacte, granuleux, un peu allongé ;
plaques génitales et plaques ocellaires relativement très-
petites ; plaque madréporiforme largement développée et
occupant le centre de l'appareil.

Le moule intérieur siliceux permet d'étudier la structure des plaques coronales à la face supérieure et vers
l'ambitus ; elles sont longues, étroites, pentagonales, infléchies et coudées aux deux tiers de leur étendue. Sur le
moule que nous avons fait figurer, chacune des doubles
séries qui forment les aires interambulacraires se compose
de trente-huit à quarante plaques. Les plaques ambulacraires sont très-petites, très-étroites, infiniment plus nombreuses, et chacune d'elles paraît supporter deux paires de
pores. Le moule intérieur a conservé également l'empreinte des différentes plaques qui constituent l'appareil
apical ; le corps madréporiforme placé au milieu fait intimement partie de la plaque génitale latéro-antérieure ; au
point de contact se montre une dépression longitudinale

et profonde qui correspond sans doute à un renflement
intérieur du test. La plaque génitale postérieure paraît
plus petite que les autres et imperforée. Sur le moule intérieur le péristome est entouré de dix dépressions longues,
étroites, très-profondes, laissées par les auricules fortement développées qui soutenaient l'appareil masticatoire.

Individu de grande taille : hauteur, 84 millimètres;
diamètre transversal, 154 millimètres; diamètre antéro-
postérieur, 140 millimètres.

Individu plus jeune : hauteur, 48 millimètres; diamètre
transversal, 105 millimètres; diamètre antéro-postérieur,
100 millimètres.

Rapports et différences. — Malgré l'énorme différence
de taille des échantillons que nous avons sous les yeux,
cette belle et curieuse espèce ne varie point dans sa forme
et dans l'ensemble de ses caractères ; elle sera toujours
facilement reconnaissable à sa face supérieure haute, renflée, sub-conique, à ses aires ambulacraires sub-costulées,
à ses pores irrégulièrement dédoublés à la face supérieure,
à ses tubercules petits, sub-scrobiculés, nombreux, serrés,
disséminés au hasard, à son périprocte éloigné du sommet
et s'ouvrant à fleur du test, à son péristome petit, enfoncé,
muni de puissantes auricules.

Localités. — Coulanges-sur-Yonne, Châtel-Censoir,
Druyes (Yonne); Nièvre ; Sélongey (Côte-d'Or). Très-rare.
Étage corallien inférieur et calcaire à chailles.

Muséum d'hist. nat. de Paris, coll. de M. le marquis de
Vibraye, ma collection.

Explication des figures. — Pl. cxii, fig. 1, *P. hemisphæricus*, de la collection de M. le marquis de Vibraye, vu de
côté, sur la région anale; fig. 2, face supérieure.— Pl. cxiii,
fig. 1, le même échantillon vu sur la face inférieure ;

fig. 2, plaque interambulacraire grossie ; fig. 3, portion de
l'aire ambulacraire grossie, montrant la disposition des
pores. — Pl. cxiv, fig. 1, le même échantillon montrant le
sommet de la face supérieure grossi ; fig. 2, moule intérieur, de ma collection, vu de côté, sur la région anale. —
Pl. cxv, fig. 1, le même, vu sur la face inférieure; fig. 2,
portion de l'aire ambulacraire grossie; fig. 3, empreinte
de l'appareil apical grossie.

IIIme Genre. — PYGASTER, Agassiz, 1836.

Galerites (pars),   Lamarck, 1801.
Pygaster,   Agassiz, 1836 ; Desor, 1842 ; Agassiz et Desor,
                      1847 ; Wright, 1856 ; Cotteau, 1861 ; Desor et
                      de Loriol, 1871.

Test ordinairement de grande taille, épais, sub-pentagonal, renflé, plus ou moins conique en dessus, presque
plane en dessous, sub-concave au milieu. Sommet ambulacraire presque central. Aires ambulacraires étroites surtout à leur partie supérieure, convergeant en ligne droite
du sommet au péristome. Zones porifères composées de
pores petits, disposés par simples paires un peu obliques,
mais très-régulièrement superposées. Les pores des rangées
internes sont toujours arrondis, ceux des rangées externes
sont tantôt arrondis, tantôt oblongs, quelquefois même un
peu virguliformes dans certaines espèces. Tubercules petits, nombreux, perforés, non crénelés, sub-scrobiculés,
formant le plus souvent des séries longitudinales assez
régulières, et affectant en outre, vers l'ambitus et dans la
région infra-marginale, une disposition horizontale et
concentrique assez prononcée. Granules miliaires fins,
inégaux, plus ou moins serrés, tantôt disséminés au ha-

sard, tantôt groupés en cercles autour des tubercules.
Péristome central, circulaire, assez largement développé,
muni d'entailles distinctes et qui souvent ont laissé de
profondes empreintes sur le moule intérieur. Périprocte
grand, pyriforme, occupant une grande partie de l'espace
compris entre le bord postérieur et le sommet auquel il se
relie toujours. Appareil apical compacte, formé de cinq
plaques génitales et de cinq plaques ocellaires perforées,
remarquable par le développement considérable de la
plaque madréporiforme qui se prolonge au centre de l'appareil. Radioles petits, grêles, acuminés, striés.

Les *Pygaster*, ainsi que l'a établi M. de Loriol (1), forment deux groupes : le premier renferme les espèces dont
les pores sont virguliformes dans les rangées externes, et
dont les tubercules sont espacés et à peine disposés en
séries verticales ; le second groupe comprend les espèces
voisines des *P. laganoides*, *Gresslyi* et *truncatus*, c'est-à-
dire celles qui sont pourvues de tubercules nombreux,
disposés en séries régulières, et dans lesquelles les pores
sont toujours arrondis. Dans mes *Échinides de la Sarthe*,
j'avais pensé à faire des *Pygaster* de ce second groupe, un
genre nouveau, sous le nom de *Macropygus* ; j'ai aban-
donné cette idée en présence des passages nombreux qui
relient entre elles les espèces des deux groupes. Telle est
également l'opinion de MM. Desor et de Loriol, qui, dans
l'*Échinologie helvétique*, ont pensé qu'il était plus naturel
de laisser tous les *Pygaster* dans le même genre, quelle
que soit du reste la forme de leurs pores ambulacraires.
externes.

Nous avons déjà signalé, chez les *Galeropygus*, cette

---

(1) *Echinologie helvétique*, p. 272.

tendance des pores à devenir plus ou moins inégaux et sub-virgulaires. Ce caractère, lorsqu'il ne vient pas s'y joindre d'autres différences, ne peut être considéré comme suffisant pour l'établissement d'une coupe générique nouvelle, et démontre que la structure des pores ambulacraires dans les différentes familles d'Échinides irréguliers n'a peut-être pas toute l'importance organique que certains auteurs avaient cru devoir lui attribuer.

RAPPORTS ET DIFFÉRENCES. — Le genre *Pygaster*, tel que nous le circonscrivons, constitue un type particulier et très-nettement tranché; il diffère des *Holectypus* par sa taille ordinairement plus forte, son péristome marqué d'entailles plus profondes, ses tubercules non crénelés, et surtout par la position de son périprocte toujours situé à la face supérieure et relié au sommet; il se rapproche également des *Pileus* que M. Desor en a séparés, mais ce dernier genre, qui ne comprend encore qu'une seule espèce, sera toujours reconnaissable à sa taille encore plus forte, à son péristome muni d'auricules plus puissantes, à son périprocte relativement plus petit et détaché du sommet, à ses pores ambulacraires ayant, sur toute la surface du test, une tendance à se dédoubler, comme dans les *Diplocidaris*.

Le genre *Pygaster* commence à se montrer dans les couches supérieures du Lias et parcourt toute la série des étages jurassiques; il abonde surtout dans les couches coralliennes. Le genre persiste encore à l'époque crétacée, mais il y est rare, et la dernière espèce ne franchit pas les limites de l'étage cénomanien.

N° 107. — **Pygaster Reynesi**, Desor, 1868.

Pl. CXVII, fig. 1-4.

Pygaster Reynesi,   Desor in Reynès, *Essai de géol. et de pa-*
                         léont. aveyronnaises, p. 89, 1868.

Y. 36.

Espèce de petite taille, sub-pentagonale, à peu près aussi
longue que large ; face supérieure renflée, légèrement conique, sub-anguleuse à l'ambitus ; face inférieure presque plane. Sommet ambulacraire sub-central. Aires
ambulacraires un peu inégales, les postérieures moins longues que les autres et sensiblement recourbées à leur extrémité. Zones porifères droites, étroites, composées de
pores petits, égaux, arrondis, serrés, rangés presque horizontalement à la face supérieure, plus obliques vers l'ambitus et surtout à la face inférieure où ils sont plus espacés. Tubercules perforés et non crénelés, sub-scrobiculés,
relativement assez gros à la face supérieure, augmentant
un peu de volume dans la région infra-marginale, formant,
vers l'ambitus, quatre rangées sur les aires ambulacraires,
et sur les aires interambulacraires douze rangées qui disparaissent au fur et à mesure qu'elles s'élèvent, et se réduisent à quatre aux approches du sommet. Dans la région
infra-marginale, les tubercules interambulacraires tendent à
se grouper par séries horizontales. Granules intermédiaires
peu abondants, inégaux, espacés, épars, disposés le plus
souvent en cercles autour des principaux tubercules. Péristome sub-circulaire, un peu enfoncé, marqué d'entailles
apparentes. Périprocte large, peu étendu, arrondi à son
extrémité, s'ouvrant presque à fleur du test et atteignant à
peine le tiers de la face postérieure.

Hauteur, 14 millimètres ; diamètre transversal et antéro-postérieur, 30 millimètres.

RAPPORT ET DIFFÉRENCES. — Cette espèce se distingue de ses congénères par sa petite taille, sa face supérieure sub-conique, son ambitus anguleux, sa face inférieure tout à fait plane dans la région infra-marginale, ses tubercules interambulacraires à peu près d'égale grosseur en dessous et à la face supérieure, formant, aux approches du sommet, quatre rangées régulières et distinctes. Voisine des individus jeunes du *P. Trigeri*, elle s'en distingue par ses tubercules moins développés à la face inférieure et son péristome plus anguleux et surtout par son périprocte beaucoup plus court : ce caractère lui donne quelque ressemblance avec les individus jeunes du *P. semisulcatus*, mais ces derniers seront toujours reconnaissables à leurs tubercules plus nombreux et plus apparents, à leur face supérieure plus épaisse sur les bords, à leur face inférieure moins plane surtout près de l'ambitus.

LOCALITÉ. — Cabanous, près Saint-Georges (Aveyron). Très-rare. Étage liasien (zone à *Ammonites margaritatus*). Collection Reynès.

EXPLICATION DES FIGURES. — Pl. CXVII, fig. 1, *P. Reynesi*, vu de côté ; fig. 2, face sup. ; fig. 3, face inf. ; fig. 4, portion des aires ambulacraires et interambulacraires grossie.

N° 108. — **Pygaster semisulcatus** (Phillips), Agassiz, 1836.

Pl. CXVII, fig. 5, et pl. CXVIII.

Clypeus semisulcatus,   Phillips, *Geology of Yorkshire*, t. I, p. 127, pl. III, fig. 17, 1829.
Pygaster semisulcatus,   Agassiz, *Prodrome d'une monog. des ra-*

diaires, Mém. Soc. des scien. nat. de
Neuchâtel, t. I, p. 185, 1836.

Nucleolites semisulcatus, Des Moulins, *Études sur les Échinides,*
p. 362, n° 26, 1837.

Pygaster semisulcatus, Agassiz, *Prod. d'une monog. des radiaires,*
Ann. des sc. nat., zool., t. VII, p. 278,
1837.

...   —   Dujardin in Lamarck, *Animaux sans ver-*
tèbres, 2° édit., t. III, p. 353, n° 1,
1840.

Clypeus ornatus, Buckman in Murchison, *Geology of*
Cheltenham, 2° édit., p. 95, 1845.

Clypeus semisulcatus, Bronn, *Index palæont.,* p. 314, 1848.

Pygaster semisulcatus, Wright, *On the Cassidulidæ of the Oolithes,*
p. 9, Ann. and Magaz. of nat. History,
1852.

Pygaster brevifrons, M'Coy, *Contributions to Brit. Palæont.,*
p. 61, 1854.

Clypeus semisulcatus, Forbes in Morris, *Catal. of Brit. Foss.,*
2° édit., p. 88, 1854.

—   —   Salter, *Echinodermata,* Mem. of Geol.
Survey, Decade V, pl. VII, 1856.

—   —   Desor, *Synops. des Echin. foss.,* p. 165,
1856.

—   —   Wright, *On the Palæont. and Stratigraph.*
Relat. Sands of the Inf. Ool., Quarterly
journal of the Geolog. Society, p. 299,
1856.

...   —   Wright, *Brit. Foss. Echinodermata of the*
Ool., p. 275, pl. XIX, fig. [a], [b], [c], [d], [e], [f], [g],
1857.

—   —   Wright, *On the Subdiv. of the Inf. Ool.,*
p. 33, Quarterly journal of the Geol.
Soc., 1860.

—   —   Cotteau et Triger, *Échin. du département*
de la Sarthe, p. 340, pl. LVII, fig. 5,
1861.

—   —   De Ferry, *Jura mâconnais,* p. 23, 1861.

—   —   Dujardin et Hupé, *Hist. nat. des Zoophyt.*
Echinod., p. 581, 1862.

—   —   Huxley et Etheridge, *Catalogue of the*

	Coll. of Foss. in the Museum of Pract. Geol., p. 223, 1865.
Clypeus semisulcatus,	Guillier, *Notice géol. et agric. à l'appui des profils géol. des routes imp. de la Sarthe*, p. 21, 1868.
— —	Wright, *The Correl. of the Jurass. Rocks of Côte-d'Or and Cotteswold Hills*, p. 33, 1869.
—  —	Cotteau et Triger, *Echin. du département de la Sarthe*, Descr. des familles et des genres, p. 410, 1869.

Type de l'espèce. V. 100.

Espèce de grande taille, sub-pentagonale; face supérieure renflée, sub-conique, ordinairement un peu déclive dans la région postérieure ; face inférieure presque plane, sub-concave au milieu. Sommet ambulacraire un peu excentrique en arrière. Tous les exemplaires recueillis jusqu'ici en France sont à l'état de moule intérieur, et notre description serait nécessairement très-incomplète si nous n'avions sous les yeux quelques-uns des exemplaires admirablement conservés qu'on rencontre à Cheltenham (Angleterre), et qui, en raison de leur forme générale, de la position de leur périprocte et de leur gisement, ne peuvent laisser de doute sur leur identité spécifique avec les nôtres. Aires ambulacraires étroites à leur partie supérieure, s'élargissant un peu au fur et à mesure qu'elles se rapprochent de l'ambitus. Zones porifères formées de pores petits, égaux, disposés un peu obliquement, mais toujours régulièrement superposés. Aux approches du péristome, les paires de pores s'espacent et deviennent encore plus obliques. Tubercules abondants, perforés et non crénelés, relativement assez apparents surtout à la face inférieure, dans la région infra-marginale où ils forment des rangées concentriques très-régulières. Les aires ambulacraires présentent de chaque côté, sur le bord des zones porifères, une rangée de petits tubercules qui s'élève du péristome au sommet. Vers l'ambitus, les aires ambulacraires offrent en outre, au milieu, deux et même quatre rangées de tubercules incomplètes, irrégulières, et qui souvent s'élèvent à peine au-dessus de l'ambitus. Péristome décagonal, fortement entaillé, situé dans une dépression profonde du test. Périprocte large, oblong, s'ouvrant très-près du sommet et ne dépassant jamais le milieu de l'aire interambulacraire postérieure. Appareil apical grand, sub-circulaire, compacte, à en juger par la place qu'il occupait sur le test.

Hauteur, 35 millimètres ; diamètre transversal, 77 millimètres ; diamètre antéro-postérieur, 76 millimètres.

Cette espèce varie un peu dans sa forme qui est plus ou moins renflée, plus ou moins épaisse sur les bords, quelquefois sub-conique. L'étendue du périprocte varie également suivant l'âge des individus : dans les exemplaires jeunes, il est large et peu allongé; chez les individus de grande taille, il s'étend davantage, et entame plus profondément l'aire interambulacraire postérieure. Dans les échantillons de France que nous avons sous les yeux, le péristome paraît plus grand que dans ceux d'Angleterre, mais cette différence provient sans doute de ce que nos exemplaires sont à l'état de moule intérieur.

RAPPORTS ET DIFFÉRENCES. — Le *P. semisulcatus* sera toujours reconnaissable à sa forme pentagonale, renflée, sub-conique, à ses tubercules relativement assez développés, nombreux, disposés en séries verticales et horizontales régulières, à son périprocte large, peu étendu et ne dépassant jamais le milieu de la face supérieure.

HISTOIRE. — Le *P. semisulcatus* figuré, en 1829, par Phillips, sous le nom de *Clypeus semisulcatus*, comme un

Échinide du coral-rag de Malton et de Scarborough, a longtemps été confondu avec le *P. umbrella*, et cette confusion n'a cessé que lorsqu'il a été démontré par les recherches de Forbes et de M. Wright, que, sous le nom de *semisulcatus*, Phillips avait compris deux espèces, l'une du coral-rag, qui n'est autre que le *P. umbrella*, et la seconde de l'oolite inférieure de Whitwell, à laquelle doit rester le nom de *semisulcatus*. A l'exemple de **M.** Wright, nous réunissons au *P. semisulcatus*, comme nous l'avons déjà fait dans nos *Échinides de la Sarthe*, le *Clypeus ornatus* de Buckman et le *Clypeus brevifrons* de M' Coy.

Localités. — Saint-Paterne, près Alençon (Orne); Le Chevain (Sarthe); Langres, Poulangy (Haute-Marne); Milly (Saône-et-Loire)?... très-rare. Étage bajocien.

Coll. Triger, Babeau, ma collection.

Localités autres que la France. — Crickley, Birdlip, Shurdington, Lekhampton, Clewe, Sudeley Hills (Glocestershire); Witwell (Yorkshire). Étage bajocien. — Minchin hampton. Étage bathonien (d'après M. Wright).

Explication des figures. — Pl. cxvii, fig. 5, *P. semisulcatus*, de ma collection, restauré, vu sur la face supérieure. — Pl. cxviii, fig. 1, le même, vu de côté; fig. 2, le même, vu sur la face inférieure; fig. 3, plaques ambulacraires grossies, prises sur un individu de l'étage bajocien d'Angleterre; fig. 4, plaques interambulacraires grossies, prises également sur un échantillon d'Angleterre.

N° 109. — **Pygaster conoideus**, Wright, 1852.

Pl. cxix et pl. cxx, fig. 1.

Pygaster conoideus,   Wright, *Cassidulidæ of the Ool.*, Ann. and Mag. of Nat. Hist., t. IX, p. 91, pl. iii, fig. 1, 1852.

Pygaster conoideus.   Forbes in Morris, *Catal. of Brit. Foss.*,
                         2ᵉ édit., p. 88, 1854.
    —   —   Salter, *Echinodermata*, Mem. of the Geol.
                         Survey, Decade V, pl. viii, 1856.
    —   —   Desor, *Synops. des Éch. foss.*, p. 166,
                         1857.
    —   —   Wright, *Monog. of the Brit. Foss. Ech.*,
                         p. 278, pl. xix, fig. 2, a, b, c, d, e, f,
                         1857.
    —   —   Dujardin et Hupé, *Hist. nat. des Zooph.
                         Éch.*, p. 551, 1862.

Espèce de grande taille, pentagonale, un peu plus large
que longue ; face supérieure haute, renflée, sub-pyramidale, anguleuse sur les bords ; face inférieure plane, sub-
concave. Sommet ambulacraire un peu excentrique en
arrière. Aires ambulacraires étroites au sommet, s'élargissant un peu au fur et à mesure qu'elles se rapprochent de
l'ambitus, inégales à la face supérieure, les trois antérieures plus longues et plus droites que les autres, les
deux postérieures sensiblement recourbées au-dessus du
périprocte. Zones porifères formées de pores petits, horizontaux, très-régulièrement superposés. Ces pores sont un
peu inégaux, et ceux de la rangée externe sont plus ouverts
et plus ovales que les autres ; aux approches du péristome,
ils sont plus petits et rangés par paires obliques et plus
espacées. Tubercules de petite taille, perforés et non crénelés, très-disséminés à la face supérieure, plus abondants,
plus serrés et affectant une disposition sub-concentrique
plus-prononcée dans la région infra-marginale. — Les aires
ambulacraires offrent de chaque côté, sur le bord des zones
porifères, une rangée assez régulière de petits tubercules,
mais ils sont très-espacés, et les rangées intermédiaires
font presque complétement défaut. Granules inégaux,
épars, peu abondants, surtout à la face supérieure. Péris-

tome médiocrement développé, sub-décagonal, marqué de fortes entailles. Périprocte large, oblong, s'ouvrant très-près du sommet et ne dépassant pas le milieu de l'aire interambulacraire postérieure.

Hauteur, 36 millimètres ; diamètre transversal, 70 millimètres; diamètre antéro-postérieur, 68 millimètres.

RAPPORTS ET DIFFÉRENCES. — Je ne connais de cette belle espèce qu'un seul exemplaire, recueilli par M. Constantin dans les environs de Poitiers, mais je n'hésite pas à le réunir au *P. conoideus*, Wright, dont il présente tous les caractères. La structure de son périprocte le rapproche du *P. semisulcatus*, mais il s'en distingue d'une manière positive par sa face supérieure plus haute et plus pyramidale, par son ambitus plus anguleux, par ses pores ambulacraires plus inégaux, par ses tubercules plus petits, plus espacés, beaucoup moins nombreux, par ses granules intermédiaires moins serrés, par son péristome moins enfoncé.

LOCALITÉS. — Poitiers, carrières de la route de Paris (Vienne). Très-rare. Étage bajocien.

Collection Constantin.

LOCALITÉS AUTRES QUE LA FRANCE. — Crickley Hill, Stroud (Angleterre). Très-rare. Étage bajocien.

EXPLICATION DES FIGURES. — Pl. CXIX, fig. 1, *P. conoideus*, vu de côté; fig. 2, face supérieure; fig. 3, aire ambulacraire grossie, prise à la face supérieure; fig. 4, aire ambulacraire grossie, prise à la face inférieure; fig. 5, plaques interambulacraires grossies. — Pl. CXX, fig. 1, le même, vu sur la face inférieure.

N° 110. **Pygaster Trigeri**, Cotteau, 1857.

Pl. cxx, fig. 2-5, et pl. cxxi.

Pygaster Trigeri,	Cotteau in Cotteau et Triger, *Échin. du dép. de la Sarthe,* p. 35, pl. vii, fig. 3 et 4, 1857.
— —	Desor, *Synops. des Échin. foss.,* supplém., p. 434, 1858.
Pygaster Ferryi,	Cotteau in de Ferry, *Jura mâconnais,* p. 15, 1861.
Pygaster Trigeri,	Desor et de Loriol, *Echinologie helvétique,* p. 273, pl. xliii, fig. 1, 1871.
— —	Cotteau, *Oursins jurassiques de la Suisse,* Bull. Soc. géol. de France, 3ᵉ sér., t. I, p. 81, 1873.

Espèce de taille moyenne, sub-pentagonale, un peu plus large que longue; face supérieure épaisse sur les bords, plus ou moins renflée, assez uniformément bombée; face inférieure presque plane, sub-concave au milieu. Sommet ambulacraire un peu excentrique en arrière. Aires ambulacraires inégales, les deux postérieures moins longues que les autres et un peu infléchies au-dessus du périprocte. Zones porifères relativement assez larges, formées de pores égaux et arrondis, lisses, rapprochés les uns des autres et disposés horizontalement à la face supérieure, plus espacés et plus obliques aux approches du péristome. Tubercules relativement assez gros et très-serrés à la face inférieure, plus petits et plus espacés à la face supérieure, formant vers l'ambitus, dans les aires interambulacraires, douze à quatorze rangées assez distinctes disparaissant successivement, sauf deux qui parviennent seules au sommet. Les aires ambulacraires présentent de chaque côté, sur le bord des zones porifères, deux rangées très-régulières qui s'étendent du sommet au péristome. Au milieu de ces deux rangées se montrent, vers l'ambitus, deux autres rangées intermédiaires incomplètes, irrégulières, et qui ne tardent pas à disparaître. Les tubercules interambulacraires forment en outre, notamment dans la région infrà-marginale, des rangées sub-concentriques bien prononcées. Granules intermédiaires abondants, inégaux, groupés en cercles autour des tubercules. Péristome enfoncé, sub-décagonal, muni d'entailles profondes. Périprocte large, très-grand, arrondi à son extrémité, occupant à peu près les deux tiers de l'espace compris entre le sommet et le bord postérieur, s'ouvrant dans une dépression assez profonde du test.

Type de l'espèce : hauteur, 21 millimètres; diamètre transversal, 48 millimètres 1/2; diamètre antéro-postérieur, 47 millimètres.

Individu plus jeune : hauteur, 15 millimètres; diamètre transversal, 37 millimètres ; diamètre antéro-postérieur, 35 millimètres.

Cette espèce présente quelques variétés qu'il est utile de signaler : la face supérieure est quelquefois renflée, mais le plus souvent sub-déprimée et uniformément bombée. Les tubercules interambulacraires de la face inférieure, toujours relativement très-développés, paraissent varier un peu dans leur disposition, suivant l'âge des individus. Dans les exemplaires de grande taille, ils sont assez irrégulièrement disposés, surtout aux approches du péristome ; au contraire, dans les échantillons de petite taille, ils forment des séries longitudinales très-régulières. Cette disposition des tubercules à la face inférieure nous avait engagé à faire des individus jeunes une espèce particulière, sous le nom de *P. Ferryi;* aujourd'hui, nous renonçons à cette espèce, bien qu'elle appartienne à un niveau plus inférieur que le *P. Trigeri*, type. Nous avons sous les yeux des échantillons intermédiaires qui servent de passage et établissent que cette disposition des tubercules interambulacraires de la face inférieure doit être attribuée à la différence d'âge.

RAPPORTS ET DIFFÉRENCES. — Le *P. Trigeri* que nous avons décrit, pour la première fois, dans nos *Echinides du département de la Sarthe,*e st voisin du *P. umbrella*, Agassiz : il s'en distingue cependant par sa taille toujours plus petite, sa forme moins renflée, ses tubercules plus saillants et plus développés à la face inférieure, ses granules à scrobicules moins déprimés, son périprocte très-grand et descendant plus bas encore que celui du *P. umbrella*. La grandeur de son ouverture anale et la petitesse de ses tubercules, largement espacés à la face supérieure, éloignent également le *P. Trigeri* du *P. semisulcatus ;* il ne saurait non plus être confondu avec le *P. decoratus*, Laube, qui en diffère par sa forme plus pentagonale, ses tubercules plus saillants et plus nombreux et ses granules tout autrement disposés.

LOCALITÉS. — Milly (Saône-et-Loire). Rare. Etage bajocien. — Ferme de Soissey, commune de la Perrière (Sarthe); Ranville (Calvados); Villey-Saint-Etienne (Meurthe); Maatz (Haute-Marne); environs de Dôle (Jura). Rare. Etage bathonien.

Muséum de Paris (coll. Ferry), musée deDijon, coll. Triger, Schlumberger, Perron, ma collection.

LOCALITÉS AUTRES QUE LA FRANCE. — Wartenberg près Bâle; Todtweg, près Soyhières; Schauenbourg (Jura bernois). Etage bathonien.

EXPLICATION DES FIGURES. — Pl. CXX, fig. 2, *P. Trigeri*,

de la coll. de M. de Loriol, vu sur le côté anal ; fig. 3, face supérieure ; fig .4, autre exemplaire, de l'étage bathonien du Calvados, de ma collection, vu de côté ; fig. 5, aire ambulacraire grossie. — Pl. cxxi, fig. 1, le même vu sur la face supérieure ; fig. 2, face inférieure ; fig. 3, région anale ; fig. 4, péristome grossi ; fig. 5, plaques ambulacraires et interambulacraires grossies ; fig. 6, autre exemplaire de taille plus petite, de ma collection, vu sur la face inférieure.

N° 111. — **Pygaster laganoides** , Agassiz , 1839.

Pl. cxxii et pl. cxxiii, fig. 1-5 .

Pygaster laganoides (pars),	Agassiz, *Descript. des Echinod. de la Suisse*, 1, p. 81, pl. xii, fig. 13-16, 1839.
— —	Agassiz, *Catal. syst. Ectyp. foss. Echinod. Mus. neoc.*, p. 7, 1840.
— —	Desor, *Monog. des Galérites*, p. 79, pl. xi, fig. 5-7, 1842.
— —	Agassiz et Desor, *Catal. rais. des Ech.*, p. 86, 1847.
— —	Bronn, *Index palæont.*, p. 1066, 1848.
Pygaster Morrisii,	Wright, *On the Cassidulidæ of the Oolites*, Annals and Magaz. of nat. Hist., 2d ser., t. IX, p. 92, pl. iv, fig. 1, 1852.
— —	Forbes in Morris, *Catal. of Brit. foss.*, 2e éd., p. 88, 1854.
— —	Wright, *Notes on Brit. Sp. of Pygaster*, Mem. of Geol. Survey, Decade V, p. 3, 1856.
Pygaster laganoides,	Desor, *Synops. des Ech. foss.*, p. 164, 1857.
Pygaster Morrisii,	Desor, id., p. 166, 1857.
— —	Wright, *Brit. foss. Echinod. of the*

	Oolites, p. 280, pl. xx, fig. a, b, c, d, e, f, 1857.
Pygaster laganoides,	Wright, *id.*, p. 287, 1857.
— —	Pictet, *Traité de paléont.*, 2ᵉ éd., t. IV, p. 229, 1857.
— —	Sæmann et Dollfus, *Etudes critiques sur les Echinod. foss. du coral rag de Trouville* (Calvados), Bull. Soc. géol. de France, 2ᵉ sér., t. XIX, p. 175, 1861.
— —	Dujardin et Hupé, *Hist. nat. des Zooph. Echinod.*, p. 551, 1862.
Pygaster Morrisii,	Dujardin et Hupé, *id.*, p. 551, 1862.
Pygaster laganoides,	Deslongchamps, *Etudes sur les Etages jurassiques inf. de la Normandie*, Mém. Soc. linn. de Normandie, t. IV, p. 151, 1865.
— —	Huxley et Etheridge, *Catal. of the Coll. of Foss. in the Mus. of Pract. Geol.*, p. 228, 1865.

Type de l'espèce, 74.

Espèce de taille moyenne, sub-pentagonale, presque aussi large que longue, sub-tronquée en arrière ; face supérieure médiocrement renflée, épaisse sur les bords : face inférieure presque plane, sub-concave au milieu. Sommet ambulacraire presque central, un peu rejeté en arrière. Aires ambulacraires quelquefois légèrement renflées, aiguës au sommet, s'élargissant au fur et à mesure qu'elles se rapprochent de l'ambitus, inégales, les postérieures moins longues que les autres et un peu recourbées à leur extrémité. Zones porifères parfaitement droites, composées de pores égaux, arrondis, serrés, disposés horizontalement et très-régulièrement à la face supérieure. Aux approches du péristome, les paires de pores s'espacent et deviennent plus obliques, sans pour cela se multiplier ni dévier de la ligne droite. Tubercules perforés et non crénelés, très-abondants, serrés, profondément scrobiculés, relativement assez développés, presque aussi gros à la face supérieure que dans la région infra-marginale et près de la bouche, formant, dans les aires ambulacraires, vers l'ambitus, quatre à six rangées, et dans les aires interambulacraires, douze à vingt, suivant la taille des individus. Sur chacune des aires ambulacraire et interambulacraire, deux de ces rangées seulement arrivent jusqu'au sommet; les autres disparaissent successivement au fur et à mesure qu'elles s'élèvent; les deux rangées interambulacraires sont plus apparentes que les autres. Granules intermédiaires abondants, serrés, inégaux, disposés en cercles réguliers autour des tubercules de la face supérieure. Vers l'ambitus et à la face inférieure, les granules se confondent avec de petits cordons carénés et hexagonaux qui séparent les tubercules. Péristome sub-circulaire, décagonal, peu en-, foncé, muni de fortes entailles. Périprocte très-grand, pyriforme, arrondi à l'extrémité externe, occupant plus des deux tiers de l'espace compris entre le sommet et le bord postérieur. Appareil apical sub-circulaire, dentelé sur les bords, compacte à en juger par l'empreinte qu'il a laissée.

Hauteur, 17 millimètres; diamètre transversal, 42 millimètres; diamètre antéro-postérieur, 41 millimètres.

Individu jeune : Hauteur, 14 millimètres; diamètre transversal, 30 millimètres; diamètre antéro-postérieur, 29 millimètres.

Cette espèce varie très-peu dans sa forme qui est toujours sub-pentagonale, épaisse sur les bords et très-médiocrement renflée en dessus. Tous les exemplaires sont garnis, vers l'ambitus, de tubercules serrés et homogènes, mais leur nombre varie suivant la taille et par conséquent l'âge des individus. — Dans les échantillons de taille ordinaire, on compte, dans les aires interambulacraires, douze à quatorze rangées, mais ce nombre peut s'élever jusqu'à vingt-deux, ainsi que cela a lieu dans le *P. Morrisii*, Wright, qui n'est qu'un individu de très-grande taille du *P. laganoïdes*. Nous avons constaté également quelques modifications légères dans la forme du périprocte qui, dans certains exemplaires, est moins large et un peu plus acuminé à son extrémité, et paraît logé dans une dépression plus sensible du test.

RAPPORTS ET DIFFÉRENCES. — Cette espèce se rapproche beaucoup par sa taille, par sa forme générale, par l'étendue de son périprocte, par la disposition de ses tubercules et des granules qui les accompagnent, du *P. Gresslyi*, qu'on rencontre à un niveau beaucoup plus élevé; elle s'en distingue cependant par sa face supérieure plus déprimée et moins épaisse sur les bords, par sa face inférieure plus plane et moins pulvinée, par ses tubercules relativement moins développés et formant des rangées moins nombreuses, proportionnellement à la taille des individus. Ce sont deux types différents, et cependant qu'il est facile de confondre, quand on n'a pas à sa disposition des individus parfaitement conservés. MM. Sæmann et Dollfus ont fait du *P. laganoïdes*, comparé au *P. Gresslyi*, une étude minutieuse qui ne peut laisser de doute sur la séparation des deux espèces (1).

HISTOIRE. — Agassiz, en 1839, dans les *Echinodermes fossiles de la Suisse*, a décrit et figuré, sous le nom de *P. laganoïdes*, une espèce qu'il dit provenir du terrain portlandien de Rœdesdorff, mais qui en réalité n'est autre

(1) *Etudes critiques sur les Echinides fossiles du corallrag de Trouville* (Calvados), Bull. Soc. géol. de France, 2ᵉ sér., t. XIX, p. 175, 1861.

chose qu'un exemplaire de la grande oolite de Normandie
que lui avait communiqué M. Deslongchamps, et qui sert
de type au moule en plâtre 74, mentionné, en 1840, dans
le *Catalogus systematicus*. M. Desor, un peu plus tard,
dans la *Monographie des Galérites*, signale cette erreur et
déclare que c'est à tort que M. Agassiz a identifié à l'espèce de Normandie quelques fragments recueillis par
M. Gressly dans le portlandien de Rœdesdorff; il croit devoir faire de ces fragments une espèce distincte, à laquelle,
sans cependant la décrire, il donne le nom de *Gresslyi*,
conservant pour les échantillons de Normandie le nom de
laganoides que tous les auteurs ont adopté. MM. Sæmann
et Dollfus ont établi d'une manière certaine que le
P. Morrisii, Wright, devait être réuni au *P. laganoides*
dont il ne se différencie que par sa grande taille.

LOCALITÉS. — Luc, Ranville (Calvados); Sélongey (Côte-
d'Or); environs de Dôle (Jura). Partout rare. Etage bathonien.

Collection Deslongchamps, Pellat, ma collection.

LOCALITÉS AUTRES QUE LA FRANCE. — Stanton (comté de
Wilts), Angleterre. Très-rare. Etage bathonien.

EXPLICATION DES FIGURES. — Pl. CXXII, fig. 1, *P. laganoides*,
de ma collection, vu sur la région anale; fig. 2, face supérieure; fig. 3, face inférieure; fig. 4, autre individu plus
jeune, de la collection de M. Pellat, vu sur la face supérieure; fig. 5, le même, vu sur la face inférieure; fig. 6,
face supérieure grossie; fig. 7, plaques ambulacraires et
interambulacraires grossies. — Pl. CXXIII, fig. 1, autre exemplaire de l'étage bathonien de Sélongey, de ma collection,
vu sur la face supérieure; fig. 2, face inférieure; fig. 3,
péristome grossi, montrant la disposition des aires ambulacraires et des tubercules autour du péristome; fig. 4, tu-

bercules de la face supérieure, grossis; fig. 5, tubercules pris vers le pourtour du test, grossis.

N° 112. — **Pygaster Icaunensis**, Cotteau, 1874.

Pl. CXXIII, fig. 6-8.

Le moule intérieur seul nous est connu.

Espèce de taille moyenne, sub-circulaire, légèrement pentagonale, un peu plus large que longue, arrondie en avant, sub-tronquée en arrière; face supérieure à peine renflée, épaisse sur les bords; face inférieure presque plane, sub-concave au milieu. Sommet ambulacraire sub-central, un peu rejeté en arrière. Aires ambulacraires droites, relativement assez larges, un peu bombées, inégales, les postérieures moins longues que les autres et légèrement recourbées à leur partie supérieure. Péristome sub-circulaire, un peu enfoncé, muni de fortes entailles. Périprocte très-grand, sub-pyriforme, arrondi à son extrémité externe, occupant plus des trois quarts de l'espace compris entre le sommet et le bord postérieur. Appareil apical sub-circulaire, largement développé, compacte, à en juger d'après l'empreinte qu'il a laissée.

Hauteur, 14 millimètres; diamètre transversal, 44 millimètres; diamètre antéro-postérieur, 42 millimètres.

RAPPORTS ET DIFFÉRENCES. — Cette espèce, dont nous ne connaissons que le moule intérieur, nous a paru se distinguer de tous ses congénères; l'espèce dont elle se rapproche le plus est le *P. Trigeri*, qu'on rencontre au même horizon; elle s'en éloigne cependant d'une manière positive par sa forme beaucoup plus déprimée, par ses aires ambulacraires plus larges, et surtout par l'étendue de son périprocte qui occupe plus des trois quarts de la face postérieure, et se prolonge plus bas que dans aucune autre espèce.

LOCALITÉ. — Asnières (Yonne). Très-rare. Etage bathonien.

Ma collection.

EXPLICATION DES FIGURES.—Pl. CXXIII, fig. 6, *P. Icaunensis,* de ma collection, vu de côté; fig. 7, face supérieure; fig. 8, face inférieure.

N° 113. — **Pygaster Peroni**, Cotteau, 1874.

Pl. CXXIV, fig. 1-5.

Espèce de petite taille, sub-pentagonale, à peu près aussi longue que large, un peu tronquée en arrière; face supérieure épaisse sur les bords, assez uniformément bombée; face inférieure pulvinée dans la région infra-marginale, fortement concave au milieu. Sommet ambulacraire central. Aires ambulacraires aiguës au sommet, s'élargissant au fur et à mesure qu'elles se rapprochent de l'ambitus, presque égales entre elles, les postérieures un peu recourbées à leur extrémité. Zones porifères parfaitement droites, composées de pores petits, égaux, arrondis, serrés, disposés horizontalement et régulièrement à la face supérieure. Tubercules perforés et non crénelés, sub-scrobiculés, espacés et peu abondants à la face supérieure, plus serrés et plus développés sur les bords de la face inférieure, formant, vers l'ambitus, quatre rangées sur les aires ambulacraires, et dix à douze sur les aires interambulacraires. Dans les aires ambulacraires, les deux rangées intermédiaires disparaissent très-rapidement, et les deux rangées externes, très-régulières et placées tout à fait sur le bord des zones porifères, persistent seules jusqu'au

sommet. Sur les aires interambulacraires, les rangées secondaires disparaissent également au fur et à mesure qu'elles
s'élèvent, et les deux rangées principales, composées de
tubercules un peu plus développés que les autres, arrivent
seules au sommet. Dans la région infra-marginale, les tubercules interambulacraires forment des rangées sub-concentriques assez régulières. Granules intermédiaires peu
abondants, très-inégaux, épars, tendant à se grouper en
cercles autour des plus gros tubercules. Péristome enfoncé,
peu apparent dans l'échantillon unique que nous avons
sous les yeux. Périprocte assez large, peu développé, arrondi à son extrémité, atteignant à peine le milieu de la
face postérieure. Appareil apical grand , sub-circulaire,
compacte à en juger par l'empreinte qu'il a laissée.

Hauteur, 13 millimètres; diamètre transversal, 30 millimètres ; diamètre antéro-postérieur, 29 millimètres.

RAPPORTS ET DIFFÉRENCES. — Cette petite espèce nous a
paru se distinguer nettement de ses congénères par l'ensemble de ses caractères; sa forme générale la rapproche
au premier aspect du *P. laganoides*, mais elle s'en distingue
d'une manière positive par ses tubercules moins gros à la
face supérieure, moins nombreux, plus espacés et accompagnés de granules plus inégaux et moins abondants, par
sa face inférieure plus déprimée au milieu et par son
périprocte moins étendu. La grosseur et la forme de ses
tubercules lui donnent peut-être plus de ressemblance avec
certains exemplaires de petite taille du *P. Trigeri* qu'on
rencontre à un horizon presque identique, mais cette dernière espèce sera toujours reconnaissable à sa forme plus
renflée, surtout à son périprocte plus ovale et descendant
beaucoup plus bas.

LOCALITÉ. — Valaury (Var). Très-rare. Étage bathonien.

Coll. Peron.

EXPLICATION DES FIGURES. — Pl. CXXIV, fig. 1, *P. Peroni*, de la coll. de M. Péron, vu de côté; fig. 2, face supérieure; fig. 3, face inférieure; fig. 4, sommet de l'aire ambulacraire grossi; fig. 5, plaques ambulacraires et interambulacraires grossies.

N° 114. — **Pygaster umbrella**, Agassiz, 1847.

Pl. CXXIV, fig. 6, pl. CXXV, CXXVI, CXXVII et CXXVIII.

Pygaster semisulcatus (pars),	Phillips, *Geol. of Yorkshire*, p. 127, 1849.
Pygaster umbrella (pars),	Agassiz, *Echinod. de la Suisse*, t. I, p. 83 (excl. fig. et descr.), 1839.
— —	Desor, *Monog. des Galérites*, p. 77, (excl. fig. et desc.), 1842.
— —	Agassiz et Desor, *Catal. rais. des Echin.*, p. 87, 1847.
— — (pars),	d'Orbigny, *Prod. de paléont. strat.*, t. I, p. 379, 1850.
Pygaster Edwardseus,	Buvignier, *Stat. géol., min. et paléont. de la Meuse*, p. 46, pl. XXXII, fig. 31-33, 1852.
Pygaster semisulcatus (pars),	Forbes in Morris, *Catal. of Brit. Foss.*, p. 8, 1854.
Pygaster umbrella,	Cotteau, *Etudes sur les Ech. foss. de l'Yonne*, t. I, p. 194, pl. XXVII, fig. 1-4 et pl. XXVIII, fig. 1, 1854.
— —	Cotteau, *Notice sur l'âge des couches inf. et moy. de l'étage corallien du départem. de l'Yonne*, Bull. Soc. géol. de France, 2° sér., t. XII, p. 702, 1855.
— —	Wright, *Note on Brit. Pygasters, Echinodermata*, Mem. of the Geol. Surv., Decade V, pl. VIII, p. 3, 1856.

Pygaster umbrella,	Desor, *Synops. des Echin. foss.*, p. 165, 1857.
— —	Pictet, *Traité de paléont.*, 2° éd., t. IV, p. 229, 1857.
— —	Wright, *Monog. of Brit. Foss. Echinod.*, p. 282, pl. xx, fig. 2, 1858.
— —	Leymerie et Raulin, *Stat. géol. du dép. de l'Yonne*, p. 622, 1858.
— —	Cotteau et Triger, *Echin. du dép. de la Sarthe*, p. 121, pl. xxiii, fig. 1-2, 1859.
— —	Dujardin et Hupé, *Descript. des Zooph. Echinod.*, p. 551, 1862.
Pygaster Edwardseus,	Dujardin et Hupé, *id.*, 1862.
Pygaster umbrella,	Etallon, *Etudes paléont. sur le Jura Graylois*, Mém. Soc. d'émul. du Doubs, t. VIII, p. 332, 1864.
— —	Huxley et Etheridge, *Catal. of the Coll. of Foss. in the Museum of Pract. Geology*, p. 243, 1865.
— —	Guillier, *Notice géol. et agron. à l'appui des profils géol. des routes imp. de la Sarthe*, p. 28, 1868.
— —	Cotteau et Triger, *Echin. du dép. de la Sarthe, Descr. des fam. et des genres*, p. 410, 1869.
— —	Wright, *Correlations of the Jurass. Rocks of the Côte-d'Or and the Cotteswold Hills*, p. 85, 1869.
— —	Dames, *Die Echiniden der nord-westdeutschen Jurabildungen Zeitschrift der deutschen geol. Gesellschaft*, p. 637, pl. xxiv, fig. 11, 1872.
— —	Cotteau, *Oursins jurassiques de Suisse*, Bull. Soc. géol. de France, 3° sér., t. I, p. 85, 1873.

R. 100.

Espèce de grande taille, sub-pentagonale, légèrement tronquée en arrière; face supérieure haute, renflée, épaisse sur les bords, souvent gibbeuse en avant, un peu déclive dans la région postérieure ; face inférieure presque plane, sub-concave au milieu. Sommet ambulacraire presque central, un peu rejeté en arrière. Aires ambulacraires droites, aiguës au sommet, s'élargissant à peine aux approches de l'ambitus, les postérieures un peu moins longues que les autres et légèrement recourbées à leur extrémité. Zones porifères composées de pores inégaux, les internes arrondis, les externes allongés et sub-circulaires, disposés à la face supérieure en paires horizontales et serrées. A la face inférieure les paires de pores s'espacent un peu et deviennent plus obliques, sans pour cela dévier de la ligne droite et se multiplier autour du péristome. Tubercules perforés et non crénelés, sub-scrobiculés, très-petits et espacés à la face supérieure, formant vers l'ambitus, dans les aires ambulacraires, quatre ou six rangées plus ou moins distinctes; les deux rangées externes, placées sur le bord des zones porifères, s'étendent assez régulièrement du péristome au sommet ; les rangées intermédiaires disparaissent le plus souvent au-dessus de l'ambitus et ne sont plus représentées que par quelques tubercules isolés qui font entièrement défaut aux approches du sommet. Les aires interambulacraires présentent, vers l'ambitus, une vingtaine de rangées de petits tubercules; mais ces rangées, dont le nombre varie du reste suivant la taille des individus, sont très-irrégulières, très-incomplètes; elles disparaissent au fur et à mesure qu'elles s'élèvent, et les deux séries principales arrivent seules jusqu'au sommet. A la face inférieure tous les tubercules sont plus serrés, plus développés, entourés d'un scrobicule plus apparent et tendent à se ranger en séries concentriques. Granules intermédiaires petits, très-inégaux, quelquefois mamelonnés, formant autour des tubercules des cercles peu distincts. Péristome enfoncé, sub-circulaire, marqué d'entailles profondes. Périprocte très-grand, pyriforme, presque à fleur du test, s'étendant ordinairement depuis le sommet jusqu'aux deux tiers de l'aire interambulacraire postérieure. Appareil apical sub-circulaire, compacte, remarquable par le développement considérable de la plaque madréporiforme qui est irrégulièrement arrondie et occupe le milieu de l'appareil.

Le moule intérieur montre la disposition des plaques coronales interambulacraires qui sont pentagonales, longues, étroites, légèrement infléchies vers le milieu. Les auricules destinées à supporter les mâchoires ont laissé sur le moule intérieur des empreintes aiguës et profondes.

Individu de taille ordinaire (R. 100), type de l'espèce : hauteur, 41 millimètres ; diamètre transversal et diamètre antéro-postérieur, 89 millimètres.

Cette espèce est très-variable dans sa taille : M. Pellat nous a communiqué un échantillon dont la hauteur dépasse 50 millimètres, et dont le diamètre transversal est de plus de 115. La face supérieure varie également beaucoup d'aspect ; le plus souvent elle est haute, renflée, très-épaisse sur les bords et sub-gibbeuse en avant ; quelquefois, au contraire, elle affecte une forme sub-conique, et tend à s'amincir en se rapprochant de l'ambitus. Dans les individus de grande taille, le périprocte est ordinairement très-développé, mais chez les exemplaires jeunes, il paraît beaucoup moins grand, et c'est à peine s'il atteint le milieu de l'aire interambulacraire postérieure.

RAPPORTS ET DIFFÉRENCES. —Le *P. umbrella* se rapproche

du *P. dilatatus*, Agassiz, que nous avions cru devoir y réunir dans nos *Etudes sur les Echinides de l'Yonne*, mais cette dernière espèce s'en distingue par sa forme beaucoup moins élevée, plus étalée, plus amincie et plus tranchante sur les bords, par ses tubercules plus saillants, plus nombreux, formant des rangées plus régulières dans les aires ambulacraires, enfin par ses pores plus distinctement allongés dans les rangées externes. Le *P. umbrella* se rapproche également du *P. Trigeri* de la grande oolite ; cette dernière espèce cependant, bien que voisine, nous a paru s'en éloigner par sa taille toujours plus petite, ses tubercules plus gros à la face inférieure, ses aires ambulacraires postérieures plus arrondies au sommet, et son périprocte s'étendant plus près encore du bord postérieur. L'espèce avec laquelle le *P. umbrella* a certainement le plus de rapports est le *P. tenuis* de l'étage corallien inférieur ; ce n'est pas sans hésitation que nous avons maintenu ces deux espèces qu'il serait peut-être plus naturel de réunir. Suivant MM. Desor et de Loriol, le *P. tenuis* diffère du *P. umbrella* par sa face supérieure gibbeuse en avant, ses aires ambulacraires non renflées, son péristome plus petit et moins entaillé, ses tubercules relativement un peu plus gros et plus abondants à la face supérieure, plus petits et plus serrés à la face inférieure, enfin par son test très-mince. Parmi les nombreux exemplaires de *P. tenuis* de toute taille que nous avons sous les yeux, plusieurs, tout en présentant la plupart des caractères signalés par M. de Loriol, se relient au *P. umbrella*, tel qu'il est aujourd'hui circonscrit, et il est probable que ces deux espèces ne devront en former qu'une seule.

HISTOIRE. — Le *P. umbrella* a été signalé pour la première fois, en 1847, dans le *Catalogue raisonné des Echi-*

nides. On a longtemps considéré le *Galerites umbrella* de Lamarck et des auteurs anciens comme synonyme de cette espèce. M. Salter (1), et plus tard, M. Wright (2) ont fait remarquer avec raison que la description de Lamarck et les figures qu'il cite à l'appui, s'appliquent à un *Nucleolites* (*Clypeus*), et non à un *Pygaster*. Nous avons adopté cette rectification dans nos *Echinides de la Sarthe* (3), et en décrivant plus haut le *Clypeus Ploti* (4), les *Galerites umbrella*, Lamarck, *Nucleolites umbrella*, Defrance, *Echinoclypeus umbrella*, Blainville, sont devenus pour nous les synonymes du *Clypeus sinuatus* de Leske. Le *P. Edwardseus*, Buvignier, du coral rag de Saint-Mihiel, n'est qu'une variété un peu arrondie du *P. umbrella*.

LOCALITÉS. — Châtillon-sur-Seine, Champmoron (Côte-d'Or). Rare. Etage callovien. Trouville (Calvados) ; grès de Questrecques près Virvigne (Pas-de-Calais) ; Champlitte (Haute-Saône) ; Vesaigne, Bologne, Manois (Haute-Marne) ; Châtel-Censoir, Coulanges-sur-Yonne, Méry-sur-Yonne, Druyes, Tonnerre (Yonne). Ecommoy (Sarthe) ; environs de Dôle (Jura). Assez rare. Etage corallien inf. et sup.

Ecole des Mines, Muséum de Paris, Musée de Dijon, coll. de la Sorbonne, coll. Triger, Peron, Babeau, Beaudouin, Buvignier, Pellat, ma collection.

LOCALITÉS AUTRES QUE LA FRANCE. — Malton, Headington, Lyncham, Farringdon, Calne (Angleterre), coral rag inférieur.

EXPLICATION DES FIGURES. — Pl. CXXIV, fig. 6, *P. umbrella*, de l'étage corallien inf. de la Haute-Marne, de la coll. de M. Hébert, vu sur la face supérieure. — Pl. CXXV, fig. 1, le

---

(1) *Memoirs of the Geol. Survey*, Decade V, Expl. de la pl. VII, p. 5.
(2) *Monog. of the Brit. Foss. Echinodermata*, p. 283.
(3) *Echin. du département de la Sarthe*, p. 125.
(4) Voyez plus haut p. 191 et suiv.

même, vu de côté ; fig. 2, face inférieure ; fig. 3, tubercules de la face supérieure, grossis ; fig. 4, tubercules de la région infra-marginale, grossis. — Pl. cxxvi, fig. 1, appareil apical pris sur le même individu, grossi ; fig. 2, individu jeune, variété déprimée, de l'étage oxfordien de Châtillon-sur-Seine, de la collection de M. Beaudouin, vu de côté ; fig. 3, face supérieure ; fig. 4, autre individu jeune, variété sub-conique de l'étage oxfordien de Châtillon-sur-Seine, de la collection de M. Beaudouin, vu de côté ; fig. 5, face supérieure ; fig. 6, exemplaire du corallien de Trouville, de ma collection, vu sur la face supérieure. — Pl. cxxvii, fig. 1, exemplaire de grande taille, de l'étage corallien sup. du Boulonnais, de la collection de M. Pellat, vu sur la face supérieure ; fig. 2, individu de petite taille de l'étage oxfordien de Châtillon, de la collection de M. Beaudouin, vu de côté ; fig. 3, face supérieure ; fig. 4, face inférieure. — Pl. cxxviii, fig. 1, face supérieure grossie, prise sur un exemplaire du corallien de Trouville, de ma collection ; fig. 2, moule intérieur siliceux, du calcaire à chailles de Druyes, de ma collection, vu sur la face inférieure.

N° 115. — **Pygaster dilatatus**, Agassiz, 1847.

Pl. cxxix et cxxx.

Pygaster umbrella (pars), (excl. syn.)	Agassiz, *Echinod. de la Suisse*, t. I, p. 83, pl. xiii, fig. 4-6, 1829.
— —	Agassiz, *Catal. syst. Ectyp. foss. Mus. neoc.*, p. 7, 1840.
— — (excl. syn.)	Desor, *Monog. des Galérites*, p. 77, pl. xii, fig. 4-6, 1842.
Pygaster dilatatus,	Agassiz et Desor, *Catal. raisonné des Echinides*, p. 86, 1847.
— —	D'Orbigny, *Prod. de paléont. strat.*, t. II, p. 56, 15° ét., n° 189, 1850.

Pygaster dilatatu,	Buvignier, *Stat. géol. de la Meuse,* p. 263, 1852.
Pygaster umbrella (pars), (excl. fig.)	Cotteau, *Echin. de l'Yonne,* t. I, p. 198, 1855.
Pygaster dilatatus,	Desor, *Synops. des Echin. foss.,* p. 165, 1857.
— —	Pictet, *Traité de paléont.* 2ᵉ éd., t. IV, p. 229, 1857.
— —	Wright, *Monog. of the Brit. Foss. Echinod. Ool. Form.,* p. 288, 1858.
— —	Thurmann et Etallon, *Lethœa Brun-trulana,* p. 303, pl. xlv, fig. 4, 1862.
— —	Dujardin et Hupé, *Descr. des Echinod.,* p. 551.
— —	Waagen, *Die Jura-formation in Fran-ken,* p. 169, 1864.
— —	Greppin, *Descr. géol. du Jura bernois,* p. 105, Mat. pour la carte géol. de la Suisse, 8ᵉ liv., 1870.
— —	Desor et de Loriol, *Echinol. helv.,* p. 274, pl. xlii, 1871.
— —	Cotteau, *Oursins jurassiques de la Suisse,* Bull. Soc. géol. de France, 3ᵉ sér., t. I, p. 85, 1873.

Type de l'espèce : Q. 14.

Espèce de grande taille, sub-pentagonale, légèrement tronquée en arrière; face supérieure médiocrement renflée, sub-conique, peu épaisse sur les bords; face inférieure assez concave. Sommet ambulacraire presque central, un peu rejeté en arrière. Aires ambulacraires droites, aiguës au sommet, s'élargissant au fur et à mesure qu'elles se rapprochent de l'ambitus, inégales, les postérieures un peu moins longues que les autres et légèrement recourbées à leur extrémité. Zones porifères assez larges, composées de pores sensiblement inégaux, les internes arrondis, les externes allongés transversalement, disposés à la face supérieure en paires horizontales et serrées. Vers l'ambitus et à la face inférieure, les pores deviennent égaux, plus petits, plus serrés et rangés en paires plus espacées et plus obliques, sans qu'elles dévient pour cela de la ligne droite. Dans toute l'étendue des zones porifères, les pores sont séparés par un petit renflement granuliforme apparent. Tubercules perforés et non crénelés, sub-scrobiculés, assez développés, saillants, formant vers l'ambitus, dans les aires ambulacraires, six rangées plus ou moins distinctes. Les deux rangées externes, placées sur le bord des zones porifères, s'étendent régulièrement du péristome au sommet; les rangées internes disparaissent au-dessus de l'ambitus; cependant deux d'entre elles s'élèvent assez haut, et quelques-uns de leurs tubercules se prolongent jusqu'aux approches du sommet. Les tubercules interambulacraires sont assez irrégulièrement disposés à la face supérieure; vers l'ambitus, chaque plaque en supporte douze à quatorze, mais ce nombre diminue au fur et à mesure que les plaques s'élèvent, et deux rangées principales, plus apparentes que les autres, arrivent seules jusqu'au sommet. A l'ambitus et dans la région infra-marginale, les tubercules sont plus serrés, un peu plus développés, et tendent à se ranger en séries concentriques; au fur et à mesure qu'ils se rapprochent de la bouche, ils sont plus gros et beaucoup plus espacés. Granules intermédiaires petits, inégaux, quelquefois mamelonnés, formant autour des tubercules des cercles assez réguliers, affectant, vers l'ambitus, une disposition polygonale. Péristome enfoncé, sub-circulaire, muni d'entailles profondes. Périprocte très-grand, pyriforme, situé dans une dépression assez sensible de la face postérieure. Appareil apical sub-circulaire, compacte. Plaque madréporiforme très-développée, allongée, occupant le milieu de l'appareil et se prolongeant jusqu'au bord du périprocte. Plaques génitales anguleuses, perforées très-près du bord ; plaques ocellaires antérieures petites, sub-pentagonales; plaques ocellaires postérieures irrégulières, allongées, très-éloignées l'une de l'autre.

Hauteur, 27 millimètres; diamètre transversal, 67 millimètres (?); diamètre antéro-postérieur, 68 millimètres.

RAPPORTS ET DIFFÉRENCES. — Nous ne connaissons de cette espèce qu'un seul échantillon qui a été recueilli par M. Ebray dans le coral rag de la Nièvre. Malgré sa taille moins développée, il nous a paru, par l'ensemble de ses caractères, se rapprocher d'une manière positive du *P. dilatatus*. Au premier aspect il en diffère peut-être un peu par sa face supérieure plus tuberculeuse, mais cette différence plus apparente que réelle tient sans doute à la conservation de l'exemplaire que nous avons sous les yeux. Le *P. dilatatus* diffère du *P. umbrella*, avec lequel il a été longtemps confondu, par sa forme moins élevée, moins épaisse sur les bords, par ses tubercules plus saillants, plus nombreux, formant sur les aires ambulacraires, six rangées, dont quatre, même dans l'exemplaire médiocrement développé que nous avons décrit, persistent à la face supérieure, par ses pores ambulacraires plus distinctement allongés dans les rangées externes, par sa face inférieure paraissant plus concave.

HISTOIRE. — Par suite d'un rapprochement erroné, cette espèce a été décrite primitivement sous le nom de *P. umbrella*, et c'est seulement en 1867, dans le *Catalogue raisonné des Echinides*, que M. Agassiz lui a donné le nom de *dilatatus*. En 1855, dans nos *Etudes sur les Echinides de l'Yonne*, trompé par l'aspect que présentent certaines variétés aplaties du *P. umbrella*, nous n'avons pas cru devoir admettre cette séparation, et le *P. dilatatus* ne nous a paru qu'une variété déprimée du *P. umbrella*. Aujourd'hui la description et les figures que M. de Loriol a données du *P. dilatatus* ne peuvent laisser aucun doute sur les caractères qui distinguent les deux espèces.

Localité. — Environs de Bourges (Cher). Très-rare. Etage corallien.

Ma collection.

Localités autres que la France. — Laufon (Jura Bernois) ; Sainte-Croix (canton de Vaud). Très-rare. Terrain à chailles. — Laufon (Jura Bernois). Etage séquanien.

Explication des figures. — Pl. cxxix, fig. 1, *P. dilatatus*, vu de côté ; fig. 2, face supérieure ; fig. 3, plaques ambulacraires et interambulacraires grossies. — Pl. cxxx, fig. 1, le même vu sur la face inférieure ; fig. 2, sommet ambulacraire grossi.

N° 116. — **Pygaster Gresslyi**, Desor, 1842.

Pl. cxxxi, cxxxii et cxxxiii.

Pygaster Gresslyi,	Desor, *Monog. des Galérites*, p. 80, 1842.
— —	Agassiz et Desor, *Catal. rais. des Echin.*, p. 86, 1847.
— —	Bronn, *Index palæontol.*, p. 1065, 1848.
— —	D'Orbigny, *Prod. de paléont. strat.*, t. I, p. 379, ét. 13, n° 511, 1850.
Pygaster inflatus,	D'Orbigny, *id.*, t. II, p. 26, ét. 14, n° 416, 1851.
Pygaster Gresslyi,	Cotteau, *Etudes sur les Ech. foss. du dép. de l'Yonne*, t. I, p. 202, pl. xxviii, fig. 2-6, 1854.
— —	Pictet, *Traité de paléont.*, 2° éd., p. 229, 1855.
— —	Desor, *Synopsis des Echin. foss.*, p. 164, pl. xxii, fig. 1-3, 1856.
— —	Wright, *Monog. of the Brit. Foss. Echinod. Oolit.*, p. 287, 1856.

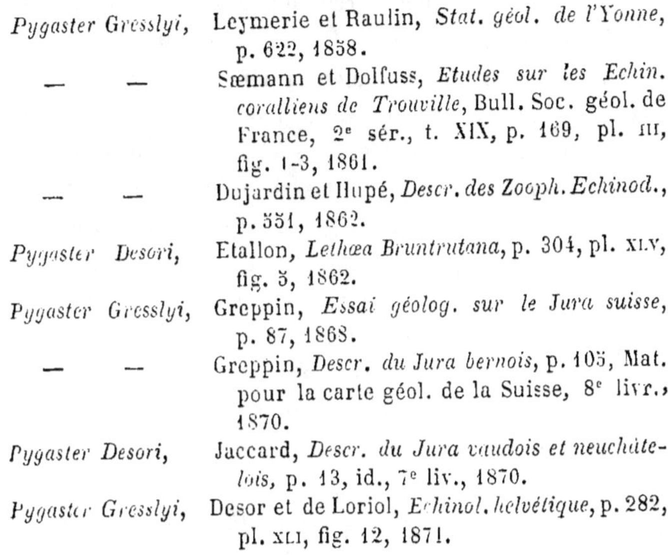

Pygaster Gresslyi,   Leymerie et Raulin, *Stat. géol. de l'Yonne,* p. 622, 1858.

—   —   Sœmann et Dolfuss, *Etudes sur les Echin. coralliens de Trouville,* Bull. Soc. géol. de France, 2e sér., t. XIX, p. 169, pl. III, fig. 1-3, 1861.

—   —   Dujardin et Hupé, *Descr. des Zooph. Echinod.,* p. 551, 1862.

Pygaster Desori,   Etallon, *Lethœa Bruntrutana,* p. 304, pl. XLV, fig. 5, 1862.

Pygaster Gresslyi,   Greppin, *Essai géolog. sur le Jura suisse,* p. 87, 1868.

—   —   Greppin, *Descr. du Jura bernois,* p. 105, Mat. pour la carte géol. de la Suisse, 8e livr., 1870.

Pygaster Desori,   Jaccard, *Descr. du Jura vaudois et neuchâtelois,* p. 13, id., 7e liv., 1870.

Pygaster Gresslyi,   Desor et de Loriol, *Echinol. helvétique,* p. 282, pl. XLI, fig. 12, 1871.

Espèce de taille moyenne, sub-circulaire, légèrement pentagonale, un peu plus large que longue ; face supérieure uniformément bombée, très-épaisse sur les bords, un peu déclive dans la région postérieure ; face inférieure concave au milieu, sub-pulvinée sur les bords. Sommet ambulacraire un peu excentrique en arrière. Aires ambulacraires légèrement renflées, s'élargissant un peu en se rapprochant de l'ambitus, inégales, les postérieures moins longues que les autres et un peu recourbées à leur extrémité. Zones porifères droites, composées de pores égaux, arrondis, serrés, disposés horizontalement et très-régulièrement à la face supérieure. Aux approches du péristome les paires de pores s'espacent et deviennent plus obliques, sans dévier cependant de la ligne droite. Tubercules perforés et non crénelés, très-abondants, serrés, fortement scrobiculés, relativement assez développés, presque aussi gros à la face supérieure que dans la région infra-marginale et près de la bouche, formant, dans les aires ambulacraires, vers l'ambitus, quatre à six rangées, et dans les aires interambulacraires, douze à vingt, suivant l'âge des individus. Sur chacune des aires ambulacraires et interambulacraires, deux de ces rangées seulement arrivent jusqu'au sommet ; les autres, tout en étant très-régulièrement disposées et en s'élevant relativement très-haut, disparaissent successivement. Granules intermédiaires abondants, serrés, inégaux, rangés en cercles autour des tubercules de la face supérieure. Vers l'ambitus et dans la région infra-marginale, les tubercules sont encore plus serrés ; les granules qui les accompagnent sont plus rares et se confondent avec de petits cordons carénés et d'aspect hexagonal qui séparent les scrobicules. Aux approches du péristome, les tubercules devenant plus rares et plus espacés, les granules reprennent la forme qu'ils avaient à la face supérieure. Péristome sub-circulaire, médiocrement développé, muni d'entailles apparentes. Périprocte grand, large, pyriforme, arrondi à l'extrémité, occupant au moins les deux tiers de l'espace compris entre le sommet et le bord postérieur. Appareil apical sub-circulaire, dentelé sur les bords, compacte à en juger par l'empreinte qu'il a laissée.

Hauteur, 27 millimètres ; diamètre transversal, 54 millimètres 1/2 ; diamètre antéro-postérieur, 52 millimètres.

Individu jeune : hauteur, 15 millimètres ; diamètre transversal, 25 millimètres ; diamètre antéro-postérieur, 23 millimètres.

Cette jolie espèce éprouve avec l'âge quelques variations que nous allons signaler : chez les individus les plus jeunes, le contour du test est sub-circulaire, et c'est seulement en vieillissant qu'il prend une forme légèrement pentagonale et s'allonge un peu transversalement ; la hauteur est en moyenne égale à la moitié de la longueur ; un peu plus forte dans les jeunes, elle diminue au fur et à mesure que le test grossit. Les aires ambulacraires, dans le jeune âge, sont parfaitement à fleur du test, plus tard elles font une légère saillie à la surface du test ; dans les individus très-jeunes elles sont relativement beaucoup plus larges que chez les exemplaires adultes ; le péristome et le périprocte se modifient également suivant l'âge des individus, et sont proportionnellement plus développés dans les jeunes que dans les adultes.

RAPPORTS ET DIFFÉRENCES. — Cette espèce, très-distincte de la plupart de ses congénères par sa forme générale et la disposition toute particulière de ses tubercules, offre beaucoup de ressemblance avec le *P. laganoides*, Agassiz, qui caractérise un horizon beaucoup plus inférieur. Nous ne reviendrons pas sur les différences assez peu apparentes mais très-réelles qui séparent les deux espèces, et que nous avons indiquées plus haut, en décrivant le *P. laganoides*.

HISTOIRE. — Confondue dans l'origine avec le *P. laganoides* de Normandie, cette espèce en a été séparée pour la première fois par M. Desor qui l'a désignée, dans la *Monographie des Galérites*, sous le nom de *P. Gresslyi* qu'elle a conservé depuis. Nous lui réunissons le *P. inflatus*, d'Orbigny, et le *P. Desori*, Etallon. Nous avons sous les yeux les types mêmes qui ont servi à établir ces espèces, et il n'est pas douteux pour nous qu'ils ne doivent être réunis au *P. Gresslyi*.

LOCALITÉS. — Trouville (Calvados); Tonnerre (Yonne), Selongey (Côte-d'Or) ; Bazoches (Nièvre); Saulces-aux-Bois (Ardennes); la Rochelle (Charente-Inférieure), Rœdersdorff (Haut-Rhin). Etage corallien.

Ecole des mines, Muséum de Paris, coll. de la Sorbonne, coll. Martin, ma collection.

Localités autres que la France. — Erschwyl (canton de Soleure); Montchaibeux, Blauen, Hartzberg près Raimeux (Jura bernois); Ste-Croix, Vaud (Suisse). Etage séquanien.

Explication des figures. — Pl. cxxxi, fig. 1, *P. Gresslyi*, du coral-rag de Trouville, de ma collection, vu de côté; fig. 2, face supérieure; fig. 3, face inférieure; fig. 4, aire ambulacraire prise à la partie supérieure, grossie; fig. 5, aire ambulacraire prise à la partie inférieure, grossie. — Pl. cxxxii, fig. 1, autre individu de taille plus petite, du coral rag de Trouville, de ma collection, vu sur la région anale; fig. 2, face supérieure; fig. 3, face inférieure; fig. 4, portion d'une aire ambulacraire grossie, prise vers l'ambitus; fig. 5, autre exemplaire du coral rag de Tonnerre, vu sur la face supérieure, de ma collection; fig. 6, plaques ambulacraires et interambulacraires grossies; fig. 7, tubercules grossis pris dans la région infra-marginale. — Pl. cxxxiii, fig. 1, autre exemplaire du coral rag des Ardennes, type du *P. inflatus*, d'Orbigny, vu de côté; fig. 2, face supérieure; fig. 3, face inférieure; fig. 4, plaques ambulacraires et interambulacraires grossies; fig. 5, autre exemplaire du coral rag de Rœdersdorff (Haut-Rhin), type du *P. Desori*, Etallon, de la collection de M. Perron, vu de côté; fig. 6, face supérieure; fig. 7, face inférieure.

N° 117. — Pygaster Gauthieri, Cotteau, 1874.

Pl. cxxxv, fig. 6-8.

Espèce de taille moyenne, sub-pentagonale, un peu plus large que longue, légèrement tronquée et évidée en arrière; face supérieure peu élevée, sub-concave, épaisse sur les bords ; face inférieure sub-concave en se rapprochant du péristome. Sommet ambulacraire sub-excentrique en arrière. Aires ambulacraires très-étroites à leur partie supérieure, sub-costulées, inégales, les postérieures un peu moins longues que les autres et légèrement recourbées au-dessus du périprocte. Zones porifères formées de pores paraissant égaux et disposés presque horizontalement à la face supérieure ; en dessous, ils s'espacent, deviennent plus obliques et ne paraissent pas se multiplier autour du péristome. Les tubercules de la face supérieure et de l'ambitus ne sont pas conservés dans l'exemplaire unique que nous connaissons ; sur la face inférieure, ils paraissent relativement peu développés et forment des séries longitudinales et sub-concentriques assez régulières. Péristome subcirculaire, de petite dimension, muni de faibles entailles. Périprocte très-grand, pyriforme, occupant au moins les deux tiers de l'espace compris entre le sommet et le bord postérieur, s'ouvrant dans un sillon apparent qui se prolonge et échancre sensiblement l'ambitus.

Hauteur, 17 millimètres 1/2 ; diamètre transversal, 45 millimètres ; diamètre antéro-postérieur, 43 millimètres.

Rapports et différences. — Cette espèce dont nous ne connaissons qu'un seul exemplaire, se distingue facilement de ses congénères et sera toujours reconnaissable à sa face supérieure déprimée et épaisse sur les bords, a ses tubercules médiocrement développés sur la face inférieure, à la petitesse de son péristome, à son périprocte très-grand, placé dans un sillon très-apparent et qui se prolonge jusqu'au bord postérieur.

Localités. — Esparon (Var). Très-rare. Etage oxfordien ?...

Collection Gauthier.

EXPLICATION DES FIGURES. — Pl. CXXXV, fig. 6, *P. Gauthieri*, vu de côté ; fig. 7, face supérieure ; fig. 8, face inférieure.

Nº 118. — **Pygaster subtilis**, Desor, 1867.

Pl. CXXXIV et pl. CXXXV, fig. 1-5.

Pygaster subtilis,	Desor in Greppin, *Etudes géol. sur le Jura suisse*, p. 87, 1867.
— —	Desor et de Loriol, *Echinol. helvétique*, p. 280, pl. XLI, fig. 11, 1872.

Espèce de taille moyenne, sub-pentagonale, un peu plus large que longue, légèrement tronquée en arrière ; face supérieure plus ou moins renflée, un peu amincie sur les bords ; face inférieure presque plane, sub-concave en se rapprochant du péristome. Sommet ambulacraire presque central. Aires ambulacraires étroites, un peu costulées, surtout à la face supérieure. Zones porifères à fleur du test, composées, dans les exemplaires que nous avons sous les yeux, de pores presque égaux, arrondis, rangés un peu obliquement, séparés par un renflement granuliforme très-prononcé. A la face inférieure les pores s'espacent, deviennent plus petits, plus obliques et ne paraissent pas se multiplier autour du péristome. Tubercules de petite taille, notamment à la face supérieure, perforés, non crénelés, scrobiculés, relativement peu nombreux et très-écartés, formant vers l'ambitus, dans les aires ambulacraires, quatre rangées. Les deux rangées externes placées sur le bord des zones porifères, s'étendent très-régulièrement du péristome au sommet ; les deux internes sont très-irrégulières et disparaissent promptement au-dessus de l'ambitus. Les aires interambulacraires présentent, vers

l'ambitus, dans notre exemplaire qui est beaucoup plus
petit que celui qui a servi de type à l'espèce, une dou-
zaine de rangées de tubercules assez irrégulières, et qui disparaissent au fur et à mesure qu'elles s'élèvent. Les deux
rangées principales, plus apparentes et sensiblement plus
développées que les autres, persistent seules jusqu'au sommet. En dessous, les tubercules sont tous plus gros qu'à la
face supérieure et forment des rangées longitudinales et
sub-concentriques beaucoup plus régulières ; ils deviennent
plus rares aux approches du péristome. Granules intermédiaires inégaux, disposés, à la face supérieure, en cercles
assez réguliers autour de plus gros tubercules. Péristome
médiocrement développé, un peu enfoncé, marqué d'entailles profondes. Périprocte grand, pyriforme, presque à
fleur du test, s'étendant ordinairement depuis le sommet
jusqu'aux deux tiers de l'espace qui sépare l'appareil apical du bord postérieur.

Hauteur, 17 millimètres ; diamètre transversal, 45 millimètres, diamètre antéro-postérieur, 44 millimètres.

Individu jeune : hauteur, 14 millimètres ; diamètre transversal, 30 millimètres ; diamètre antéro-postérieur, 28 millimètres.

Ce n'est pas sans quelque hésitation que nous avons
rapporté les échantillons que nous venons de décrire au
P. subtilis, espèce suisse parfaitement décrite et figurée par
M. de Loriol ; ils diffèrent du type par leur face supérieure
moins déprimée, leurs zones porifères plus étroites et composées de pores plus égaux, leurs tubercules formant, à la
face inférieure, des rangées longitudinales plus régulières,
et des séries concentriques moins prononcées. — Ces différences sont peut-être moins importantes qu'elles ne le
paraissent au premier aspect, et dans un exemplaire de

Montchaibeux (Jura bernois), que **M.** Mathey a eu l'obligeance de nous communiquer et qui ne saurait être séparé des exemplaires types avec lesquels on le rencontre, nous avons remarqué que la face supérieure était plus élevée, et que les zones porifères étaient formées de pores presque égaux.

RAPPORTS ET DIFFÉRENCES. — Voisine des individus jeunes du *P. umbrella*, cette espèce s'en distingue par ses tubercules moins nombreux, formant à la face supérieure et en dessous, dans chacune des aires interambulacraires, deux rangées principales plus apparentes et plus régulières, par ses zones porifères plus étroites et composées de pores plus égaux.

LOCALITÉ. — Tonnerre (Yonne). Etage corallien supérieur.

Ma collection.

LOCALITÉS AUTRES QUE LA FRANCE. — Montchaibeux (Jura bernois). Suisse. Etage séquanien.

EXPLICATION DES FIGURES. — Pl. CXXXIV, fig. 1, *P. subtilis*, de ma collection, vu de côté; fig. 2, face supérieure ; fig. 3, face inférieure; fig. 4, région anale ; fig. 5, plaques ambulacraires grossies, prises vers l'ambitus; fig. 6, plaques interambulacraires grossies, prises vers l'ambitus. — Pl. CXXXV, fig. 1, individu jeune, de ma collection, vu de côté ; fig. 2, face supérieure; fig. 3, face inférieure ; fig. 4, région anale ; fig. 5, face inférieure grossie.

N° 119. — **Pygaster macrocyphus**, Wright, 1856.

Pl. CXXXVI, CXXXVII et CXXXVIII.

Pygaster macrocyphus, Wright, *Monog. of the Brit. Foss. Echinod. from the Oolit. Format.*, p. 290, 1856.

Pygaster macrocyphus, Desor, *Synops. des Echin. Foss.*, *supplément,* p. 443, 1858.

—   —   Dollfuss, *Desc. paléont. de l'Et. Kimméridgien du cap de la Hève*, p. 93, pl. xviii, fig. 4, 5, 6.

—   —   Dujardin et Hupé, *Desc. des Zooph. Echinod.*, p. 551, 1862.

Espèce de grande taille, sub-pentagonale, légèrement tronquée en arrière ; face supérieure très-élevée, conique, amincie sur les bords ; face inférieure fortement concave au milieu. Sommet ambulacraire sub-excentrique, un peu rejeté en arrière. Aires ambulacraires légèrement renflées, s'élargissant à peine vers l'ambitus, inégales, les postérieures un peu moins longues que les autres et un peu recourbées à leur extrémité. Zones porifères composées de pores sensiblement inégaux, les internes arrondis, les externes allongés transversalement, sub-virgulaires, disposés, à la face supérieure, en paires horizontales et serrées. A la face inférieure, les pores sont presque égaux, plus petits et formés de paires plus espacées et plus obliques. Tubercules perforés, non crénelés, sub-scrobiculés, relativement plus développés qu'ils ne le sont ordinairement chez les *Pygaster*, formant, vers l'ambitus, dans les aires ambulacraires, seulement quatre rangées. Les deux rangées externes placées sur le bord des zones porifères s'étendent régulièrement du péristome au sommet ; les deux rangées internes disparaissent un peu au-dessus de l'ambitus, et ne sont plus représentées que par quelques tubercules isolés qui manquent complétement à une assez grande distance du sommet. Les aires interambulacraires sont garnies, à la face supérieure, de tubercules assez gros, peu abondants, espacés, formant, vers l'ambitus, une vingtaine de rangées plus ou moins régulières. Deux de ces rangées un peu plus apparentes que les autres, arrivent seules au sommet. A la face inférieure, tous ces tubercules paraissent plus nombreux, plus serrés, un peu plus gros et tendent à se ranger en séries concentriques. Granules intermédiaires petits, abondants, inégaux, quelquefois mamelonnés, disposés en cercles autour des tubercules et remplissant l'espace intermédiaire. Plaques coronales interambulacraires longues, assez larges, coudées aux deux tiers de leur étendue. Péristome sub-circulaire, muni d'entailles apparentes, situé dans une dépression très-profonde de la face inférieure. Périprocte très-allongé, pyriforme, étroit surtout à sa partie supérieure, occupant environ les deux tiers de l'espace compris entre le sommet et le bord postérieur. Appareil apical sub-circulaire, peu développé, compacte, dentelé sur les bords, à en juger par l'empreinte qu'il a laissée.

Hauteur, 45 millimètres ; diamètre transversal, 116 millimètres ; diamètre antéro-postérieur, 113 millimètres.

Individu très-jeune : hauteur, 11 millimètres ; diamètre transversal, 26 millimètres ; diamètre antéro-postérieur, 25 millimètres.

Cette espèce varie un peu avec l'âge. M. Dollfuss a décrit et figuré un individu très-jeune que nous avons sous les yeux ; il se rapproche tout à fait du type par sa forme pentagonale, par la grosseur de ses tubercules et sa face inférieure profondément excavée, mais cependant il s'en éloigne un peu par sa face supérieure relativement plus déprimée, ses tubercules moins abondants et formant, sur chacune des aires interambulacraires, deux séries principales plus apparentes, son péristome plus large, plus arrondi, moins étroit à sa partie supérieure.

RAPPORTS ET DIFFÉRENCES. — Le *P. macrocyphus* constitue une espèce très-nettement tranchée et qui sera toujours facilement reconnaissable à sa grande taille, à sa face supérieure élevée, conique, amincie sur les bords, à sa face inférieure profondément concave, à ses pores très-inégaux, à ses tubercules saillants et très-développés, à son périprocte allongé, étroit et descendant très-bas.

LOCALITÉ. — La Hève (Seine-Inférieure). Très-rare. Etage kimméridgien.

Ecole des Mines, coll. Pellat, Davidson, ma collection.

EXPLICATION DES FIGURES. — Pl. CXXXVI, fig. 1, *P. macrocyphus*, de la coll. de M. Davidson, vu de côté; fig. 2, le même, vu sur la région anale; fig. 3, tubercules grossis, pris sur la face supérieure ; fig. 4, tubercules grossis, pris sur la face inférieure. — Pl. CXXXVII, fig. 1, le même, vu sur la face supérieure ; fig. 2, plaques ambulacraires et interambulacraires grossies. — Pl. CXXXVIII, fig. 1, le même, vu sur la face inférieure ; fig. 2, individu jeune, vu de côté, de la collection de l'Ecole des Mines; fig. 3, face supérieure ; fig. 4, face inférieure ; fig. 5, le même, vu sur le côté anal.

Résumé géologique sur les Pygaster

Le terrain jurassique de France nous a offert treize espèces de *Pygaster*, ainsi réparties dans les divers étages.

L'étage liasien nous a présenté une seule espèce fort rare, *P. Reynesi*, qui disparaît avec l'étage.

Trois espèces, *P. semisulcatus, conoideus* et *Trigeri* se montrent dans l'étage bajocien ; deux d'entre elles, *P. semisulcatus* et *conoideus*, lui sont propres ; la troisième, *P. Trigeri*, se retrouve dans l'étage bathonien.

Indépendamment du *P. Trigeri*, l'étage bathonien renferme trois autres espèces qui lui sont propres, *P. laga-noides, Icaunensis* et *Peroni*.

Une seule espèce, *P. umbrella*, se rencontre dans l'étage callovien. Elle remonte dans les étages oxfordien et corallien, et c'est dans ce dernier étage, notamment vers la base, dans les calcaires à chailles et le corallien inférieur, qu'elle atteint son maximum de développement. L'étage corallien renferme en outre quatre espèces qui lui sont propres, *P. dilatatus, Gauthieri, Gresslyi* et *subtilis*, les deux dernières, *P. Gresslyi* et *subtilis*, caractérisent plus particulièrement l'étage corallien supérieur.

Une seule espèce, *P. macrocyphus*, appartient à l'étage kimméridgien.

L'étage portlandien ne nous a présenté jusqu'ici aucun *Pygaster*.

Dans le *Synopsis des Echinides fossiles,* M. Desor mentionne douze espèces de *Pygaster*, dix dans le corps de l'ouvrage en décrivant le genre *Pygaster*, et deux dans le supplément.

Sur ce nombre huit ont été décrites par nous : ce sont les *P. Gresslyi, laganoides, umbrella, semisulcatus, dilatatus, conoideus, Trigeri* et *macrocyphus.* Une espèce, *P. Morrisii*, Wright, a été réunie au *P. laganoides* dont elle est une simple variété; une autre espèce, *P. pumilus*, est considérée par M. de Loriol, dans l'*Echinologie helvétique,* comme très-douteuse et appartenant probablement au jeune âge du *P. dilatatus*, avec lequel on la rencontre. Restent deux espèces, *P. patelliformis* et *tenuis*, qui jusqu'ici n'ont pas été rencontrées en France, et dont nous donnons plus loin la diagnose. Si à ces deux espèces nous ajoutons le *P. lœvis*, Desor, décrit pour la première fois dans l'*Echinologie helvétique,* le *P. decoratus*, Laube, de l'étage bathonien de Balin, le *P. macrostomus*, Wright, et le *P. humilis*, Dames, nous aurons six espèces à joindre aux treize que nous avons décrites, ce qui élève à dix-neuf le nombre des *Pygaster* jurassiques.

Voici la description des six espèces étrangères à la France :

P. patelliformis, Agassiz, 1839. — *P. patelliformis*, Agassiz, *Descript. des Echin. foss. de la Suisse*, I, p. 82, pl. XIII, fig. 1-3, 1839. — *Id.*, Agassiz, *Catal. Ectyp.*, p. 7, 1840. — *Id.*, Desor, *Monog. des Galérites*, p. 78, pl. XI, fig. 11-13, 1842. — *Id.*, Agassiz et Desor, *Catal. raisonné des Echinides*, p. 86, 1847. — *Id.*, d'Orbigny, *Prodr. de Paléont. strat.*, t. II, p. 26, 1850. — *Id.*, Bronn, *Lethœa geognostica*, 3ᵉ éd., t. II, p. 148, pl. CLXI, fig. 12, 1851. — *Id.*, Buvignier, *Stat. géol. de la Meuse*, p. 291, 1852. — *Id.*, Desor, *Synopsis des Ech. foss.*, p. 166, 1856. — *Id.*, Wright, *Monog. of the Brit. Foss. Echinod. from Ool.*, p. 288, 1856. — *Id.*, Dujardin et Hupé, *Echinod.*, p. 551, 1862. — *Id.*, Thurmann et Etallon, *Lethœa Bruntrutana*, p. 303, pl. XLV, fig. 2, 1862. — *Id.*, Desor et de Loriol, *Echinol. helvétique*, p. 276, pl. XLIII, fig. 2, 1871. « Espèce pentagonale, un peu plus large que longue, tronquée carrément en arrière ; pourtour relativement renflé. Zones porifères très-étroites ; pores très-petits, très-serrés, tous égaux et parfaitement arrondis. Aires ambulacraires étroites, inégales ; les deux postérieures sont sensiblement plus courtes que les autres et un peu arquées vers le sommet. Les tubercules sont très-rares, très-homogènes, entourés d'un scrobicule large et profond, au-dessus duquel ils se montrent peu saillants ; ils forment à l'ambitus six rangées parfaitement régulières ; les deux marginales atteignent l'appareil apical ; parmi les quatre internes, il en est deux qui

subsistent encore à peu de distance du sommet. Des
granules assez inégaux, mais très-fins et très-serrés, occupent toute la place qui reste libre entre les tubercules.
Aires interambulacraires garnies de très-nombreux tubercules entièrement semblables à ceux des aires ambulacraires et de même volume ; ils forment au moins seize
rangées tout à fait régulières, qui disparaissent peu à peu
avant d'arriver au sommet, sauf deux seulement qui parviennent à l'atteindre. Vers le pourtour, ces tubercules
tendent à former des lignes horizontales régulières ; ils
sont très-rapprochés, et, de même que dans les aires
ambulacraires, entourés d'une granulation abondante.
Sommet ambulacraire excentrique en arrière. Appareil
apical peu distinct, compacte, étroit. Périprocte très-
largement ouvert, ovale, situé dans une dépression profonde de l'aire interambulacraire impaire dont il occupe
la plus grande partie. L'espèce la plus voisine est certainement le *P. Gresslyi* dont les tubercules et la granulation
sont tout à fait analogues, mais on reconnaîtra toujours ce
dernier à sa forme générale beaucoup plus renflée, surtout
au pourtour, à sa face inférieure moins plane, à sa face
supérieure plus régulièrement concave, à son périprocte
moins ouvert et placé dans une dépression à peine sensible
de l'aire interambulacraire. — Develier dessus, Laufon
(Jura bernois). Terrain à chailles supérieur. Coll. Mathey,
Musée de Neuchâtel » (Desor et de Loriol, *loc. cit.*).

P. tenuis, Agassiz, 1839. — *P. tenuis*, Agassiz, *Echin. foss.
de la Suisse*, I, p. 83, 1839. — *Id.*, Desor, *Monog. des
Galérites*, p. 80, pl. XII, fig. 1-3, 1842.—*Id.*, Agassiz et De-
sor, *Catal. raisonné des Ech.*, p. 86, 1847. — *Id.*, Bronn,
Index palœont., p. 1066, 1848. — *Id.*, d'Orbigny, *Prodr. de
Paléont. strat.*, t. II, p. 26, 1850. — *Id.*, Desor, *Synopsis*

des Echin. foss., p. 166, 1856. — *Id.*, Wright, *Monog. of the Brit. Foss. Echinod. Ool.*, p. 290, 1856. — *Id.*, Thurmann et Etallon, *Lethæa Bruntrutana*, p. 304, pl. xiv, fig. 3, 1862. — *Id.*, Dujardin et Hupé, *Echinodermes*, p. 551, 1862. — *Id.*, Mœsch, *der Aargauer Jura*, p. 157, 159, 1867. — *Id.*, Greppin, *Essai géol. sur le Jura Suisse*, p. 71, 1867. — *Id.*, Jaccard, *Descript. géol. du Jura vaudois et neuchâtelois*, p. 197, 200, 1869. — *Id.*, Greppin, *Descript. du Jura bernois*, p. 83 et 90, 1870. — *Id.*, Desor et de Loriol, *Echinol. helvétique*, p. 279, pl. xliv, fig. 1-2, 1871. « Espèce de forme pentagonale, un peu plus large que longue, tronquée en arrière ; face supérieure plus ou moins conique et toujours un peu gibbeuse en avant ; face inférieure concave ; pourtour un peu renflé. Zones porifères à fleur du test, un peu infléchies au sommet, surtout les postérieures ; pores petits, rapprochés ; ceux qui forment la rangée externe, dans chaque zone, sont légèrement allongés ; une cloison assez saillante sépare chaque paire de pores. Aires ambulacraires un peu infléchies au sommet, sauf l'antérieure impaire ; leur largeur à l'ambitus égale 0,20 de celle des aires interambulacraires. Tubercules petits, peu développés, écartés à la face supérieure ; à l'ambitus, ils forment dans les aires ambulacraires jusqu'à six rangées, dont les deux marginales sont un peu plus saillantes et atteignent seules le sommet ; les médianes par contre sont peu distinctes et disparaissent promptement ; dans les aires interambulacraires, on compte à l'ambitus environ vingt rangées peu régulières dont la plupart disparaissent de bonne heure ; deux seulement atteignent le sommet. Autour du périprocte et de l'appareil apical, on remarque un certain nombre de tubercules plus développés que les autres. A la face inférieure tous les tubercules sont notablement plus développés et tendent à s'aligner en rangées concentriques. Granules fort petits, mamelonnés, assez nombreux, épars, quelquefois vaguement disposés en cercles autour des tubercules. Sommet ambulacraire un peu excentrique en arrière. Appareil apical petit ; les quatre plaques génitales sont granuleuses ; celle qui porte le corps madréporiforme est très-grande et occupe le centre de l'appareil. Péristome enfoncé, décagonal, distinctement entaillé. Périprocte piriforme, très-élargi vers son extrémité. Test très-mince, surtout à la face inférieure. Radioles en forme de petites soies très-fines, très-grêles, cylindriques, finement striées en long. Le *P. tenuis* diffère, suivant M. de Loriol, du *P. umbrella* par sa face supérieure gibbeuse en arrière, ses aires ambulacraires non renflées, son péristome plus petit et moins entaillé, ses tubercules relativement un peu plus gros et plus abondants à la face supérieure, plus petits et plus serrés à la face inférieure, enfin par son test plus mince ; il se distingue du *P. Trigeri* par sa forme plus élevée, plus renflée à la face supérieure, ses tubercules plus nombreux et plus développés. Develier (Jura bernois) ; Lützel près Klösterlein (Soleure). Terrain à chailles. Environs du Locie (Neuchâtel). Etage séquanien. Coll. Mathey, Greppin, Musée de Soleure, de Zurich, etc. » (Desor et de Loriol, *loc. citat.*).

En décrivant plus haut le *P. umbrella* et ses nombreuses variétés, nous avons indiqué combien le *P. tenuis* de la Suisse nous paraît s'en rapprocher.

P. lœvis, Desor, 1871. — *P. lœvis*, Desor et de Loriol, *Echinol. helvétique*, p. 281, pl. XLIII, fig. 3, 1871. « Espèce de petite taille, sub-pentagonale ; face supérieure sub-hémisphérique, régulièrement convexe ; face inférieure

pulvinée; pourtour très-renflé. Zones porifères étroites ;
pores petits, arrondis, disposés par simples paires un peu
obliques, assez écartées. Sommet ambulacraire sub-central. Aires ambulacraires étroites; les paires postérieures
sont légèrement arquées vers le sommet. Les tubercules
sont assez saillants, dépourvus de scrobicules, serrés en
dessous, plus écartés à la face supérieure où il n'y en a
qu'un seul par deux ou trois plaques ; ils se trouvent disposés sur deux ou trois rangées tout à fait marginales qui
atteignent le sommet. Dans le milieu de l'aire apparaissent,
encore à l'ambitus, deux rangées de tubercules secondaires
beaucoup plus petits, accompagnés de granules très-fins
et clair-semés. Aires interambulacraires pourvues de deux
rangées très-distinctes de tubercules un peu plus volumineux que ceux des aires ambulacraires ; chaque plaque
en porte un seul, mais comme elles sont très-larges, les
tubercules paraissent fort écartés ; à l'ambitus on voit
encore six rangées de tubercules secondaires, dont deux
internes, et deux externes de chaque côté ; ils sont notablement plus petits et disparaissent assez rapidement à
la face supérieure ; les granules qui les accompagnent sont
rares et écartés. A la face inférieure, les tubercules sont
plus saillants qu'à la face supérieure. Péristome enfoncé,
largement ouvert et distinctement entaillé. Périprocte régulièrement ovale, tout à fait à fleur du test, relativement
très-petit; sa longueur n'excède pas 0,54 de la distance qui
sépare le sommet du bord postérieur. — Cette petite
espèce, dont nous ne connaissons qu'un seul exemplaire,
ajoute M. de Loriol, ressemble beaucoup au *Pygaster tenuis*
par la nature et la disposition de ses tubercules. Nous ne
pensons pas toutefois avoir à faire ici avec un jeune exemplaire de cette espèce, en effet, la forme de cet individu

est plus hémisphérique et plus régulièrement concave à la face supérieure, son pourtour est beaucoup plus renflé, sa face inférieure est pulvinée, son périprocte est beaucoup plus petit, plus régulièrement ovale et nullement enfoncé dans une dépression de l'aire interambulacraire impaire; de plus, son péristome est relativement plus grand et moins enfoncé. Le *P. lœvis* a la forme générale du *P. Gresslyi*, mais il s'en distingue à première vue par ses tubercules non scrobiculés et tout autrement disposés. — Gaitery (Jura bernois). Etage séquanien. Coll. Mathey » (Desor et de Loriol, *loc. citat.*).

P. decoratus, Laube, 1867. — *P. decoratus*, Laube, *die Echin. des Braunen Jura von Balin*, p. 5, pl. 1, fig. 4, 1867. Espèce de taille moyenne, peu sensiblement pentagonale ; face supérieure concave, épaisse sur les bords ; face inférieure sub-concave. Sommet sub-central. Zones porifères composées de pores égaux et arrondis. Tubercules de petite taille, scrobiculés, disposés en séries verticales assez régulières ; la rangée qui occupe le milieu de chacune des plaques interambulacraires est un peu plus développée que les autres et remarquable par les granules allongés et rayonnants qui entourent chaque scrobicule. Périprocte très-grand, pyriforme, situé dans une dépression profonde qui occupe le milieu de l'aire interambulacraire impaire et se prolonge jusqu'à l'ambitus. — Balin (Russie d'Europe). Etage bathonien. Cabinet de minéralogie de Vienne (Autriche).

P. macrostomus, Wright, 1859. — *P. macrostomus*, Wright, *Monog. of the Brit. Foss. Echinod. from the Ool. Form.*, p. 463, supplément, pl. xli, fig. 4 *a*, *b*, *c*, fig. 5, *a*, *b*, 1859. Espèce de taille moyenne, déprimée, pentagonale, remarquable par la largeur de l'ouverture anale qui occupe

plus des deux tiers de l'aire interambulacraire postérieure,
et aussi par l'étendue de son péristome. Voisine du *P. semi-*
sulcatus, elle s'en distingue surtout par la grandeur de son
périprocte, ses tubercules interambulacraires moins nombreux et moins gros et par son péristome relativement
plus développé. — Hampen (Angleterre). Rare. Forest
marble.

P. humilis, Dames, 1872. — *P. humilis*, Dames, *die*
Echiniden der Nordwestdeutschen Jurabildungen. Zeitschr.
d. deutschen geolog. Gesellschaft, p. 638, 1872. Espèce de
petite taille, voisine du *P. umbrella*, dont elle se distingue
par son périprocte relativement plus allongé et ses tubercules disposés, soit en dessus, soit à la face inférieure,
en séries plus apparentes et plus régulières. Les deux rangées principales de chacune des aires interambulacraires
sont relativement beaucoup plus développées. Goslar (Hanovre). Etage corallien. Coll. Schloenbach, Strombeck.

A ces cinq espèces étrangères à la France, il y aura lieu
probablement d'ajouter le *P. speciosus*, décrit et figuré
par Goldfuss, sous le nom de *Galerites speciosus*, dont on
ne connaît qu'un fragment de test très-incomplet, ne laissant voir ni la position du péristome, ni celle du périprocte
(Goldfuss, *Petrefacta Mus. reg. Boruss. Rhen. Bonnensis*, t. I,
p. 130, pl. xli, fig. 5, 1826). Dans le *Synopsis des Echinides*
fossiles, M. Desor considère ces fragments comme appartenant à une grande espèce d'*Holectypus*. Nous croyons avec
M. de Loriol qu'il y a plutôt lieu de les réunir au genre
Pygaster. — Loc. Heidenheim (Wurtemberg). Etage corallien.

SUPPLÉMENT

Quelques années se sont écoulées depuis que nous avons commencé la publication de ce volume. Dans cet intervalle, nous avons recueilli un certain nombre de faits nouveaux ; quelques échantillons intéressants et que nous ne connaissions pas nous ont été communiqués ; l'*Echinologie helvétique* de MM. Desor et de Loriol, ouvrage important dans lequel plusieurs de nos espèces se trouvent discutées, a paru en Suisse. Ces divers documents nous permettent non-seulement de compléter notre travail, mais de le rectifier sur certains points, et nous avons pensé qu'il était utile d'ajouter un supplément, bien que cela ne se soit pas encore fait pour les autres volumes de la Paléontologie française.

Metaporhinus convexus (Catullo), Cotteau, 1870.

Voy. n° 4, *Metaporhinus transversus*, p. 28.

La synonymie de cette espèce doit être modifiée ainsi :

Nucleolites convexus,	Catullo, *Zaggio de zoologia fossile,* p. 28, pl. xi, fig. bis, 1827.
Dysaster altissimus,	Zeuschner, Tatra, pl. iii, fig. 7, 1846.

Collyrites transversa,	D'Orbiguy, *Paléont. franç., terrain crétacé,* t. VI, p. 50, 1853.
— —	D'Orbigny, *Revue et Magasin de zoologie,* 2e sér., t. VI, p. 28, 1854.
— —	Desor, *Synops. des Echin. foss.,* p. 208, 1857.
— —	Wright, *Monog. of the Brit. Foss. Echinod.* from. the Oolith. Form , p. 326, 1859.
Metaporhinus Munsteri,	Cotteau in Hébert, *Note sur les calcaires à Terebratula diphya de la Porte de France,* Comptes rendus de l'Inst., t. LXIV, p. 1055, 1867.
Metaporhinus transversus,	Cotteau, *Paléont. française,* terrain jurassique, Echinides, p. 28 (excl. partie des synonymes), 1867.
— —	Pictet, *Etude provisoire des Foss. de la Porte de France,* p. 205-206, 1868.
Metaporhinus convexus,	Cotteau in Zittel, *Die Fauna der aeltern Cephalopoden fuehrenden Tithonbildungen,* p. 269, pl. xxxix, fig. 1, 2, 3 et 4, 1870.
— —	Desor et de Loriol, *Echinologie helvétique,* 1re partie, p. 483, 2e partie, pl. i, fig. 10-15, 1873.

En 1870, nous avons décrit cette espèce, dans l'ouvrage
de M. Zittel, sous le nom de *Metaporhinus convexus,* la
rapportant au *Nucleolites convexus* de Catullo. Dès cette
époque nous la considérions comme très-voisine du *Met.
transversus* dont elle ne nous paraissait se distinguer que par
quelques caractères de peu d'importance et notamment
par sa taille constamment moins forte ; si alors nous
n'avons pas réuni les deux espèces, c'est parce que nous
ne connaissions pas les échantillons intermédiaires recueillis par M. Gilliéron dans le Dat, près Semsales, canton
de Fribourg (Suisse), que nous avons examinés depuis dans

la collection de M. de Loriol, et qui ne peuvent laisser de
doute sur leur identité avec le *Metaporhinus transversus*.

C'est à tort que nous avons considéré comme synonyme
de l'espèce qui nous occupe, le *Collyrites Berriasensis*, décrit
et figuré dans le Mémoire de M. Pictet sur la faune de
Berrias. Nous sommes maintenant d'accord avec M. de
Loriol pour séparer les deux espèces : le *Met. Berriasensis*
se reconnaîtra toujours à son sillon antérieur plus accentué
et montant plus haut, à son péristome plus rapproché
du bord antérieur, à sa face postérieure acuminée et
terminée par un rostre aigu, tandis que, dans le *Met. trans-*
versus, cette même région est tronquée au pourtour et
terminée par deux protubérances accentuées ressemblant
à deux petites cornes rudimentaires.

N° 6 *bis*. — **Collyrites Ebrayi**, Cotteau, 1873.

Pl. 139, fig. 1-8.

Collyrites Ebrayi, Cotteau, *Echinid. nouveaux ou peu connus*,
t. I, p. 168, pl. xvii, fig. 1-4, 1873.

Cette espèce ne nous était pas connue lorsque nous avons
décrit le genre *Collyrites*.

Espèce de petite taille, un peu allongée, arrondie en
avant, étroite et un peu sub-rostrée en arrière ; face supérieure assez régulièrement bombée, déclive et sub-tronquée dans la région postérieure ; face inférieure presque
plane, sub-pulvinée, marquée de légers renflements qui
correspondent aux aires interambulacraires et notamment
à l'aire interambulacraire impaire. Sommet sub-central ;
aires ambulacraires assez fortement disjointes, composées
de pores très-petits, rangés par paires obliques, se multi-

pliant un peu vers le péristome. Aire ambulacraire antérieure se dirigeant en droite ligne vers la bouche et ne
présentant, sur la face supérieure, aucune trace de sillon.
Aires ambulacraires paires antérieures sub-flexueuses, un
peu arrondies, très-étroites surtout à leur partie supérieure.
Aires ambulacraires postérieures beaucoup moins longues
et un peu plus larges que les autres, convergeant vers le
périprocte et disparaissant sur les bords du sillon anal.
Tubercules extrêmement petits, épars, un peu plus développés près du bord et dans la région infra-marginale.
Granules intermédiaires fins, serrés, homogènes. Péristome
excentrique en avant, sub-circulaire, un peu allongé dans
le sens du diamètre antéro-postérieur, placé dans la partie
la plus déprimée de la face inférieure. Périprocte ovale,
s'ouvrant au sommet d'un sillon profond, étroit, sub-caréné
sur les bords, qui occupe près du tiers de la face supérieure, et se prolonge en s'atténuant et s'évasant un peu
jusqu'au bord postérieur. Appareil apical étroit, granuleux, très-allongé. Plaques génitales visiblement perforées,
celle de droite d'un aspect madréporiforme très-reconnaissable; plaques ocellaires antérieures latérales largement
développées, séparées au milieu par une plaque complémentaire très-distincte dans tous les exemplaires que nous
avons examinés; plaques génitales postérieures tantôt en
contact par le milieu, tantôt séparées par une plaque complémentaire allongée et éloignée des plaques ocellaires
latérales par une ou deux plaques complémentaires. Ces
plaques génitales postérieures sont reliées aux plaques
ocellaires postérieures par une série de cinq ou six petites
plaques étroites, inégales, irrégulières. La plaque ocellaire
impaire antérieure et les deux plaques ocellaires postérieures sont très-petites. Les plaques apicales varient quel-

quefois dans leur disposition générale. Chez un de nos exemplaires, quelques-unes des plaques complémentaires, au lieu d'aller de droite à gauche, se dirigent de gauche à droite.

Hauteur, 11 millimètres; diamètre transversal, 18 millimètres: diamètre antéro-postérieur, 21 millimètres.

RAPPORTS ET DIFFÉRENCES. — Cette espèce offre au premier aspect, en raison de sa forme générale et du sillon anal étroit sur le bord duquel disparaissent les aires ambulacraires postérieures, quelque ressemblance avec certaines espèces de *Galeropygus* et notamment le *G. caudatus;* elle s'en distingue cependant d'une manière positive par la structure de ses aires ambulacraires très-fortement disjointes, caractère qui la range parmi les *Collyrites*. Le *C. Ebrayi* se place dans le voisinage du *C. ringens*, mais il sera toujours facilement reconnaissable à sa forme plus allongée et plus sensiblement rostrée en arrière, à sa face inférieure moins pulvinée, à son péristome plus ovale, à ses aires ambulacraires postérieures moins arrondies à leur extrémité, et surtout au sillon anal étroit, profond, caréné, qui s'étend depuis le périprocte jusqu'au bord et occupe plus du tiers de la face supérieure.

LOCALITÉ. — Le Guétin (Nièvre). Assez rare. Etage bajocien.

Coll. de M. Ebray, ma collection.

EXPLICATION DES FIGURES. — Pl. 139, fig. 1, *C. Ebrayi*, vu de côté, de ma collection; fig. 2, face sup.; fig. 3, face inf.; fig. 4, région anale; fig. 5, autre exemplaire, vu de côté, de ma collection; fig. 6, face inférieure; fig. 7, appareil apical grossi; fig. 8, autre appareil grossi, montrant la disposition différente de quelques-unes des plaques complémentaires.

Collyrites capistrata (Goldfuss),
Des Moulins, 1837.

Voyez, n° 15, *Collyrites capistrata*, p. 76.

Cette espèce a été recueillie à Crussol (Ardèche) par M. Huguenin, associée aux *Collyrites carinata* et *Verneuili* et au *Pachyclypeus semiglobus :* les exemplaires de Crussol sont de petite taille, moins cordiformes et tronqués plus carrément à la face postérieure que ceux que nous avons fait figurer pl. xvii, cependant ils ne sauraient être séparés du type.

Le *Dysaster capistratus*, décrit et figuré par Agassiz dans la *Description des Echinodermes de Suisse*, n'est autre, ainsi que le fait observer M. de Loriol (1), qu'un individu du *C. trigonalis*, bien reconnaissable à ses deux sommets ambulacraires très-rapprochés et à son périprocte tout à fait marginal et échancrant l'extrémité très-acuminée du bord postérieur. Le *Dys. capistratus*, Agassiz, de la *Description des Echinodermes de la Suisse*, devra donc disparaître de la synonymie de l'espèce qui nous occupe.

M. Dumortier a recueilli cette espèce au Moulin Donglas (Ain), associée au *Cidaris filograna*, dans une couche qui paraît correspondre aux assises de Birmensdorf. — L'exemplaire rencontré par M. Dumortier est de petite taille, mais parfaitement caractérisé.

Collyrites carinata (Leske), Des Moulins, 1857.

Voyez n° 16, *Collyrites carinata*, p. 80.

Il y a lieu d'ajouter à la synonymie de l'espèce :

Collyrites carinata,   Pillet, *L'Etage lithonique à Lemenc*, Arch.

(1) *Echinologie helvétique*, terrain jurassique, p. 369.

bibliothèque universelle, t. XLII, p. 137
et 140, 1871.

Collyrites carinata,   Desor et de Loriol, *Echinol. helvét.,* p. 373,
pl. LIX, fig. 9-11, 1872.

M. Pillet détermine la position stratigraphique de cette
espèce qui s'est rencontrée à Lemenc, dans les couches
inférieures à *Ammonites tenuilobatus* et dans les assises à
polypiers et spongiaires qui viennent au-dessus.

M. Huguenin a rencontré le *C. carinata* à Crussol, dans
la zone à *Ammonites tenuilobatus*, en même temps que le
Collyrites capistrata et le *Pachyclypeus semiglobus*.

Collyrites friburgensis, Ooster, 1865.

Voyez n° 17, *Collyrites friburgensis*, p. 86.
Il y a lieu d'ajouter à la synonymie :

Collyrites friburgensis,   Ooster, *Protozoe helvetica*, t. I, p. 24,
pl. II, fig. 6, 1869.

—   —   E. Favre, *Le Massif du Moléson*, p. 35
et 39, 1870.

—   —   Cotteau in Zittel, *Die Fauna der aeltern
Cephalopoden fuehrenden Tithonbildun-
gen*, p. 270, pl. XXXIX, fig. 5-6, 1870.

—   —   Desor et de Loriol, *Echinol. helvétique*,
p. 375, pl. LX, fig. 1-3, 1872.

—   —   Cotteau, Péron et Gauthier, *Echin.
d'Algérie*, 1er fascicule, Terrain jurassique, p. 11, 1873.

Cette espèce a été recueillie, en outre des localités déjà
mentionnées, près du pont de Digne (Basses-Alpes), par
M. Garnier, associée aux *Ammonites transversarius* et *cordatus*. Coll. Garnier.

N° 17 *bis.* — **Collyrites Verneuili**, Cotteau, 1870.

Pl. 139, fig. 9 et 10.

Galerites assulatus (non Catullo),   Schauroth, *Verzeichniss der Versteinerungen der coburger Naturalien-Cab.*, p. 142, pl. iv, fig. 6. 1865.

Collyrites Verneuili,   Cotteau in Zittel, *Die Fauna der aeltern Cephalopoden fuehrenden Tithonbildungen*, p. 272, pl. xxxix, fig. 7-8, 1870.

L'exemplaire que nous rapportons à cette espèce nous a été communiqué par M. Huguenin : la conservation laisse beaucoup à désirer, il nous a paru cependant suffisamment caractérisé pour pouvoir être décrit et figuré.

Test de grande taille, oblong, sub-circulaire, arrondi et dilaté en avant, plus étroit et sub-acuminé en arrière; face supérieure épaisse, renflée ?... face inférieure presque plane, légèrement pulvinée, arrondie sur les bords, présentant, au milieu de l'aire interambulacraire postérieure, un renflement assez apparent, bicaréné, qui s'élève et s'élargit vers le bord, aux approches du périprocte. Le sommet apical et les aires ambulacraires antérieures ne sont pas visibles dans l'exemplaire que nous avons sous les yeux. Aires ambulacraires postérieures relativement assez larges, légèrement recourbées à leur partie supérieure, convergeant à une assez grande distance du périprocte. Tubercules petits, inégaux, épars, espacés même dans la région infra-marginale, plus rares et plus développés en se rapprochant de la bouche. Péristome sub-circulaire, presque central, un peu rejeté en avant. Périprocte ovale, à fleur du test, s'ouvrant à la face inférieure, près du bord, à l'extrémité

du renflement qui marque le milieu de l'aire interambulacraire postérieure.

Hauteur (?) ; diamètre transversal, 61 millimètres ; diamètre antéro-postérieur, 67 millimètres.

RAPPORTS ET DIFFÉRENCES. — Cette espèce est assurément très-voisine du *Collyrites Voltzi ;* elle nous a paru
cependant s'en distinguer par ses aires ambulacraires
postérieures moins recourbées à leur extrémité et convergeant à une distance plus éloignée du périprocte; ce
caractère est très-apparent dans l'exemplaire que nous
avons fait figurer.

LOCALITÉ. — Crussol (Ardèche). Très-rare. Zone à *Ammonites tenuilobatus.*

Coll. Huguenin.

M. Vélain a recueilli à Chabrières (Hautes-Alpes), dans la
zone à *Ammonites transversarius,* deux gros échantillons de
Collyrites qui nous paraissent appartenir au *C. Verneuili.*
Ils sont malheureusement trop mal conservés pour être
déterminés d'une manière certaine, et peut-être devront-
ils être réunis au *C. Voltzi.*

LOCALITÉS AUTRES QUE LA FRANCE. — Cabra (Espagne);
Rogoznik et Maruszina dans les Carpathes ; Noriglio,
Pazzon, Toldi, Folgaria, Volano (Tyrol). Abondant. Titho-
nique inférieur (M. Zittel).

EXPLICATION DES FIGURES. — Pl. 139, fig. 9, *C. Verneuili,*
vu sur la face inférieure, de la collection de M. Huguenin;
fig. 10, région anale.

Collyrites Voltzi, Desor, 1857.

Pl. 140.

Voyez n° 18, *Collyrites Voltzi,* p. 89.

En 1867, lorsque nous nous sommes occupé du *C. Voltzi,*

n'ayant à notre disposition que des exemplaires très-frustes, nous nous sommes borné à reproduire la description donnée par M. Desor dans la *Monographie des Dysaster*, publiée en 1842, d'après des échantillons du musée de Strasbourg qu'il nous avait été impossible de retrouver. En 1872, MM. Desor et de Loriol ont décrit et figuré de nouveau cette espèce. Leur description est assurément plus complète que la nôtre, cependant elle laisse encore beaucoup à désirer, car dans aucun de leurs exemplaires la face supérieure n'était visible. — M. Marion, préparateur à la faculté des sciences à Marseille, nous ayant envoyé un échantillon parfaitement conservé du *C. Voltzi*, recueilli dans les calcaires supérieurs de Rians (Var), nous croyons devoir compléter la description de cette espèce rare et imparfaitement connue.

Espèce de taille moyenne, ovale, oblongue, arrondie en avant, un peu rétrécie en arrière ; face supérieure épaisse, renflée, sub-conique en arrière, très-obliquement déclive dans la région antérieure ; face inférieure un peu déprimée autour du péristome, presque plane, arrondie sur les bords, marquée seulement de légers renflements dans les aires interambulacraires et notamment dans l'aire interambulacraire postérieure. Sommet ambulacraire très-excentrique en arrière. Sillon antérieur tout à fait nul. Aires ambulacraires fortement disjointes, composées de pores très-petits, rangés par paires obliques, serrées près du sommet, s'espaçant à la face inférieure, très-multipliées autour du péristome. Aire ambulacraire antérieure se dirigeant en droite ligne jusqu'à la bouche, étroite surtout près du sommet. Aires ambulacraires paires antérieures flexueuses, également très-étroites à leur partie supérieure ; aires ambulacraires postérieures recourbées et

arrondies à leur extrémité, convergeant à une distance
relativement faible du périprocte. Tubercules très-petits,
épars, peu abondants à la face supérieure, un peu plus
gros et plus distinctement scrobiculés à la face inférieure.
Granules intermédiaires serrés, épars, inégaux, les plus
fins disposés en cercles autour des plus gros tubercules.
Péristome sub-circulaire, presque central, un peu excentrique en avant. Périprocte ovale, allongé, infra-marginal,
situé à l'extrémité d'un renflement de l'aire interambulacraire impaire, et remontant un peu sur la face postérieure,
sans toutefois devenir visible d'en haut. Appareil apical
étroit, allongé, granuleux; les plaques antérieures sont reliées aux plaques ocellaires postérieures par une série de
petites plaques très-étroites, inégales, irrégulières.

Hauteur, 31 millimètres; diamètre transversal, 51 millimètres; diamètre antéro-postérieur, 55 millimètres.

RAPPORTS ET DIFFÉRENCES. — Le *C. Voltzi* se distingue de
tous les *Collyrites* que nous connaissons par son sommet
antérieur très-excentrique en arrière, par sa face supérieure fortement déclive en avant, sa face inférieure
presque plane, légèrement pulvinée, ses aires ambulacraires antérieures très-étroites, par ses aires ambulacraires postérieures recourbées et placées à peu de distance du périprocte, ses pores très-multipliés autour du
péristome, sa bouche presque centrale, son périprocte
infra-marginal. La seule espèce dont il se rapproche est
le *C. Verneuili* que M. de Loriol serait tenté d'y réunir,
mais qui nous paraît s'en distinguer d'une manière positive
par son sommet antérieur moins excentrique en arrière, par
ses aires ambulacraires postérieures moins recourbées
à leur extrémité et convergeant toujours à une distance
plus grande du périprocte.

Localités. — Rians (Var); montagne des Voirons (Savoie). Rare. Terrain jurassique supérieur.

Ma collection.

Localités autres que la France. — Le Pissot, près Villar-Volard, Châtel-Saint-Denis (Fribourg). Suisse.

Explication des figures. — Pl. 140, fig. 1, *C. Voltzi*, vu de côté, de ma collection; fig. 2, face sup.; fig. 3, face inf.; fig. 4, région anale; fig. 5, appareil apical grossi; fig. 6, péristome grossi.

Collyrites bicordata (Leske), Des Moulins, 1837.

Voyez n° 19, *Collyrites bicordata*, p. 91.

Aux nombreuses localités déjà citées, il y a lieu d'ajouter : Viéville (Haute-Marne), étage oxfordien supérieur, collection de M. Tombeck, et Chabrières (Hautes-Alpes), étage oxfordien, zone à *Ammonites transversarius*. Le *Collyrites bicordata*, dans cette dernière localité, se rencontre associé aux *Collyrites Friburgensis* et *Verneuili*?

C'est à tort que nous avons mentionné le *Collyrites bicordata* à Djebel-Séba Hamoun, au sud de Bou-Saada (Algérie). L'espèce qu'on y rencontre appartient au *Collyrites Loryi*.

Collyrites Loryi (Gras), d'Orbigny.

Voyez n° 21, *Collyrites Loryi*, p. 100.

Nous devons ajouter à la synonymie de cette espèce :

Collyrites bicordata?	Cotteau, *Echinides jurassiques d'Algérie*, Bull. soc. géol. de France, 2ᵉ sér., t. xxvi, p. 530, 1869.
Collyrites Loryi,	Gauthier in Cotteau, Péron et Gauthier, *Echinides fossiles de l'Algérie, terrain jurassique*, Ann. des sc. géol., t. IV, p. 11, 1873.

C'est avec doute que nous avions rapporté au *Collyrites*

bicordata les exemplaires de *Collyrites* qu'on rencontre à Djebel-Séba (Algérie). MM. Péron et Gauthier qui ont eu à leur disposition un grand nombre d'échantillons, ont reconnu qu'ils en différaient par leur face antérieure non-échancrée par un sillon, et nous sommes aujourd'hui d'accord pour les réunir au *C. Loryi* dont ils se rapprochent bien davantage par leur taille, leur forme générale et les détails de leurs aires ambulacraires. Il se pourrait, ainsi que le fait observer M. Gauthier, que le *C. siliceus*, Quenstedt, connu seulement par des moules intérieurs siliceux, mais dont la taille et la forme générale sont identiques, appartint à la même espèce. Djebel-Séba (Algérie). Étage séquanien. Collection Péron.

Dysaster granulosus (Goldfuss), Agassiz, 1836.

Voyez n° 23, *Dysaster granulosus*, p. 110.

Il y a lieu d'ajouter à la synonymie :

Dysaster granulosus,	Oppel, *Ueber die Zone des Ammonites transversarius,* in geogn. Pal. Beiträge, p. 299, 1866.
— —	Ogérien, *Hist. nat. du Jura,* t. I, p. 675, 1867.
— —	Greppin, *Essai géol. sur le Jura suisse,* p. 62 et 71, 1867.
— —	Cotteau, *Echinid. du terrain jurassique sup. d'Algérie,* Bull. soc. géol. de France, 2e série, t. XXVI, p. 529, 1869.
— —	Desor et de Loriol, *Echinologie helvétique, terrain jurassique,* p. 380, 1872.
— —	Gauthier in Cotteau, Péron et Gauthier, *Echinides foss. de l'Algérie, terrain jurassique,* p. 13, 1873.

M. de Loriol (1) mentionne cette espèce à Vouécourt

(1) *Monographie des Etages supérieurs de la formation jurassique de la Haute-Marne,* p. 459.

(Haute-Marne), étage corallien moyen, première zone à *Terebratula humeralis*, et à Harmeville, Chamcourt (Haute-Marne), étage kimméridgien, zone à *Ammonites orthocera*. Coll. Royer, Tombeck.

Pygurus costatus, Wright, 1860.

Pl. 141.

Voyez n° 30, *Pygurus costatus*, p. 155.

Un second exemplaire de cette espèce très-rare a été recueilli par MM. Perron et Bayan à Champlitte (Haute-Saône), dans l'étage corallien inférieur. Cet échantillon, plus complet que celui que nous avons fait figurer et parfaitement caractérisé par sa forme sub-pentagonale, sa face supérieure peu élevée et amincie sur les bords, ses aires ambulacraires proéminentes, effilées et sensiblement costulées, ne peut laisser aucun doute sur son identité avec l'espèce d'Angleterre. Dans ce nouvel exemplaire le dessous est conservé et nous permet de compléter notre description :

Face inférieure presque plane, à peine pulvinée, légèrement concave aux approches de la bouche. Péristome un peu excentrique en avant, muni d'un floscelle très-accusé. Périprocte ovale, s'ouvrant à la face inférieure, près du bord. Collection de l'Ecole des mines (M. Bayan).

EXPLICATION DES FIGURES. — Pl. 141, fig. 1, *P. costatus*, vu sur la face inférieure, de la collection de l'Ecole des mines.

Clypeus altus, M'Coy, 1848.

Voyez n° 37, *Clypeus Osterwaldi*, p. 188.

La synonymie de cette espèce doit être ainsi modifiée :

Clypeus altus,   M'Coy, *New Mesozoic Radiata,* Ann. and Mag. of Nat. Hist., 2ᵉ série, vol. II, p. 417, 1848.

Nucleolites altus,	Forbes in Morris, *Catal. of Brit. foss.*, 2ᵉ édit., p. 83, 1854.
Clypeus altus,	M'Coy, *Contrib. to Brit. Palæontology*, p. 65, 1854.
Clypeus Osterwaldi,	Desor, *Synops. des Echin. foss.*, p. 277, 1858.
— —	Wright, *Monog. of the Brit. Foss. Echinod. from the Ool. Form.*, p. 387, 1859.
Clypeus altus,	Wright, *ibid.*, p. 366, pl. XXVII, fig. 1, 1859.
Clypeus Ploti (non Klein),	de Ferry, *Mém. sur le groupe oolit. inf. des environs de Mâcon*, p. 36, 1861.
Clypeus Osterwaldi,	Dujardin et Hupé, *Hist. nat. des Zooph. Echinod.*, p. 580, 1862.
— —	Mœsch, *Der Aargauer Jura*, p. 96, 1867.
— —	Jaccard, *Description géol. du Jura vaudois et neuchatelois*, p. 219, 1869.
— —	Cotteau, *Paléontologie française, terrain jurassique*, p. 188, pl. XLIX (excl. pl. L, fig. 2), 1869.
Clypeus altus,	Desor et de Loriol, *Echinologie helvétique*, p. 331, pl. LII, fig. 1-3, 1872.

M. de Loriol a démontré, dans l'*Echinologie helvétique*, que le *Clypeus Osterwaldi* devait être réuni au *C. altus* dont il ne différait par aucun caractère appréciable. Nous nous rangeons d'autant plus volontiers à son avis que M. Desor qui avait cru devoir établir, dans le *Synopsis des Echinides fossiles*, le *Clypeus Osterwaldi*, partage aujourd'hui lui-même l'opinion de M. de Loriol. Les exemplaires de l'étage bajocien de Saône-et-Loire, figurés pl. XLIX, présentent parfaitement les caractères du type, et ne sauraient être distingués des individus d'Angleterre ou de Suisse. Quant à l'échantillon de grande taille provenant de l'étage bathonien de Selongey, figuré pl. L, fig. 2, il s'en éloigne par sa taille beaucoup plus forte, sa forme plus pentagonale, sa face supérieure plus élevée, et, comme le présume M. de Loriol, il devra probablement être réuni au *Clypeus Ploti.*

Clypeus subulatus (Young et Bird), Wright, 1859.

Voyez n° 46, *Clypeus subulatus*, p. 221.

La collection de l'École normale de Paris possède un exemplaire de cette espèce, recueilli par M. Hébert dans le Coral-rag inférieur de La Motte près Saint-Come (Sarthe). Cet exemplaire, dont la face supérieure est bien conservée, se rapproche par sa taille de l'échantillon d'Angleterre figuré par M. Wright; il en diffère un peu par sa face supérieure moins bombée, son périprocte plus aigu au sommet, s'ouvrant plus loin du bord et dans un sillon moins évasé.

Echinobrissus Terquemi (Agassiz et Desor), d'Orbigny, 1854.

Voyez n° 52, *Echinobrissus Terquemi*, p. 241.

Aux localités précédemment indiquées pour cette espèce, il faut ajouter celle de Mandres (Haute-Marne). M. Babeau y a recueilli, dans les couches de la grande oolite, un exemplaire parfaitement caractérisé de cette espèce, longtemps réunie à l'*Ech. clunicularis*, mais qui nous a paru s'en distinguer d'une manière positive.

Echinobrissus micraulus (Agassiz), d'Orbigny, 1854.

Voyez n° 61, *Echinobrissus micraulus*, p. 276.

M. de Lapparent a rencontré plusieurs exemplaires de cette espèce à Sanville, canton du Chesne (Ardennes), dans une petite couche avec nodules de grès ferrugineux, située à la jonction de l'oxfordien supérieur et des couches à *Chemnitzia striata* qui supportent le corallien à *Hemicidaris crenularis.* Elle s'y rencontre associée à l'*Acrosalenia decorata,* au *Cidaris cervicalis* et à un *Hyboclypeus* très-voisin de l'*H. Wrighti.* Suivant M. de Lapparent cette couche est une transformation latérale du système à minerai de fer de Neuvisy.

A Sanville cette espèce aurait donc été rencontrée dans l'étage oxfordien, comme à Launois et Viel-St-Remy où elle est abondante. Seulement à Sanville elle se trouve avec des espèces ordinairement coralliennes, *Cidaris cervicalis Acrosalenia decorata,* etc.

Un des exemplaires recueillis par M. de Lapparent constitue une variété intéressante et qui diffère un peu du type par sa forme large, sub-circulaire, aplatie, et son périprocte rapproché du bord.

Galeropygus Marcou, Desor, 1858.

Pl. 141, fig. 2.

Voyez n° 78, *Galeropygus Marcou,* p. 342.

Cette espèce a été recueillie tout récemment par M. Bonneville à Dompierre (Nièvre), dans l'étage bajocien ; un des exemplaires a conservé presque toutes ses plaques apicales. Nous avons fait figurer cet appareil beaucoup plus complet que celui que représente la planche LXXXVII, fig. 5 : il est compacte, sub-circulaire, et renferme au milieu deux plaques complémentaires ; la plaque madréporiforme est relativement petite ; les deux plaques ocellaires paires antérieures sont presque autant développées que les plaques génitales.

Explication des figures. — Pl. 141, fig. 2, face supérieure grossie du *G. Marcou,* de ma collection.

N° 88 *bis*. Hyboclypeus sub-circularis, Cotteau, 1874.

Pl. 141, fig. 3-5, et pl. 142, fig. 1-6.

Espèce de taille moyenne, sub-circulaire, aussi large que longue, arrondie en avant, très-légèrement rostrée en arrière ; face supérieure uniformément bombée, déclive dans la région postérieure ; face inférieure concave, sub-pulvinée. Sommet ambulacraire sub-central, un peu rejeté en avant. Aires ambulacraires inégales ; les postérieures, moins longues, plus flexueuses et un peu plus larges que les autres, disparaissent à leur partie supérieure dans le sillon anal. Zones porifères composées de pores petits, arrondis, égaux entre eux, s'espaçant à la face inférieure, se multipliant un peu autour du péristome. Tubercules très-petits, épars, sub-scrobiculés, abondants à la face supérieure, plus gros et plus serrés dans la région infra-marginale, plus espacés et plus largement scrobiculés en se rapprochant du péristome. Granules intermédiaires fins, abondants, homogènes, disposés en cercles autour des tubercules plus développés de la face inférieure. Péristome un peu excentrique en avant, sub-pentagonal, légèrement enfoncé. Périprocte ovale, peu étendu, situé dans un sillon profond, caréné sur le bord, qui part du sommet et se prolonge en s'évasant à peine jusqu'au bord postérieur. La partie antérieure de l'appareil apical est conservée dans un de nos exemplaires : la plaque madréporiforme et la plaque génitale antérieure de gauche se touchent par le milieu, et paraissent directement superposées aux autres plaques comme dans l'appareil des *Hyboclypeus*.

Hauteur, 12 millimètres ; diamètre transversal, 26 millimètres ; diamètre antéro-postérieur, 25 millimètres et demi.

RAPPORTS ET DIFFÉRENCES. — Cette espèce, en raison de
sa forme sub-circulaire, présente la physionomie des *Galeropygus* et se rapproche du *G. disculus*, mais elle s'en distingue d'une manière positive par la structure allongée
de son appareil apical, caractère qui la place parmi les
Hyboclypeus, dans le voisinage de l'*H. Theobaldi;* elle diffère de cette dernière espèce par sa forme plus circulaire
et moins sensiblement rostrée en arrière, par sa face inférieure plus concave et plus sensiblement pulvinée, par son
sillon anal plus droit, plus caréné, moins évasé.

LOCALITÉ. — Nancy (Meurthe-et-Moselle). Très-rare.
Etage bajocien.

Ma collection.

EXPLICATION DES FIGURES. — Pl. 141, fig. 3, *H. sub-circularis*, vu de côté, de ma collection ; fig. 4, face inférieure ;
fig. 5, péristome grossi. — Pl. 142, fig. 1, autre exemplaire
de l'*H. sub-circularis*, vu de côté, de ma collection; fig. 2,
face supérieure ; fig. 3, région anale ; fig. 4, portion de la
face supérieure grossie ; fig. 5, tubercules de la face supérieure grossis; fig. 6, tubercules de la face inférieure
grossis.

Hyboclypeus Wrighti, Etallon, 1860.

Voyez n° 90, *Hyboclypeus Wrighti*, p. 380.

M. Tombeck a recueilli cette espèce très-rare à Viéville
(Haute-Marne), dans l'oxfordien supérieur, associée au
Collyrites bicordata, à l'*Hemicidaris diademata*, au *Cidaris
cervicalis*. L'exemplaire de M. Tombeck se rapproche par
sa taille et sa forme générale de celui que nous avons décrit. La face inférieure très-bien conservée est fortement
pulvinée.

Pachyclypeus semiglobus, Desor, 1857.

Pl. 142, fig. 7-8.

Voyez n° 94, *Pachyclypeus semiglobus*, p. 390.

Deux nouveaux exemplaires de *Pachyclypeus* nous ont été communiqués par M. Huguenin. Ces deux échantillons, comme celui que nous avons déjà décrit, proviennent de Crussol (Ardèche), et ont été recueillis dans la zone à *Ammonites tenuilobatus*. L'un d'eux est remarquable par sa grande taille, sa forme sub-circulaire, élevée, hémisphérique. Le second, beaucoup plus petit, montre bien, à la face inférieure, la forme du péristome qui est ovale, un peu oblique et inégalement pentagonale. Nous avons cru devoir donner deux nouvelles figures de cette espèce très-rare en France.

EXPLICATION DES FIGURES. — Pl. 142, fig. 7, *P. semiglobus* de grande taille, vu sur la face supérieure, de la collection de M. Huguenin ; fig. 8, individu plus jeune, vu sur la face inférieure, de la collection de M. Huguenin.

Holectypus Sarthacensis, Cotteau, 1856.

Voyez n° 100, *Holectypus Sarthacensis*, p. 424.

M. Ebray a recueilli un exemplaire de cette espèce très-rare et parfaitement caractérisée par la position de son périprocte, à Pas-de-Jeu (Deux-Sèvres), dans l'étage callovien. Cet exemplaire fait partie de la collection de la Sorbonne.

Holectypus orificiatus, de Loriol, 1871.

Voyez n° 104, *Holectypus orificiatus*, p. 433.

M. Huguenin a recueilli cette espèce, très-rare encore

en France, à la montagne de Crussol, dans la zone à *Ammonites tenuilobatus*.

En décrivant cet *Holectypus*, nous avons indiqué qu'il se rencontrait à la fois dans l'étage oxfordien et dans l'étage corallien. Il est probable qu'il n'en est rien, et que cette espèce caractérise à la Bastille près Grenoble et à Montbéliard, comme à Crussol, la zone à *Ammonites tenuilobatus*. Seulement les auteurs ne sont point d'accord sur l'horizon de cette zone, que les uns considèrent comme oxfordienne et que d'autres placent à un niveau bien supérieur.

Pygaster conoideus, Wright, 1852.

Voyez n° 109, *Pygaster conoideus*, p. 460.

Un second exemplaire de cette espèce très-rare a été recueilli par M. Parrot, à St-Martin d'Excideuil (Dordogne), dans l'étage bajocien ; il présente bien le caractère du type et est parfaitement reconnaissable à sa forme haute, pyramidale, sub-conique, à son ambitus anguleux, à ses pores ambulacraires inégaux, à ses tubercules petits et espacés, et à son péristome peu développé. Ma collection.

Pygaster Gresslyi, Desor, 1842.

Voyez n° 116, *Pygaster Gresslyi*, p. 484.

Nous avons à ajouter deux localités nouvelles à celles déjà citées pour cette espèce. Dans la collection de l'Ecole normale de Paris, nous avons trouvé un échantillon de grande taille et parfaitement caractérisé, provenant du Coral-rag inférieur de St-Mihiel (Meuse) ; d'un autre côté M. Chaper nous a communiqué un exemplaire de taille plus petite mais très-bien conservé, recueilli par M. Tissot, à la base de Molidané, en Algérie, dans une couche jurassique rapportée à l'étage corallien.

CONSIDÉRATIONS STRATIGRAPHIQUES

SUR LES

ÉCHINIDES IRRÉGULIERS

DU TERRAIN JURASSIQUE DE FRANCE

Nous avons décrit dans ce volume cent vingt-deux espéces d'Echinides irréguliers, ainsi distribuées dans les divers étages.

ÉTAGE LIASIEN.

Nous ne connaissons qu'une seule espèce d'Echinide irrégulier appartenant à l'étage liasien :

PYGASTER :
Reynesi, Desor.

Cette espèce, la plus ancienne des Echinides irréguliers de France, est propre à l'étage.

ÉTAGE TOARCIEN.

Deux espèces ont été rencontrées dans l'étage toarcien : l'une et l'autre lui sont propres :

GALEROPYGUS :
priscus, Cotteau.
agariciformis, id.

En Angleterre le *G. agariciformis* caractérise l'étage bajocien, et remonte jusque dans l'étage bathonien.

ÉTAGE BAJOCIEN.

Vingt-neuf espèces d'Echinides irréguliers se sont rencontrées dans l'étage bajocien :

COLLYRITES :
  ringens, Des Moulins.
  ovalis, id.
  Ebrayi, Cotteau.
PYGURUS :
  acutus, Agassiz.
  Terquemi, Cotteau.
CLYPEUS :
  Agassizi, Desor.
  Trigeri, Cotteau.
  angustiporus, Agassiz.
  altus, M'Coy.
  Ploti, Klein.
  Hugii, Agassiz.
  Deshayesi, Cotteau.
  Constantini, id.
ECHINOBRISSUS :
  Lorioli, Cotteau.
  Terquemi, D'Orbigny.

GALEROPYGUS :
  Marcou, Desor.
  caudatus, Cotteau.
  sulcatus, id.
  Baugieri, id.
HYBOCLYPEUS :
  gibberulus, Agassiz.
  ovalis, Wright.
  Theobaldi, De Loriol.
  sub-circularis, Cotteau.
HOLECTYPUS :
  depressus, Desor.
  hemisphæricus, id.
  concavus, id.
PYGASTER :
  semisulcatus, Agassi
  conoideus, Wright.
  Trigeri, Cotteau.

Sur les vingt-neuf espèces de l'étage bajocien, quatorze se retrouvent dans l'étage bathonien et nous montrent combien, sur certains points, il existe de rapports entre les deux étages. Ces espèces communes aux deux faunes sont : *Collyrites ringens* et *ovalis; Clypeus Trigeri, altus, Ploti* et *Hugii; Echinobrissus Terquemi; Galeropygus caudatus* et *Baugieri; Hyboclypeus gibberulus* et *ovalis ; Holectypus depressus* et *hemisphœricus ; Pygaster Trigeri.* Sur ces quatorze espèces une seule, *H. depressus,* franchit les limites de l'étage bathonien et se retrouve, partout très-abondante, dans les étages callovien, oxfordien et même corallien. Quinze espèces seulement sont propres à l'étage bajocien : *Collyrites Ebrayi; Pygurus acutus* et *Terquemi; Clypeus Agassizi, angustiporus, Deshayesi* et *Constantini; Echinobrissus Lorioli; Galeropygus Marcou* et *sulcatus; Hyboclypeus Theobaldi* et *sub-circularis; Holectypus concavus; Pygaster semisulcatus* et *conoideus*.

ÉTAGE BATHONIEN.

L'étage bathonien nous a fourni quarante-quatre espèces :

METAPORHINUS:
Sarthacensis, Cotteau.
COLLYRITES :
ringens, Des Moulins.
ovalis, id.
analis, id.
elliptica, id.
DYSASTER :
Mœschi, Desor.
PYGURUS :
depressus, Agassiz.
Michelini, Cotteau.
CLYPEUS :
Trigeri, Cotteau.
altus, M'Coy.
Ploti, Klein.
Bobblayei, Michelin.
Mulleri, Wright.
Daroustianus, Cotteau.
Michelini, Desor.
Rathieri, Cotteau.
Hugii, Agassiz.
Martini, Cotteau.
ECHINOBRISSUS:
quadratus, Cotteau.
Terquemi, D'Orbigny.

clunicularis, D'Orbigny.
crepidula, id.
amplus, id.
Burgundiæ, Cotteau.
triangularis, id.
elongatus, D'Orbigny.
orbicularis, Desor.
GALEROPYGUS:
caudatus, Cotteau.
Bangieri, id.
Nodoti, id.
disculus, id.
crassus, id.
GALEROCLYPEUS:
Peroni, Cotteau.
HYBOCLYPEUS :
gibberulus, Agassiz.
ovalis, Wright.
canaliculatus, Desor.
PYRINA :
Guerangeri, Cotteau.
HOLECTYPUS:
hemisphæricus, Desor.
depressus, id.
Sarthacensis, Cotteau.

PYGASTER :   *Icaunensis*, Cotteau.
  Trigeri, Cotteau.   •   *Peroni*, id.
  laganoïdes, Agassiz.

Sur ces quarante-quatre espèces, quatorze, qu'il est inutile d'énumérer de nouveau, se sont déjà montrées dans l'étage bajocien. Cinq espèces seulement remontent dans l'étage callovien : *Collyrites elliptica; Dysaster Mœschi; Pygurus depressus; Holectypus Sarthacensis* et *depressus*. Parmi ces cinq espèces la dernière est la seule qui s'était déjà montrée dans l'étage bajocien ; c'est la seule également, comme nous l'avons dit plus haut, qui dépasse les limites de l'étage callovien et se retrouve dans les étages oxfordien et même corallien. Restent vingt-six espèces qui, dans l'état actuel de nos connaissances, peuvent être considérées comme caractéristiques de l'étage bathonien : *Metaporhinus Sarthacensis; Collyrites analis; Pygurus Michelini; Clypeus Boblayei, Mulleri, Davoustianus, Michelini, Rathieri* et *Martini; Echinobrissus quadratus, clunicularis, crepidula, amplus, Burgundiœ, triangularis, elongatus* et *orbicularis; Galeropygus Nodoti, disculus, crassus; Galeroclypeus Peroni; Hyboclypeus canaliculatus; Pyrina Guerangeri; Pygaster laganoïdes, Icaunensis* et *Peroni*.

ÉTAGE CALLOVIEN.

Treize espèces proviennent de l'étage callovien :

COLLYRITES :   *Marmonti*, Agassiz.
  elliptica, Des Moulins.   *depressus*, id.
  dorsalis, D'Orbigny.   CLYPEUS :
  pseudoringens, Cotteau.   *Babeaui*, Cotteau.
  castanea, Desor.   ECHINOBRISSUS :
DYSASTER :   *pulvinatus*, Cotteau.
  Mœschi, Desor.   *micraulus*, D'Orbigny.
PYGURUS :   HOLECTYPUS :

depressus, Desor.   PYGASTER.
S*arthacensis*, Cotteau.   *umbrella*, Agassiz.

Sur les treize espèces de cet étage, cinq s'étaient déjà
montrées dans l'étage bathonien : *Collyrites elliptica ;
Dysaster Moeschi; Pygurus depressus; Holectypus depressus* et
Sarthacensis. Trois remontent dans l'étage oxfordien : *Echinobrissus micraulus; Holectypus depressus* et *Pygaster umbrella*. Deux de ces dernières espèces pénètrent jusque
dans l'étage corallien : *Holectypus depressus* et *Pygaster
umbrella*. Restent seulement six espèces caractéristiques
de l'étage callovien : *Collyrites dorsalis, pseudo-ringens* et
castanea; Pygurus Marmonti; Clypeus Babeaui et *Echinobrissus pulvinatus*.

ÉTAGE OXFORDIEN.

Nous divisons l'étage oxfordien en trois zones distinctes :
chacune d'elles renferme des espèces qui lui sont propres.

La zone inférieure, le plus souvent ferrugineuse, nous
a fourni six espèces :

COLLYRITES.   HOLECTYPUS.
 acuta, Desor.   *depressus*, Desor.
CLYPEUS.   *punctulatus*, id.
 subulatus, Wright.   *planus*, id.
ECHINOBRISSUS.
 micraulus, D'Orbigny.

Deux de ces espèces, *Echinobrissus micraulus* et *Holectypus depressus*, s'étaient déjà montrées dans l'étage callovien. Ces deux mêmes espèces reparaissent, la première
dans la zone oxfordienne supérieure, la seconde dans l'étage
corallien. Quatre espèces sont caractéristiques de cette
première zone : *Collyrites acuta; Clypeus subulatus · Holectypus punctulatus* et *planus*.

La zone oxfordienne moyenne, dans laquelle nous plaçons les couches à *Ammonites tenuilobatus* (1) et les *marnes à Scyphia*, nous a offert onze espèces :

METAPORHINUS.
  convexus, Cotteau ?
COLLYRITES.
  capistrata, Des Moulins.
  carinata, id.
  Friburgensis, Ooster.
  Voltzi, Desor.
  Verneuili, Cotteau.

DYSASTER.
  granulosus, Agassiz.
GALEROPYGUS.
  Marioni, Cotteau.
PACHYCLYPEUS.
  semiglobus, Desor.
HOLECTYPUS.
  corallinus, D'Orbigny.
  orificiatus, De Loriol.

Aucune de ces espèces ne s'était montrée dans les étages qui précèdent ni même dans la zone oxfordienne inférieure. Deux espèces, *Dysaster granulosus* et *Holectypus corallinus* reparaissent dans l'étage corallien; l'une d'elles, *Holectypus corallinus*, remonte jusque dans les étages kimméridgien et même portlandien. Neuf espèces peuvent être considérées comme caractéristiques, en France, de la zone oxfordienne moyenne : *Metaporhinus convexus; Collyrites capistrata, carinata, Friburgensis, Voltzi* et *Verneuili; Galeropygus Marioni; Pachyclypeus semiglobus; Holectypus orificiatus.*

La zone oxfordienne supérieure renferme sept espèces. Sur certains points les couches qui terminent l'étage oxfordien tendent à se confondre avec les calcaires à chailles que nous plaçons à la base de l'étage corallien. Il est quelquefois difficile de préciser la limite des deux étages, et il en résulte, dans quelques localités, un mélange d'espèces

(1) C'est provisoirement que nous laissons dans l'étage oxfordien les couches à *Ammonites tenuilobatus* que quelques auteurs placent à un horizon stratigraphique beaucoup plus élevé.

qui, sur d'autres points, occupent des niveaux parfaitement distincts :

COLLYRITES.	*Dumortieri*, Cotteau.
conica, Cotteau.	*scutatus*, D'Orbigny.
bicordata, Des Moulins.	*avellana*, Desor.
ECHINOBRISSUS.	HYBOCLYPEUS.
micraulus, d'Orbigny.	*Wrighti*, Etallon.

Sur ces sept espèces, une seule, *Echinobrissus micraulus*,
s'était déjà montrée dans la zone oxfordienne inférieure.
Deux espèces, *Echinobrissus scutatus* et *Hyboclypeus Wrighti*
reparaissent dans l'étage corallien. Quatre espèces sont
propres à la zone oxfordienne supérieure : *Collyrites conica*
et *bicordata ; Echinobrissus Dumortieri* et *avellana*.

ÉTAGE CORALLIEN.

Nous subdivisons les couches coralliennes, si largement
développées dans certaines régions de la France, en trois
groupes : 1° les calcaires à chailles ou couches à *Hemicidaris
crenularis ;* 2° les couches à *Diceras* et à *Nérinées ;* et 3° le
Coral-rag supérieur de Tonnerre, de la Rochelle, ou étage
séquanien, auquel nous rattachons les calcaires compactes
intermédiaires, très-pauvres du reste en Echinides, surtout en Echinides irréguliers.

Les calcaires à chailles nous ont offert quatorze espèces :

METAPORHINUS.	*Blumenbachi*, Agassiz.
Michelini, Agassiz.	ECHINOBRISSUS.
GRASIA.	*scutatus*, D'Orbigny.
elongata, Michelin.	HYBOCLYPEUS.
COLLYRITES.	*Wrighti*, Etallon.
Desoriana, Cotteau.	*Drogiacus*, Cotteau.
PYGURUS.	DESORELLA.
Icaunensis, Cotteau.	*elata*, Cotteau.
costatus, Wright.	HOLECTYPUS.

corallinus, D'Orbigny.   hemisphæricus, Desor.
Drogiacus, Cotteau.   PYGASTER.
PILEUS.   umbrella, Agassiz.

Sur ce nombre quatre espèces, *Echinobrissus sculatus; Hyboclypeus Wrighti; Holectypus corallinus* et *Pygaster umbrella*, avaient déjà fait leur apparition dans les couches oxfordiennes. Six espèces se rencontrent dans les deux autres zones coralliennes : *Grasia elongata; Pygurus Blumenbachi; Echinobrissus scutatus; Holectypus corallinus; Pileus hemisphæricus; Pygaster umbrella*. Sept espèces paraissent propres aux calcaires à chailles : *Metaporhinus Michelini; Collyrites Desoriana; Pygurus Icaunensis* et *costatus; Hyboclypeus Drogiacus; Desorella elata* et *Holectypus Drogiacus*.

Les couches à *Diceras* et *Nérinées,* ou dicératien, comprennent treize espèces :

METAPORHINUS.   PYRINA.
  Censoriensis, Desor.   Icaunensis, De Loriol.
CLYPEUS.   HOLECTYPUS.
  subulatus, Wright.   corallinus, D'Orbigny.
PYGURUS.   PILEUS.
  Hausmanni, Agassiz   hemisphæricus, Desor.
  Blumenbachi, id.   PYGASTER.
ECHINOBRISSUS.   umbrella, Agassiz.
  scutatus, D'Orbigny.   dilatatus, id.
PSEUDODESORELLA.   Gauthieri, Cotteau.
  Orbignyana, Etallon.   Gresslyi, Desor.

Sur ces treize espèces, six s'étaient déjà rencontrées dans les calcaires à chailles, ou dans l'étage oxfordien : *Pygurus Blumenbachi; Clypeus subulatus; Echinobrissus scutatus; Holectypus corallinus; Pileus hemisphæricus* et *Pygaster umbrella*. Cinq se retrouvent dans la zone supérieure : *Pygurus Blumenbachi; Pseudodesorella Orbignyana; Pyrina Icaunensis; Holectypus corallinus; Pygaster Gresslyi*. Restent quatre espèces caractéristiques : *Metaporhinus Censoriensis ; Pygurus Hausmanni ; Pygaster dilatatus* et *Gauthieri.*

Treize espèces appartiennent à la zone supérieure :

GRASIA.
 elongata, Michelin.
COLLYRITES.
 Loryi, D'Orbigny.
DYSASTER.
 granulosus, Agassiz.
PYGURUS.
 Blumenbachi, Agassiz.
ECHINOBRISSUS.
 Letteroni, Cotteau.
 Bourgueti, Desor.
 Desori, Etallon.

PSEUDODESORELLA.
 Orbignyana, Étallon.
DESORELLA.
 Grasi, Cotteau.
PYRINA.
 Icaunensis, De Loriol.
HOLECTYPUS.
 corallinus, D'Orbigny.
PYGASTER.
 Gresslyi, Desor.
 subtilis, id.

Sur ce nombre une espèce, *Dysaster granulosus,* a été déjà signalée dans la zone oxfordienne moyenne et reparaît dans l'étage kimméridgien avec l'*Holectypus corallinus.* Cinq espèces, *Pygurus Blumenbachi ; Grasia elongata ; Pseudodesorella Orbignyana ; Pyrina Icaunensio* et *Pygaster Gresslyi,* s'étaient déjà montrées soit dans les calcaires à chailles, soit dans les couches coralliennes inférieures à *Diceras.* Restent six espèces qui paraissent caractéristiques : *Collyrites Loryi ; Echinobrissus Letteroni, Bourgueti* et *Desori ; Desorella Grasi ; Pygaster subtilis.*

ÉTAGE KIMMÉRIDGIEN.

L'étage kimméridgien nous a fourni neuf espèces :

DYSASTER.
 granulosus, Agassiz.
PYGURUS.
 Royerianus, Cotteau.
 Jurensis, Marcou.

PHYLLOBRISSUS.
 Thevenini, Cotteau.
HOLECTYPUS.
 corallinus, D'Orbigny
ECHINOBRISSUS.

major, D'Orbigny.   **PYGASTER.**
Kimmeridgensis, Cotteau.   *macrocyphus*, Wright.
Icaunensis, Desor.

Parmi ces espèces, deux, *Dysaster granulosus* et *Holectypus corallinus*, s'étaient déjà montrées dans les étages oxfordien et corallien. Deux espèces, *Pygurus Royerianus* et *Holectypus corallinus*, remontent dans l'étage portlandien. Six espèces sont propres à l'étage kimméridgien : *Pygurus Jurensis ; Echinobrissus Kimmeridgensis, Icaunensis* et *major ; Phyllobrissus Thevenini ; Pygaster macrocyphus.*

ÉTAGE PORTLANDIEN.

Six espèces seulement appartiennent à l'étage portlandien :

PYGURUS.   *Perroni*, Etallon.
Royerianus, Cotteau.   *Haimei*, Wright.
ECHINOBRISSUS.   **HOLECTYPUS.**
Bourgueti, Desor.   *corallinus*, D'Orbigny.
Brodiei, Wright.

Trois espèces, *Pygurus Royerianus ; Echinobrissus Bourgueti* et *Holectypus corallinus*, s'étaient déjà montrées dans les étages précédents. Les trois autres, *Echinobrissus Brodiei, Perroni* et *Haimei*, sont propres à l'étage portlandien.

RÉPARTITION DES GENRES DANS LES DIFFÉRENTS ÉTAGES OU ILS
ONT VÉCU.

Le tableau suivant offre le développement successif des genres dans les neuf étages du terrain jurassique qui renferment des Echinides irréguliers; il permet de reconnaître d'un seul coup d'œil le point où chacun de ces genres s'est montré pour la première fois, celui où il a atteint son maximum de développement et celui où il a disparu.

GENRES.	Étage liasien.	Étage toarcien.	Étage bajocien.	Étage bathonien.	Étage callovien.	Étage oxfordien.	Étage corallien.	Étage kimméridgien.	Étage portlandien.
FAMILLE DES COLLYRITIDÉES.									
Metaporhinus	»	»	»	1	»	1	2	»	»
Grasia	»	»	»	»	»	»	1	»	»
Collyrites	»	»	3	4	4	8	2	»	»
Dysaster	»	»	»	1	1	1	1	1	»
FAMILLE DES CASSIDULIDÉES.									
Pygurus	»	»	2	2	2	»	4	2	1
Clypeus	»	»	8	10	1	1	1	»	»
Echinobrissus	»	»	2	9	2	4	4	3	4
Phyllobrissus	»	»	»	»	»	»	»	1	»
Pseudodesorella	»	»	»	»	»	»	1	»	»
FAMILLE DES ÉCHINONÉIDÉES.									
Galeropygus	»	2	4	5	»	1	»	»	»
Galeroclypeus	»	»	»	1	»	»	»	»	»
Hyboclypeus	»	»	4	3	»	1	2	»	»
Desorella	»	»	»	»	»	»	2	»	»
Pachyclypeus	»	»	»	»	»	1	»	»	»
Pyrina	»	»	»	1	»	»	1	»	»
FAMILLE DES ÉCHINOCONIDÉES.									
Holectypus	»	»	3	3	2	5	2	1	1
Pileus	»	»	»	»	»	»	1	»	»
Pygaster	1	»	3	4	1	»	5	1	»

Sur les dix-huit genres indiqués dans ce tableau, neuf
sont spéciaux à la formation jurassique : *Grasia*, *Clypeus*,
Pseudodesorella, *Galeropygus*, *Galeroclypeus*, *Hyboclypeus*,
Desorella, *Pachyclypeus* et *Pileus*. Les neuf autres se retrou-
vent dans la formation crétacée, mais la plupart dispa-
raissent dans les couches les plus inférieures; tels sont les
Metaporhinus, les *Collyrites*, les *Dysaster*, les *Pygurus*, les
Holectypus, les *Pygaster*. Les *Phyllobrissus* et les *Pyrina* au

contraire atteignent à l'époque crétacée leur maximum de développement, et ne sont représentés, dans les terrains jurassiques, que par quelques espèces isolées et fort rares.

Des dix-huit genres qu'on rencontre dans le terrain jurassique, le genre *Pyrina* est le seul qui se retrouve dans les couches inférieures du terrain tertiaire.

Aucun de ces genres n'existe dans les mers actuelles.

TABLE

ALPHABÉTIQUE & SYNONYMIQUE

DES

FAMILLES, GENRES ET ESPÈCES D'ÉCHINIDES

DÉCRITS DANS CE VOLUME

F

G

H

FIN DE LA TABLE ALPHABÉTIQUE ET SYNONYMIQUE

TABLE DES MATIÈRES

CONTENUES DANS CE VOLUME

FIN DE LA TABLE DES MATIÈRES

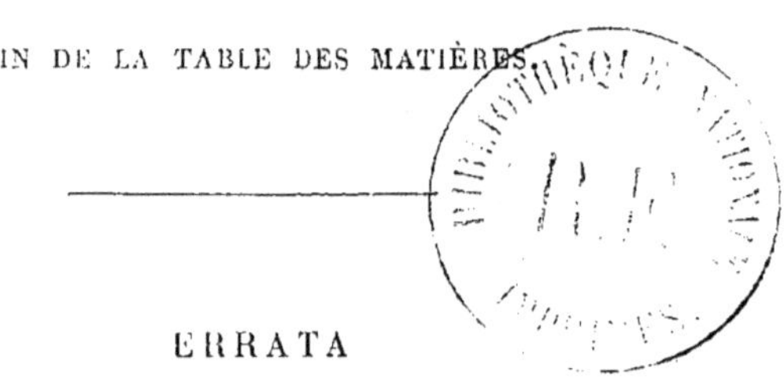

ERRATA

Page 338, ligne 22, cette phrase « *Nucleolites decollatus*, Quenstedt, *Handbuch der Petref.*, pl. 50, fig. 6, p. 585, 1852 » est à supprimer.

Page 339, ligne 5, cette phrase « *Nucleolites decollatus*, Quenstedt, *der Jura*, p. 456, pl. 77, fig. 20, 1858 » est à supprimer.

Page 341, ligne 6, cette phrase « le *Nucleolites decollatus*, de Quenstedt, malgré sa taille plus petite et plus sensiblement pentagonale, et ses aires ambulacraires moins flexueuses, nous a paru appartenir à cette même espèce » est à supprimer.

CORBEIL. — TYP. ET STÉR. DE CRÉTÉ FILS.